职业本科校企合作双元开发在线混合式学练测一体式教材
高等职业教育智能制造类应用型人才培养新形态信息化教材

# 计算机辅助设计

## ——SolidWorks 2024

主　编　齐红星　魏　梅　龚成武
副主编　安惠玲　谭　州　柳光利
　　　　王春梅　潘　勇　陈进伟
主　审　张　华

西南交通大学出版社
·成　都·

图书在版编目（CIP）数据

计算机辅助设计 ：SolidWorks 2024 / 齐红星，魏梅，龚成武主编. -- 成都：西南交通大学出版社，2024. 8.（职业本科校企合作双元开发在线混合式学练测一体式教材）（高等职业教育智能制造类应用型人才培养新形态信息化教材）. -- ISBN 978-7-5774-0000-6

Ⅰ. TP391.72

中国国家版本馆 CIP 数据核字第 20244N3T43 号

职业本科校企合作双元开发在线混合式学练测一体式教材

高等职业教育智能制造类应用型人才培养新形态信息化教材

Jisuanji Fuzhu Sheji——SolidWorks 2024

**计算机辅助设计——SolidWorks 2024**

齐红星　魏　梅　龚成武 / **主　编**

策划编辑 / 罗在伟

责任编辑 / 何明飞

封面设计 / 何东琳设计工作室

西南交通大学出版社出版发行

（四川省成都市金牛区二环路北一段 111 号西南交通大学创新大厦 21 楼　610031）

营销部电话：028-87600564　　028-87600533

网址：http://www.xnjdcbs.com

印刷：四川煤田地质制图印务有限责任公司

成品尺寸　185 mm × 260 mm

印张　19.25　　字数　482 千

版次　2024 年 8 月第 1 版　　印次　2024 年 8 月第 1 次

书号　ISBN 978-7-5774-0000-6

定价　58.00 元

课件咨询电话：028-81435775

# 前言

PREFACE

**编写背景**

党的二十大报告指出："教育、科技、人才是全面建设社会主义现代化国家的基础性、战略性支撑。必须坚持科技是第一生产力、人才是第一资源、创新是第一动力，深入实施科教兴国战略、人才强国战略、创新驱动发展战略，开辟发展新领域新赛道，不断塑造发展新动能新优势。"

本书以培养学生掌握计算机辅助设计（3D CAD）的基本理论、基本技能和应用能力为目标，紧密结合岗位实际，注重理论与实践相结合，强调创新能力和实际应用能力的培养。课程采用线上线下混合模式开展，融入国赛项目赛题；结合中国图学学会经典真题进行讲解，让参加三维数字建模师的学员能进一步掌握设计产品方法。

**编写原则**

（1）系统性原则：本书内容涵盖计算机辅助设计的基本原理、方法和技术，结合专业岗位实际以及对软件的基本操作和应用，形成完整的教学体系。

（2）实用性原则：本书注重培养学生的实际操作能力，通过大量的实例和案例分析，使学生能够熟练掌握软件的应用技巧。

（3）先进性原则：本书紧跟机械设计领域最新发展，介绍最新的设计理念、技术和方法，使学生能够站在学科发展的前沿。

（4）创新性原则：本书鼓励学生在掌握基本理论和技能的基础上，积极探索新的设计方法和技巧，通过"学练测一体化"方式培养学生的创新思维和创新能力。

（5）多考评原则：应用微信小程序考评，一人一测，结合游戏等级评价的方式进行趣味性评价，进一步提升学生的学习兴趣。

**特色创新**

（1）本书紧密结合工程实际，注重理论与实践相结合，突出实践，强调创新能力和实际应用能力的培养。

（2）内容丰富，涵盖计算机辅助设计的基本原理、方法和技术，以及 SolidWorks 2024 软件的基本操作和应用。

（3）实例丰富，通过大量的实例和案例分析，使学生熟练掌握 SolidWorks 软件的应用技巧。

**配套资源**

本书配套数字化教学资源丰富，呈现形式灵活多样。配套数字化教学资源包括：微课视频、电子课件、结果文件、模型文件、上机练习、课程试卷、自学资源、实例源文件和习题答案等，使用者可从西南交通大学出版社官网下载。

**教材定位**

本书旨在培养具备扎实的计算机辅助设计专业知识、SolidWorks 2024 软件操作技能、符合就业岗位群的任职标准及要求的高素质技能型人才，引入企业人员共同编写书稿，通过校企双元合作提高了教材的通用性和适用性。

本书适用于高等职业本科院校机械工程、工业设计、产品设计等专业的计算机辅助设计课程教学，作为工业设计国培基地指定用书、机械 CAD 国培基地指定用书，也可以作为实训基地培养学员及工程技术人员的培训教材和自学参考书。

**编写分工**

本书由重庆机电职业技术大学齐红星、魏梅、龚成武担任主编；重庆机电职业技术大学安惠玲、谭州、柳光利、重庆机械技师学院王春梅、潘勇，重庆凯尔夫智能测控技术有限责任公司陈进伟担任副主编；齐红星负责全书加工整理、修改和统稿。全书共分为 7 个项目：项目 1、项目 3 由魏梅、安惠玲、王春梅编写；项目 2、项目 5、项目 6 由齐红星、谭州、潘勇编写；项目 4、项目 7 由龚成武、柳光利、陈进伟编写；课后习题由刘雨婷、胡钰雯负责整理编写；教材习题智练程序由龚磊负责开发。本书由重庆机电职业技术大学张华教授主审。

**衷心致谢**

本书在编写过程中，参考、引用、借鉴了行业专家、学者的相关著作、设计成果，在此表示衷心的感谢。同时，感谢中国图学学会张燕苓主任对三维数字建模师认证的支持；感谢世界技能大赛中国集训基地对本书技能提升部分给出指导意见；感谢张华市级技能大师工作室对本书的指导和支持。

由于编者水平有限，书中疏漏和不妥之处在所难免，欢迎广大读者予以批评、指正。信息反馈邮箱：qihongxing9261@163.com。

编　者

2024 年 5 月

# 二维码目录

LIST OF QR CODE

# 目录

CONTENTS

# 项目 1 新手入门——三维设计应用

| 知识目标 | 技能目标 | 素质目标 |
|---|---|---|
| 1. 掌握基本建模方法；<br>2. 理解常见三维软件应用；<br>3. 了解三维软件的特点 | 1. 能够根据案例建立自己的第一个专属模型<br>2. 简述几种常见的三维建模软件；<br>3. 能够搜集喜爱的三维造型图片 | 1. 培养良好的专业精神，通过建模提升美学素养；<br>2. 培养独立思考的学习习惯，同时兼顾协同设计能力的培养；<br>3. 培养严谨、细心、负责的职业素质 |

## 任务 1.1 一见倾心——初识三维软件

| 任务目标 | 任务内容 |
|---|---|
| 1. 理解常见三维软件；<br>2. 了解 SolidWorks 的特点 | 1. 概述常见的几种三维建模软件；<br>2. 介绍 SolidWorks 的特点 |

三维建模必须借助软件来完成，这些软件统称为三维设计软件。由于不同领域需要的模型的特性有所差别，所以在不同领域，采用的三维设计软件也多种多样，常见的三维模型如图 1.1.1 所示。

（a）（b）（c）（d）

(e)

(f)

(g)

(h)

图 1.1.1　三维模型示例

### 1.1.1　常见的 CAD 建模和产品设计软件

1. CATIA

CATIA 是由法国 Dassault Systemes 公司开发的 CAD/CAE/CAM 一体化三维软件，支持产品开发的整个过程，即从概念（CAID），到设计（CAD），到分析（CAE），到制造（CAM）的完整流程。它可帮助制造厂商设计未来的产品，并支持从项目前阶段、具体的设计、分析、模拟、组装到维护在内的全部工业设计流程，在航空航天、汽车工业、造船工业等应用广泛。其实体造型和曲面设计的功能非常强大。

2. SolidWorks

SolidWorks 是一个基于 Windows 开发的三维 CAD 系统，后被法国 Dassault Systems 公司（开发 CATIA 的公司）收购。相对于其他同类产品，SolidWorks 操作简单方便、易学易用，国内外的很多教育机构（大学）都把 SolidWorks 列为制造专业的必修课。

3. CrownCAD

CrownCAD 作为基于云架构的三维 CAD 平台，拥有我国全自主研发的“三维几何建模引擎 DGM”与“几何约束求解引擎 DCS”两大核心技术。它不仅打破了关键技术“卡脖子”的难题，同时基于先进的云架构，开启“云端设计，协同分享”的国产三维 CAD“云时代”为我国工业打造出具备革命性、标志性、引领性的工具软件。

除了以上列举的以外，还有很多其他三维软件。不同的应用领域需要的三维模型不同，采用的三维设计软件不同。在工业设计领域，常用的三维设计软件有 CATIA、UG、SolidWorks、SolidEdge 等，侧重于机械、模具等三维模型的设计开发。在建筑设计和室内设计领域，常用的三维设计软件有 Autodesk Revit、AutoCAD、3ds Max 等，侧重于三维室内模型、家具模型的设计开发。在影视和游戏业中常用的三维设计软件有 MAYA、XSI、C4D 等，侧重于动画人物、游戏角色等三维模型的设计开发。

### 1.1.2 SolidWorks 简介

SolidWorks 提供了基于特征的实体建模功能，载入界面每次都呈现不同的建模案例。通过拉伸、旋转、薄壁特征、高级抽壳、特征阵列以及打孔等操作来实现产品的设计。通过对特征和草图的动态修改，用拖拽的方式实现实时的设计修改，如图 1.1.2 所示。

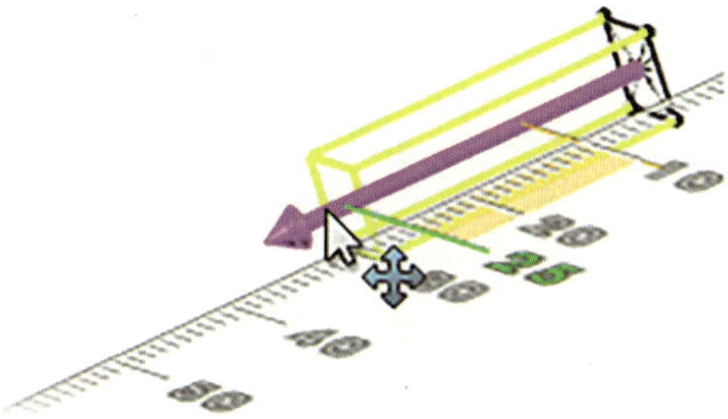

图 1.1.2　拉伸凸台基体

三维草图功能为扫描、放样生成三维草图路径，或为管道、电缆、线和管线生成路径。通过带控制线的扫描（见图 1.1.3）、放样、填充以及拖动可控制的相切操作产生复杂的曲面，可以直观地对曲面进行修剪、延伸、倒角和缝合等曲面的操作。

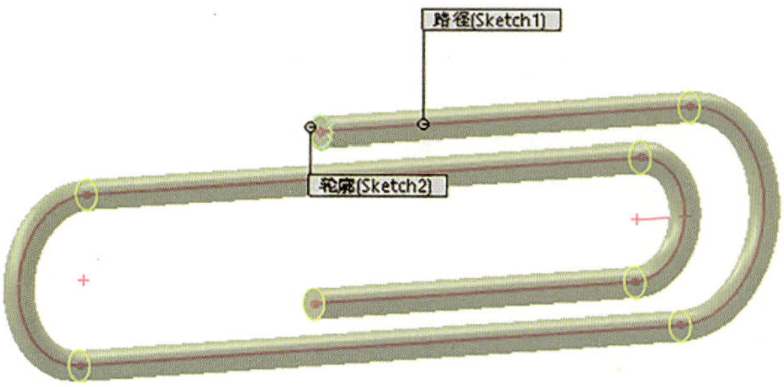


图 1.1.3　扫描的应用

SolidWorks 提供了顶尖的、全相关的钣金设计能力。可以直接使用各种类型的法兰（见图 1.1.4）、薄片等特征，正交切除、角处理以及边线切口等钣金操作变得非常容易。用户化 SolidWorks 的 API 为用户提供了自由的、开放的、功能完善的开发工具。开发工具包括 Microsoft（VBA）、VisualC++，以及其他支持 OLE 的开发程序。

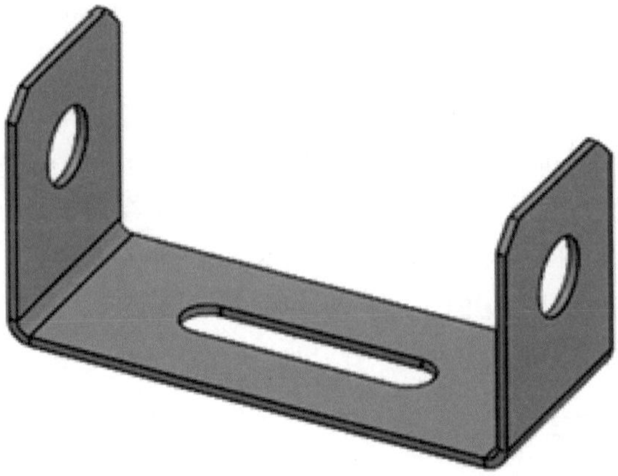

图 1.1.4　基本法兰

SolidWorks 可以使用鼠标笔势（见图 1.1.5）作为执行命令的一个快捷键（类似于键盘快捷键）。了解命令映射后，即可使用鼠标笔势调用映射的命令。要从图形区域中激活鼠标笔势，在多个方向上右键拖动。

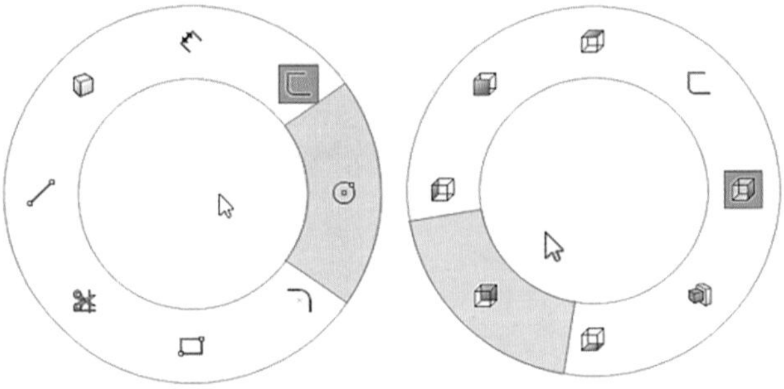

图 1.1.5　鼠标笔势功能

SolidWorks 配有一套强大的、基于 HTML 的全中文的帮助文件系统。包括超级文本链接、动画示教、在线教程，以及设计向导和术语。SolidWorks 提供了当今市场上几乎所有 CAD 软件的输入/输出格式转换器，有些格式，还提供了不同版本的转换。

# 任务 1.2　亲身感受——三维的魅力

| 任务目标 | 任务内容 |
| --- | --- |
| 1. 理解三维软件的设计魅力；<br>2. 了解三维应用的未来 | 1. 感受三维建模生成的产品；<br>2. 体验三维制作的乐趣 |

计算机辅助设计（Computer Aided Design，CAD）是现代设计领域中不可或缺的一部分。随着技术的不断发展，我们进入了一个全新的设计时代，其中三维设计成为表达创意和构建虚拟世界的关键手段。

在本任务中，我们将深入探讨三维设计的基本概念，并引入增强现实（AR）和虚拟现实（VR）这两项引领设计未来的重要技术。

## 1.2.1　三维设计基础

三维设计不仅是一种技术，更是一种思考和表达的方式。通过在虚拟环境中建模和呈现对象，设计者能够更全面、真实地表达他们的创意。

1. 空间感与形状

三维设计强调对空间感和形状的把握。设计者需要思考物体在三维空间中的位置、大小和形状，以创造出逼真的设计（见图 1.2.1）。在这一部分，我们将深入研究如何通过三维建模软件来构建和编辑物体，以及如何运用空间感觉来增强设计的立体感，并进行实时交互分享。

图 1.2.1　虚拟样机设计

2. 工具与技术

三维设计工具和技术的发展使得设计师能够更灵活地表达他们的创意。我们将介绍主流的三维设计软件，如 SolidWorks、CrownCAD 等，并主要利用它们的功能和应用场景实现虚拟设计（见图 1.2.2）。

图 1.2.2　所见即所得的产品设计

## 1.2.2　探索虚拟现实的奇妙世界

增强现实（AR）是一项颠覆性的技术，其将数字信息融入真实世界中。通过 AR 在物理空间中放置虚拟对象，使得设计师能够更直观地与设计互动。还可以利用 AR 的基本原理，把模型融入 AR 中，了解它在设计领域的应用，并通过使用 AR 技术来查看优化设计过程。

AR 技术体验

虚拟现实（VR）则提供了一种全新的感官体验，将使用者带入一个完全数字化的环境中。在设计领域，VR 不仅仅是一个展示作品的平台，更是一个能够让设计者沉浸于设计创意中的工具。可以利用生成的模型，进入虚拟现实的世界，体验创新设计的无限可能性。

## 1.2.3　三维设计的未来

三维设计领域仍在不断演变，未来充满了挑战和机遇。从可穿戴设备到智能城市，设计将在未来发挥更加重要的作用（见图 1.2.3）。越来越多新兴技术对设计师的影响，展望三维设计的未来趋势，培养学生对未来设计发展的敏锐嗅觉。

图 1.2.3　共享逼真的渲染

## 1.2.4　本章小结

通过本章的学习，我们希望学生能够深入理解三维设计的核心概念，熟练掌握基础工具与技术，并初步了解增强现实与虚拟现实的魅力。在接下来的课程中，我们将更加深入地探讨这些技术如何改变设计的方式，并为学生提供实践经验，让其能灵活运用这些工具来创造令人惊叹的设计作品。

# 任务 1.3 热身准备——SolidWorks 软件基本操作

| 任务目标 | 任务内容 |
| --- | --- |
| 1. 熟悉软件界面；<br>2. 掌握键盘鼠标操作；<br>3. 鼠标笔势的应用 | 1. 启动 SolidWorks；<br>2. SolidWorks 界面功能介绍；<br>3. SolidWorks 文件操作；<br>4. 常用工具命令；<br>5. 操作环境设置 |

## 1.3.1 安装启动 SolidWorks

安装完 SolidWorks 2024 以后，通常会在桌面上生成快捷方式，双击即可启动 SolidWorks。也可以在“开始”菜单中执行“所有程序”→“SolidWorks 2024”，启动 SolidWorks，这时将进入 SolidWorks 2024 的启动界面，软件每次打开界面都会有展示一款新颖的设计产品，如图 1.3.1 所示。

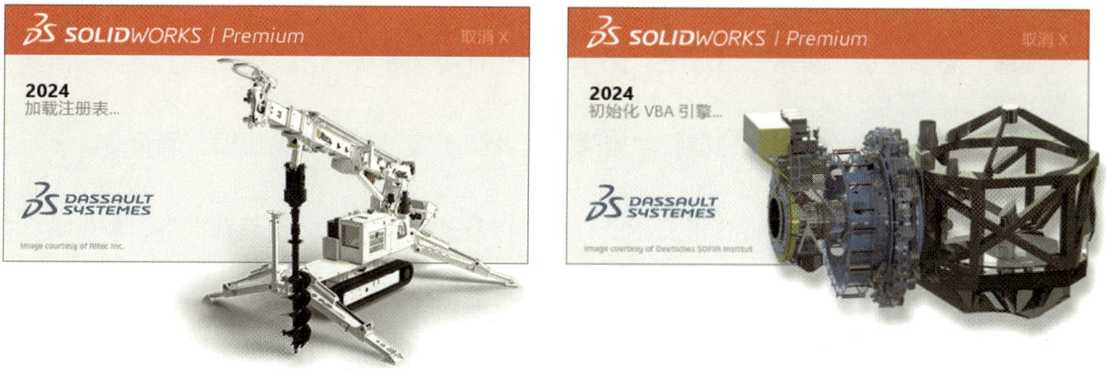


图 1.3.1 SolidWorks 2024 启动界面

## 1.3.2 界面功能介绍

SolidWorks 2024 用户界面包括菜单栏、工具栏、状态栏、管理区域、图形区域、任务窗格、版本提示等。菜单栏包含了所有 SolidWorks 命令，工具栏可根据文件类型（零件、装配体、工程图）来调整、放置并设定其显示状态，而 SolidWorks 界面底部的状态栏则可向设计人员提供正在执行有关功能的信息，如图 1.3.2 所示。

1. 菜单栏

菜单栏显示在界面的最上方，如图 1.3.3 所示，其中最关键的功能集中在“插入”与“工具”菜单中。

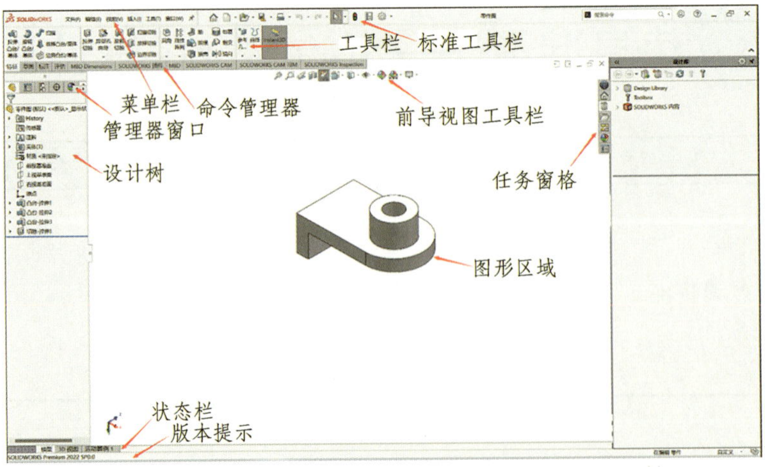


图 1.3.2　操作界面

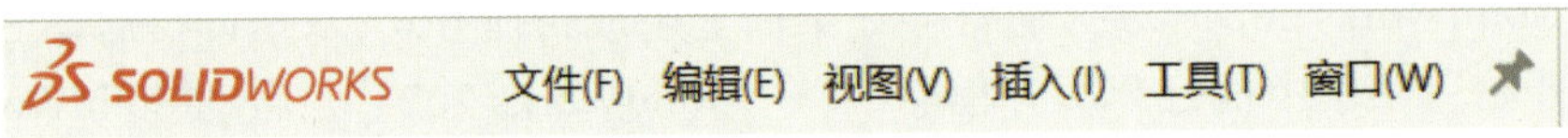


图 1.3.3　菜单栏

用户进入不同的设计模块，SolidWorks 2024 会相应更新菜单栏，进入零件建模模块的菜单。

1）“文件”菜单

“文件”菜单包括“新建”“打开”“保存”和“打印”等命令。

2）“编辑”菜单

“编辑”菜单包括“剪切”“复制”“删除”以及“压缩”和“解除压缩”等命令。

3）“视图”菜单

“视图”菜单包括显示控制的相关命令，如“屏幕捕获”“显示”“修改”“隐藏/显示”和“工具栏”等命令。

4）“插入”菜单

“插入”菜单包括“凸台/基体”“切除”“特征”“阵列/镜像”“扣合特征”“曲面”“参考几何体”和“草图绘制”等命令。

5）“工具”菜单

“工具”菜单包括多种工具命令，如“草图绘制实体”“几何关系”“测量”“质量特性”和“检查”等命令。

6）“窗口”菜单

“窗口”菜单包括“视口”“新建窗口”“层叠”“横向平铺”和“纵向平铺”等命令。

7）“帮助”菜单

“帮助”菜单可以提供各种信息查询。例如，“SolidWorks 帮助”命令可以打开 SolidWorks 软设件提供的在线帮助文件，“API 帮助主题”命令可以展开 SolidWorks 软件提供的 API 在线帮助文件，这些均可作为用户学习中文版 SolidWorks 2024 的参考。

此外，用户还可以通过快捷键访问菜单命令。在 SolidWorks 中单击鼠标右键，可以激活与上下文相关的快捷菜单。快捷菜单可以在图形区域、FeatureManager（特征管理器）设计树中使用。

2. 工具栏

SolidWorks 2024 工具栏是常用建模工具的集合。

1）“标准”工具栏

“标准”工具栏是存放一系列图标式命令按钮的控制条，单击图标等同于执行了相应菜单栏中对应的命令，一般与菜单栏并排显示，如图 1.3.4 所示。

图 1.3.4 “标准”工具栏

2）“前导视图”工具栏

“前导视图”工具栏为用户提供快捷的模型外观编辑、视图操作等命令按钮，以固定工具栏的形式显示在图形区域的正上方，如图 1.3.5 所示。

图 1.3.5 “前导视图”工具栏

（1）自定义工具栏的启用方法。单击菜单栏中的“视图”“工具栏”命令，如图 1.3.6 所示，或者在“视图”工具栏中单击鼠标右键，显示出“工具栏”菜单项。

（2）从图 1.3.6 中可以看到，SolidWorks 2024 提供了多种工具栏，方便软件的使用。

单击打开某个工具栏（如“参考几何体”工具栏），它有可能默认排放在主界面的边缘，此时可以拖曳它到图形区域中成为浮动工具栏，如图 1.3.7 所示。

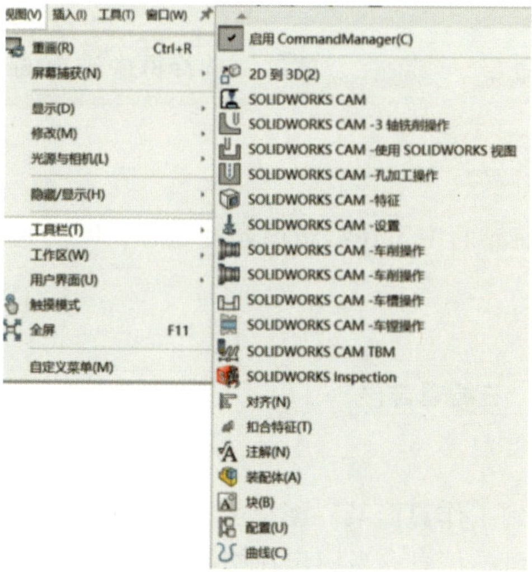


图 1.3.6 “工具栏”菜单项

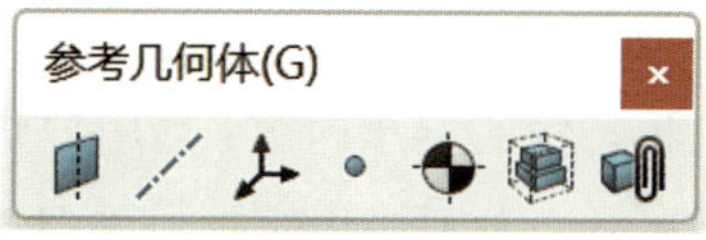


图 1.3.7 “参考几何体”工具栏

在使用工具栏或执行工具栏中的命令时，如果光标移动到工具栏中的图标附近，会弹出一个窗口来显示该工具的名称及相应的功能，如图 1.3.8 所示，显示一段时间后，该内容提示会自动消失。

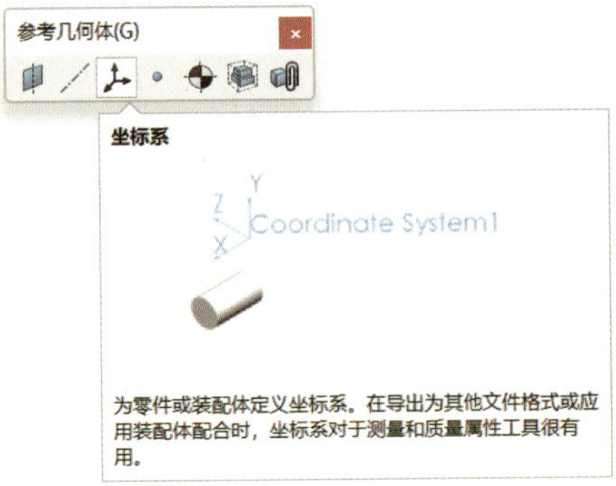


图 1.3.8　内容提示

3）Command Manager

Command Manager（命令管理器）是一个上下文相关工具栏，它可以根据要使用的工具栏进行动态更新，默认情况下，它根据文档类型嵌入相应的工具栏。“Command Manager”工具栏下有 4 个不同的选项卡：“特征”“草图”“标注”和“评估”，如“特征”控制面板上分布着用于创建特征的常用命令按钮，如图 1.3.9 所示。

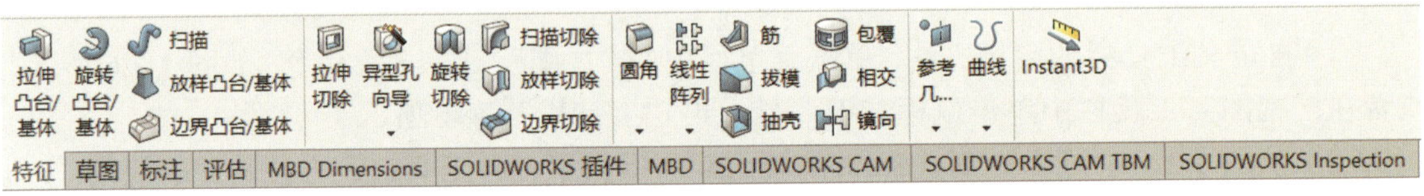


图 1.3.9　“Command Manager”工具栏——“特征”

（1）“特征”“草图”选项卡提供“特征”“草图”的有关命令。

（2）“标注”选项卡提供尺寸、公差等方面的命令。

（3）“评估”选项卡提供测量、检查、分析等命令，或者在“插件”选择框中选择的有关插件。

### 3. 状态栏

状态栏位于 SolidWorks 窗口的底部，提供当前界面中正在编辑内容的状态，以及光标位置坐标、草图状态等信息内容，如图 1.3.10 所示。

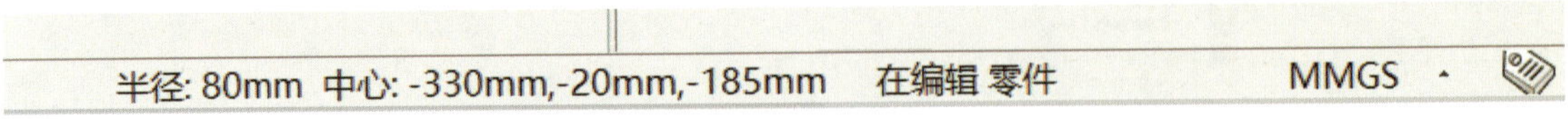


图 1.3.10　状态栏

常见状态栏的显示内容：当用户将鼠标指针移到工作界面某一图标上时，会在状态栏显示出图标的定义；当用户在测量特征时，会反馈出测量的信息；当用户在绘制草图截面时，会显示出草图的状态，如是否“欠定义”。

### 4. 管理器窗口

在图形区域的左侧为 SolidWorks 文件的管理器窗口，也称为左侧区域，如图 1.3.11 所示。管理器窗口包括特征管理器（Feature Manager）设计树、属性管理器（Property Manager）、配置管理器（Configuration Manager）、尺寸专家管理器（DimXpert Manager）和显示管理器（Display Manager）等部分。

图 1.3.11　管理器窗口

单击管理区域顶部的标签，可以在应用程序之间进行切换，单击管理区域右侧的箭头“>”，可以展开“显示窗格”，如图 1.3.12 所示。

图 1.3.12　展开“显示窗格”

特征管理器（FeatureManager）设计树位于 SolidWorks 界面的左侧，是 SolidWorks 软件界面中比较常用的部分，如图 1.3.13 所示。它提供了激活的零件、装配体或工程图的大纲视图，从而可以很方便地查看模型或装配体的构造情况，或者查看工程图中的不同图纸和视图等。

Feature Manager 设计树是按照零件和装配体建模的先后顺序，以树状形式记录特征，可以通过该设计树了解零件建模和装配体装配顺序，以及其他特征数据。在 FeatureManager 设计树中包含了 3 个基准平面，分别是前视基准面、上视基准面、右视基准面。这 3 个基准面是系统默认的绘图平面，用户可以直接在上面绘制草图。

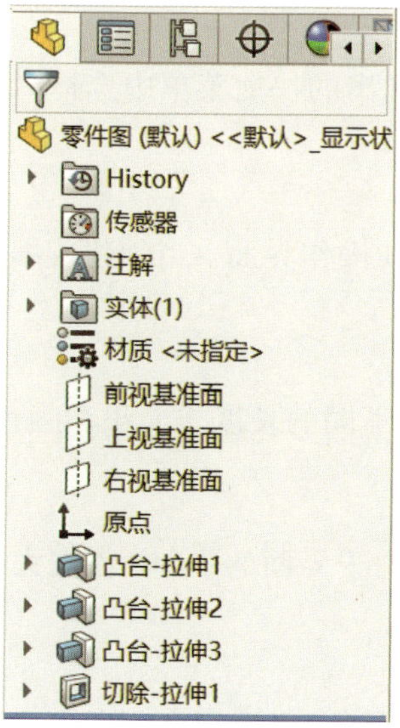


图 1.3.13　特征设计树

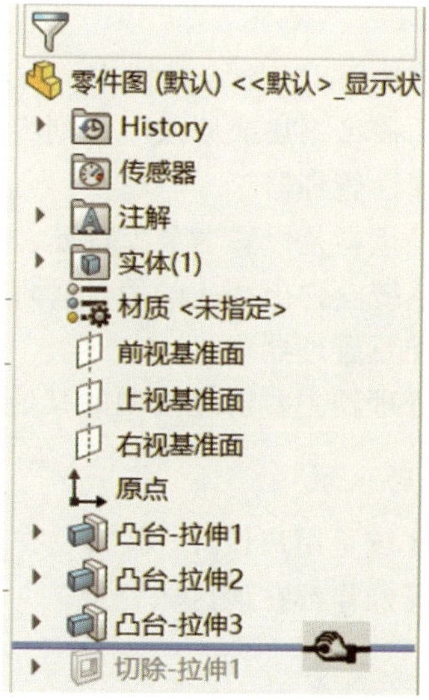


图 1.3.14　拖动退回控制棒图

Feature Manager 设计树的主要功能：

（1）选择模型中的项目。在设计树中单击项目名称可选择特征、草图、基准面及基轴等。

SolidWorks 在选择项目时许多功能与 Windows 系统类似。例如，在选择项目的同时按住 Shift 键，可以选取多个连续项目；在选择项目的同时按住 Ctrl 键，可以选取非连续项目。

（2）更改特征的生成顺序。在 Feature Manager 设计树中通过拖动项目可以重新调整特征的生成顺序，这将更改重建模型时特征重建的顺序。

（3）更改项目的名称。可以在选中项目的情况下，单击项目名称，进入名称编辑状态，然后输入新的名称。

（4）通过双击特征名称可以显示特征的尺寸。

（5）模型退回到早期状态。在设计树中，向上拖动退回控制棒可以将模型退回到早期，如图 1.3.14 所示。退回前后的模型如图 1.3.15 所示。

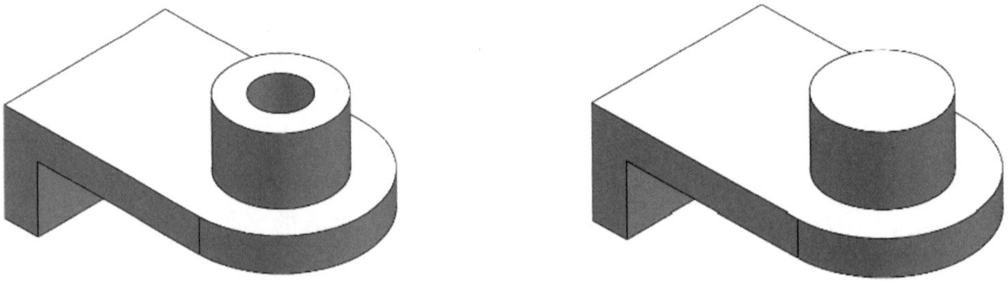

（a）退回前模型　　（b）退回后模型

图 1.3.15　退回前后模型对比

（6）压缩与解除压缩特征。在设计树中，右击需要压缩（解除压缩）的特征，在弹出的快捷菜单中选择“压缩”选项（“解除压缩”选项），可实现特征的压缩（解除压缩）。特征被压缩后，在模型中不再被显示，但是并没有被删除，被压缩的特征在设计树中灰色显示。

（7）添加材质。在设计树中，右击“材质”按钮，在弹出的快捷菜单中选择“编辑材料”选项，可为模型添加或修改应用到零件的材质。

（8）属性管理器。

属性管理器是设置对象（特征、实体）的属性及参数的操作界面。当创建或编辑特征（实体）时，系统会弹出相应的属性管理器。

（9）配置管理器。

配置管理器主要管理模型的其他配置，如同一个模型不同的长度、大小和颜色信息等。

5. 图形区域

图形区域是用户设计、编辑及查看模型的操作区域，位于界面的中间，占据大部分窗口，所有建模等操作都在该区域完成。

6. 任务窗格

图形区域右侧的任务窗格是与管理 SolidWorks 文件有关的一个工作窗口。任务窗格带有 SolidWorks 资源、设计库和文件探索器等标签，SolidWorks 资源标签如图 1.3.16 所示。通过任务窗格，用户可以查找和使用 SolidWorks 文件。

图 1.3.16　任务窗格

## 1.3.3　SolidWorks 文件操作

SolidWorks 文件操作常用的命令有新建文件、打开文件和保存文件。

1. 新建文件

在 SolidWorks 界面中单击标准工具栏中的“新建”按钮，或者选择菜单栏中的“文件”“新建”命令即可弹出图 1.3.17 所示的“新建 SolidWorks 文件”对话框，在该对话框中单击“零件”按即可得到 SolidWorks 2024 典型用户界面。

“零件”按钮：双击该按钮，可以生成单一的三维零件文件。

“装配体”按钮：双击该按钮，可以生成零件或其他装配体的排列文件。

“工程图”按钮：双击该按钮，可以生成属于零件或装配体的二维工程图文件。

单击“高级”按钮，此时的“新建 SolidWorks 文件”对话框如图 1.3.18 所示，用以选择相应模板。

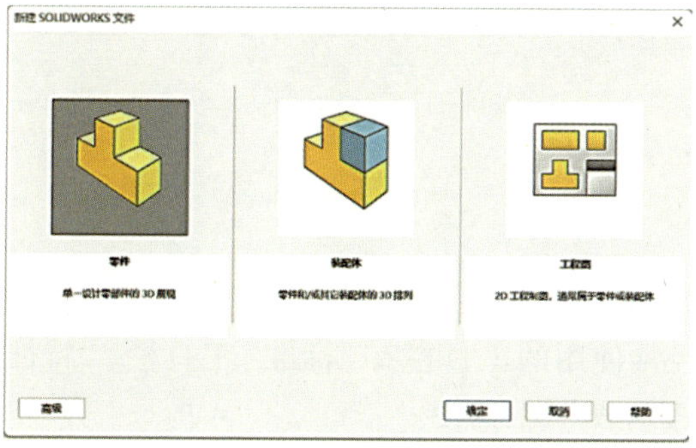

图 1.3.17　新建文件对话框 1

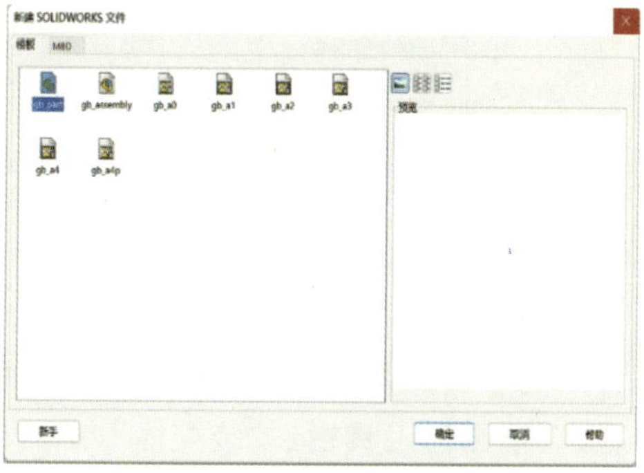

图 1.3.18　新建文件对话框 2

SolidWorks 软件可分为零件、装配体及工程图 3 个模块，针对不同的功能模块，其文件类型也不相同。如果准备编辑零件文件，在“新建 SolidWorks 文件”对话框中，单击“零件”按钮，再单击“确定”按钮，即可打开一张空白的零件图文件，后续存盘时，系统默认的扩展名为列表中的.prt 或.sldprt。SolidWorks 装配体文件保存时其扩展名为.asm 或.sldasm。SolidWorks 工程图文件保存时扩展名为“××××.drw”或“××××.slddrw。”

2. 打开文件

在 SolidWorks 工作界面中，选择“文件”“打开”命令，或者在标准工具栏中单击“打开”按钮，系统弹出打开对话框。找到文件所在的文件夹，然后单击打开按钮即可打开文件，对其进行相应的编辑和操作。

在“文件类型”下拉列表框中，可选择其他软件（如 Catia、UG 等）生成的文件。

3. 保存文件

单击“标准”工具栏中的“保存”按钮，或者选择菜单栏中的“文件”“保存”命令，在弹出的对话框中输入要保存的文件名及设置文件保存的路径，即可将当前文件保存；或者选择“另存为”选项，弹出“另存为”对话框，如图 1.3.19 所示。在“另存为”对话框中更改将要保存的文件路径后，单击“保存”按钮，即可将创建好的文件保存在指定的文件夹中。

“另存为”对话框中的参数设置说明如下。

“保存类型”：在下拉列表中选择一种文件的保存格式，包括以另一种文件格式保存。

“说明”：在该选项后面的文本框中可以输入对模型的说明。

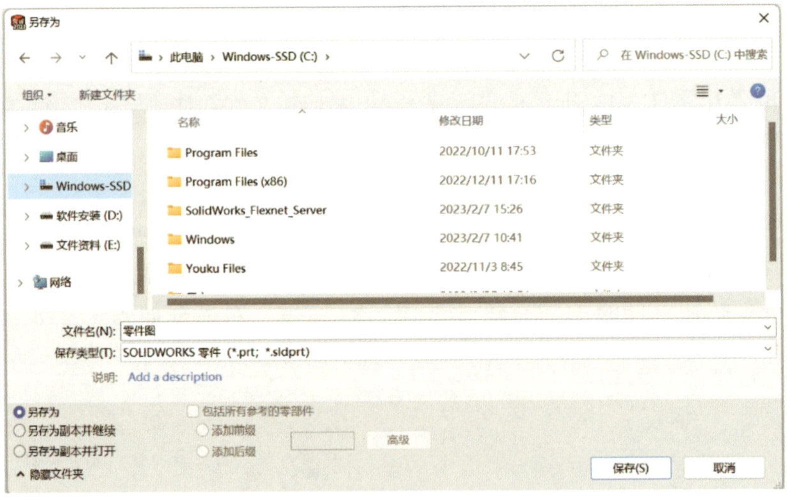


图 1.3.19 “另存为”对话框

## 1.3.4 常用工具命令

常用的工具命令主要包含在各种工具栏中，经常使用的工具栏有“标准”工具栏、“特征”工具栏、“草图”工具栏、“装配体”工具栏和“工程图”工具栏。

1. “标准”工具栏

“标准”工具栏位于界面正上方，如图 1.3.20 所示。

图 1.3.20 “标准”工具栏

常用按钮的含义如下。

“新建”：单击可打开“新建 SolidWorks 文件”对话框，从而建立一个空白图文件。

“打开”：单击可在“打开”对话框中打开磁盘驱动器中已有的图文件。

“保存”：单击可将目前编辑中的工作视图按原先读取的文件名称存盘，如果工作视图是新建的文件，则系统会自动启动另存为新文件功能。

“打印”：单击可将指定范围内的图文资料送往打印机或绘图机，执行打印出图功能或打印到文件功能。

“撤销”：单击可以撤销本次或者上次的操作，返回未执行该项命令前的状态，可重复返回多次。

“选择”：单击可进入选取像素对象的模式。

“重建模型”：单击可以使系统依照图文数据库里最新的图文资料，更新屏幕上显示的模型图形。

“文件属性”：显示激活文档的摘要信息。

“选项”：更改 SolidWorks 的选项设定。

2. “特征”工具栏

在 SolidWorks 2024 软件中，“特征”工具栏直接以选项卡的方式显示在界面的上方，如图 1.3.21 所示。

图 1.3.21 “特征”工具栏

另外，也可以选择菜单栏中的“视图”“工具栏”命令，单击“特征”按钮，即可将“特征”工具栏悬浮在界面上，如图 1.3.22 所示。

图 1.3.22 悬浮的“特征”工具栏

常用按钮的含义如下。

“拉伸凸台/基体”：以一个或两个方向拉伸草图或绘制的草图轮廓生成一个实体。

“旋转凸台/基体”：单击可将用户选取的草图轮廓图形，绕着用户指定的旋转中心轴旋转为 3D 模型。

“扫描”：单击可以沿开环或闭合路径通过扫描闭合轮廓来生成实体模型。

“放样凸台/基体”：单击可以在两个或多个轮廓之间添加材质来生成实体特征。

“边界凸台/基体”：以两个方向在轮廓间添加材料以生成实体特征。

“拉伸切除”：单击将工作图文件里原有的 3D 模型，扣除草图轮廓图形绕着指定的旋转中心轴旋转成的 3D 模型，保留剩下的 3D 模型区域。

“异型孔向导”：单击可以利用预先定义的剖面插入孔。

“旋转切除”：单击可通过绕轴心旋转绘制的轮廓来切除实体模型。

“扫描切除”：沿开环或闭合路径通过扫描轮廓来切除实体模型。

“放样切割”：在两个或多个轮廓之间通过移除材质来切除实体模型。

“边界切除”：通过以两个方向在轮廓之间移除材料来切除实体模型。

“圆角”：沿实体或曲面特征中的一条或多条边线生成圆形内部或外部的面。

“线性阵列”：单击可以对一个或两个线性方向阵列特征、面及实体等。

“倒角”：单击可以沿边线、一串切边或顶点生成一条倾斜的边线。

“筋”：单击可对工作图文件里的 3D 模型，按照用户指定的断面图形，加入一个加强肋特征。

“抽壳”：通过单击该工具按钮，可对工作图文件里的 3D 实体模型，加入平均厚度薄壳特征。

“拔模”：单击可对工作图文件里 3D 模型的某个曲面或平面，加入拔模倾斜面。

“圆周阵列”：单击可以绕轴心阵列特征、面及实体等。

“镜向”：单击可以绕面或者基准面镜像特征、面及实体等。

“参考几何体”：单击 ▾ 可以弹出“参考几何体”命令组，如图 1.3.23 所示。再根据需要选择不同的基准，然后在设定的基准上插入草图来编辑或更改零件图。

“曲线”：单击 ▾ 可以弹出“曲线”命令组，如图 1.3.24 所示。

“Instant3D”：启用拖动控标、尺寸及草图来动态修改特征。

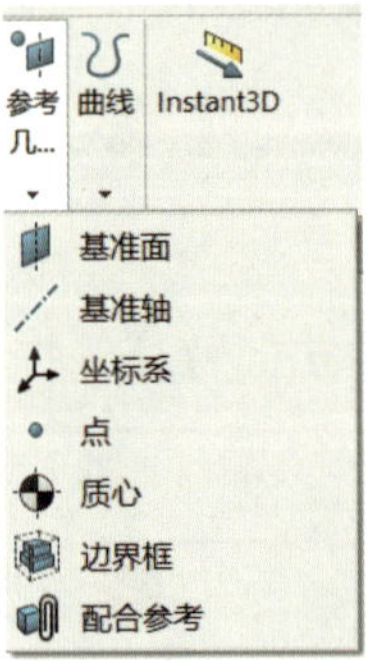

图 1.3.23 “参考几何体”命令组

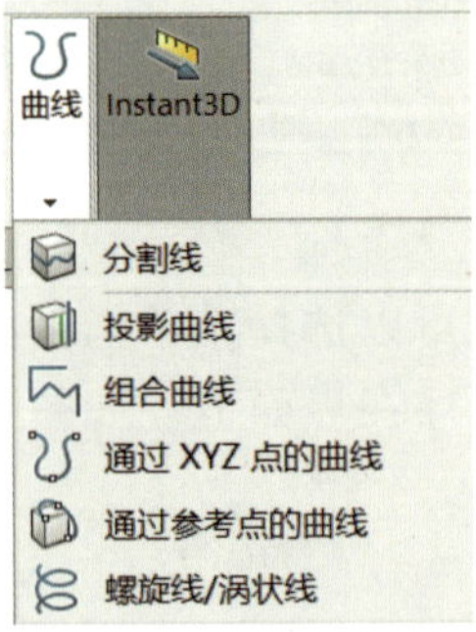

图 1.3.24 “曲线”命令组

3.“草图”工具栏

“草图”工具栏和“特征”工具栏一样，也有两种形式，如图 1.3.25 所示。

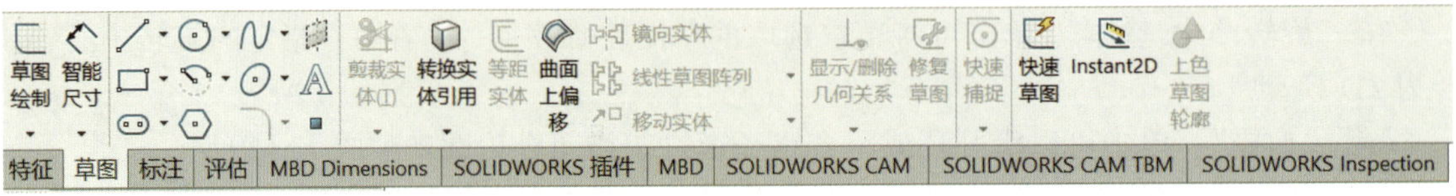

图 1.3.25 “草图”工具栏的两种形式

常用按钮的含义如下。

“草图绘制”：通过单击该按钮，可以在任何默认基准面或自己设定的基准面上生成草图。

“3D 草图”：单击可以在工作基准面上或在 3D 空间的任意点上生成 3D 草图实体。

“智能尺寸”：为一个或多个所选实体生成尺寸。

“直线”：单击并依序指定线段图形的起点及终点位置，可在工作图文件里生成一条绘制的直线。

“边角矩形”：单击并依序指定矩形图形的两个对角点位置，可在工作图文件里生成一个矩形。

“圆”：单击并用鼠标左键指定圆心后，拖曳鼠标，可在工作图文件里生成一个圆形。

“圆心/起/终点圆弧”：单击并依序指定圆弧图形的圆心点、半径、起点及终点位置可在工作图文件生成一个圆弧。

“多边形”：生成边数在 3~40 的等边多边形，可在绘制多边形后更改边数。

“样条曲线”：单击并依序指定曲线图形的每个“经过点”位置，可在工作图文件里生成一条不规则曲线。

“绘制圆角”：在交叉点切圆两个草图实体的角，从而生成切线弧。

“基准面”：单击可插入基准面到 3D 草图。

“文字”：可在面、边线，以及草图实体上绘制文字。

“点”：将光标移到图形区域里所需要的位置，单击鼠标左键，即可在工作图文件里生成一个点。

“剪裁实体”：单击可以剪裁一直线、圆弧、椭圆、圆、样条曲线或中心线，直到它与另一直线、圆弧、椭圆、圆、样条曲线或中心线相交。

“转换实体引用”：单击就可以将模型中的所选边线转换为草图实体。

“等距实体”：单击可以通过一定距离等距面、边线、曲线或草图实体来添加草图实体。

“镜向实体”：单击可将工作界面里被选取的 2D 像素对称于某个中心线草图图形，进行镜像的操作。

“线性草图阵列”：使用要阵列的草图实体中的单元或模型边线生成线性草图阵列。

“移动实体”：单击可移动一个或多个草图实体。

“显示/删除几何关系”：在草图实体之间添加重合、相切、同轴、水平、竖直等几何关系，也可删除。

“修复草图”：能够找出草图错误，有些情况下还可以修复这些错误。

### 4.“装配体”工具栏

“装配体”工具栏如图 1.3.26 所示，可用于控制零部件的管理、移动及配合。

图 1.3.26　“装配体”工具栏

常用按钮的含义如下。

“插入零部件”：单击可用来插入零部件、现有零件/装配体。

“配合”：单击可指定装配体中任意两个或多个零件的配合。

“线性零部件阵列”：可以以一个或两个方向在装配体中生成零部件线性阵列。

“智能扣件”：单击该按钮后，智能扣件将自动给装配体添加扣件（螺栓和螺钉）。

“移动零部件”：单击可通过拖曳使零部件沿着设定的自由度移动。

“显示隐藏的零部件”：可以切换零部件的隐藏和显示状态，并在图形区域中选择隐藏的零部件以使其显示。

“装配体特征”：生成各种装配体特征，如图 1.3.27 所示。

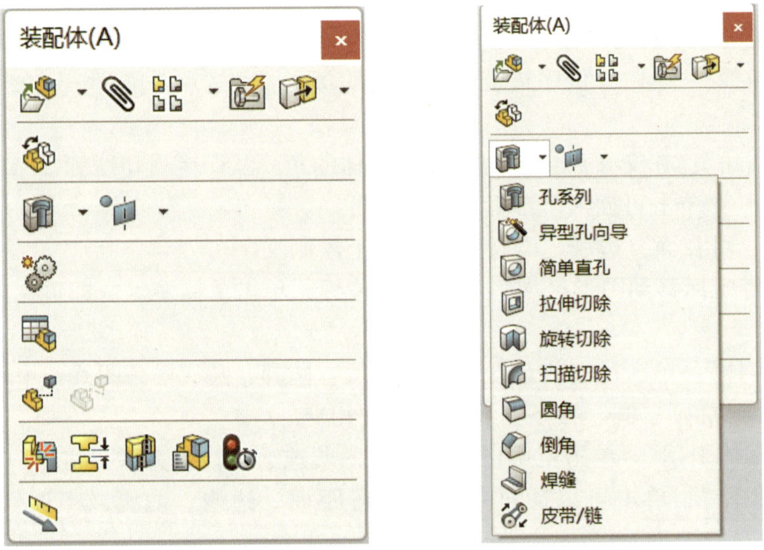


图 1.3.27　装配体特征

“新建运动算例”：新建一个装配体模型运动的图形模拟。

“材料明细表”：新建一个材料明细表。

“爆炸视图”：单击可以生成和编辑装配体的爆炸视图。

“干涉检查”：单击可以检查装配体中是否有干涉的情况。

“间隙验证”：使用间隙验证可以检查装配体中所选零部件之间的间隙。

“孔对齐”：单击可以检查装配体中是否存在未对齐的孔。

5. “工程图”工具栏

“工程图”工具栏如图 1.3.28 所示。

图 1.3.28 “工程图”工具栏

常用按钮的含义如下。

“模型视图”：单击可将一个模型视图插入工程图文件中。

“投影视图”：单击可从任何正交视图插入投影的视图。

“辅助视图”：类似于投影视图，不同的是，它可以垂直于现有视图中的参考边线来展开视图。

“剖面视图”：单击可以用一条剖切线来分割父视图，进而在工程图中生成一个剖面视图。

“局部视图”：单击可用来显示一个视图的某个部分（通常是以放大比例显示）。

“标准三视图”：单击可以为所显示的零件或装配体生成 3 个相关的默认正交视图。

“断开的剖视图”：单击可在工程视图上通过绘制一个轮廓生成断开的剖视图。

## 1.3.5 工作环境设置

SolidWorks 工作环境是指软件操作时的界面样式、工具栏分布、背景和零件显示颜色、显示样式，以及设计时使用的单位等。不同的设计领域，不同的设计项目，对工作环境要求是不同的。SolidWorks 的功能十分强大，但它的所有功能不可能一一罗列在界面上供用户调用，这就需要通过设置和调整工作环境来满足不同用户设计的需求。

1. 工具栏的设置

SolidWorks 有很多工具栏，由于图形区的限制，不能显示所有的工具栏。在建模过程中，用户可以根据需要显示或者隐藏部分工具栏，其设置方法如下。

（1）选择“工具”“自定义”命令，或在工具栏空白区域右击，在弹出的快捷菜单中选择“自定义”命令，此时系统弹出“自定义”对话框，如图 1.3.29 所示。

（2）在对话框中选中需要的工具栏复选框。

（3）单击对话框中的“确定”按钮，在图形区中会显示选择的工具栏。将鼠标指针指向工具栏的空白区域，然后拖动工具栏到想要的位置即可。

在图 1.3.28 所示的对话框中，取消对工具栏复选框的选择，然后单击“确定”按钮，此时在图形区域中将会隐藏所选择的工具栏。

在工具栏空的区域右击，在弹出的快捷菜单中选择“工具栏”选项，系统弹出“工具栏”下拉菜单，单击需要的工具栏，则图形区中将会显示选择的工具栏。

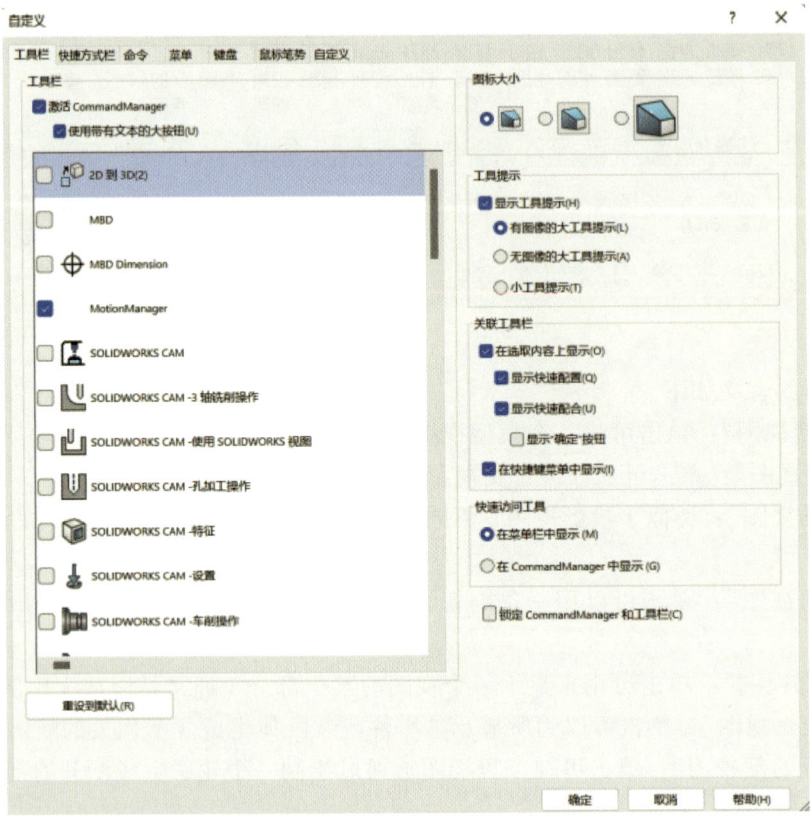


图 1.3.29 “自定义”对话框

2. 工具栏命令按钮设置

在系统默认工具栏中，并没有包括所有的命令按钮，用户可以根据自己的需要添加或者删除命令按钮。其设置的操作步骤如下：

（1）选择菜单栏中的“工具”“自定义”命令，或者在工具栏区域右击，在弹出的快捷菜单中选择“自定义”命令。此时，系统弹出“自定义”对话框。

（2）单击该对话框中的“命令”选项卡，在“命令”选项卡中出现“工具栏”列表和“按钮”列表，如图 1.3.30 所示。

（3）在“工具栏”列表中选择相应的工具栏，此时会在“按钮”列表中出现该工具栏中所有的命令按钮。

（4）在“按钮”列表中，单击要增加的命令按钮，拖动该按钮到要放置的工具栏中，在工具栏中将出现增加的命令按钮。

（5）单击“自定义”对话框中的“确定”按钮，完成命令按钮的添加操作。

如果要删除命令按钮，只要打开“自定义”对话框的“命令”选项卡，在工具栏中选中要删除的按钮，拖动按钮到图形区，即可删除该工具栏中的命令按钮。

3. 图形区背景设置

在 SolidWorks 中，可以更改图形区域的背景，即可将背景设置为某一图片、某单一颜色或渐变色，以适应设计者的个性化需求。

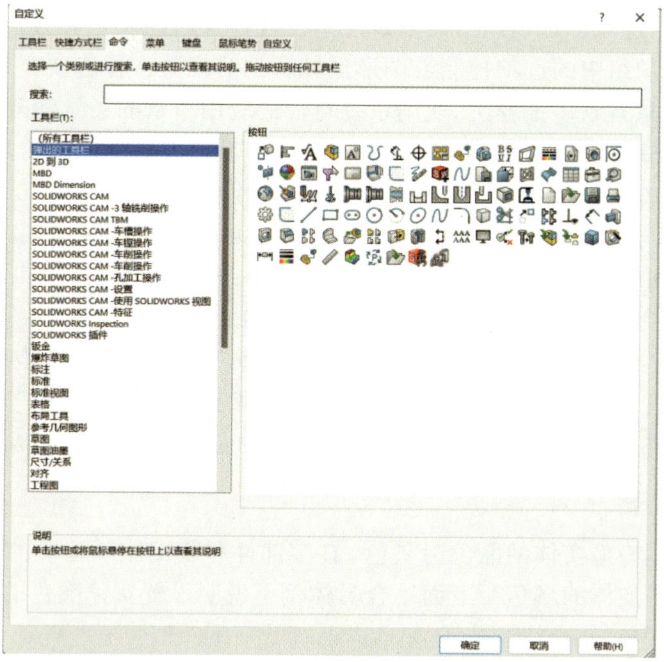


图 1.3.30 “自定义”对话框的“命令”选项卡

1）使用文档布景设置图形区域背景

（1）单击“前导视图”工具栏中的“应用布景”按钮，系统弹出“应用布景”下拉列表，如图 1.3.31 所示。

（2）在下拉列表中选择相应的布景或颜色选项，即完成图形区域背景的设置。

在列表中单击“管理收藏夹”选项，可添加新的布景到列表中。

2）使用素色设置图形区域背景

（1）单击“标准”工具栏中的“选项”按钮，此时系统弹出“系统选项（S）- 普通”话框。

（2）在“系统选项”选项卡的列表框中选择“颜色”选项，弹出如图 1.3.32 所示的“系统选（S）-颜色”对话框。

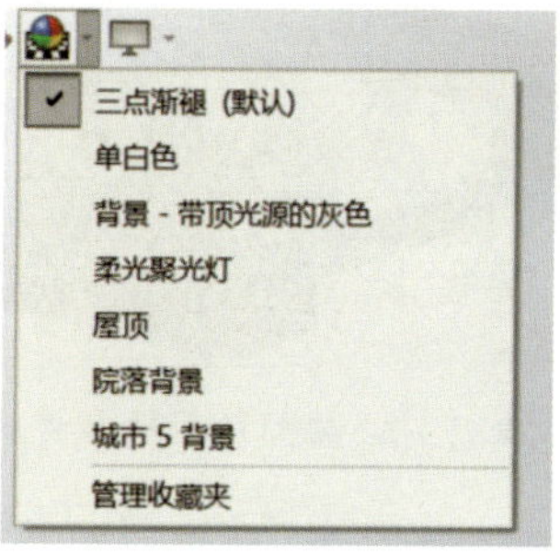


图 1.3.31 应用布景下拉列表

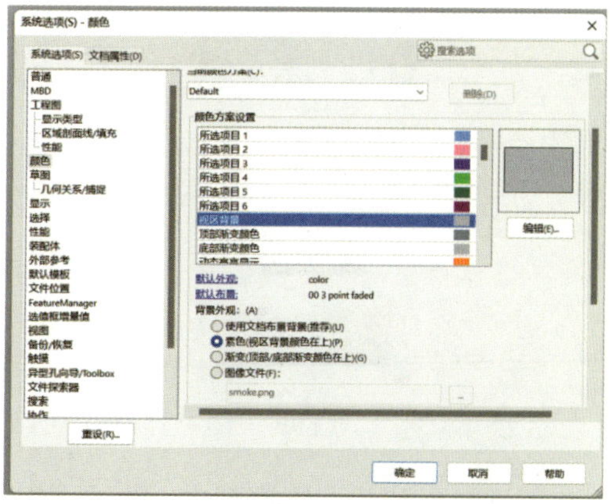


图 1.3.32 “系统选项（S）-颜色”对话框

（3）选择“背景外观”选项组中的“素色（视区背景颜色在上）”选项。

“背景外观”选项组中的选项控制着图形区域背景的设置，各选项含义如下。

① 使用文档布景背景（推荐）：使用系统自带的应用布景的场景和颜色作为视区背景。

② SolidWorks 软件自带的应用布景，资源比较丰富，能满足用户的常规需要。

③ 素色（视区背景颜色在上）：设置背景颜色为单色。

④ 渐变（顶部/底部渐变颜色在上）：背景颜色由两种颜色渐变而成。选择此选项后，需设置顶部渐变颜色和底部渐变颜色。

⑤ 图像文件：以图像作为背景，可选择的图像格式有多种。

（4）在“颜色方案设置”列表框中选择“视区背景”选项，然后单击“编辑”按钮，系统弹出“颜色”对话框，设置颜色，然后单击“确定”按钮，关闭“颜色”对话框。

（5）单击“系统选项（S）- 颜色”对话框中的“确定”按钮，完成系统背景颜色设置。

### 4. 实体颜色设置

系统默认的绘制模型实体的颜色为灰色。在零部件和装配体模型中，为了使图形有层次感和真实感，通常改变实体的颜色。下面结合具体例子说明设置实体颜色的步骤。

**例** 设置特征颜色。

（1）启动 SolidWorks 软件，单击“标准”工具栏中的“打开”按钮，系统弹出“打开”对话框，打开资源文件中模型文件，如图 1.3.33 所示。

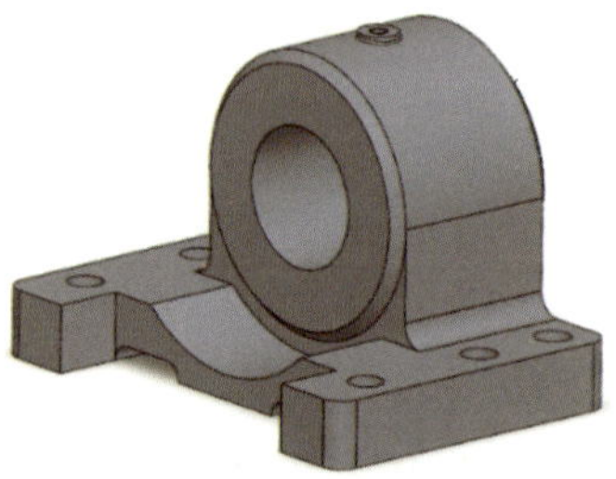

图 1.3.33 模型

（2）单击“特征”按钮，在设计树中选择“凸台 - 拉伸 1”特征，单击“前导视图”工具栏中的“编辑外观”按钮，系统弹出的“颜色”属性管理器，如图 1.3.34 所示。

（3）在“颜色”选项组中，选择要设置的颜色为红色。

（4）单击属性管理器的✓按钮，完成特征的着色，模型状态如图 1.3.35 所示。

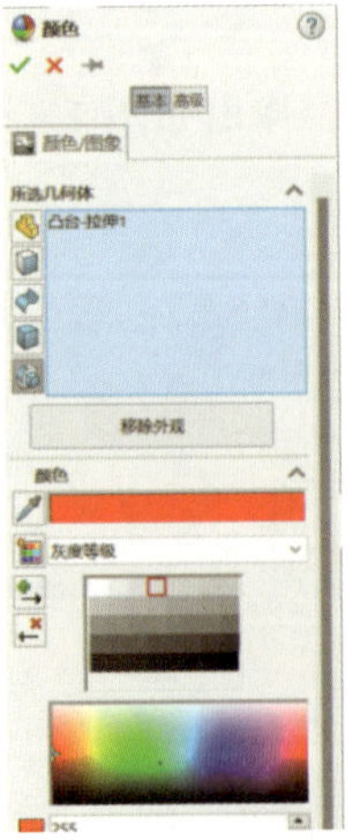


图 1.3.34 “颜色”属性管理器

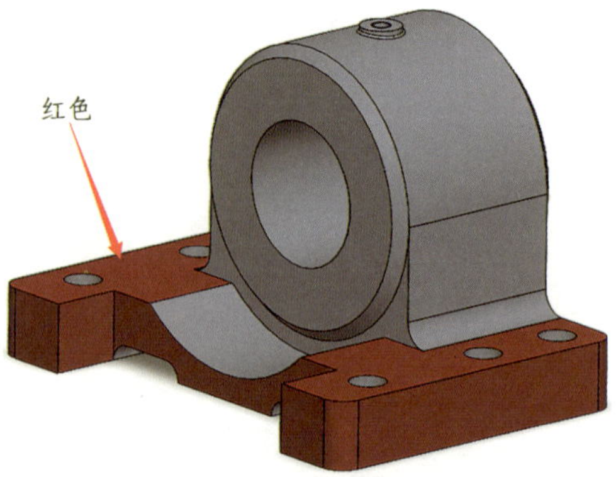


图 1.3.35 设置颜色后的零件模型

在零件模型和装配体模型中，除了可以对特征的颜色进行设置外，还可以对整个零件、实体、面进行颜色设置。其步骤与设置特征颜色类似，不再介绍。

5. 鼠标常用方法

鼠标在 SolidWorks 软件中的使用频率非常高，可以用其实现平移、缩放、旋转、绘制几何图素和创建特征等操作。基于 SolidWorks 软件特点，建议使用三键滚轮鼠标，在设计时可以有效地提高设计效率。表 1.3.1 列出了三键滚轮鼠标的使用方法。

表 1.3.1　三键滚轮鼠标的使用方法

| 鼠标按键 | 作用 | 操作说明 |
|---|---|---|
| 左键 | 用于选择菜单命令和单击实体对象工具按钮，绘制几何图元等 | 直接单击鼠标左键 |
| 滚轮（中键） | 放大或缩小 | 按 Shift+中键并上下移动光标，可以放大或缩小视图；滚动滚轮中键，可以放大或缩小视图 |
| | 平移 | 按 Ctrl+中键并移动光标，可将模型按鼠标移动方向平移 |
| | 旋转 | 按住鼠标中键不放并移动光标，即可旋转模型 |
| 右键 | 弹出快捷菜单 | 直接在图元或空白区域单击鼠标右键 |
| | 鼠标笔势 | 按住鼠标右键滑动适当距离 |

鼠标笔势的设置和使用的具体操作：

（1）选择菜单栏中的“工具”“自定义”命令，或者在工具栏区域右击，在弹出的快捷菜单中选择“自定义”命令，此时系统弹出“自定义”对话框。

（2）选择“鼠标笔势”选项，弹出对话框，如图 1.3.36 所示。

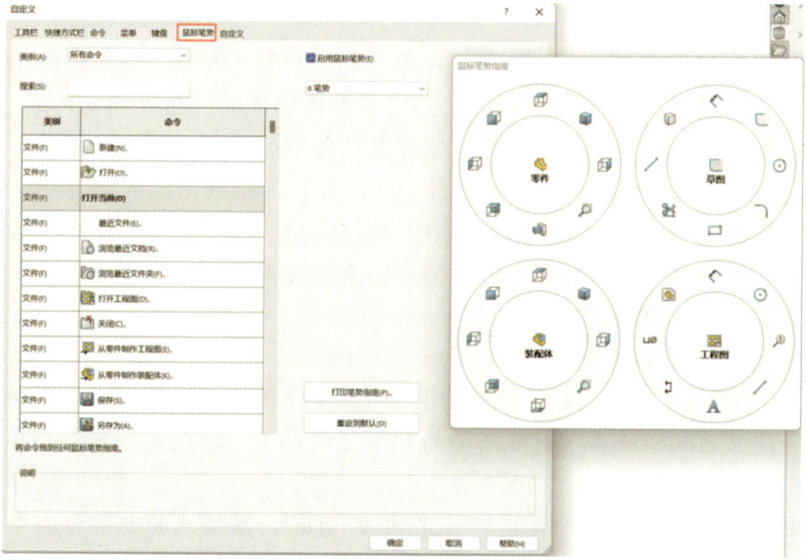


图 1.3.36　“鼠标笔势”对话框

（3）勾选“启用鼠标笔势”，可以选择笔势数以及将左边常用的命令移动到鼠标笔势指南的相应位置即可。鼠标右键按住滑动即可打开鼠标笔势。

例如，如果有 8 个鼠标笔势，则可以在以下方向上右键拖动：正上正下、正左正右和沿着四个对角线之一的方向。

要对装配体使用鼠标笔势，可在图形区域中以 4 个方向之一用右键拖动，但操作时需在远离零部件的位置进行以免旋转零部件，或者按 Alt+右键拖动。

### 1.3.6 SolidWorks 建模常用术语

在学习使用一个软件之前，需要对该软件中常用的一些术语有简单的了解，从而避免产生歧义。SolidWorks 常用模型术语如图 1.3.37 所示。

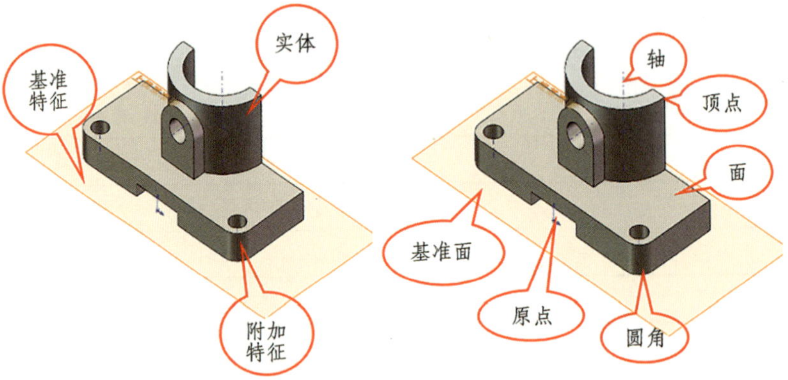


图 1.3.37　常用模型术语

（1）特征：特征是产品信息的集合，兼有形状和功能两种属性，具有按一定拓扑关系组成的特定形状、精度、材料、技术要求和管理等信息。通过它能够实现设计、制造或其他工程任务之间的通信与交流。

狭义的特征是指形状特征，SolidWorks 由基准特征、基本特征、附加特征组成。基本特征是指基本实体，由草图轮廓经拉伸、旋转、扫描等操作形成的三维几何实体。

（2）实体：这里的实体是具有独立几何物理属性的空间模型，即以三维形式出现的具有一定体积的物体，包括曲面。草图轮廓通过拉伸、旋转等基本特征生成的三维模型称为基本实体（基本形状），如平板、圆柱体等。在基本实体上进行倒角、孔加工等附加特征操作后得到的三维模型也是实体。因此，实体是由多个特征组合而成的三维模型。SolidWorks 为多实体建模软件，可以在实体的基础上建立其他实体。

（3）零件：零件是由多实体组合形成的三维模型。

（4）控标：用户在不退出图形区域的情况下拖动控标时，系统自动修改某些参数。

（5）顶点：顶点为两个或多个直线或边线相交之处的点。顶点可用来绘制草图、标注尺寸以及许多其他用途。

（6）面：面为模型或曲面的所选区域（平面或曲面），模型或曲面带有边界，可辅助定义模型或曲面的形状。

（7）原点：模型原点显示为灰色，代表模型的（0，0，0）坐标。当激活草图时，草图原点为红色，代表草图的（0，0，0）坐标。尺寸和几何关系可以加入到模型原点，但不能加入到草图原点。

（8）平面：平面是平的构造几何体。平面可用于绘制草图、生成模型的剖视图以及用于拔模特征中的中性面等。

（9）轴：轴为穿过圆锥面、圆柱体或圆周阵列中心的直线。插入轴有助于建造模型或阵列。

（10）圆角：圆角为草图内、曲面或实体上的角或边的内部圆形。

（11）几何关系：几何关系为草图实体之间或草图实体与基准面、基准轴、边线或顶点之间的几何约束，可以自动或手动添加这些几何约束。

（12）模型：模型为零件或装配体文件中的三维实体几何体。

（13）自由度：没有由尺寸或几何关系定义的几何体，可自由移动。在二维草图中，有 3 种自由度，沿 $x$ 和 $y$ 轴移动以及绕 $z$ 轴旋转（垂直于草图平面的轴）。在三维草图中，有 6 种自由度，沿 $x$、$y$ 和 $z$ 轴移动，以及绕 $x$、$y$ 和 $z$ 轴旋转。

（14）坐标系：SolidWorks 中坐标系为三维笛卡儿坐标系，用来给特征、零件和装配体指定笛卡儿坐标。零件和装配体文件包含默认坐标系。可在“特征”控制面板上的“参考几何体”拉列表中单击“坐标系”按钮，然后自定义坐标系。

（15）草图：草图是由点、线、圆弧、圆等基本图形构成的封闭或不封闭的几何图形，是创建特征及三维实体建模的基础。

（16）轮廓：草图中几何图形的子集，可以是闭环图形，也可以是开环图形。

（17）正视于：执行“正视于”命令，系统自动旋转模型，将选择的平面与屏幕平行。

# 任务 1.4 小试牛刀——设计一个印章

| 任务目标 | 任务内容 |
| --- | --- |
| 1. 熟悉软件界面；<br>2. 掌握鼠标操作方法；<br>3. 了解建模的基本过程 | 1. 了解软件界面；<br>2. 运用草图命令、特征工具栏；<br>3. 实操草图绘制；<br>4. 绘制基本三维图形 |

## 1.4.1 任务导入

绘制如图 1.4.1 所示的印章。通过绘制了解零件从 2D 草图到 3D 对象的建模基本过程，进一步熟悉 SolidWorks 的界面操作，掌握草图、特征工具栏常用命令，能根据操作步骤进行简单零件的草图绘制及建模。

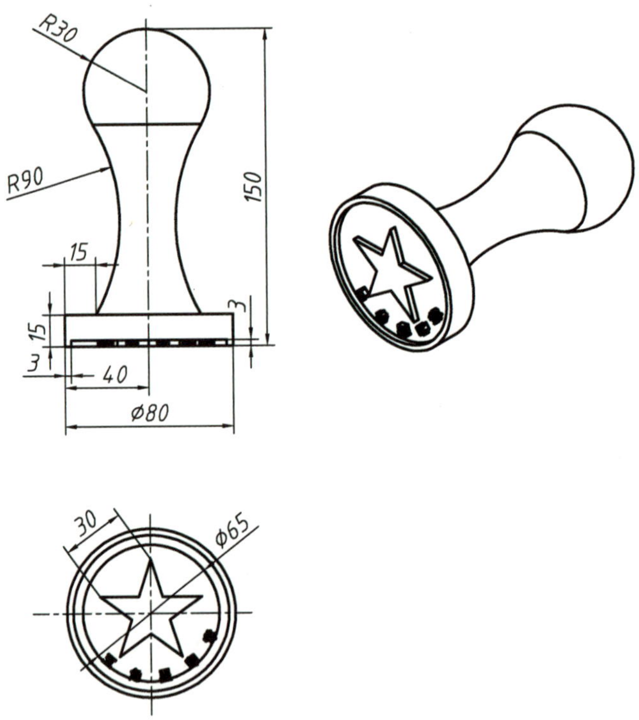


图 1.4.1 五角星印章参考图

## 1.4.2 任务分解

任务分解如图 1.4.2 所示。

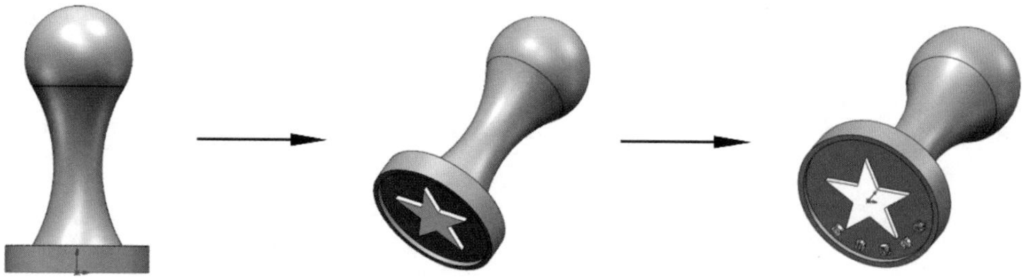

图 1.4.2　印章设计任务分解

### 1.4.3　思维导图

思维导图如图 1.4.3 所示。

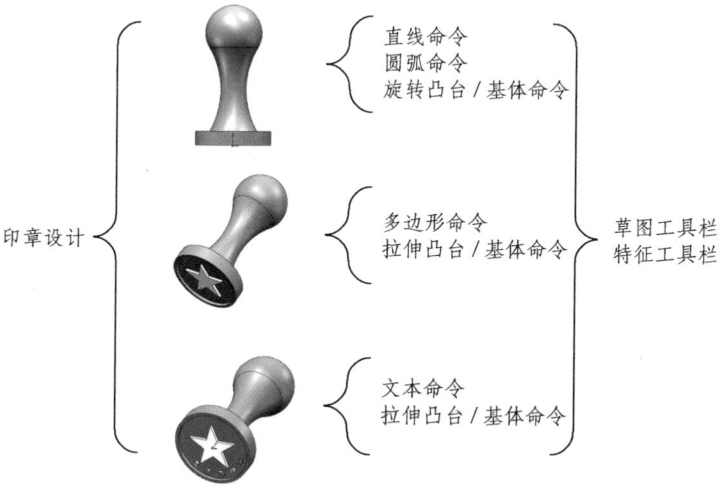


图 1.4.3　印章设计思维导图

### 1.4.4　相关知识

1. 软件界面

SolidWorks 2024 用户界面包括菜单栏、工具栏、状态栏、管理区域、图形区域、任务窗格、版本提示等。菜单栏包含了所有 SolidWorks 命令，工具栏可根据文件类型（零件、装配体、工程图）来调整、放置并设定其显示状态，而 SolidWorks 界面底部的状态栏则可以提供设计人员正执行的有关功能的信息，详细介绍见“任务 1.3.2　界面功能介绍”。

2. 草图绘制工具栏

SolidWorks 的实体造型与搭积木类似，可通过一些简单的模型构建方法，如拉伸来生成实体零件，但建模的次序需要按照零件形态进行规划，仔细斟酌方可确定。因此，截面形态精度要求很高，从而在实体造型前必须先学习绘制草图。

草图是由点、线、圆、圆弧等基本图形元素构成的封闭或不封闭的几何图形，是创建特征的基础。在 SolidWorks 中使用草图工具栏进行绘制草图，草图工具栏如图 1.4.4 所示。

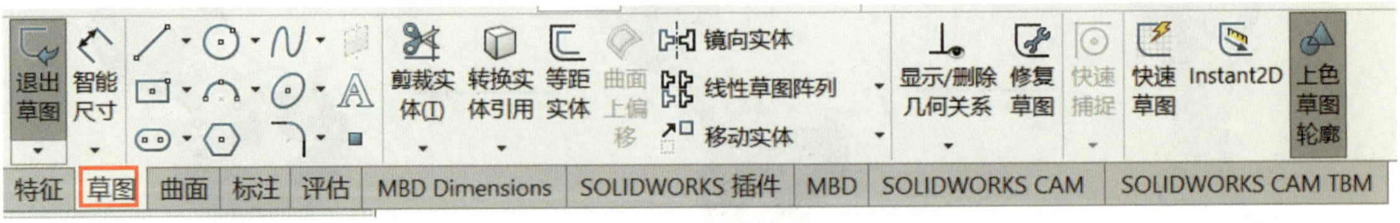

图 1.4.4　草图工具栏

草图必须绘制在平面上，这个平面可以基准面，也可以是三维模型上的平面。初始进入草图绘制环境时，系统默认有 3 个基准面：前视基准面、右视基准面和上视基准面，如图 1.4.5 所示。零件的初始草图绘制是从系统默认的基准面上开始的。

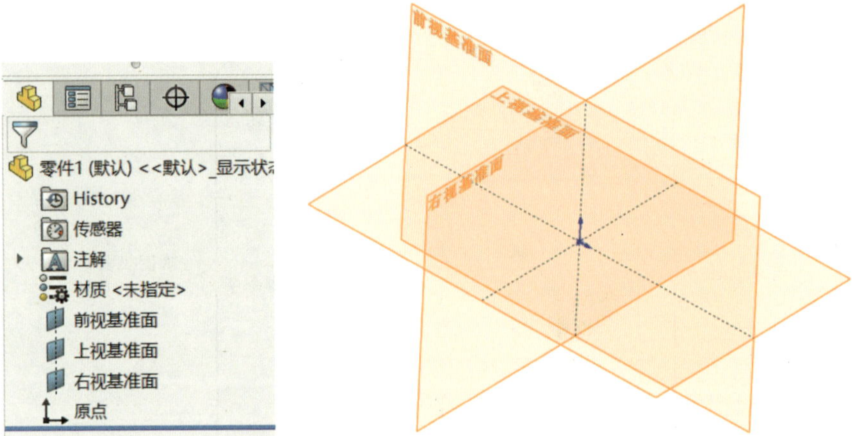

图 1.4.5　系统默认的基准面

一个完整的草图包括几何形状、几何关系和尺寸标注等方面的信息，如图 1.4.6 所示。

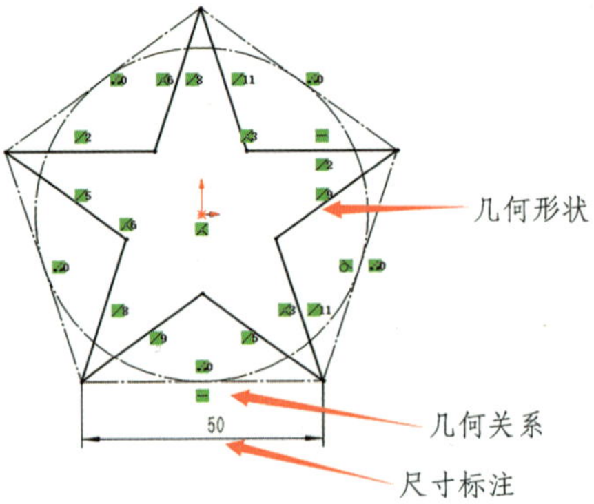

图 1.4.6　草图

### 3. 特征工具栏

零件建模是 SolidWorks 的核心功能之一，在 SolidWorks 中零件的建模过程，其实质就是不同特征按照一定形式的组合过程。SolidWorks 是基于特征、参数化的实体建模软件。

零件建模是由一些相对简单的基本特征和附加特征通过一定方式组合而成的。草图（代表截面）或草图中的轮廓经拉伸、旋转、扫描等操作形成的三维几何实体称为基本特征。而利用一系列特征的有序组合形成三维模型的方法称为基于特征的三维建模，简称特征建模（狭义的特征建模）。建模特征工具栏如图 1.4.7 所示。

图 1.4.7　建模工具栏

## 1.4.5　任务实施 1

建模过程见表 1.4.1。

表 1.4.1　印章建模过程

| 建模步骤 | 图　示 |
|---|---|
| 1. 双击 ，启动 SolidWorks 2024。<br>选择“文件”→“新建”命令，或者在“标准”工具栏中单击“新建按钮” ，系统弹出“新建 SolidWorks 文件”对话框，单击“零件”按钮 ，再单击“确定”按钮进入零件设计环境 | 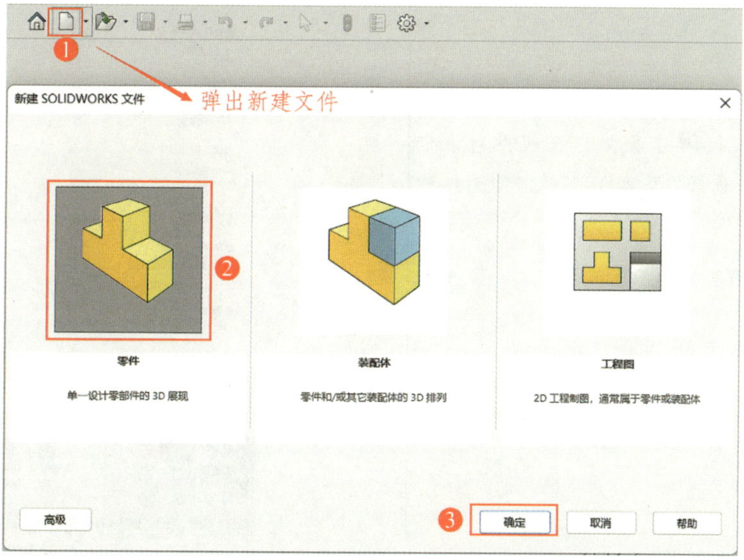 |
| 2. 选择绘制面。“草图”工具栏中，在特征管理器（设计树）中选择“前视基准面”，此时前视基准面变为蓝色。在弹出工具栏中单击“草图绘制”命令 ，或者单击“草图”控制面板上的“草图绘制”按钮 ，新建草图进入草图绘制环境 | 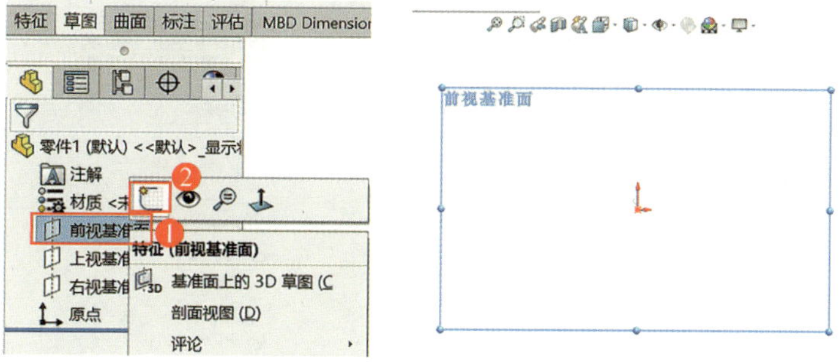 |

<table>
<tr><th>建模步骤</th><th>图　示</th></tr>
<tr><td>3. 单击“草图”控制面板上的“直线”按钮（使直线端点与原点重合，将鼠标移到开始位置单击，向需要的方向移动鼠标标到目标位置，再单击），绘制一条如右图所示的直线。单击“确定”按钮，也可以按 ESC 键退出按钮结束命令</td><td>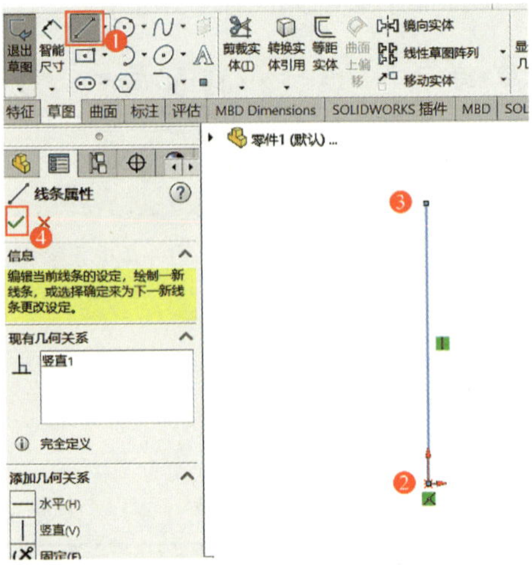
</td></tr>
<tr><td>4. 单击直线，在属性对话框中选择“竖直”，勾选“作为构造线”</td><td>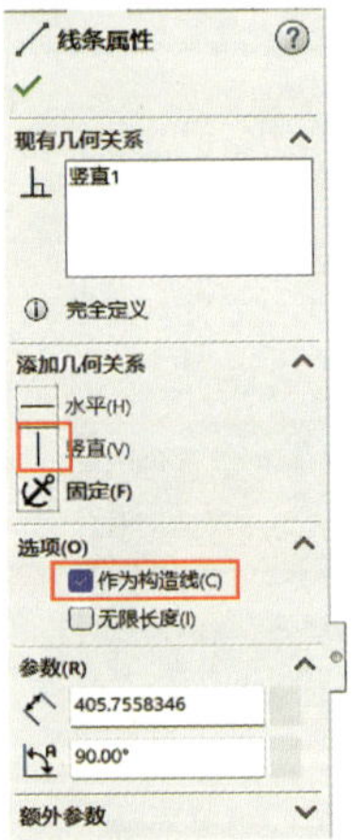
</td></tr>
<tr><td>5. 单击“草图”控制面板上的“直线”按钮，按右图所示顺序绘制直线</td><td>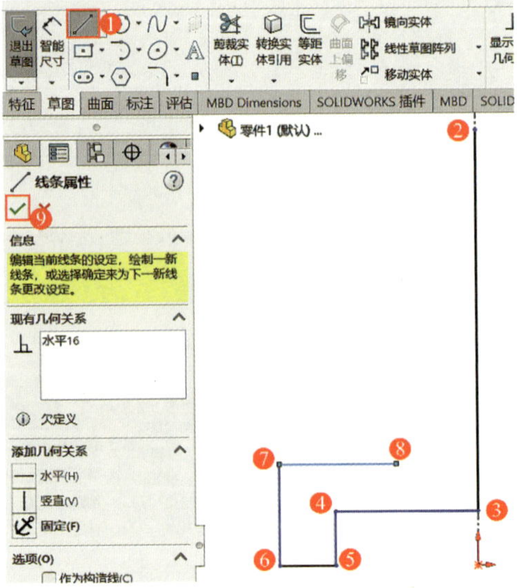
</td></tr>
</table>

| 建模步骤 | 图　示 |
| --- | --- |
| 6. 单击“草图”控制面板上的“圆弧”按钮右图中①的图形，单击“三点圆弧”，按右图所示绘制圆弧 | 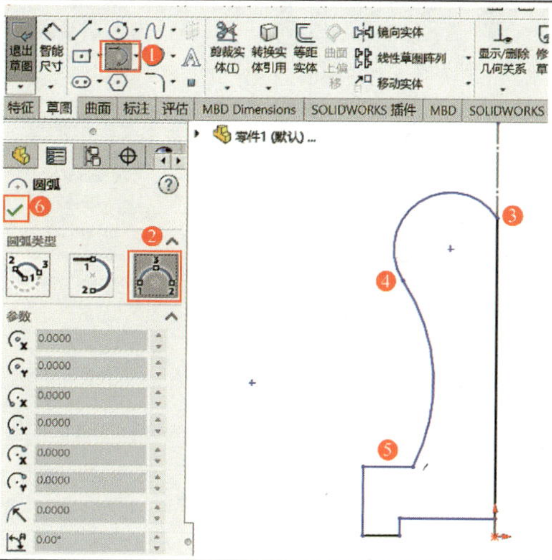 |
| 7. 添加几何约束关系。选择相应对象，在弹出的属性对话框添加几何关系 | 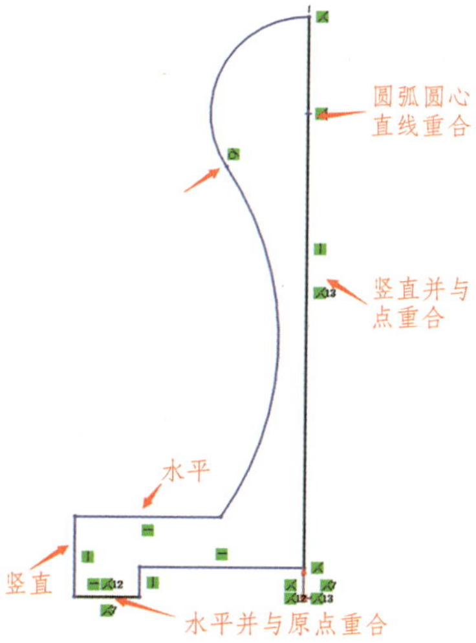 |
| 8. 单击“草图”控制面板上的“智能尺寸”按钮，标注尺寸 | 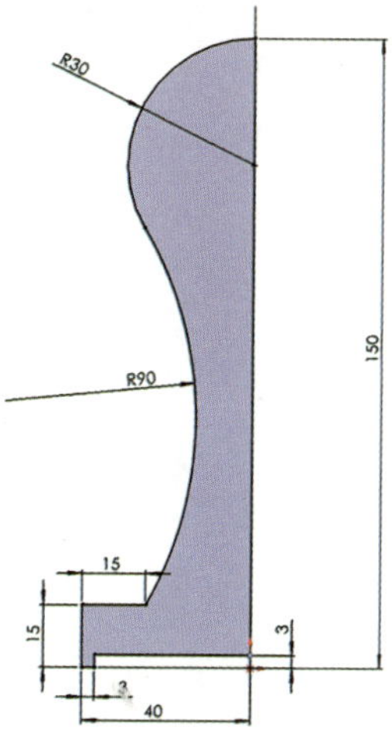 |

<table>
<tr><th>建模步骤</th><th>图　示</th></tr>
<tr><td>9. 单击“特征”控制面板上的“旋转凸台/基体”按钮，生成右图所示特征</td><td>
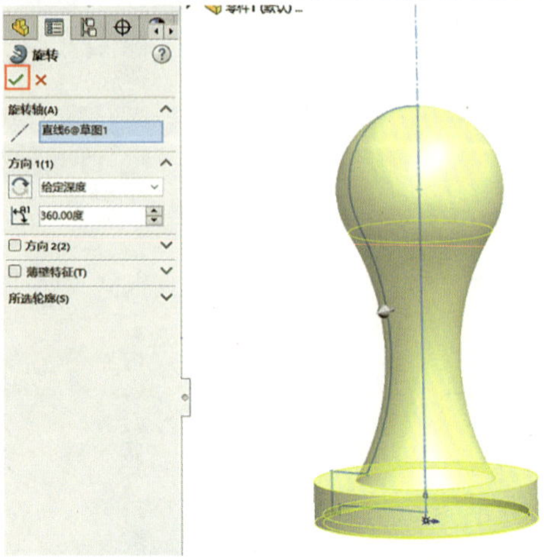

</td></tr>
<tr><td>10. 鼠标右键单击右图箭头所指表面，在弹出的快捷菜单栏上单击“草图绘制”按钮，新建草图</td><td>
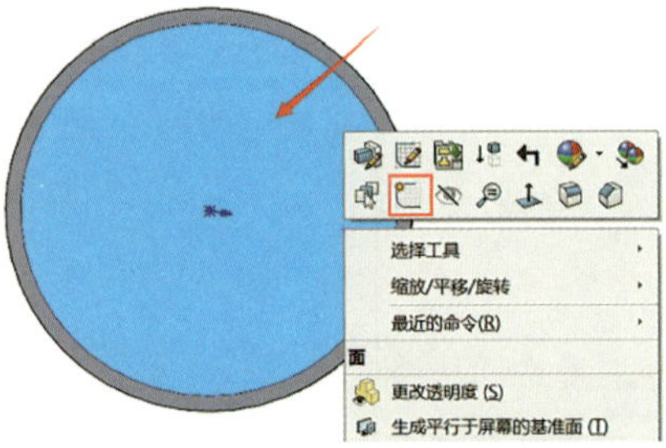

</td></tr>
<tr><td>11. 此时，该面会自动正对屏幕，方便绘制草图。如果没有自动对正，按下空格键，单击“正视于”按钮，刚选中的面将旋转到正对屏幕</td><td>
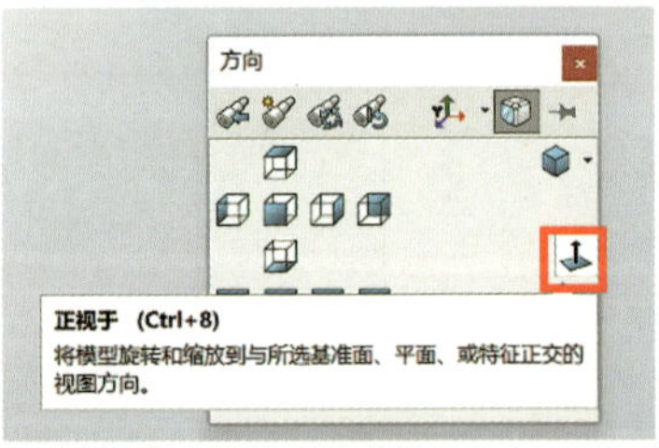

</td></tr>
<tr><td>12. 单击“草图”控制面板上的“多边形”按钮，弹出“多边形”属性管理器，在参数中设置边数为“5”，可以选择内切圆或外接圆方式，捕捉原点，绘制多边形轮廓，勾选作为构造线(C)，单击“确定”按钮</td><td>
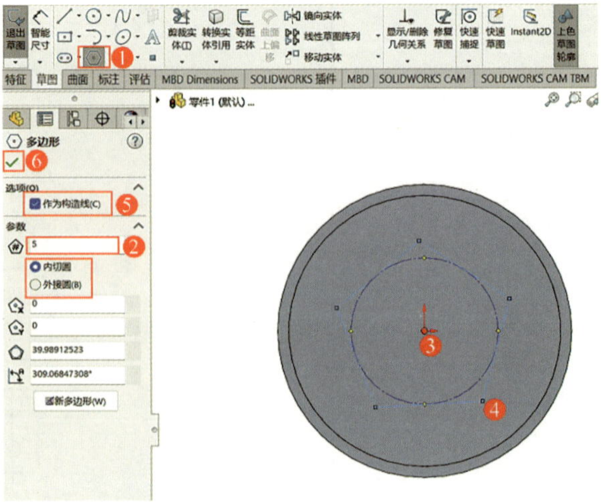

</td></tr>
</table>

| 建模步骤 | 图　示 |
|---|---|
| 13. 单击底边直线，在弹出的对话框中选择“水平”按钮—，添加水平的几何关系；单击草图工具栏上的“智能尺寸”按钮⟨，标注尺寸 30 mm | 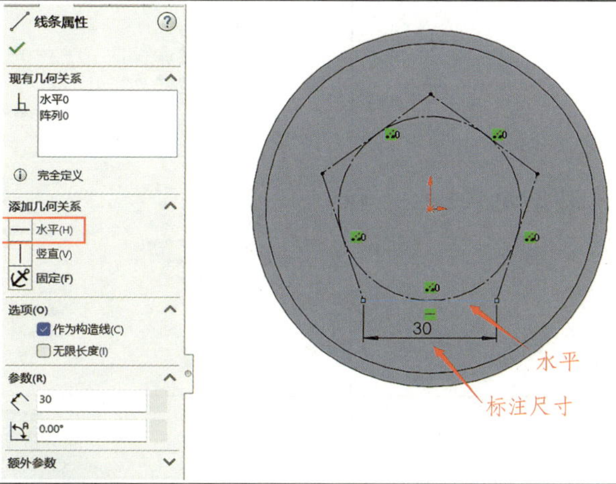 |
| 14. 单击“草图”控制面板上的“直线”按钮／，将五边形的 5 个顶点分别用直线连接起来，单击“确定”按钮✓ | 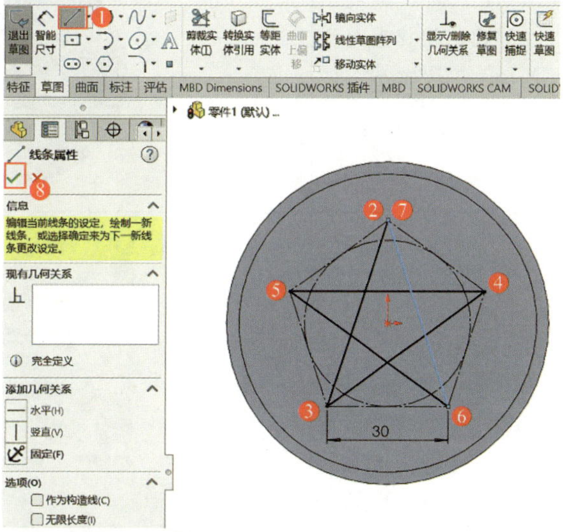 |
| 15. 单击“草图”控制面板上的“剪裁实体”按钮✂，弹出如右图左侧所示的剪裁实体属性管理器，在实体上拖动光标将多余的直线轮廓修剪掉，获得五角星轮廓 | 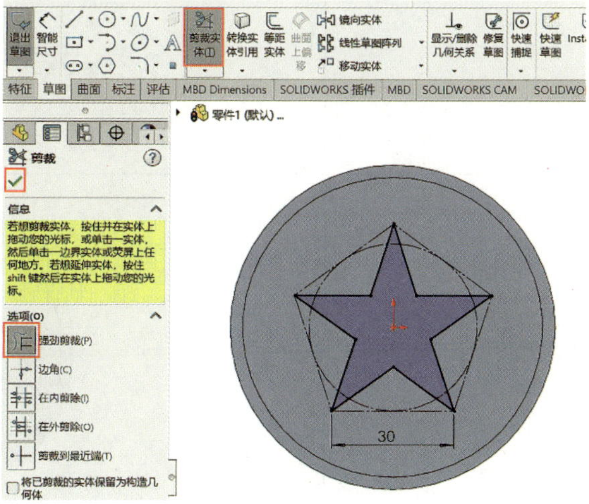 |

| 建模步骤 | 图　示 |
|---|---|
| 16. 单击“特征”控制面板上的“拉伸凸台/基体”按钮，将图形拉伸至 3 mm，单击“确定”按钮，完成凸台拉伸的创建 | 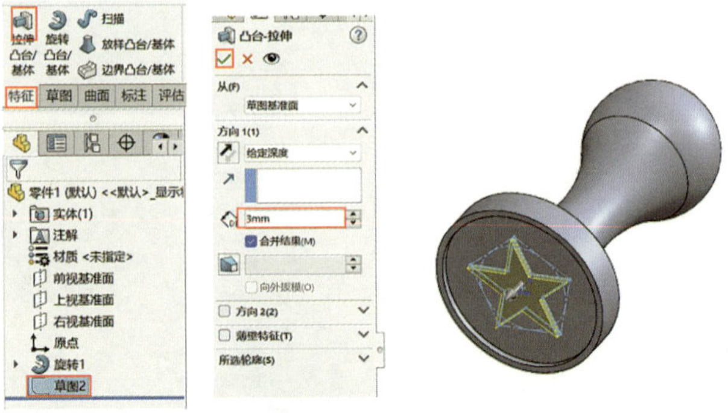 |
| 17. 鼠标右键单击右图箭头所指表面，在弹出的快捷菜单栏上单击“草图绘制”按钮，新建草图 | 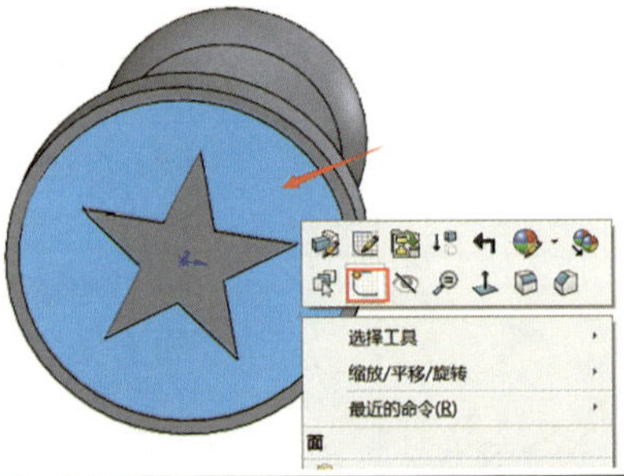 |
| 18. 单击“草图”控制面板上的“圆”按钮，捕捉圆心与原点重合，画如右图所示的圆，勾选“作用构造线”，单击“确定”按钮 | 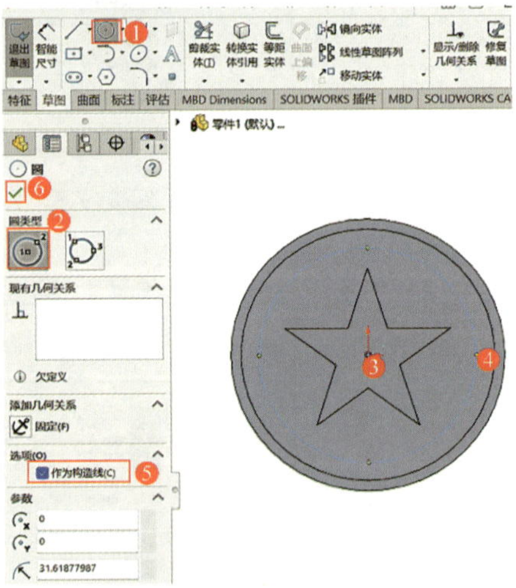 |
| 19. 单击草图工具栏上的“智能尺寸”按钮，标注尺寸直径 65 mm |  |

| 建模步骤 | 图　示 |
| --- | --- |
| 20. 单击草图工具栏上的“文本”按钮A,在弹出的属性框中,曲线选择所画的圆,在文字框中键入“五角星印章”,可以直接“使用文档字体”,也可在“字体”选项中选择字体 | 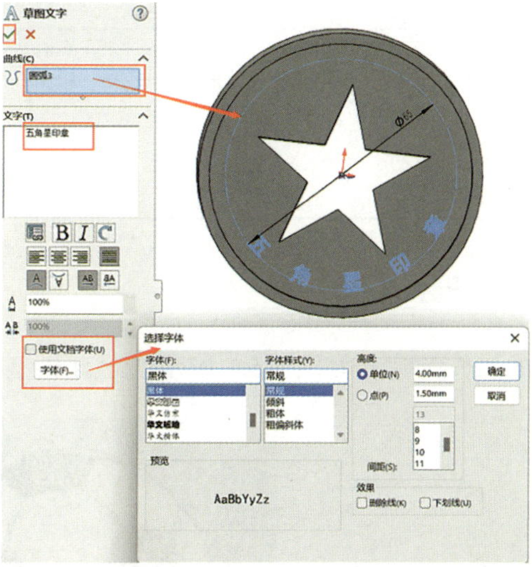  |
| 21. 单击“特征”控制面板上的“拉伸凸台/基体”按钮，将图形拉伸至 3 mm，单击“确定”按钮✓，完成字体的凸台拉伸的创建 | 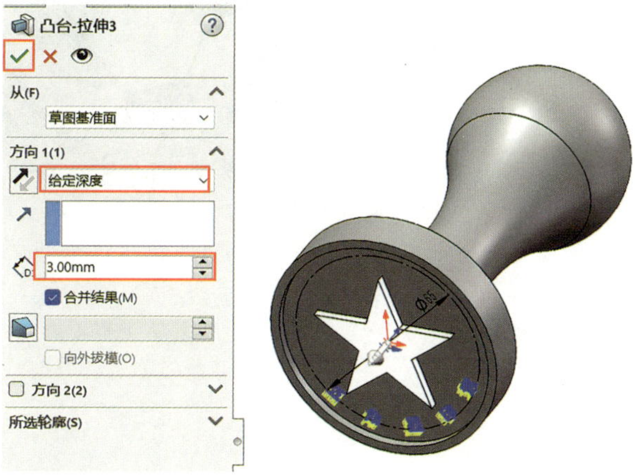  |
| 22. 保存文件。零件绘制完成，单击“保存”按钮，选择保存路径，命名文件名，绘制结束 | 拓展：可以更换图案，或把文字改成名字或其他内容 |

# 任务 1.5 任务拓展

| 任务目标 | 任务内容 |
| --- | --- |
| 1. 练习跟随思维导图和教学视频建模；<br>2. 拓展建模思路；<br>3. 增强三维设计兴趣 | 1. 建立 3D 草图、建立基准面；<br>2. 旋转切除命令、建立放样实体；<br>3. 利用圆周阵列命令、利用移动/复制命令 |

## 1.5.1 任务导入

本任务的工作是建立如图 1.5.1 所示的足球模型

图 1.5.1 足球模型

足球模型建模过程

## 1.5.2 任务分解

任务分解如图 1.5.2 所示

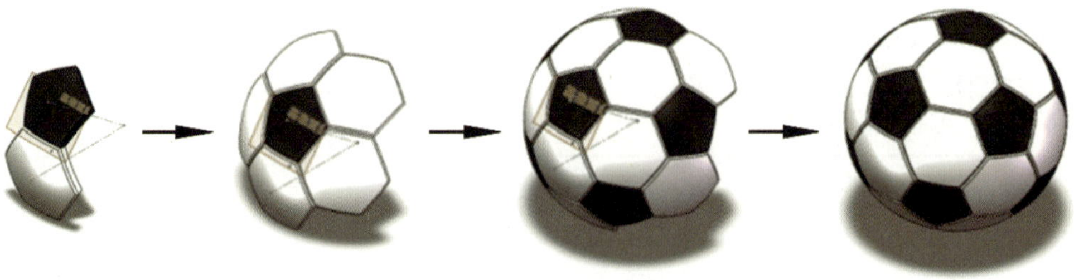

图 1.5.12 足球建模任务分解

## 1.5.3 思维导图

思维导图如图 1.5.3 所示。

图 1.5.3　足球建模思维导图

## 1.5.4　相关知识

1. 3D 草图

在绘制 3D 草图时，可以利用 Tab 键切换绘制平面。直接绘制 3D 草图有较大的困难，初学时，可以先在不同的平面绘制多个平面草图，再将其组合成 3D 草图，或是利用模型已有边线提取 3D 草图。在菜单栏单击“插入”→“3D 草图”，或在命令管理器“草图”标签页单击“草图绘制”按钮下方小三角▼→“3D 草图”按钮，可以进入 3D 草图绘制模式，绘制方法同二维草图，见表 1.5.1。

表 1.5.1　3D 草图绘制

| 命令条件 | 参数设置 | 结果 |
|---|---|---|
| 在命令管理器“草图”标签页上单击“草图绘制”下方的→“3D 草图”按钮 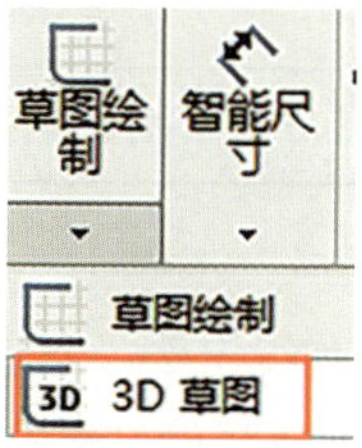 | 进入 3D 草图绘制状态，用相应的草图命令绘制图形 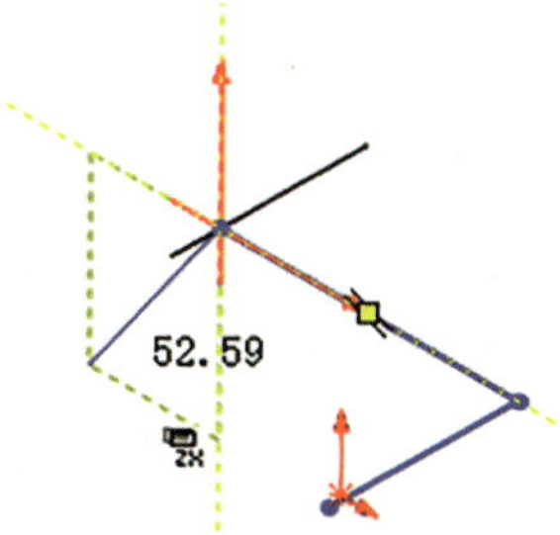 | 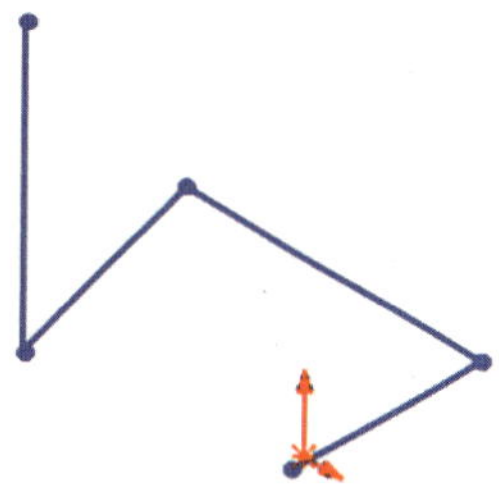 |
| 在实体状态 | 按<Tab>键切换绘图平面 | 完成立体草图绘制 |

续表

| 命令条件 | 参数设置 | 结果 |
| --- | --- | --- |
| 已存在实体<br>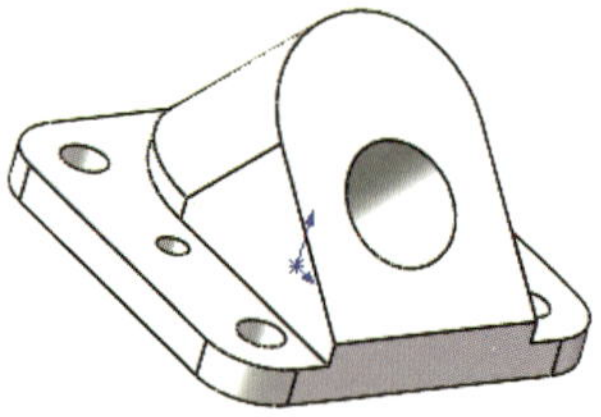 | 单击“3D 草图”按钮 D，选中要用于 3D 草图的边线，单击“转换实体引用”按钮<br>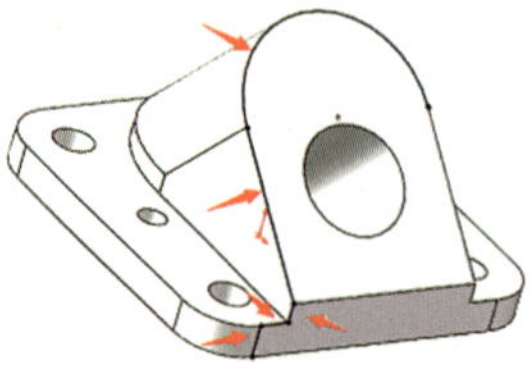 | 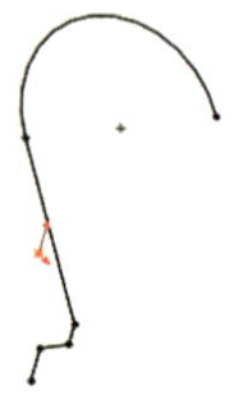 |
| 在实体状态 | 隐藏实体后即为 2D 草图 | 隐藏实体后即为 3D 草图 |

2. 建立基准面

可以在零件或装配体中生成基准面。SolidWorks 提供前视、上视和右视平面作为默认值。方向（前视、上视、右视等）与这些平面相关。基准面用来绘制草图和为特征生成几何体。除了默认的基准面外，可生成参考基准面，可在模型面上打开草图（系统会根据所选的要素，自动推荐最适合的基准面生成方式。操作时，除调整数值外，其他一般无须干预）。基准面建立过程见表 1.5.2。

表 1.5.2　建立基准面

| 命令条件 | 参数设置 | 结果 |
| --- | --- | --- |
| 当前没有合适进行草图绘制或实体操作所需的平面时，根据所选的要素不同，系统会自动推荐关系<br>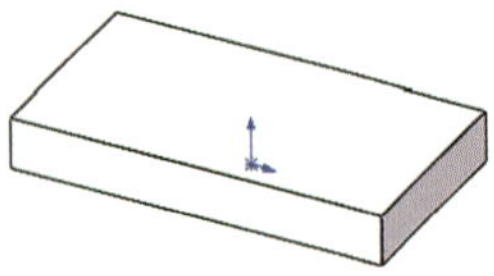 | 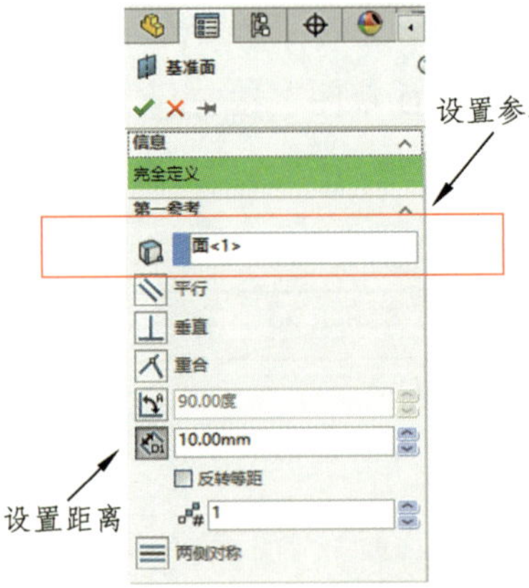 | 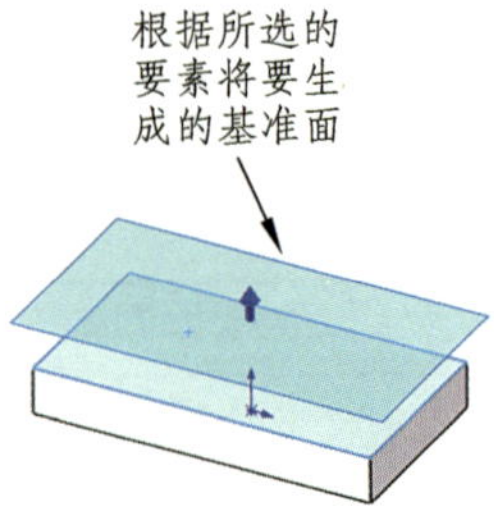 |
| 在实体状态时 | 选择要素不同，软件界面会有所不同 | 基准面生成预览效果 |

3. 旋转切除

在旋转切除的特征形成必须有一条旋转轴（必须为构造直线或草图直线）及一个旋转剖面（不可横跨旋转轴），旋转轴及旋转剖面必须在同一个草图上，旋转剖面会绕旋转轴做圆形回转，适用于去除环状特征模型的建立，见表 1.5.3。

表 1.5.3　旋转切除

| 命令条件 | 参数设置 | 结果 |
| --- | --- | --- |
| 在已存在的实体上生成草图（包含一个或多个轮廓）和一条中心线，或直线、边线作为旋转特征的轴<br>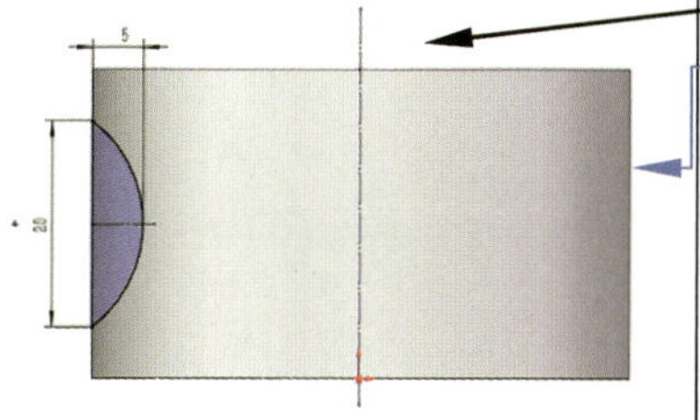 | 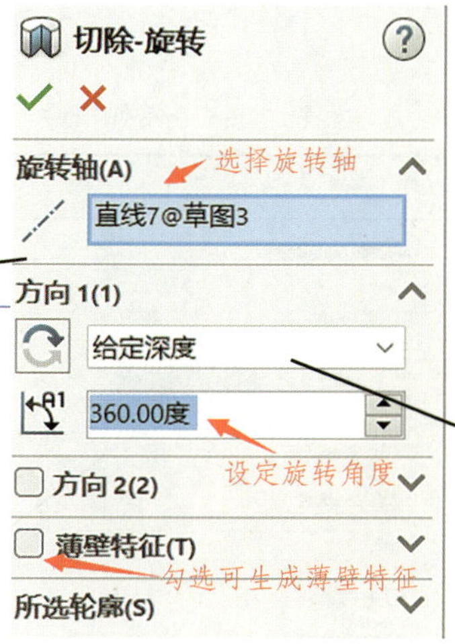 | 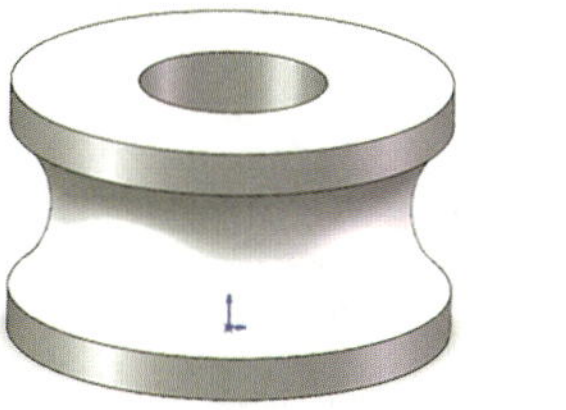<br>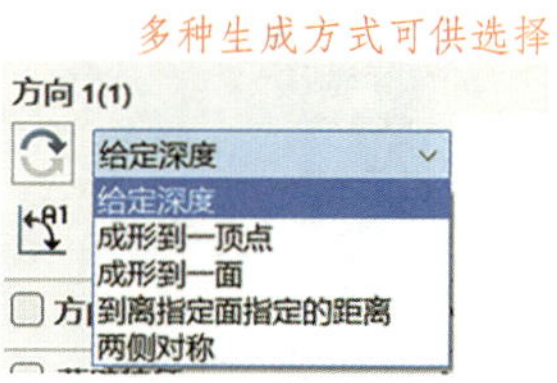 |
| 草图可以是开环，也可以是闭环 | 必要时反向 | 拉伸出指定尺寸的实体 |

4. 放样凸台/基体放样

放样工具通过在轮廓之间进行过渡生成特征，可以放样基体、凸台、切除特征或曲面，也可以使用两个或多个轮廓生成放样。多个轮廓时，仅第一个或最后一个轮廓可以是点，其他轮廓应封闭。单一 3D 草图中可以包含所有草图实体（包括引导线和轮廓），见表 1.5.4。

表 1.5.4　放样指令

| 命令条件 | 参数设置 | 结果 |
| --- | --- | --- |
| 已完成用于放样操作的多个截图草图（如有需要，还需完成引导线）<br>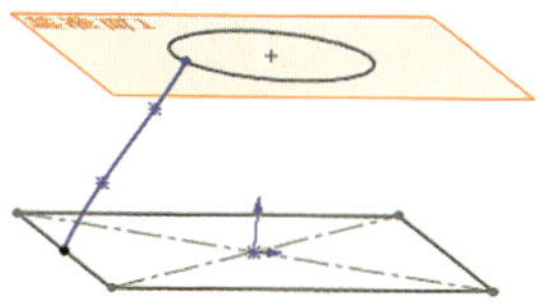 | 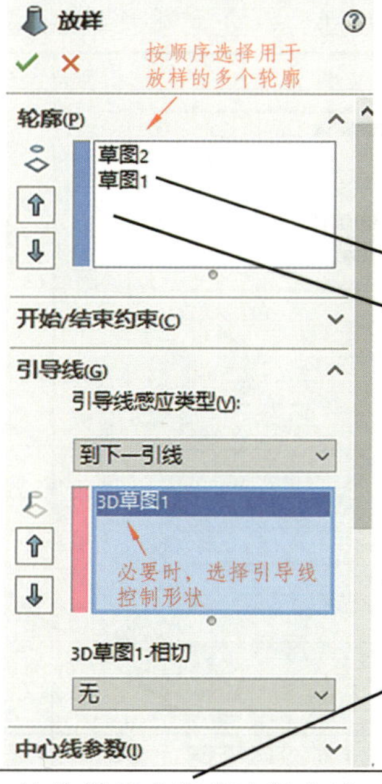 | 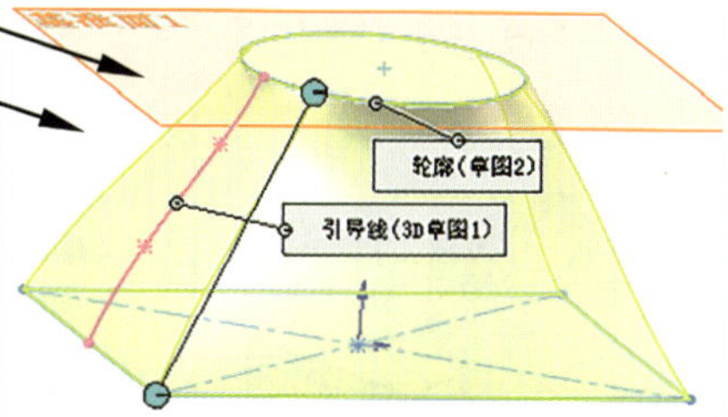 |
| 在实体状态 | 按放样要求顺序选择轮廓 | 各轮廓在引导线的约束下成形 |

### 5. 圆周阵列

圆周阵列是指阵列特征绕着一个基准轴进行特征复制，主要用于圆周方向特征均匀分布的情形，见表 1.5.5。

表 1.5.5　陈列指令

| 命令条件 | 参数设置 | 结果 |
| --- | --- | --- |
| 先绘制好多个实体中的一个（可选择显示观阅临  时轴，便于后续操作选择基准轴） 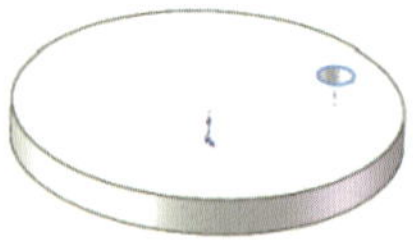 | 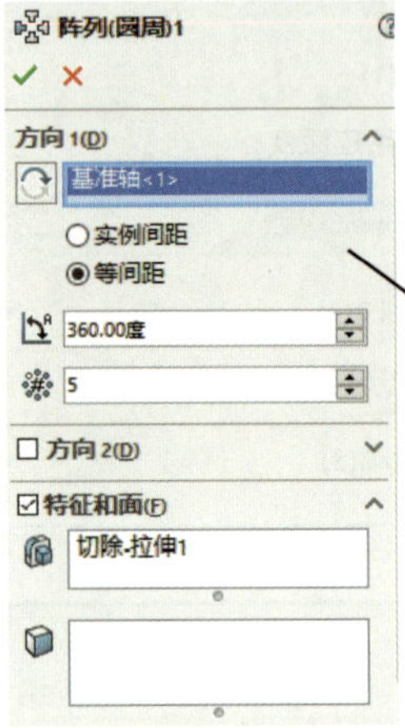 | 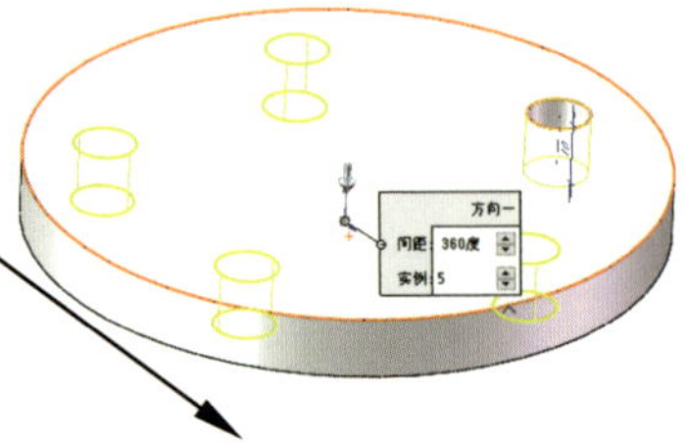 |
| 在实体状态 | “阵列轴”拾取，高亮时可用 | 含阵列源阵列出实例数量 |

### 6. 移动/复制实体

在 SolidWorks 多实体零件中，可移动、旋转、复制实体和曲面实体，或者使用配合将它们放置。单击移动/复制实体（“特征”工具栏）或插入→特征→移动/复制，见表 1.5.6。

表 1.5.6　移动/复制实体

| 命令条件 | 参数设置 | 结果 |
| --- | --- | --- |
| 打开或新建一个实体 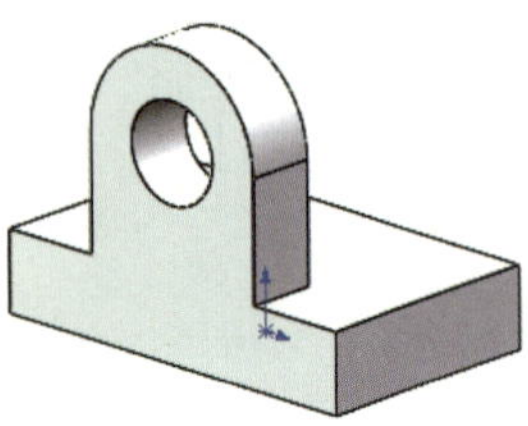 | 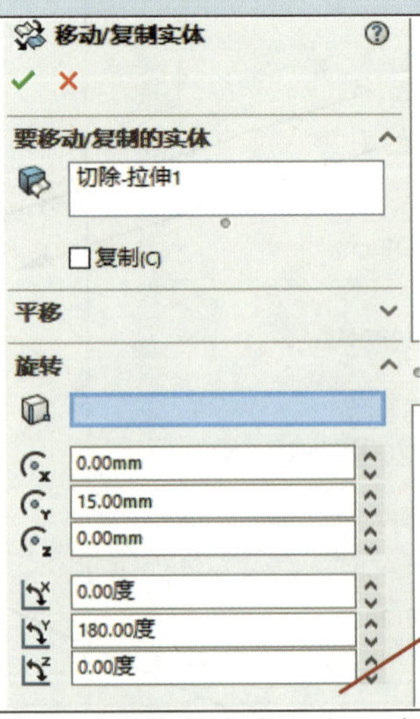 | 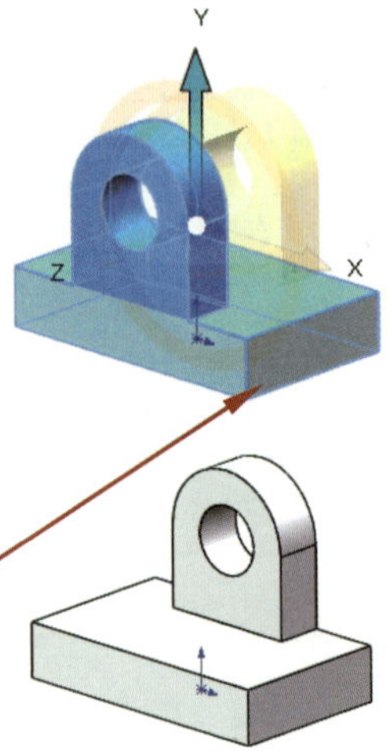 |
| 在实体状态 | 设置正确旋转参考几何元素及坐标轴角度 | 翻转实体 |

## 1.5.5 任务实施

足球可以看成是由 12 个五边形和 20 个六边形组合而成，具体建模过程见表 1.5.7。

表 1.5.7 足球建模过程

<table>
<tr><th>建模步骤</th><th>图 示</th></tr>
<tr><td>1. 新建零件，在“前视基准面”新建草图。绘制六边形，以原点为中心，约束其中一边水平，长度为 50</td><td>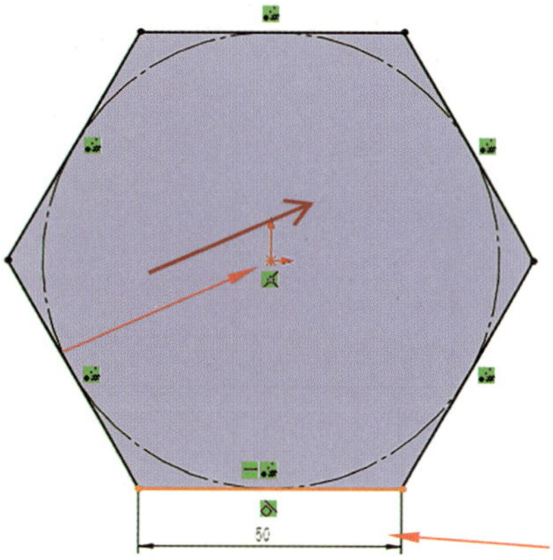
</td></tr>
<tr><td>2. 用 3D 草图：其中一个端点绘制一条直线。约束角度为 108°和 60°，长度为 50，并点击鼠标右键选择设置为构造几何线</td><td>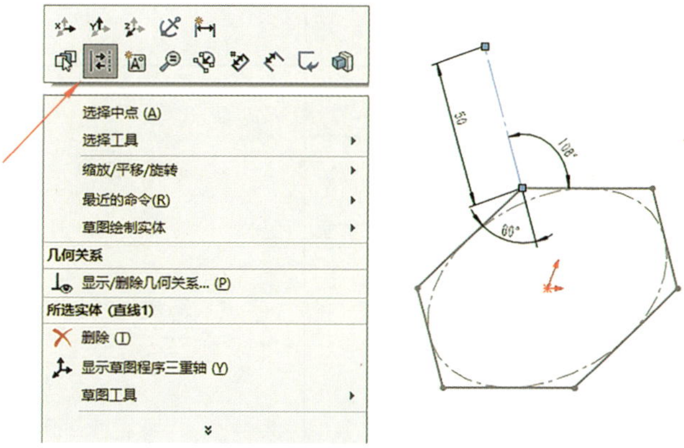
</td></tr>
<tr><td>3. 选择三个点作参考，创建基准面</td><td>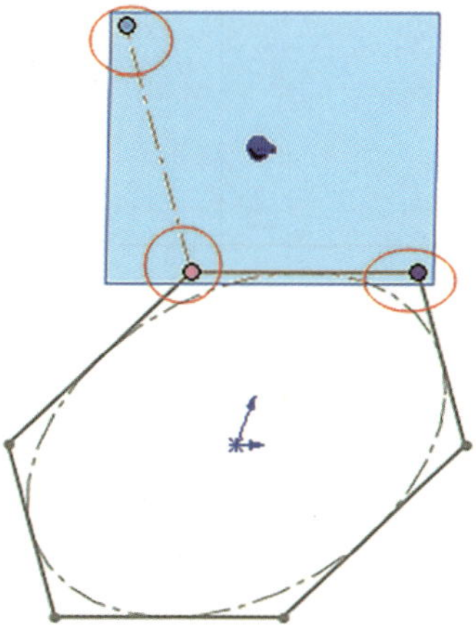</td></tr>
</table>

<table>
<tr><th>建模步骤</th><th>图　示</th></tr>
<tr><td>4. 在新建的基准面内绘制五边形，约束右图所示两点重合</td><td>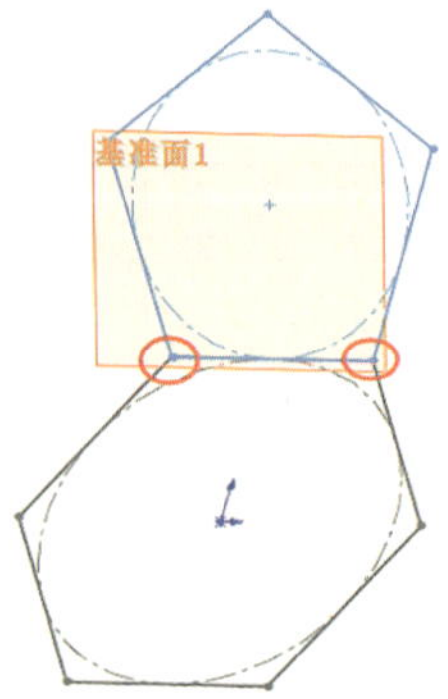
</td></tr>
<tr><td>5. 继续使用“3D 草图”绘制两条分别从六边形和五边形中点出发，相交于一点的中心线。分别约束与五边形所在基准面和六边形所在前视基准面垂直</td><td>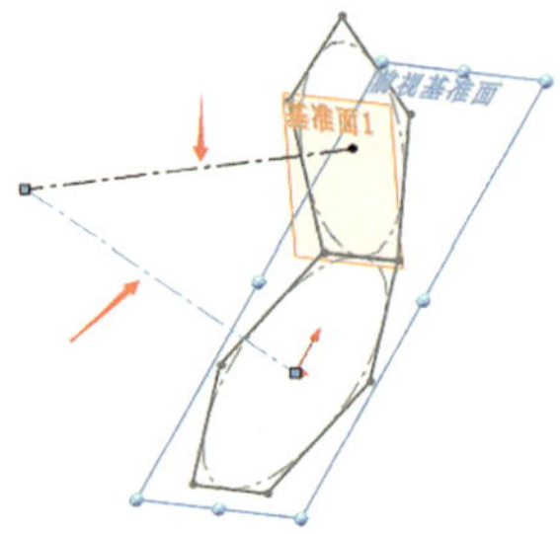
</td></tr>
<tr><td>6. 单击“草图”→“3D 草图”，在上一步中心线交点处绘制一个点。选择特征→放样凸台，以该点和六边形为轮廓放样。隐藏基准面<br>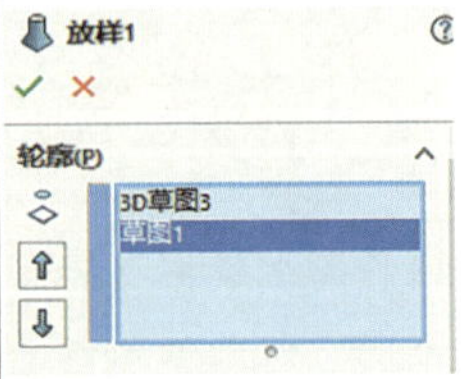
</td><td>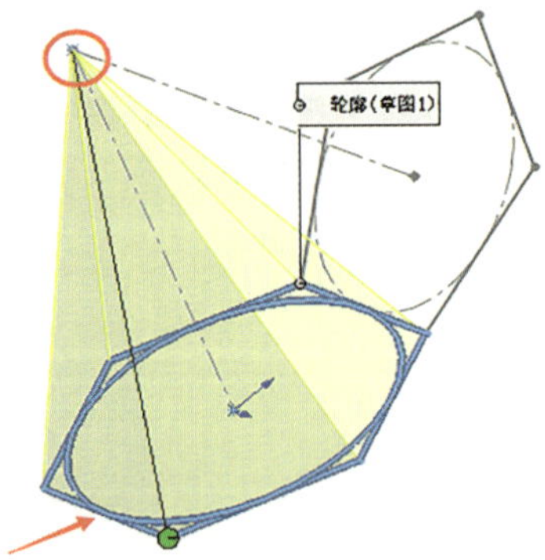
</td></tr>
<tr><td>7. 同样的方式再对五边形进行放样，注意选择实体不合并</td><td>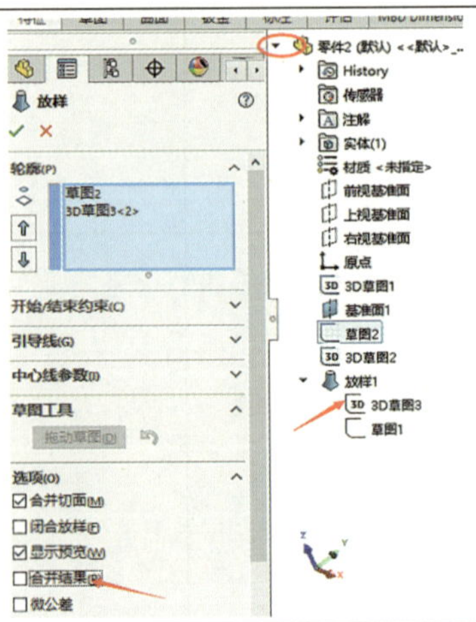
</td></tr>
</table>

| 建模步骤 | 图　示 |
| --- | --- |
| 8. 在右视基准面绘制三个半圆，两个小圆半径分别为100和110，外圆半径大于最大边界轮廓即可 | 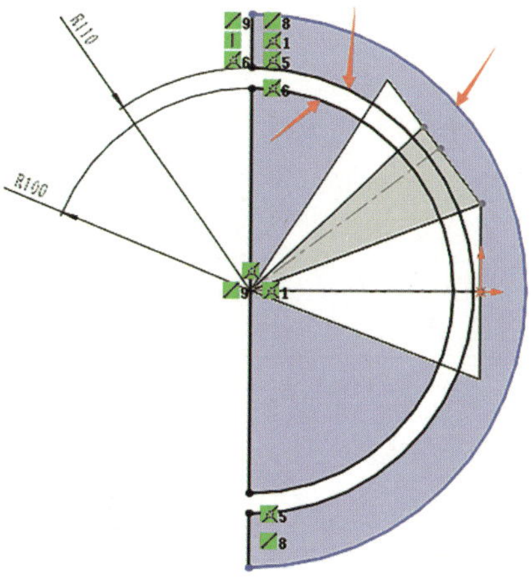 |
| 9. 单击“特征”→“旋转切除”按钮，选择旋转轴，确定 | 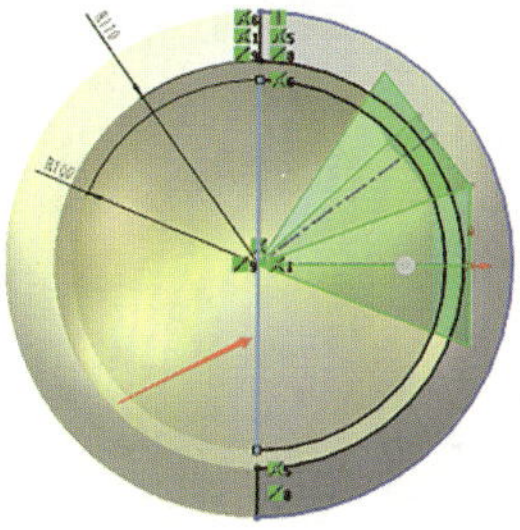 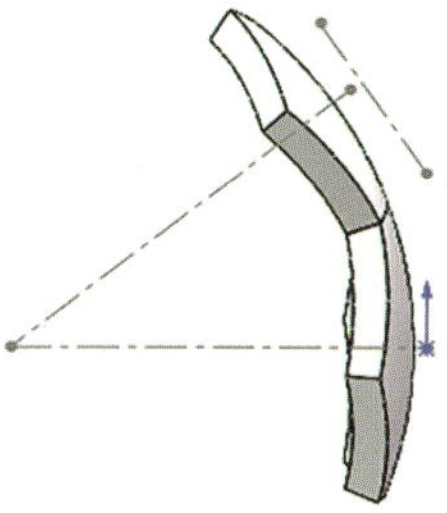 |
| 10.“特征”→“圆角”，两块球皮均圆角2mm | 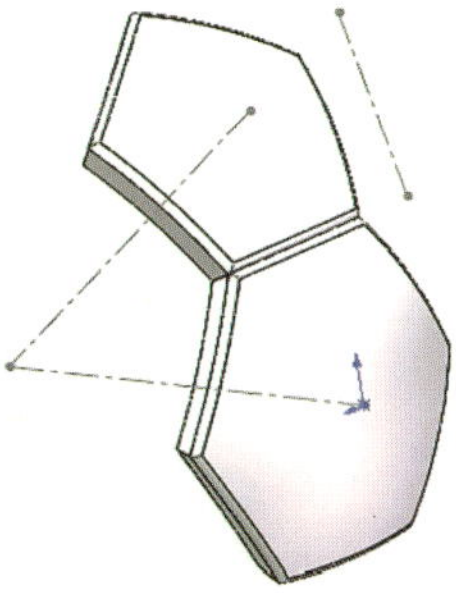 |
| 11.“特征”→“圆周阵列”，选择正确的旋转轴和阵列实体 | 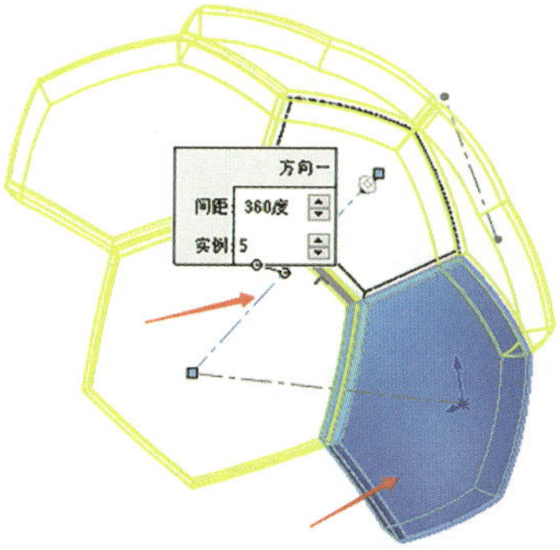 |

<table>
<tr><th>建模步骤</th><th>图　示</th></tr>
<tr><td>12. 继续“圆周阵列”，注意选择正确的旋转轴和阵列实体</td><td>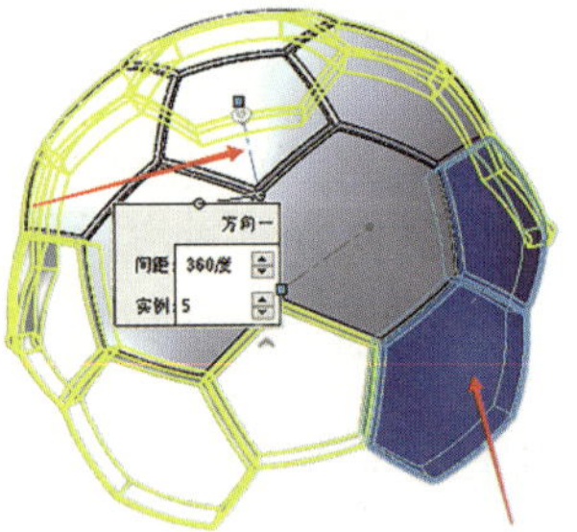
</td></tr>
<tr><td>13. 设置正确参数，实体移动/复制</td><td>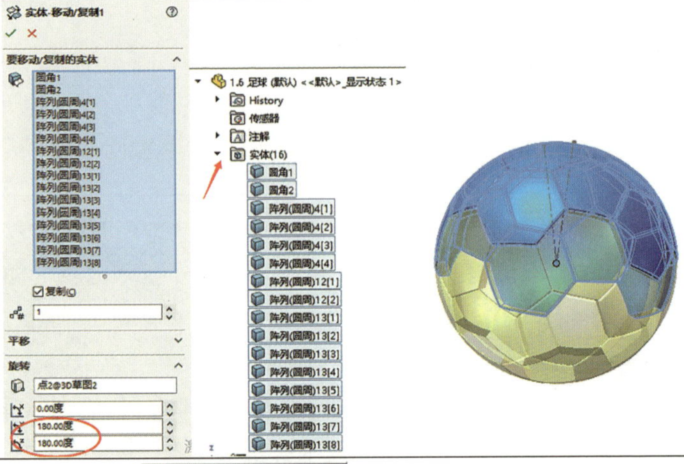
</td></tr>
<tr><td>14. “外观、布景和贴图”→“外观”→“塑料”，选择高光泽黑色。鼠标左键按住不放添加到所有五边形上</td><td>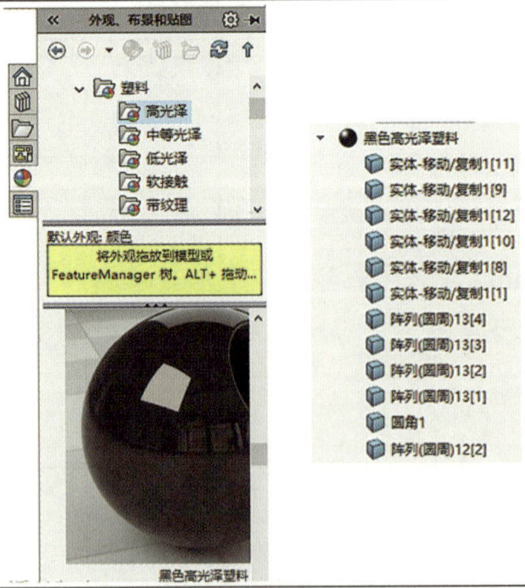
</td></tr>
<tr><td>15. 完成</td><td></td></tr>
</table>

# 任务 1.6 技能考评

1. 搜集并提交你喜欢的三维建模图片。
2. 利用所学的印章步骤，建立一个类似花瓶的模型，参考模型如图 1.6.1 和图 1.6.2 所示。

图 1.6.1 青花龙纹内刻云龙纹高足碗

图 1.6.2 曲面碗

# 项目 2 技巧探讨——建模方法

| 知识目标 | 技能目标 | 素质目标 |
| --- | --- | --- |
| 1. 掌握通过不同方式建模理解建模基本方法；<br>2. 理解基本草图应用原理；<br>3. 了解两种建模方式差异并总结特点 | 1. 掌握二维方式建模方法；<br>2. 掌握三维方式建模方法 | 1. 培养良好的专业精神、职业精神、团队精神和工匠精神；<br>2. 培养制定工作计划的方法能力和解决实际问题的工作能力；<br>3. 培养方案设计与总结评估决策能力 |

## 任务 2.1 二维方式——草图建模

| 任务目标 | 任务内容 |
| --- | --- |
| 1. 通过二维方式建模理解建模基本方法；<br>2. 理解基本草图应用原理；<br>3. 学会总结特点 | 1. 理解二维方式建模思路；<br>2. 体会建模特点 |

### 2.1.1 任务导入

利用二维方式建模，建立如图 2.1.1 和图 2.1.2 所示零件模型。

图 2.1.1 孔板

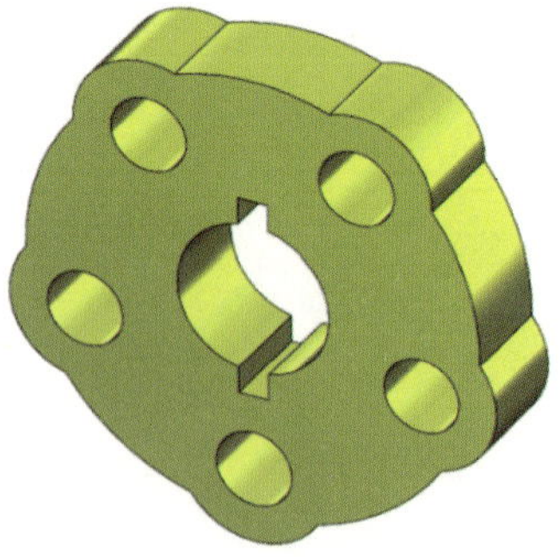

图 2.1.2 连接法兰

### 2.1.2 任务分解

二维方式建模

（1）任务分解如图 2.1.3 所示。

（2）连接法兰建模任务分解如图 2.1.4 所示。

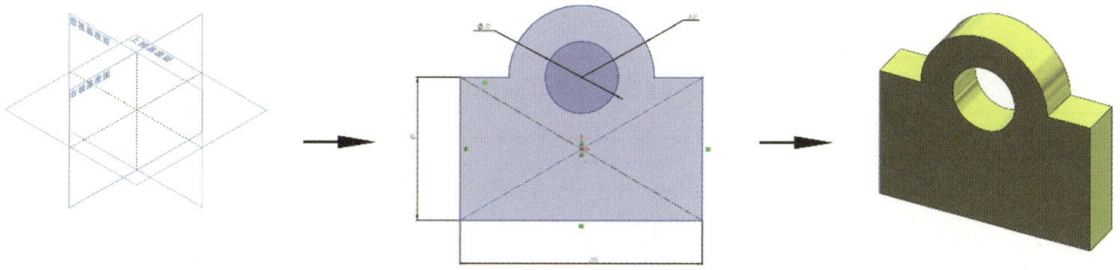

图 2.1.3　孔板建模任务分解

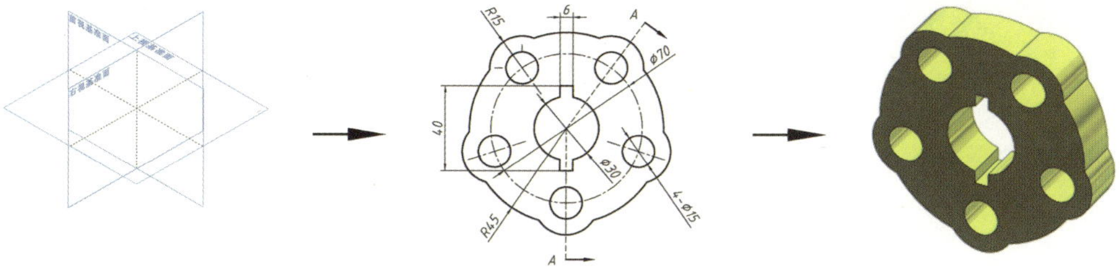


图 2.1.4　法兰建模任务分解

## 2.1.3　思维导图

思维导图如图 2.1.5 所示。

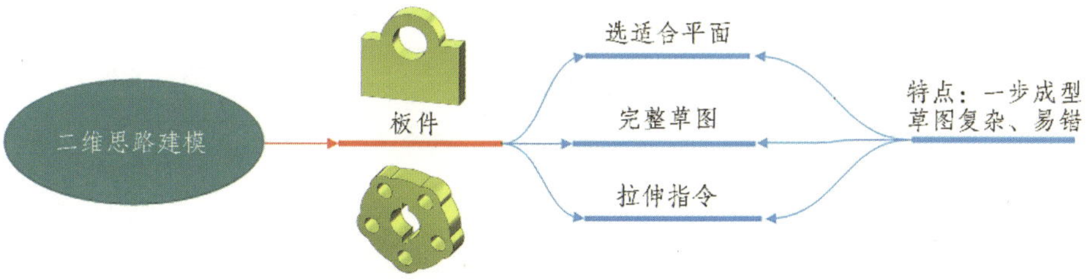


图 2.1.5　板件二维建模思维导图

## 2.1.4　任务实施

### 1. 孔板建模任务实施

孔板建模任务实施孔板的图如图 2.1.6 所示，由其生成三维模型的过程见表 2.1.1。

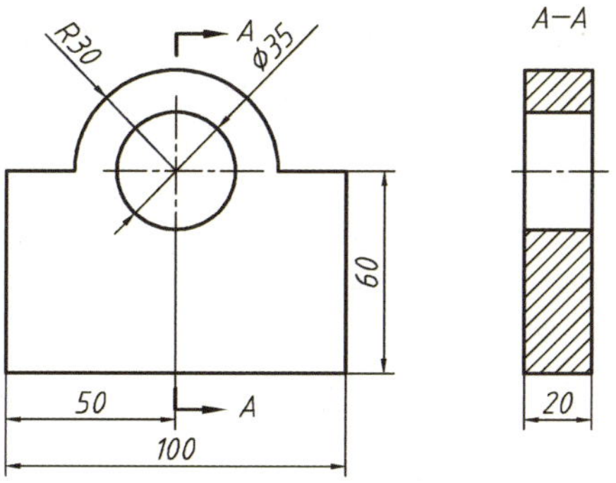


图 2.1.6　孔板

表 2.1.1　孔板二维方式建模过程

| 建模步骤 | 图　示 |
|---|---|
| 1. 新建零件，选择草图选项卡中草图绘制，以“前视基准面”新建草图 | 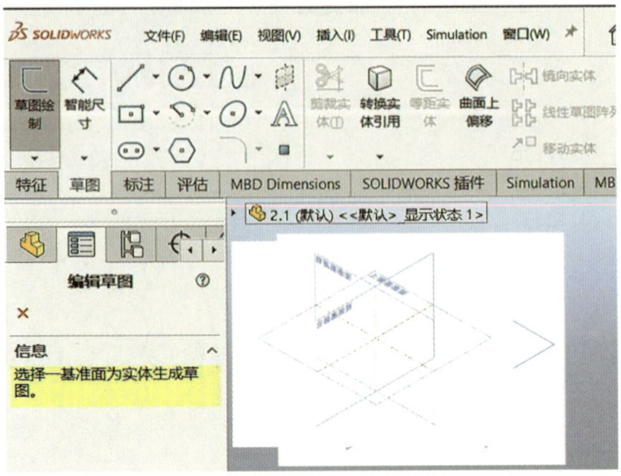 |
| 2. 草图工具栏上单击中心矩形图标 | 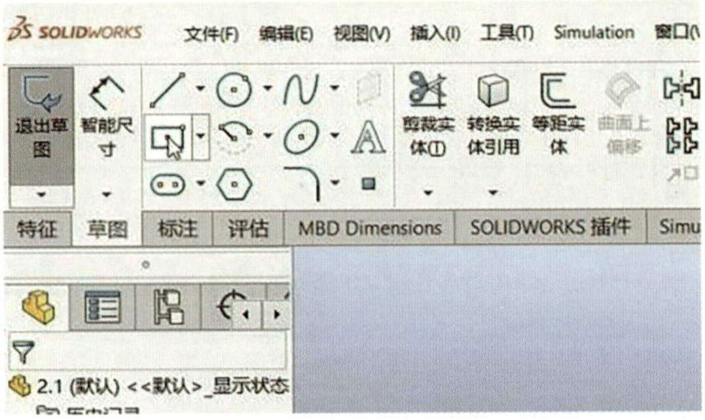 |
| 3. 以原点为中心，长度为 100，宽度为 60 的绘制中心矩形 | 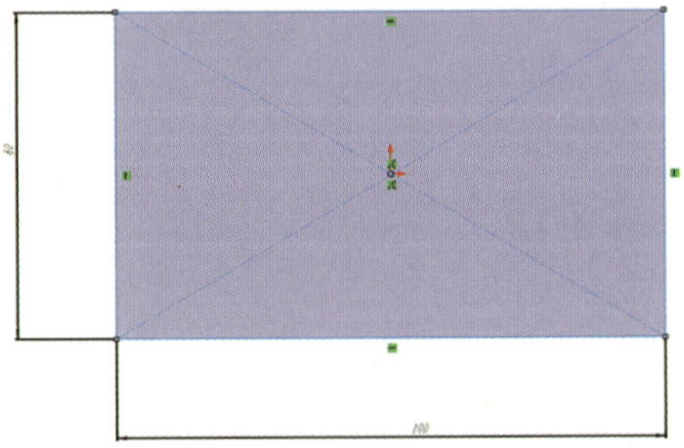 |
| 4. 草图工具栏上单击圆图标 | 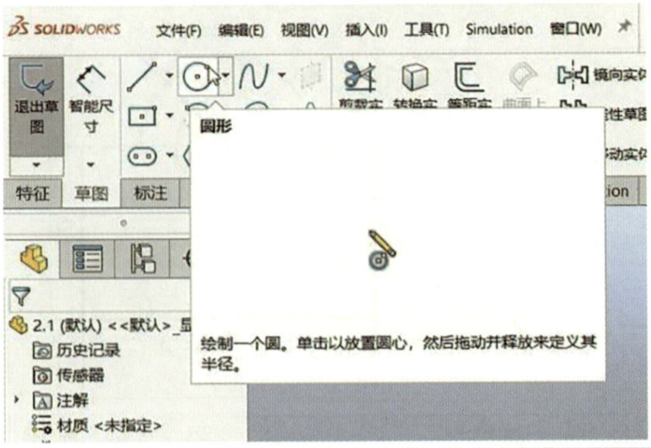 |

| 建模步骤 | 图　示 |
|---|---|
| 5. 以矩形上边中心为圆心绘制两个直径分别为 60 和 35 的同心圆 | 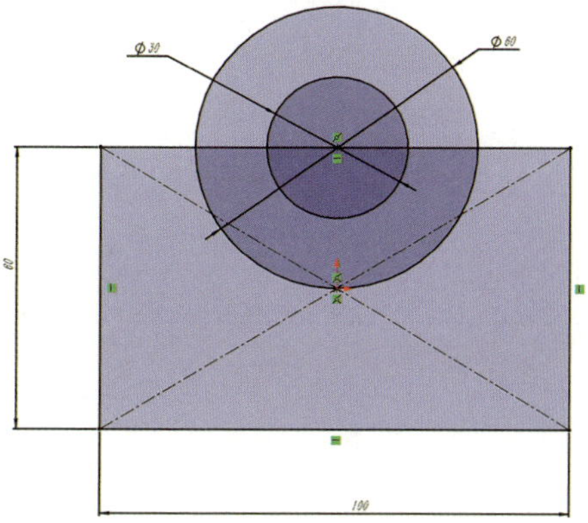  |
| 6. 草图工具栏上单击“修剪实体”图标。选择剪裁选项下“强劲剪裁” | 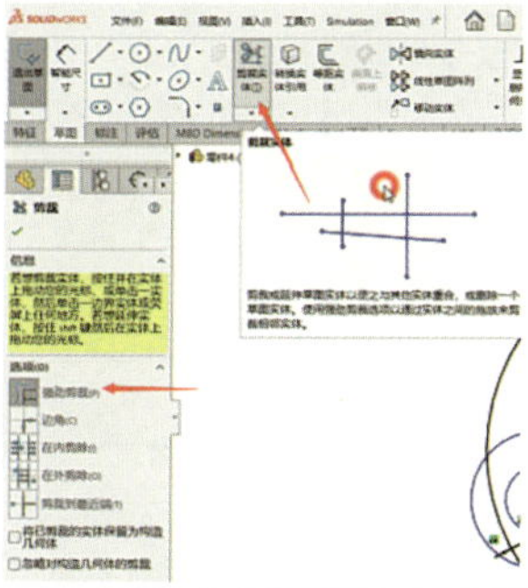 |
| 7. 按住鼠标左键滑动，划过需要修剪的边线 | 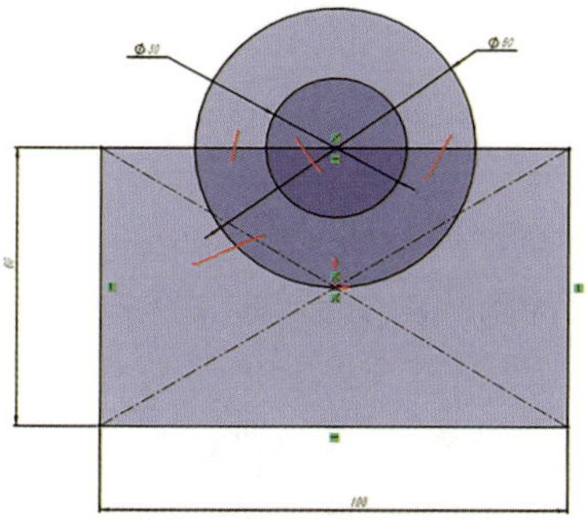  |
| 8. 得到右图所示的图形，注意现在所有边线变为蓝色 | 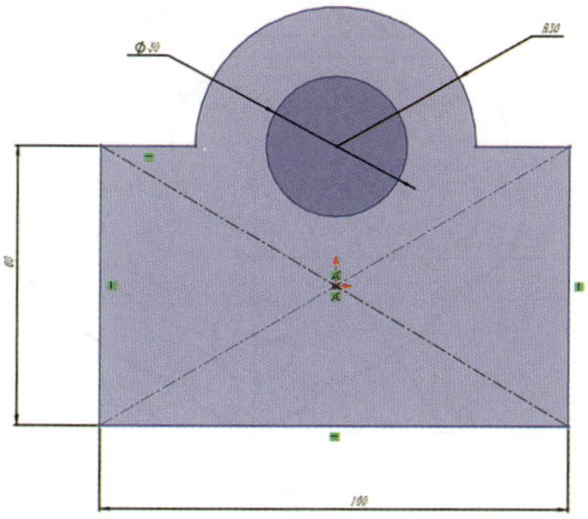  |

| 建模步骤 | 图　示 |
| --- | --- |
| 9. 切换特征选项卡，选择拉伸凸台/基体图标 | 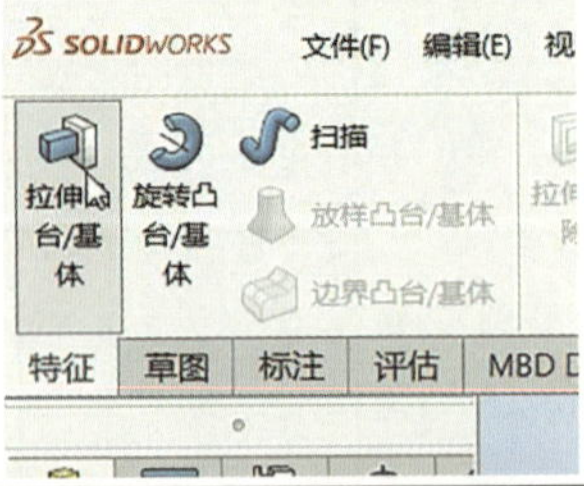 |
| 10. 在方向项目中下拉选择“两侧对称”，并在拉伸深度下输入“20”，点击确定 | 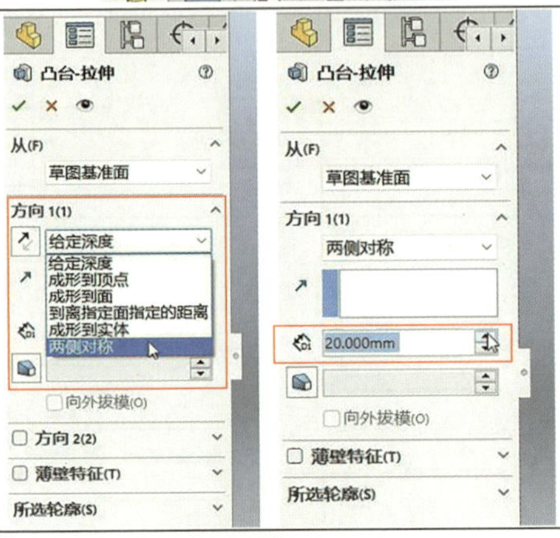 |
| 11. 检查模型是否达到要求 | 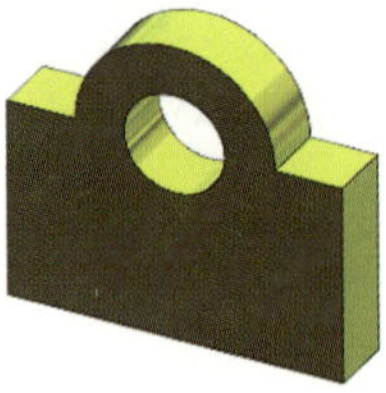 |

2. 连接法兰建模任务实施

连接法兰的零件图如图 2.1.7 所示，由其生成三维模型的过程见表 2.1.2。

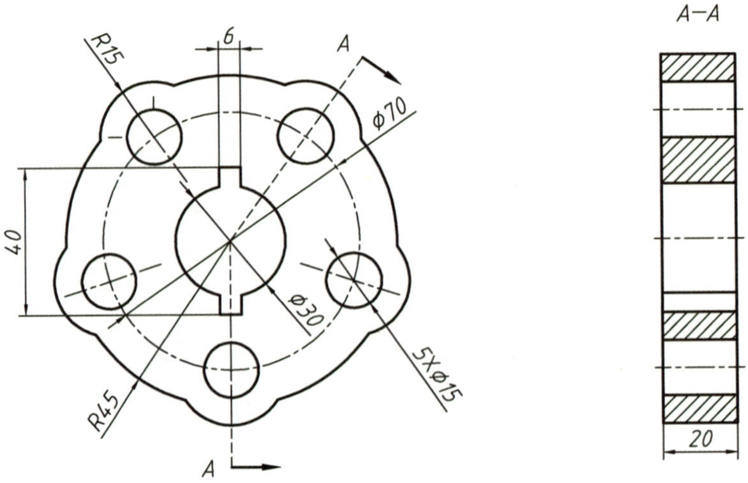


图 2.1.7　连接法兰

表 2.1.2　连接法兰二维方式建模过程

<table>
<tr><th>建模步骤</th><th>图　示</th></tr>
<tr><td>1. 新建零件，选择“草图”选项卡中“草图绘制”，以“前视基准面”新建草图</td><td>
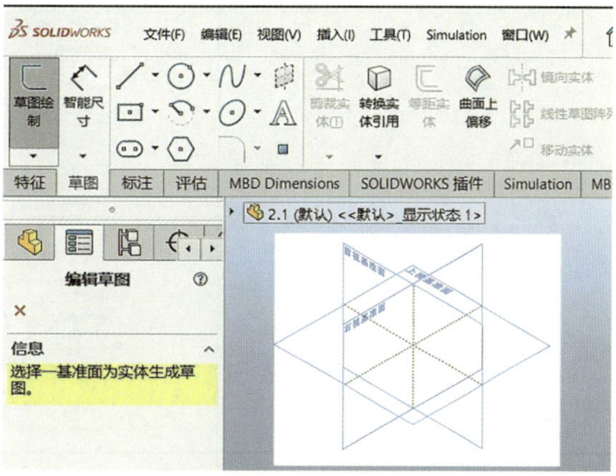

</td></tr>
<tr><td>2. 草图工具栏上单击圆图标。以原点为圆心绘制直径为 90 的圆</td><td>
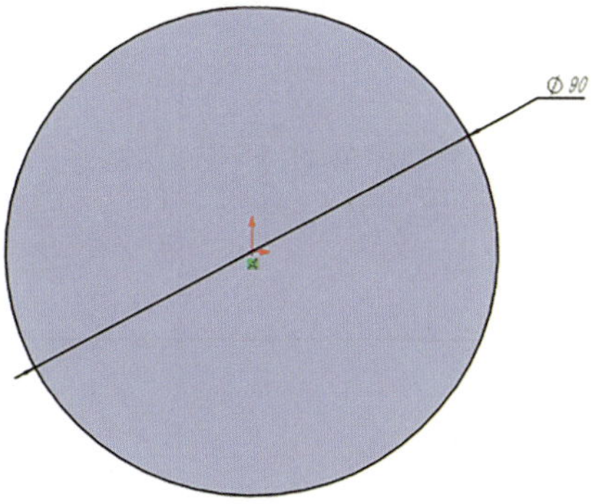

</td></tr>
<tr><td>3. 在圆心正下方 35 处绘制直径 30 的圆，注意要添加数值约束和尺寸约束（或绘制一条中心线进行约束）</td><td>
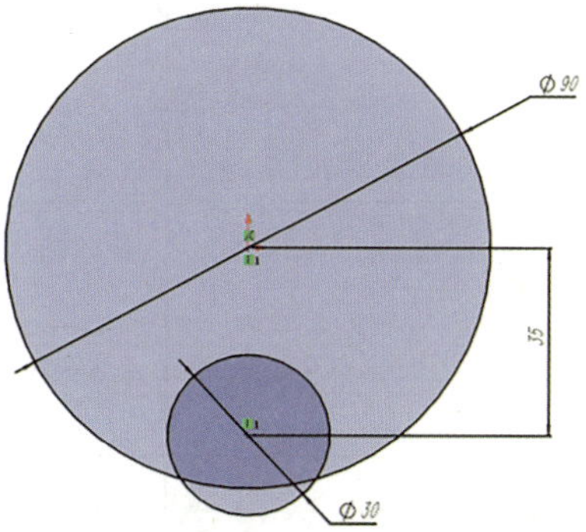

</td></tr>
<tr><td>4. 单击草图“阵列”选项卡下“圆周草图阵列”</td><td>

</td></tr>
</table>

| 建模步骤 | 图　示 |
| --- | --- |
| 5.“圆周阵列”属性卡下，阵列数量填入“5”，通过预览观察黄色虚线是否满足要求，点击“确定” | 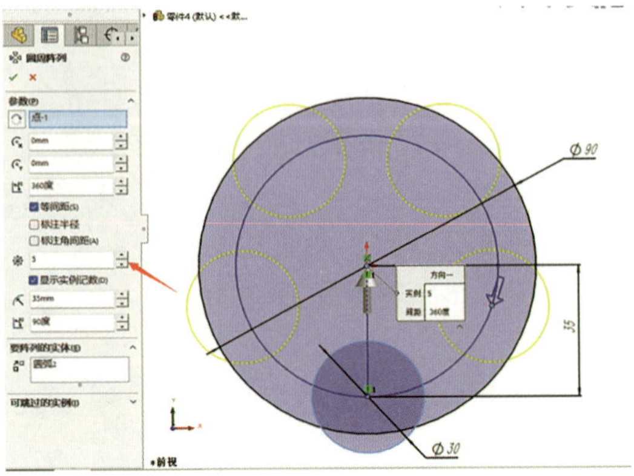 |
| 6. 在下方 30 圆心处绘制直径 15 的同心圆，同步骤 5 的方法阵列 5 个 | 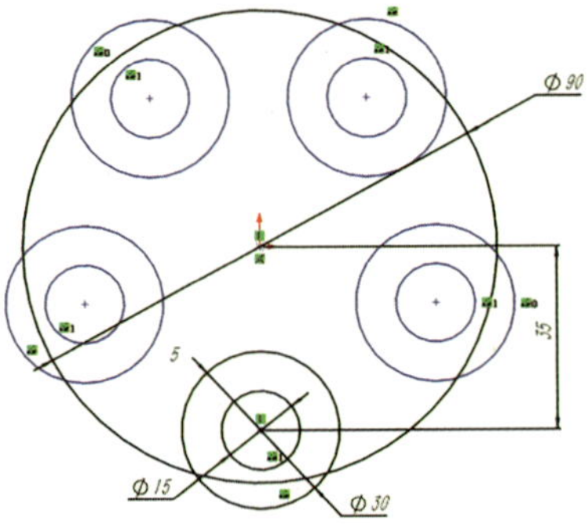 |
| 7. 草图工具栏上单击修剪实体图标。选择剪裁选项下“强劲剪裁”。按住鼠标左键滑动，划过需要修剪的边线 | 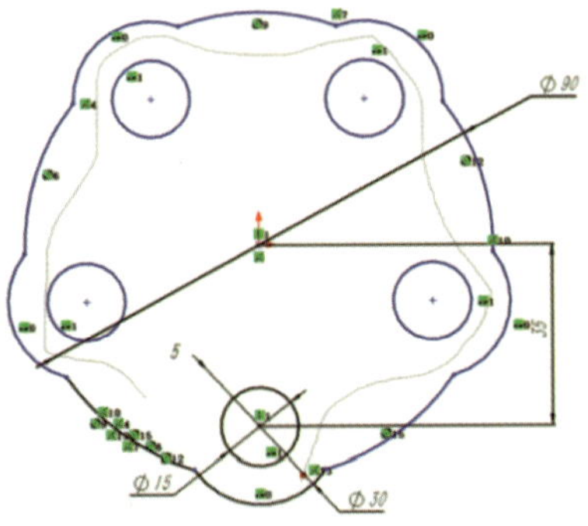 |
| 8. 在原点处绘制直径 30 的同心圆 | 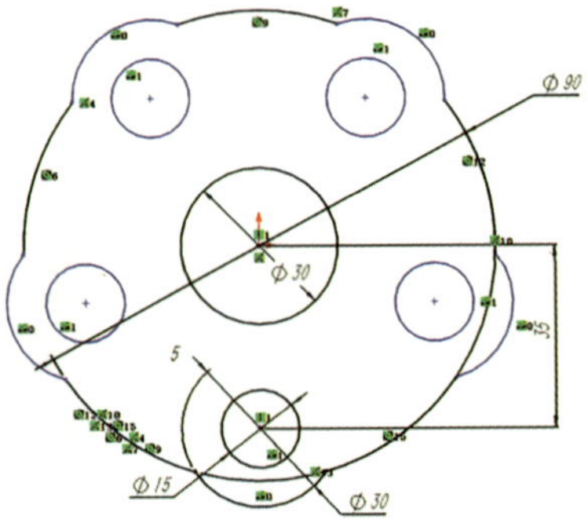 |

| 建模步骤 | 图　示 |
| --- | --- |
| 9. 在原点处绘制宽为 6、高为 40 的中心矩形 | 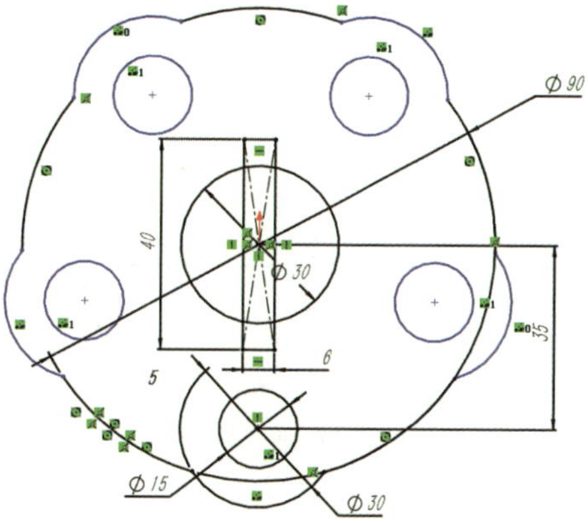 |
| 10. 草图工具栏上单击“修剪实体”图标，剪裁掉中心圆和矩形内部的线 | 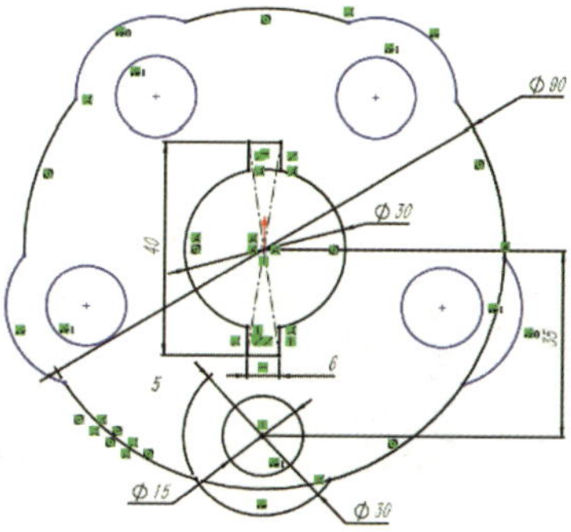 |
| 11. 点击“上色草图轮廓”，观察草图轮廓封闭区域符合图示要求 | 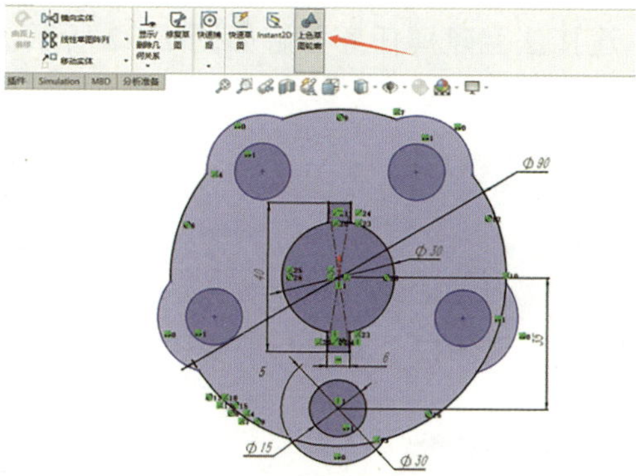 |
| 12. 切换“特征”选项卡，选择“拉伸凸台/基体”图标。在方向项目中下拉选择两侧对称，并在拉伸深度下输入“20”，点击确定，检查模型是否达到要求 | 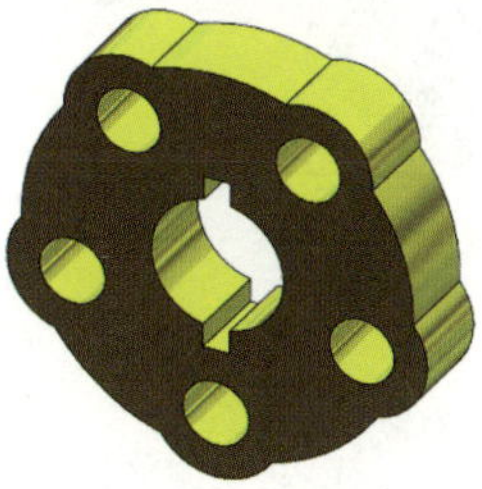 |

# 任务 2.2 三维方式——特征建模

| 任务目标 | 任务内容 |
| --- | --- |
| 1. 掌握三维方式建模基本方法；<br>2. 理解特征在建模中的应用；<br>3. 了解三维方式建模特点 | 1. 能够学会运用三维方式建模思路建模；<br>2. 体会三维方式建模特点 |

## 2.2.1 任务导入

用特征建模的方式同样建立图 2.2.1 和图 2.2.2 所示零件的三维模型。

## 2.2.2 任务分解

（1）孔板建模任务分解如图 2.2.1 所示。

图 2.2.1 孔板建模任务分解

（2）连接法兰建模任务分解如图 2.2.2 所示。

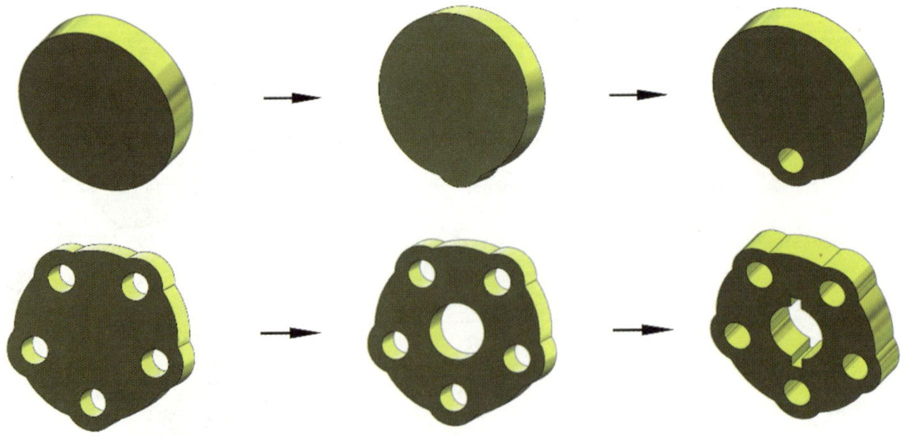

图 2.2.2 连接法兰建模任务分解

## 2.2.3 思维导图

三维方式建模

思维导图如图 2.2.3 所示。

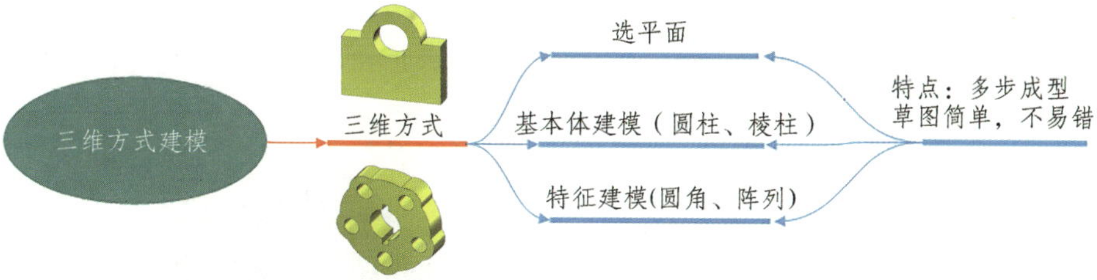


图 2.2.3　板件三维方式建模思维导图

## 2.2.4　任务实施

（1）孔板三维方式建模过程见表 2.2.1.

表 2.2.1　孔板三维方式建模过程

| 建模步骤 | 图　示 |
|---|---|
| 1. 新建零件，选择“特征”选项卡中“拉伸”指令，以“前视基准面”新建草图。绘制长 100 宽 60 的中心矩形，点击“确定”，做两侧对称拉伸，距离为 20 mm | 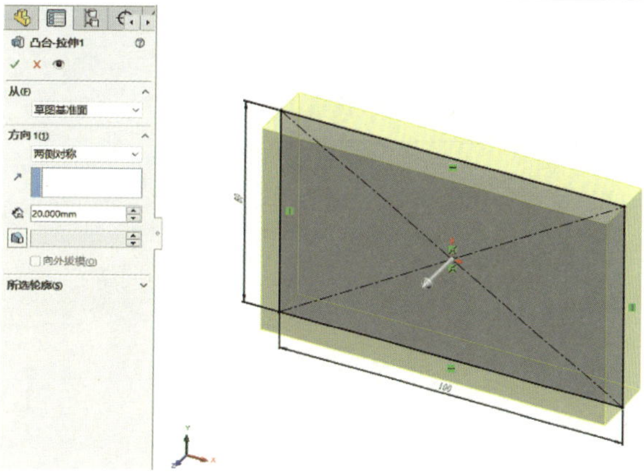 |
| 2. 得到第一个长方体 |  |
| 3. 选择“特征”选项卡中“拉伸”指令，以“前视基准面”新建草图。绘制以顶边中心为圆心，60 为半径的圆，点击“确定”，做两侧对称拉伸，距离为 20 mm | 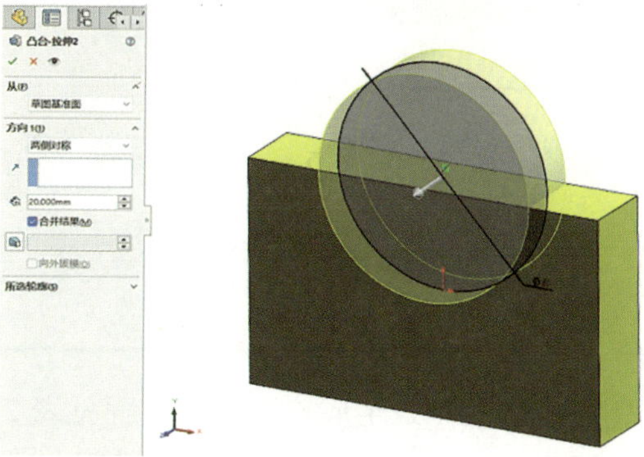 |

续表

| 建模步骤 | 图　示 |
| --- | --- |
| 4. 得到长方体与圆柱体的组合体 |  |
| 5. 选择“特征”选项卡中“切除拉伸”指令，以“前视基准面”新建草图。绘制以顶边中心为圆心，35 为半径的圆，点击“确定”，做两侧对称拉伸切除，距离为 20 mm | 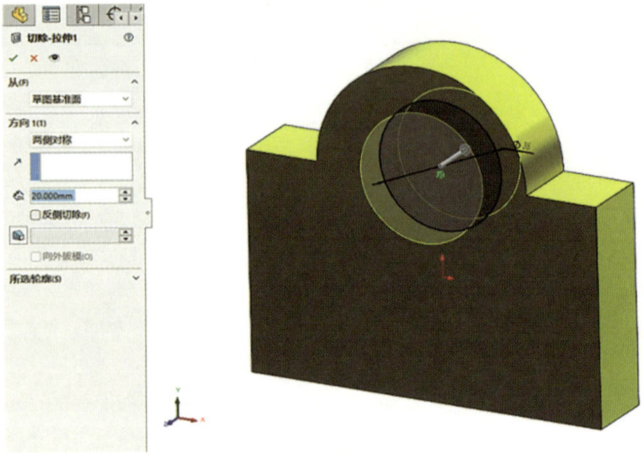 |
| 6. 用三步特征指令得到模型 | 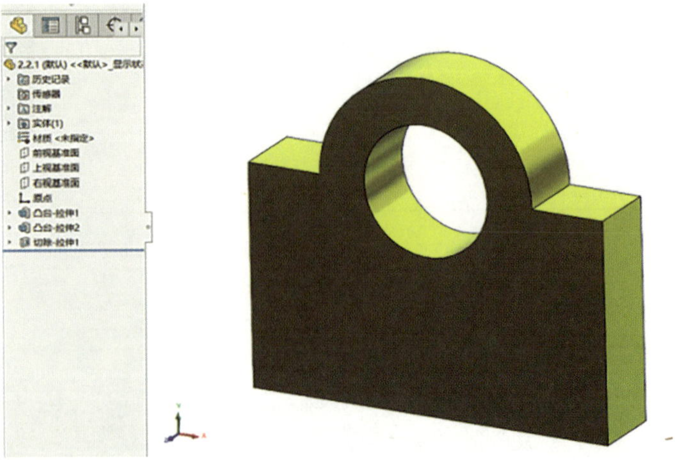 |

（2）用三维建模方式生成连接法兰过程见表 2.2.2。

表 2.2.2　连接法兰三维方式建模过程

| 建模步骤 | 图　示 |
|---|---|
| 1. 新建零件，选择特征选项卡中“拉伸”指令，以“前视基准面”新建草图。以原点为圆心，绘制直径 90 的圆，点击确定，做两侧对称拉伸，距离为 20 mm | 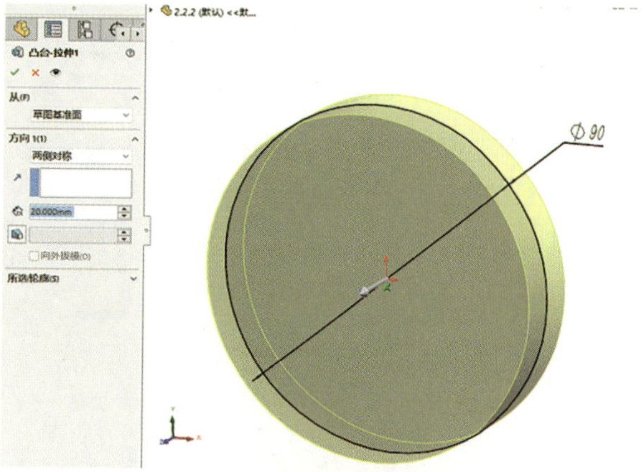 |
| 2. 选择特征选项卡中“拉伸”指令，以“前视基准面”新建草图。绘制距离原点 35 且与原点数值中心线的端点为圆心，30 为直径的圆。退出草图 | 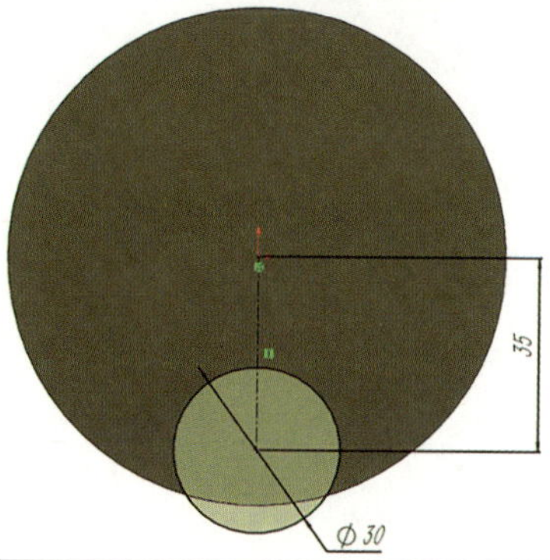 |
| 3. 两侧对称拉伸，距离为 20 mm，点击“确定” | 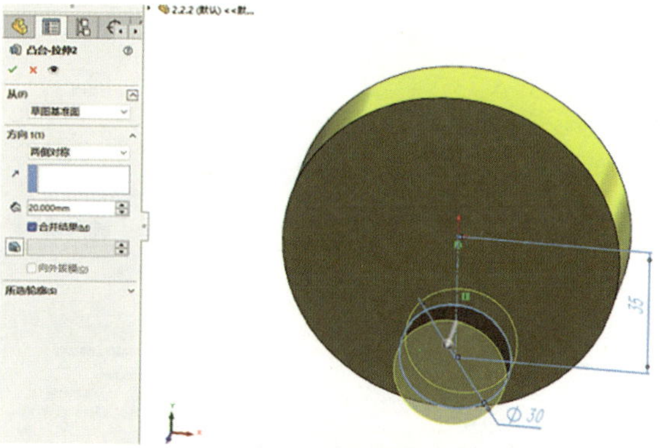 |
| 4. 得到两个圆柱体的组合体 |  |

| 建模步骤 | 图　示 |
|---|---|
| 5. 选择“特征”选项卡中“切除拉伸”指令，以“前视基准面”新建草图。绘制以小圆柱圆心为圆心，15 为直径的同心圆，点击“确定”，做两侧对称拉伸切除，距离为 20 mm | 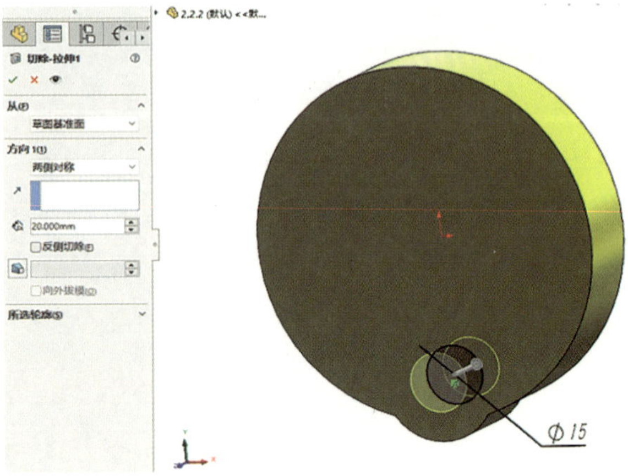 |
| 6. 选择小圆柱面和孔面，选择特征选项卡中“圆周阵列” |  |
| 7.“方向”选择“等间距”，数量选择“5”，特征面选择小圆柱面和孔面，通过预览观察是否正确 | 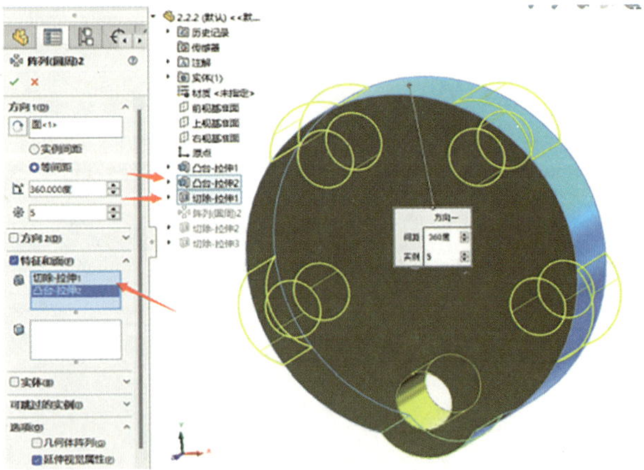 |
| 8. 得到切除体 |  |

| 建模步骤 | 图　示 |
| --- | --- |
| 9. 选择“特征”选项卡中“切除拉伸”指令，以“前视基准面”新建草图。绘制以原点为圆心，30 为直径的同心圆，点击“确定”，做两侧对称拉伸切除，距离为 20 mm | 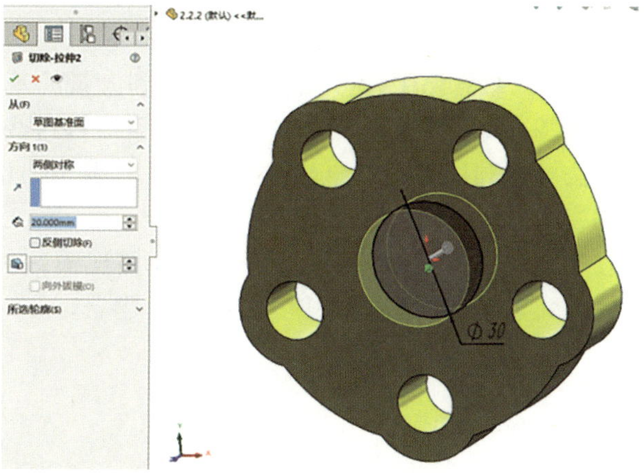 |
| 10. 选择“特征”选项卡中“切除拉伸”指令，以“前视基准面”新建草图。绘制以原点为中心点，40 长 6 宽的中心矩形，点击“确定”，做两侧对称拉伸切除，距离为 20 mm | 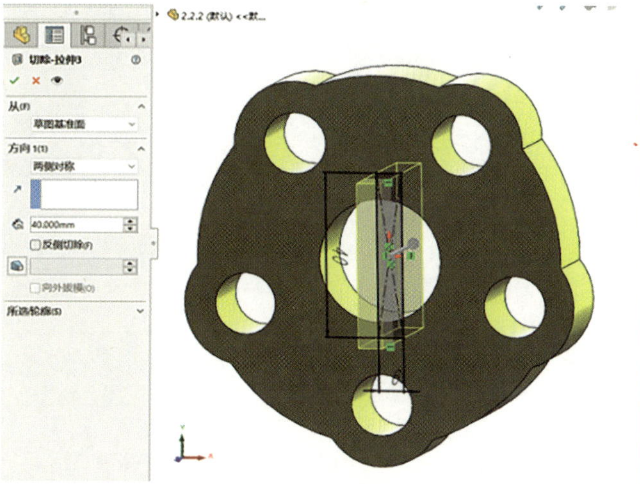 |
| 11. 用六步特征得出模型 | 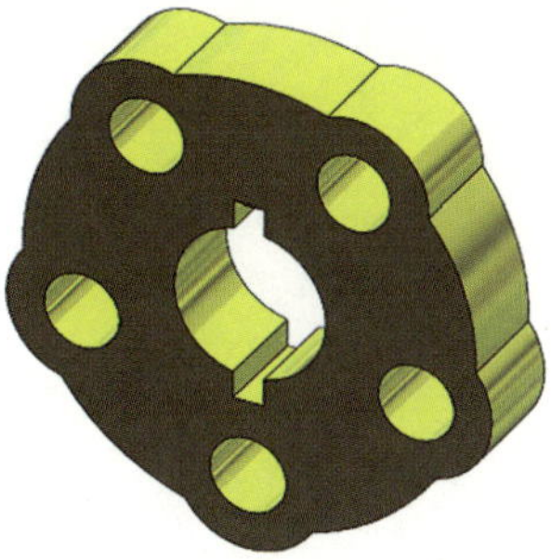 |

## 2.2.5　总　结

在设计过程中，通常会使用三维软件建立模型。在这个过程中，有两种主要思路：二维思路和三维思路。这两种思路在建立模型时有着显著的区别。

（1）在二维思路中，利用复杂的草图和少量的特征来建立模型。这种思路的特点是，先在二维平面上绘制出复杂的草图，然后通过这些草图来定义模型的形状和结构。由于这种方法需要大量的手动操作，因此，它通常适用于那些形状简单、需要一次成型的模型设计。

（2）在三维思路中，利用简单的草图和大量的基础特征来建立模型。这种思路的特点是，先在三维基准面中绘制出简单的草图，然后通过这些草图来定义模型基本的形状和结构。由于这种方法可以利用最简单的草图而且不易出错，因此，它通常适用于那些形状复杂、需要快速建模的模型。

在实际的建模过程中保持利用三维思路建模，并应用先绘制添加材料，再绘制削减材料的组合体方式建模，适用于更多三维模型的建立。

# 任务 2.3 洞察先机——设计意图

| 任务目标 | 任务内容 |
|---|---|
| 1. 掌握设计意图在模型设计中应用；<br>2. 理解尺寸标注的应用原理；<br>3. 了解设计意图特点 | 能够运用设计意图进行建模 |

## 2.3.1 任务导入

建立图 2.3.1 和图 2.3.2 所示的零件模型。

图 2.3.1 方孔板

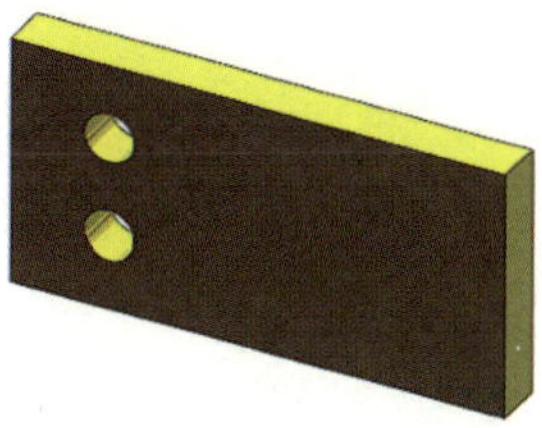

图 2.3.2 圆孔板

## 2.3.2 任务分解

（1）方孔板建模任务分解如图 2.3.3 所示。

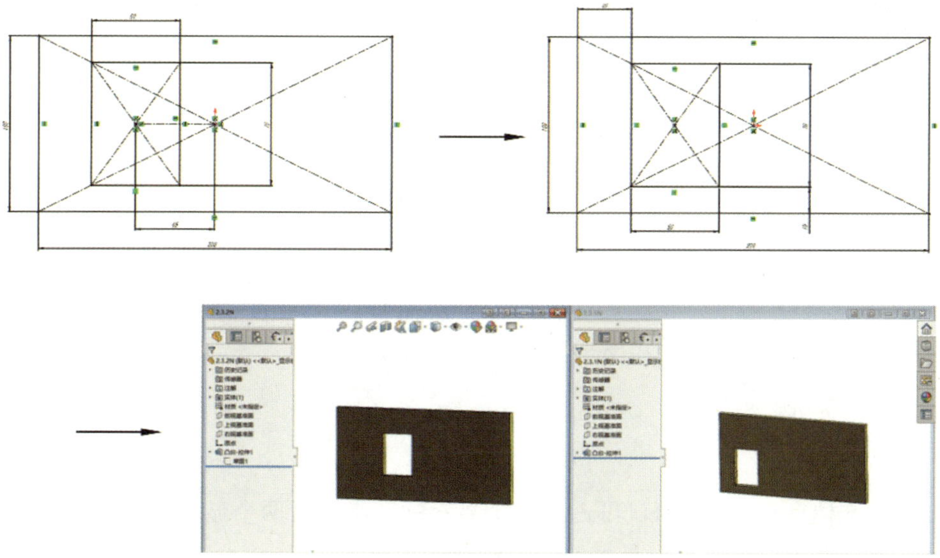

图 2.3.3 方孔板建模任务分解

（2）圆孔板建模任务分解如图 2.3.4 所示。

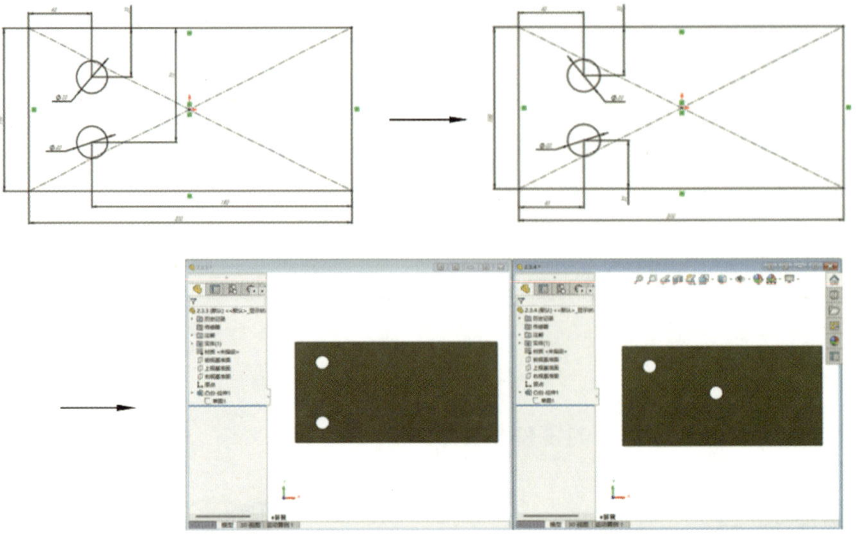

图 2.3.4　圆孔板建模任务分解

## 2.3.3　思维导图

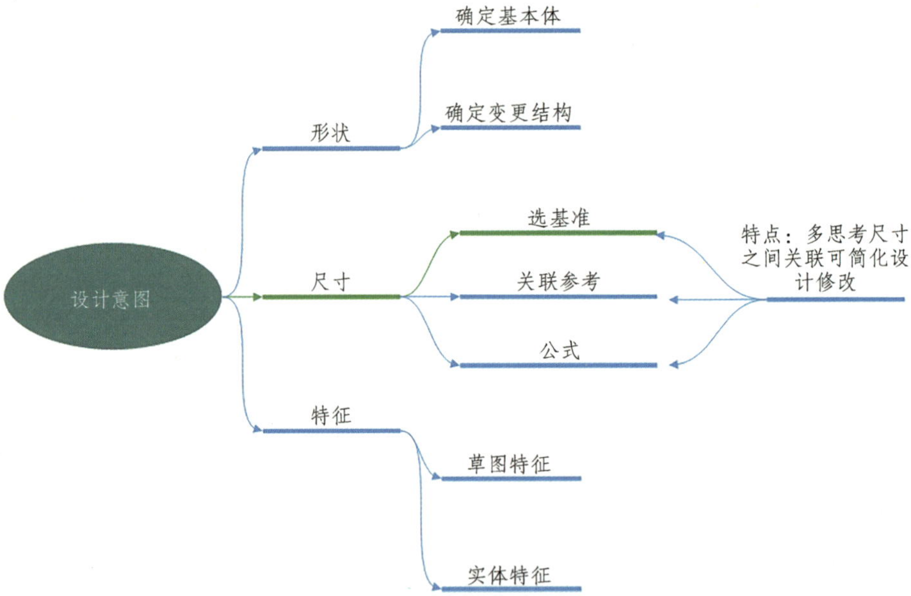


图 2.3.5　孔板建模思维导图

## 2.3.4　相关知识

单击平铺文档窗口，这样窗口可占据一个显示的一半或者两个显示的可用空间。可以调整 SolidWorks 窗口大小以填充单一显示或同时横跨两个显示。

要在一个显示中平铺文档窗口：在文档窗口的标题栏中单击（见图 2.3.6），或 Alt + 单击向左平铺、向右平铺、向上平铺或向下平铺。

图 2.3.6　平铺文档

注：如果两个显示屏并排配置或只连接了一个显示屏，则可用选项是向左平铺和向右平铺。如果两个显示屏上下配置，则可用选项是向上平铺和向下平铺。

当单击平铺选项时，文档窗口将调整大小并重新定位，但 SolidWorks 窗口不更改。当按 Alt + 单击平铺选项时，文档窗口和 SolidWorks 窗口将调整大小并重新定位。

设计变更

## 2.3.5　任务实施

1. 对比（一）

打开文件“2.3.1a.sldprt”“2.3.1b.sldprt”，观察零件草图标注的不同和方孔板生成模型，如图 2.3.7 和图 2.3.8 所示。

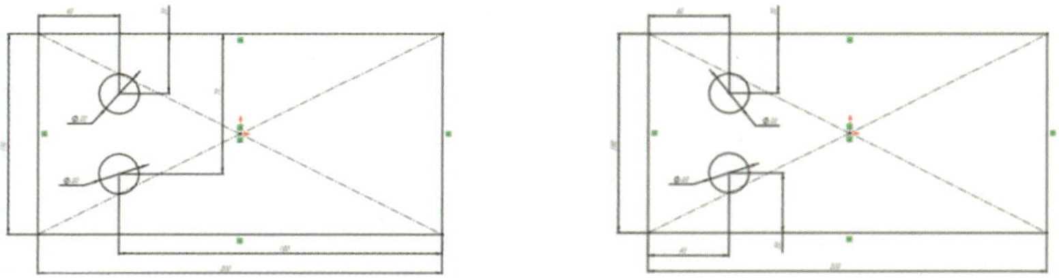

图 2.3.7　方孔板初始尺寸

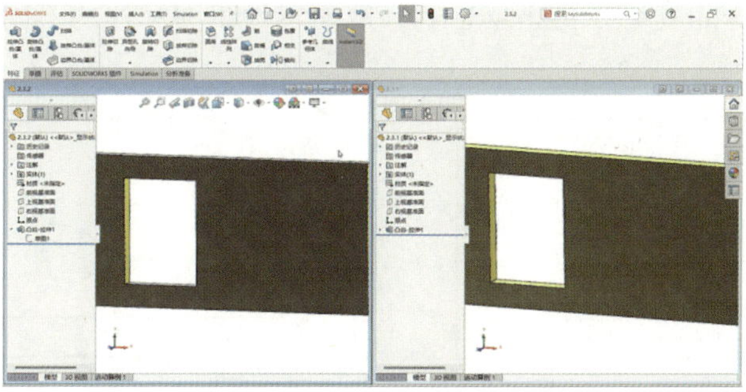

图 2.3.8　观察方孔板生成模型

用鼠标左键双击模型平面，弹出相关特征尺寸，进一步双击尺寸数字可以编辑特征尺寸。尝试修改特征尺寸长宽改为 300 和 150，观察两个草图变化如图 2.3.9。

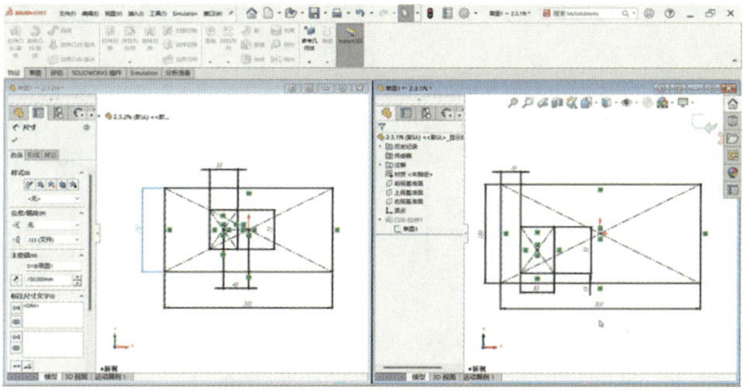

图 2.3.9　观察方孔板修改尺寸后草图

观察两个模型变化，设计意图对比，如图 2.3.10 所示。

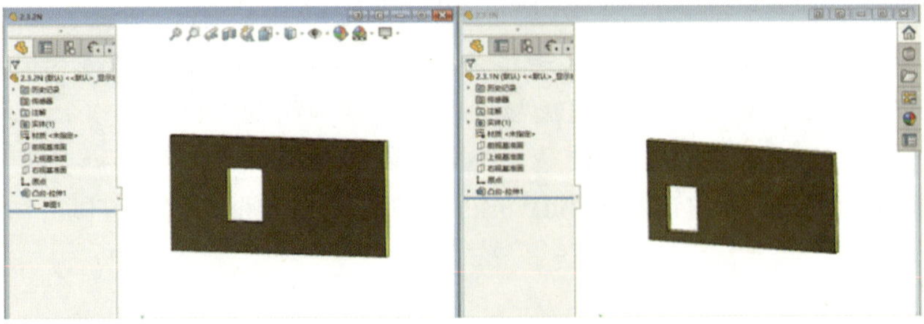

图 2.3.10　方孔板最终变化

两模型基本参数中，小方孔形状尺寸未作改变，但改变矩形尺寸后，小方孔位置随之发生改变，见表 2.3.1。

表 2.3.1　设计意图对比

| 模型 | 矩形孔中心约束 | 边长度关系 | 矩形孔 |
|---|---|---|---|
| 2.3.1a | 保持中心一致 | 与边长变化无关 | 相同 |
| 2.3.1b | 中心不一致 | 与边长变化相关 | 相同 |

2. 对比（二）

打开文件“2.3.2a.sldprt”“2.3.2b.sldprt”，观察零件草图标注的不同，如图 2.3.11 所示。

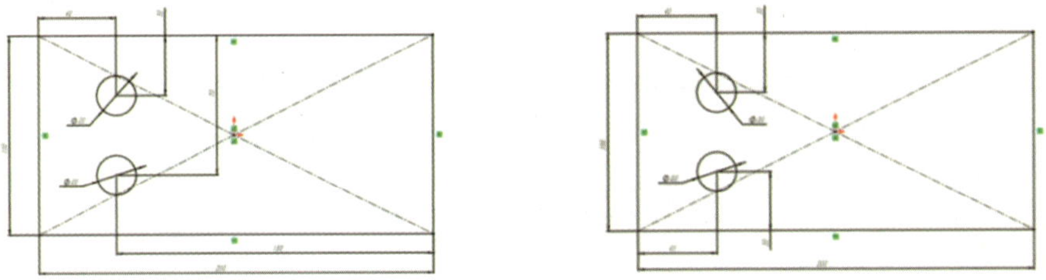

图 2.3.11　方孔板初始尺寸

单击平铺文档窗口，尝试修改特征尺寸长宽改为 300 和 150，观察两个草图变化如图 2.3.12 所示。

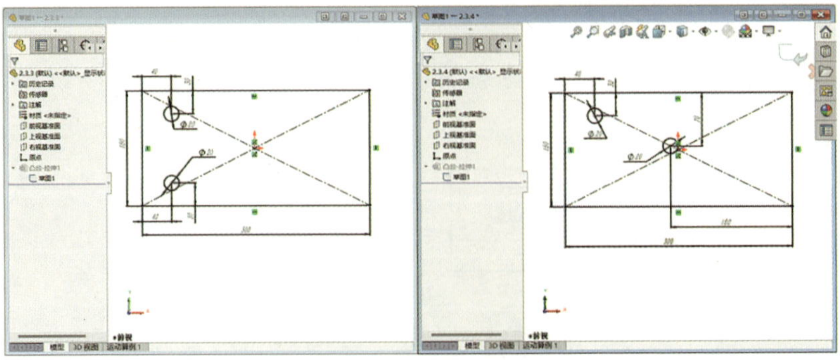

图 2.3.12　方孔板草图变化

观察两个模型变化（见图 2.3.13），对比设计意图。两模型基本参数中，两个圆孔形状尺寸未做改变，但改变矩形尺寸后，小方孔位置随之发生改变，见表 2.3.2。

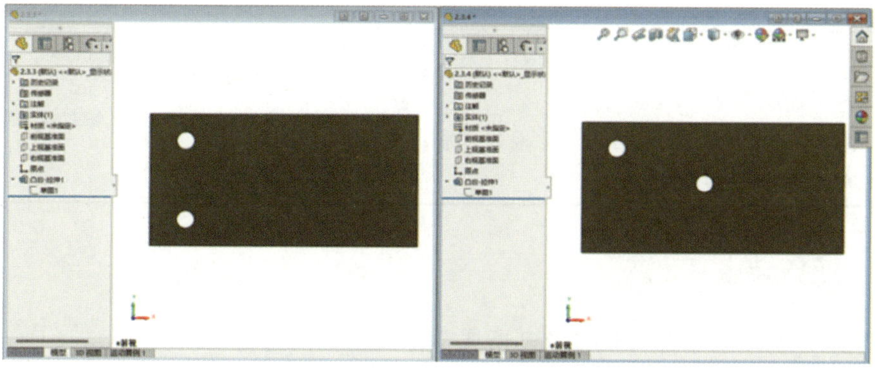

图 2.3.13 方孔板模型变化

表 2.3.2 设计意图对比

| 模型 | 两孔水平位置 | 边长度关系 | 两孔竖直位置 |
|---|---|---|---|
| 2.3.2a | 位置相同 | 与边长变化无关 | 位置相同 |
| 2.3.2b | 位置不相同 | 与边长变化相关 | 位置不相同 |

从设计意图分析，尺寸标注在三维建模方面扮演着重要的作用。尺寸标注是设计过程中不可或缺的一环，它能帮助设计师准确地表达和传达设计意图，确保设计的可理解性和一致性。

首先，三维软件提供了丰富的尺寸标注工具，包括线性尺寸、角度尺寸、半径尺寸等。这些工具可以帮助在三维模型中准确地标注各个部分的尺寸，使得设计意图能够清晰地呈现出来。通过尺寸标注，可以明确地表达出设计中各个元素之间的相对位置、大小和比例关系，从而确保设计的完整性和准确性。

其次，三维软件还提供了尺寸标注的自动对齐和智能布局功能，以帮助设计师更高效地进行尺寸标注。通过自动对齐功能，设计师可以将尺寸标注与模型中的几何特征对齐，使得尺寸标注更加准确和直观。而智能布局功能则可以根据设计意图自动调整尺寸标注的位置和间距，使得整个设计图面更加整洁和美观。

在设计意图分析中多运用合理的尺寸标注，可以帮助准确地表达和传达设计意图，也可以确保设计的可理解性和一致性，提高设计的质量和效率。

# 任务 2.4 牵一发而动全身——设计关联与变更

| 任务目标 | 任务内容 |
| --- | --- |
| 1. 掌握关联设计基本方法；<br>2. 理解零件体、装配体、工程图三者之间的关联；<br>3. 了解关联方法特点 | 能够通过修改模型参数，使装配体与工程图产生关联变化 |

## 2.4.1 任务导入

对如图 2.4.1 所示盒子部件模型及其所属零件及工程图进行修改。

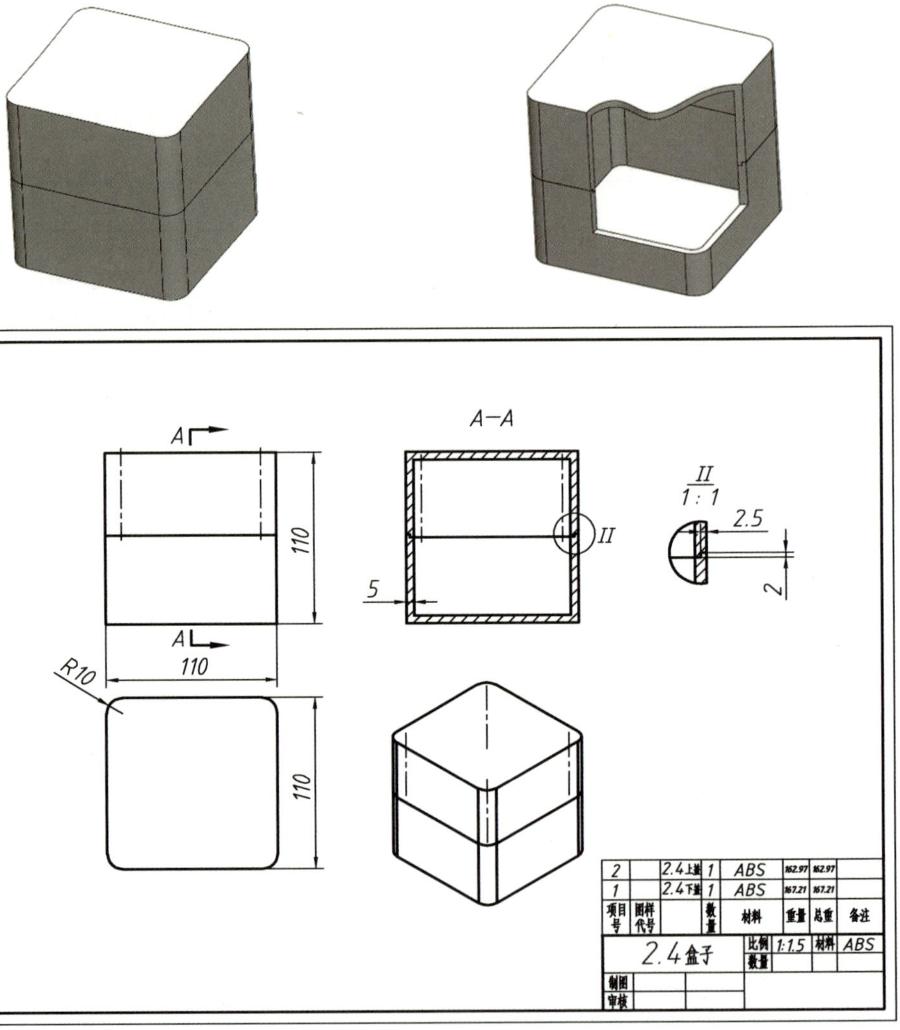


图 2.4.1　盒子部件及工程图

## 2.4.2 任务分解

设计关联与变更

设计关联与变更任务分解如图 2.4.2 所示。

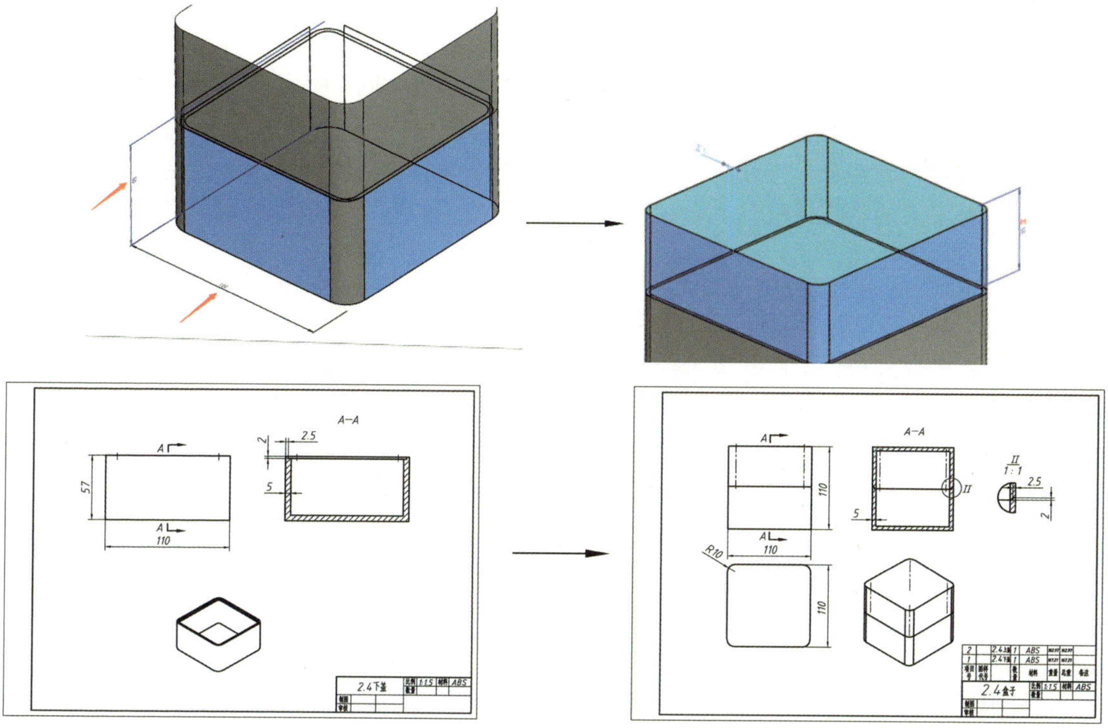

图 2.4.2 设计关联与变更任务分解

## 2.4.3 思维导图

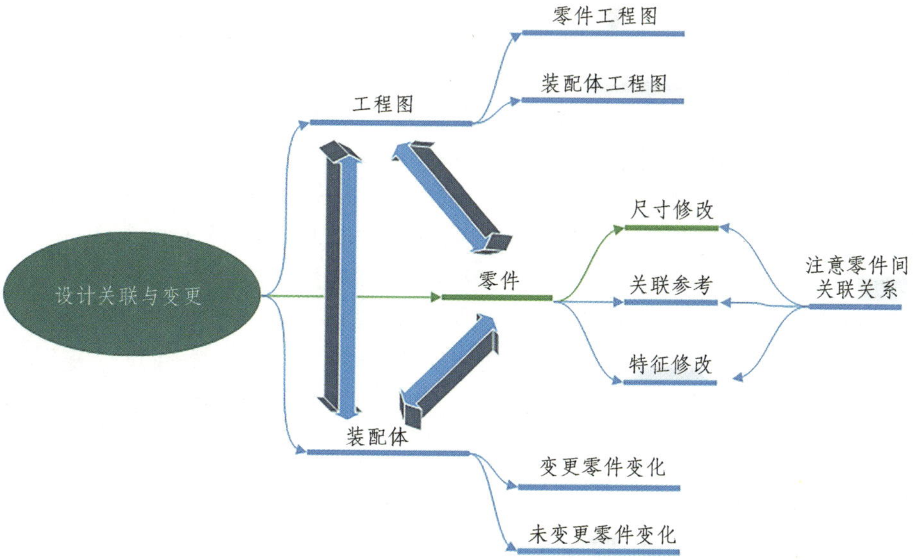


图 2.4.3 设计关联与关联思维导图

## 2.4.4 相关知识

1.“重建”指令

作用：通过更改重建模型。

步骤：

（1）要重建模型，单击“重建模型” （标准工具栏）或“编辑”→“重建模型”，或按 Ctrl + B。只重建上次重建后已更改过的特征。

（2）要重建所有特征，按快捷键 Ctrl + Q。根据模型的复杂性可能需要更多时间。

（3）当对输入的特征或任何其他没有父（或子）关系的特征重新排序时，零件不会重建，只有特征设计树才重建。

2. 基本概念

在三维产品设计中，设计变更关联涉及零件、装配和工程图之间的相互关系。首先，需要理解这三个概念：

（1）零件：在三维产品设计中，零件是指构成产品的各个独立部分。这些零件可以是金属、塑料或其他材料制成的，它们组装在一起形成一个完整的产品。

（2）装配：装配是指在生产过程中，将各个零件按照一定的顺序和方法组合在一起，形成一个完整的产品。装配过程通常包括对零件的加工、连接和调试等步骤。

（3）工程图：工程图是一种用图形和符号表示产品的结构、尺寸和技术要求的技术文件。它通常包括零件图、装配图和工艺图等，是指导生产和检验的重要依据。

在三维产品设计过程中，设计变更关联主要体现在以下几个方面：

（1）零件设计变更：当产品的设计需求发生变化时，可能需要对零件的形状、尺寸或材料等进行修改。这种设计变更会影响零件的加工工艺、装配方法和工程图的内容。因此，在进行零件设计变更时，需要充分考虑其对整个产品的影响，软件会根据修改自动关联更新相关的工程图和装配体及装配体工程图等。

（2）装配设计变更：当产品的功能或性能要求发生变化时，可能需要对产品的装配方式、连接结构和工艺流程等进行调整。这种设计变更会影响到零件的加工精度、装配质量和工程图的准确性。因此，在进行装配设计变更时，需要充分评估其对整个产品的影响，在装配体中产生的变更，也会同步调整相关的工艺参数和工程图内容。

（3）工程图设计变更：当产品的设计或制造条件发生变化时，可能需要对工程图的内容、格式和标注等进行修改。这种设计变更会影响到零件的加工、装配和检验等工作。一般不在工程图中做修改，但工程图中修改尺寸也会反馈到零件和装配体模型。

总之，在三维产品设计过程中，设计变更关联是一个复杂的问题，需要充分考虑零件、装配和工程图之间的相互关系，以确保产品的质量和性能满足设计要求。同时，还需要建立有效的设计变更管理机制，确保设计变更能够及时、准确地传达给相关人员，得到妥善处理。

## 2.4.5 任务实施

打开文件“2.4 下盖.sldprt”（见图 2.4.4）、“2.4 下盖.slddrw”（见图 2.4.5），观察零件和零件图之间的关联。

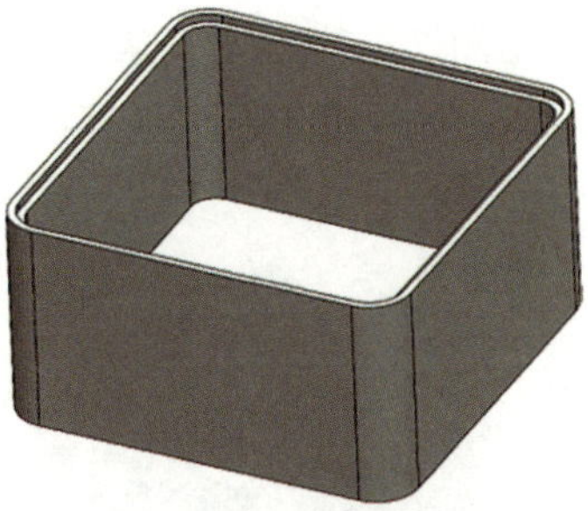

图 2.4.4　下盖

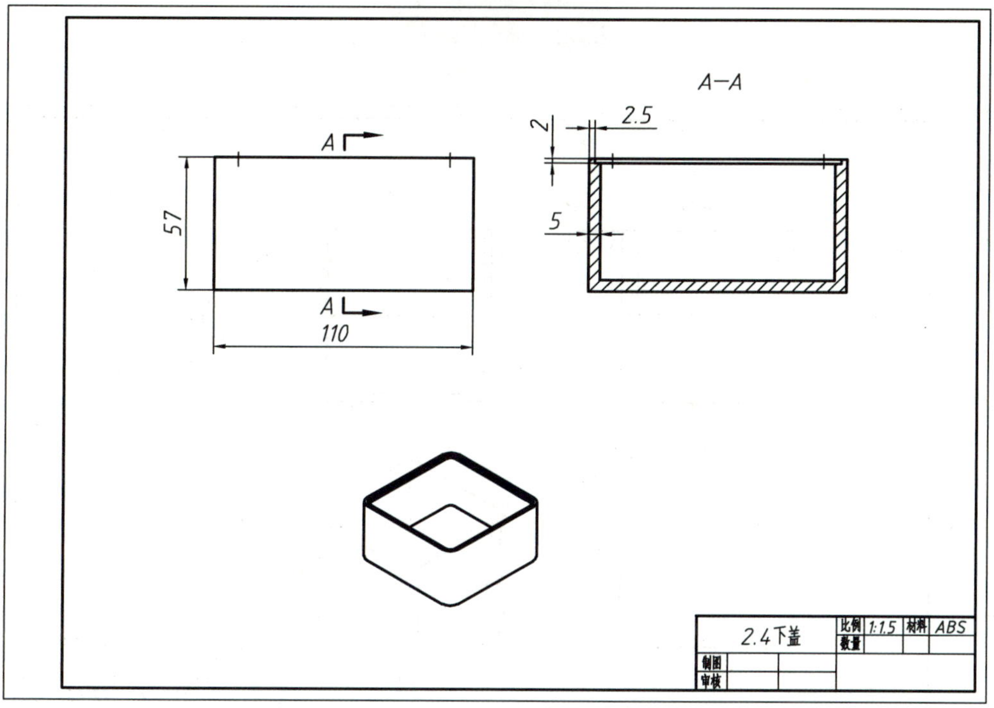


图 2.4.5　下盖零件图

用鼠标左键双击模型平面，弹出相关特征尺寸，进一步双击尺寸数字可以编辑特征尺寸。尝试修改特征尺寸（见图 2.4.6），观察下盖模型和工程图变化。观察止口的尺寸，与抽壳尺寸之间的联系。

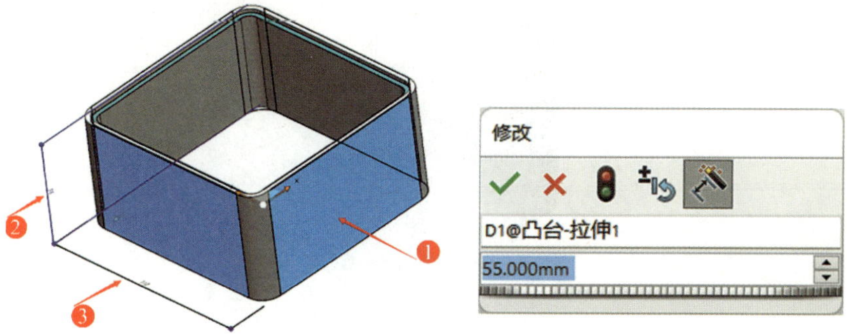


图 2.4.6　修改特征尺寸

打开文件“2.4 盒子.sldasm”（见图 2.4.7）、“2.4 盒子.slddrw”，观察部件和部件图之间的关联。用鼠标左键双击下盖模型平面，弹出相关特征尺寸。尝试修改特征尺寸，观察上盖模型和装配工程图变化。

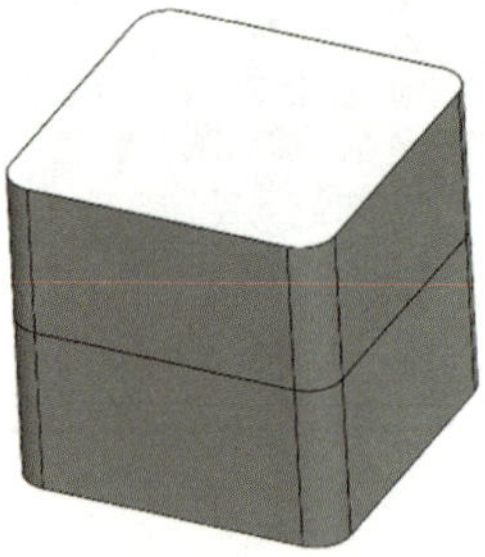

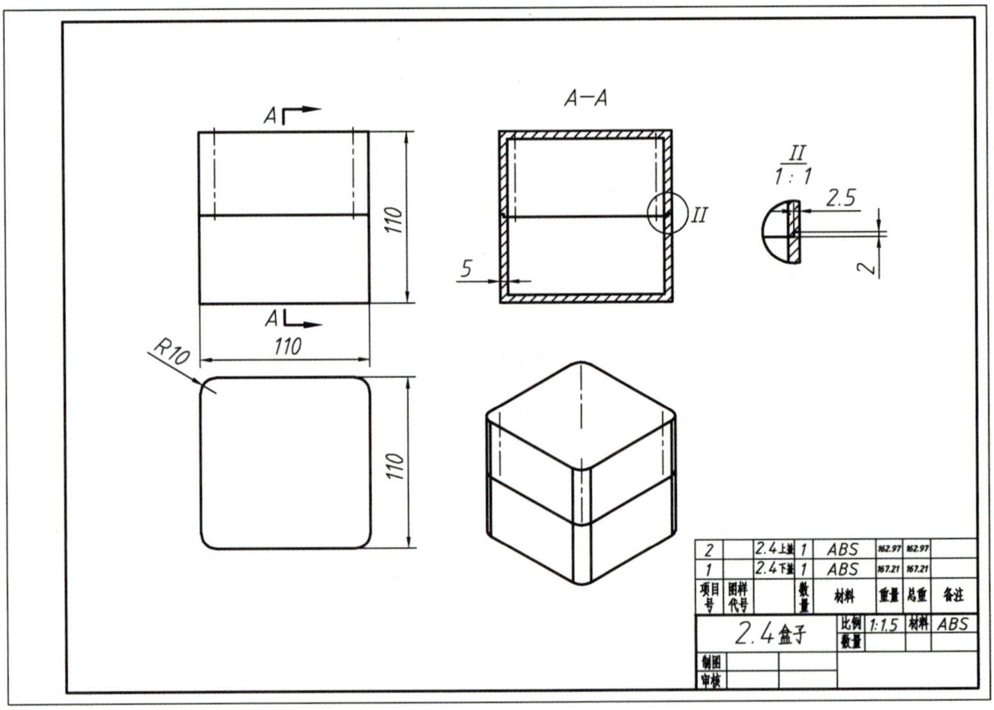


图 2.4.7　盒子装配体及工程图

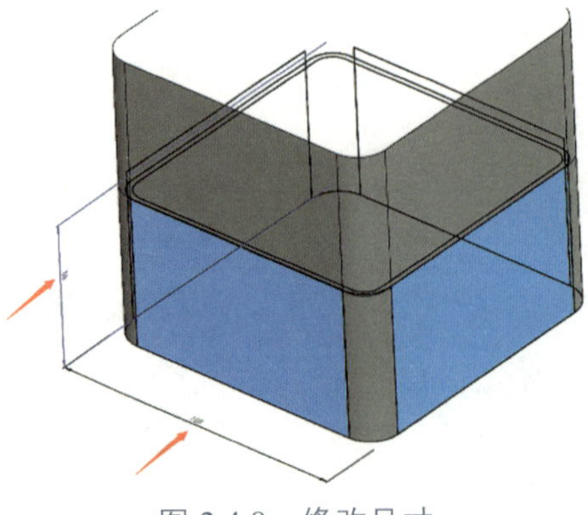

图 2.4.8　修改尺寸

修改下盖长度和高度尺寸（改为 120 和 60，见图 2.4.8），观察上盖尺寸也随之发生改变。在上盖中，双击带“Σ”的尺寸（见图 2.4.9），观察其与下盖尺寸之间的关联。

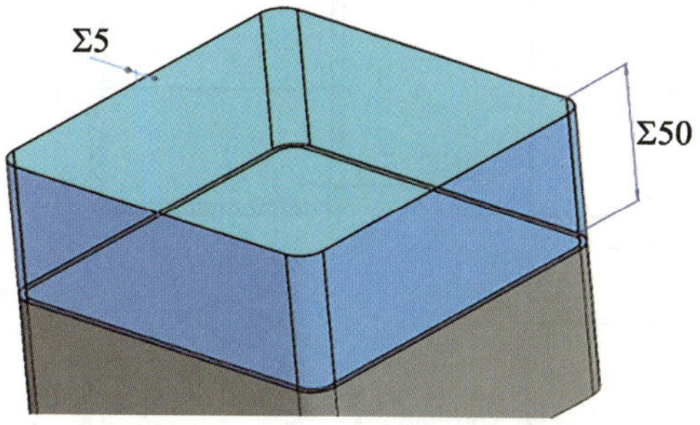

图 2.4.9　上盖关联尺寸变化

修改尺寸并保存，逐次打开下盖工程图，和装配体工程图，观察尺寸变化，如果出现排布不合理或者剖切不到，则需要单独调整剖面位置（见图 2.4.10），具体操作详见工程图剖面视图方法。

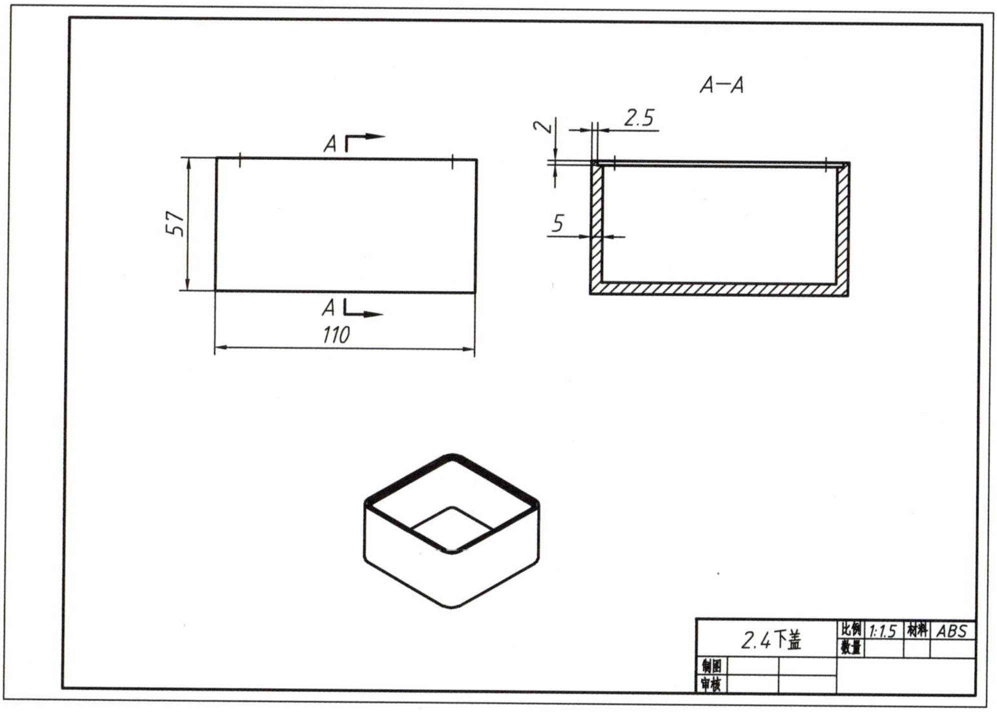

（a）零件图

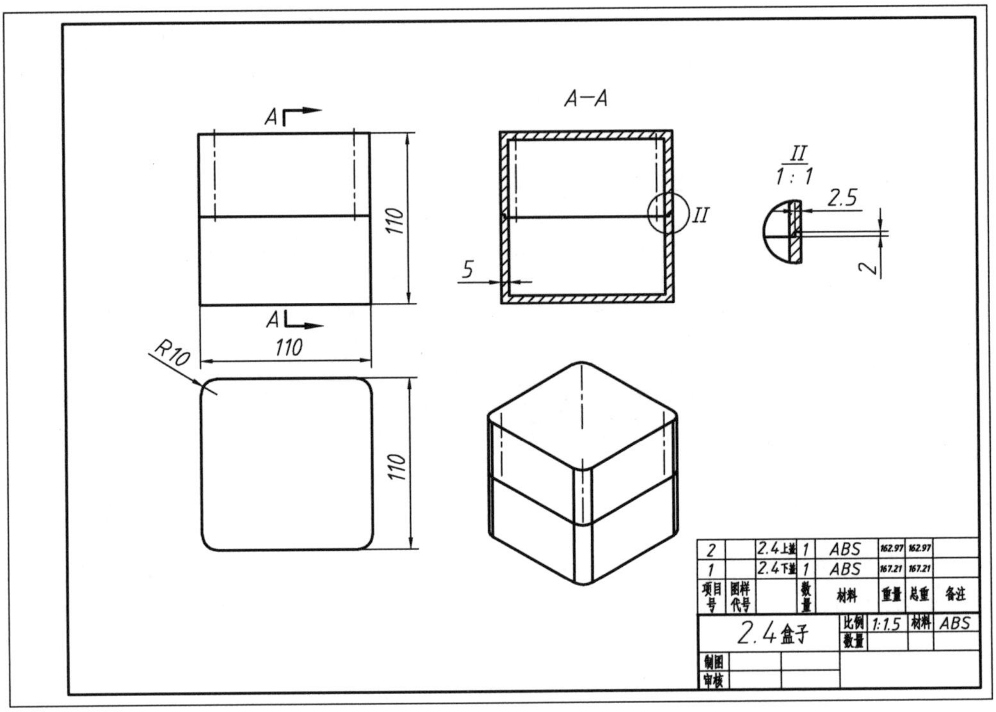


（b）装配图

图 2.4.10　零件图和装配图都发生改变

# 任务 2.5 技能考评

任务 2.5 技能考评

1. 扫码完成图 2.5.1 所示零件的建模（厚度 10）
2. 扫码完成图 2.5.2 所示零件的建模（厚度 10）

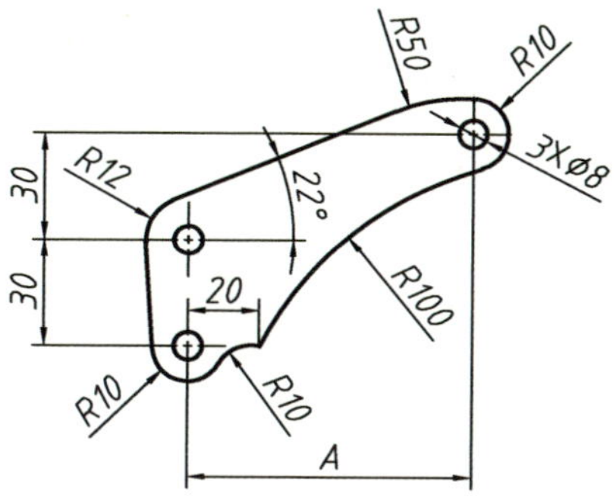


图 2.5.1　板件（二维思路建模）

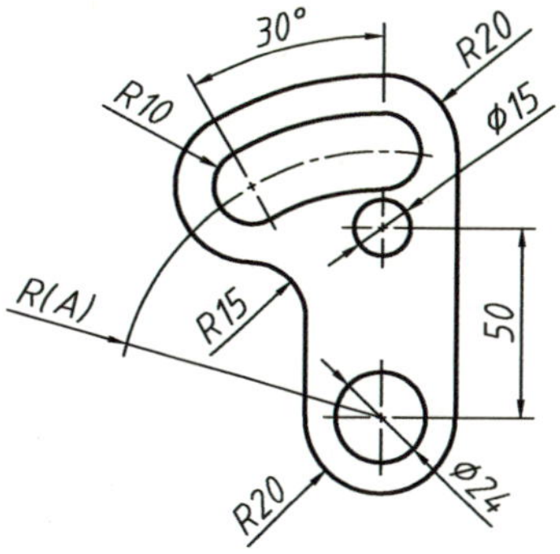


图 2.5.2　板件 2（三维思路建模）

3. 扫码完成图 2.5.3 所示零件的建模（厚度 10）
4. 扫码完成图 2.5.4 所示零件的建模（厚度 10）

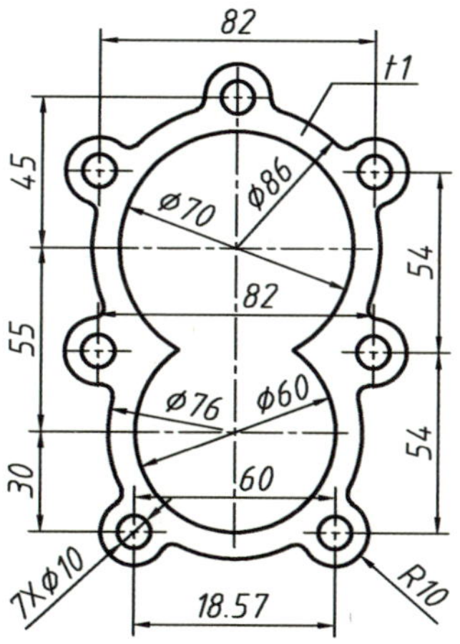


图 2.5.3　偏心柱塞泵垫片

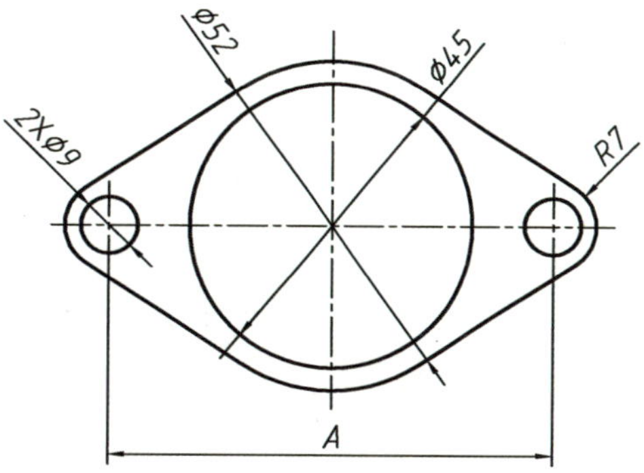


图 2.5.4　隔膜阀阀垫

# 项目 3　小试牛刀——初级设计

| 知识目标 | 技能目标 | 素质目标 |
|---|---|---|
| 1. 掌握常用命令及操作方法；<br>2. 理解简单草图的绘制；<br>3. 了解鼠标操作方法 | 能够运用草图绘制命令，拉伸凸台/基体、拉伸切除等命令，完成初级基础实体建模 | 1. 培养发现问题和解决问题的能力，培养终身学习与专业发展能力；<br>2. 培养良好的专业精神、职业精神、团队精神和工匠精神；<br>3. 培养质量意识、安全意识、环保意识、创新思维、信息素养 |

## 任务 3.1　积木式建模——拉伸特征

| 任务目标 | 任务内容 |
|---|---|
| 1. 掌握鼠标操作方法；<br>2. 掌握简单草图的绘制；<br>3. 掌握拉伸命令 | 1. 利用直线、矩形等草图绘制命令建模；<br>2. 利用圆、圆弧、圆角等草图绘制命令建模；<br>3. 利用拉伸凸台/基体、拉伸切除建模 |

### 3.1.1　任务导入

绘制如图 3.1.1 所示的模型。

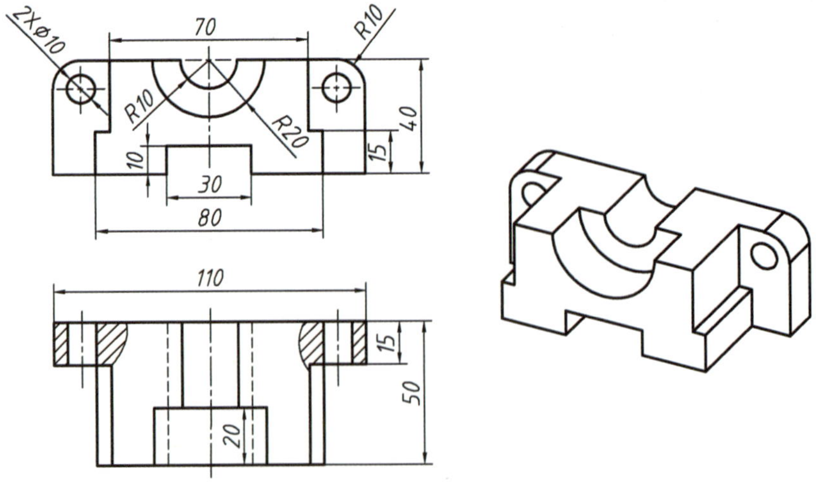


图 3.1.1　模型参考图

## 3.1.2 任务分解

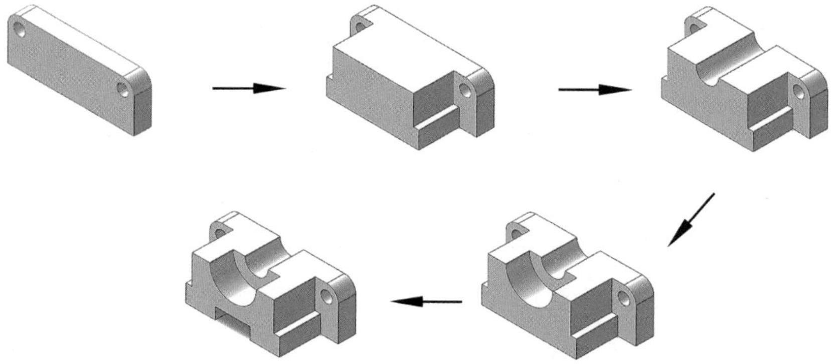

图 3.1.2 轴承座建模任务分解

## 3.1.3 思维导图

思维导图如图 3.1.3 所示。

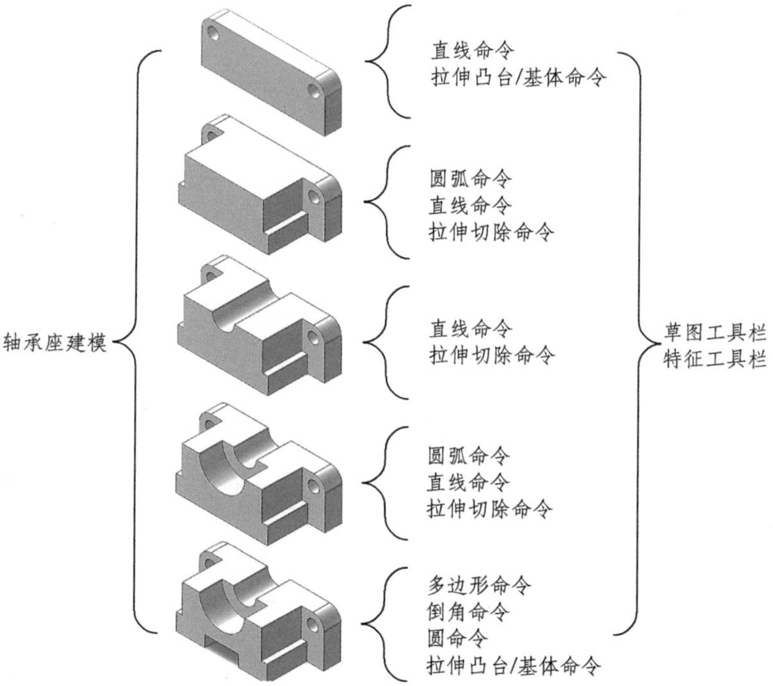


图 3.1.3 轴承座建模思维示图

## 3.1.4 相关知识

1. 草图绘制

草图是由点、线、圆、圆弧等基本图形元素构成的封闭或不封闭的几何图形，是创建特征的基础。一个完整的草图包括几何形状、几何关系和尺寸标注等方面的信息，如图 3.1.4 所示。

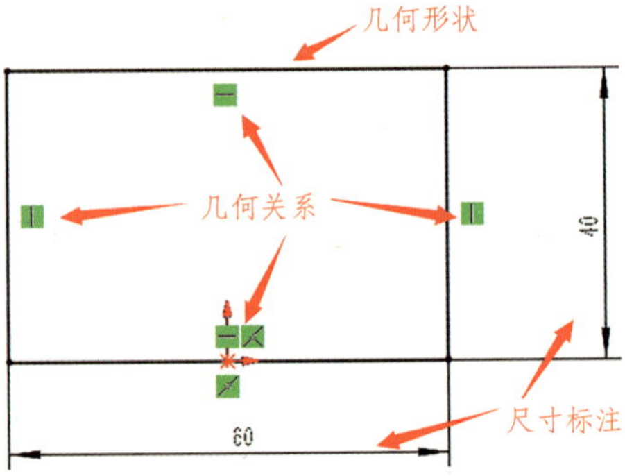


图 3.1.4　草图

绘制草图的大致操作流程如下：

（1）单击“草图”控制面板上的“草图绘制”按钮，然后选择平面或基准面作为草图绘制平面，进入草图绘制模式。

（2）应用“草图”控制面板上各种命令创建草图对象。常用草图绘制命令的使用方法见表3.1.1。

（3）对绘制的草图添加相应的约束关系，包括尺寸约束与几何约束（几何关系）。

（4）单击“草图”控制面板上的“退出草图”按钮，退出草图绘制模式。

表 3.1.1　常用草图绘制工具的使用方法

| 名称与按钮 | 鼠标指针 | 绘制步骤 | 绘制方法 |
|---|---|---|---|
| 点 | | 单击 | 单击“草图”控制面板上的“点”按钮，或执行菜单栏中的“工具”→“草图绘制实体”→“点”命令，在图形区域中单击鼠标左键以绘制点 |
| 直线 | | 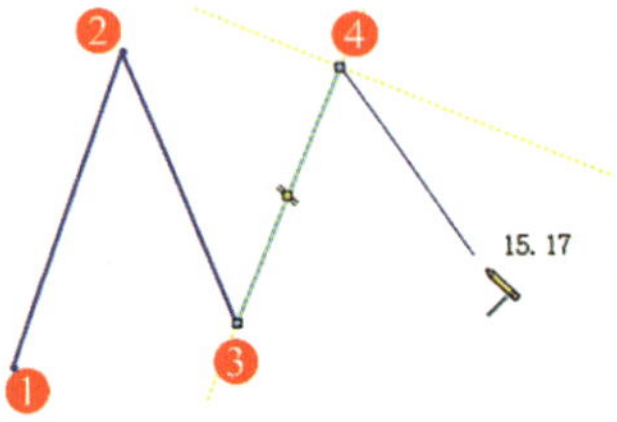 | 单击“草图”控制面板上的“直线”按钮，或执行菜单栏中的“工具”→“草图绘制实体”→“直线”命令，在图形区域中单击鼠标左键，移动鼠标确定方向和长度，再次单击鼠标左键 |
| 中心线 | | 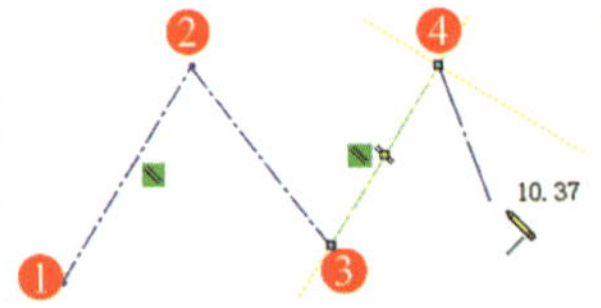 | 画法同直线一样。中心线不能用于建立特征，可用于定位、制作镜像草图和旋转草图的轴等辅助线 |
| 圆 | | 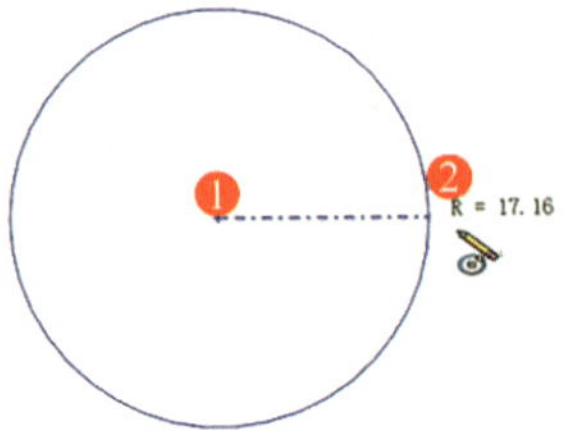 | 单击“草图”控制面板上的“圆”按钮，或执行菜单栏中的“工具”→“草图绘制实体”→“圆”命令，在图形区域中单击左键确定圆心，拖动或移动指针来确定半径，再次单击左键 |

续表

| 名称与按钮 | 鼠标指针 | 绘制步骤 | 绘制方法 |
| --- | --- | --- | --- |
| 圆心/起/终点圆弧 |  | 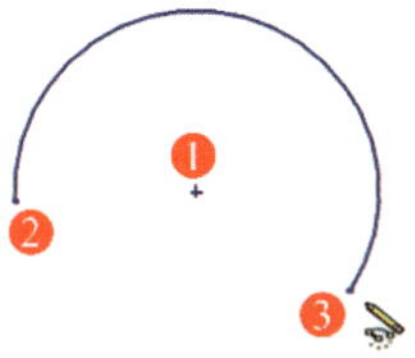 | 单击“草图”控制面板上的“圆心/起/终点圆弧”按钮，在图形区中单击确定圆心、移动鼠标到圆弧起点的位置单击，拖动鼠标至圆弧的终点，再单击鼠标左键 |
| 切线圆弧 |  | 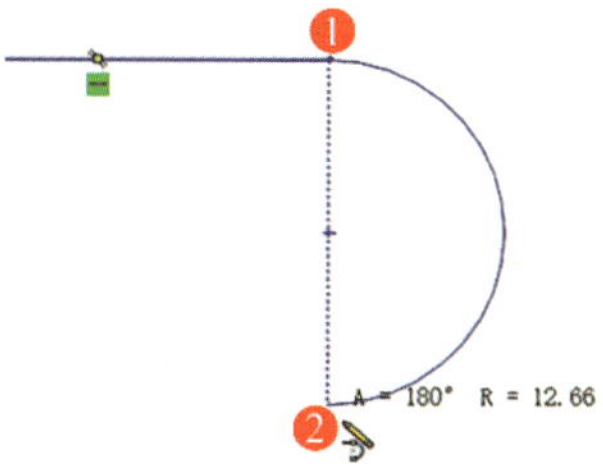 | 单击“草图”控制面板上的“切线弧”按钮，或执行菜单栏中的“工具”→“草图绘制实体”→“切线弧”命令，在直线、圆弧、椭圆或样条曲线的端点处单击鼠标，拖动鼠标到圆弧的终点单击鼠标左键 |
| 三点圆弧 |  | 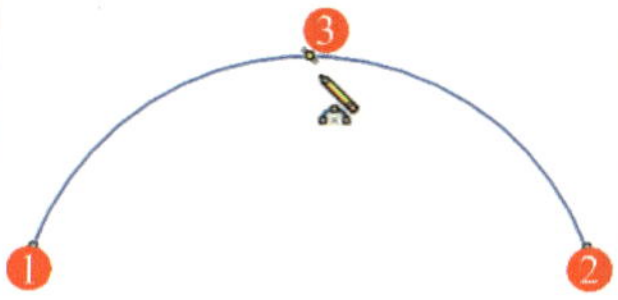 | 单击“草图”控制面板上的“三点圆弧”按钮，单击圆弧的起点位置，再单击圆弧的结束位置，拖动鼠标确定圆弧的半径，单击鼠标左键 |
| 矩形 |  |  | 单击“草图”控制面板上的“矩形”按钮，单击鼠标确定矩形的第一个角点，拖动鼠标单击确定矩形的另一个角点。<br>矩形中还有中心矩形、3点边角矩形、3点中心矩形 |
| 平行四边形 |  | 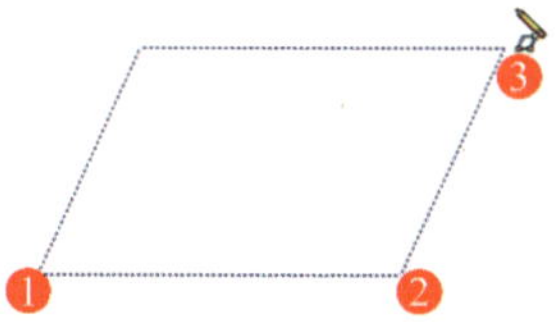 | 单击“草图”控制面板上的“平行四边形”按钮，单击确定平行四边形的第一个角点，拖动鼠标确定平行四边形一边的方向，单击鼠标确定边长。沿与第1条边线任意夹角方向拖动鼠标，单击鼠标确定另一边长 |
| 多边形 |  | 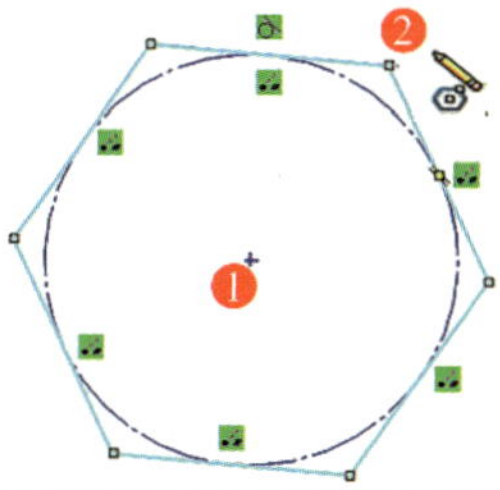 | 单击“草图”控制面板上的“多边形”按钮，在特征管理器指定“边数”，单击图形区以定位多边形中心，然后拖动鼠标确定多边形内切圆或外接圆半径，单击确定 |
| 椭圆 |  | 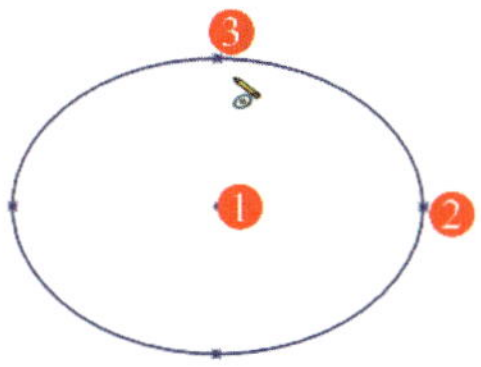 | 单击“草图”控制面板上的“椭圆”按钮，单击图形区域放置椭圆中心、拖动鼠标一段距离并单击以设定椭圆的长轴，再拖动鼠标一段距离并再次单击以设定椭圆的短轴 |

续表

| 名称与按钮 | 鼠标指针 | 绘制步骤 | 绘制方法 |
|---|---|---|---|
| 样条曲线 |  | 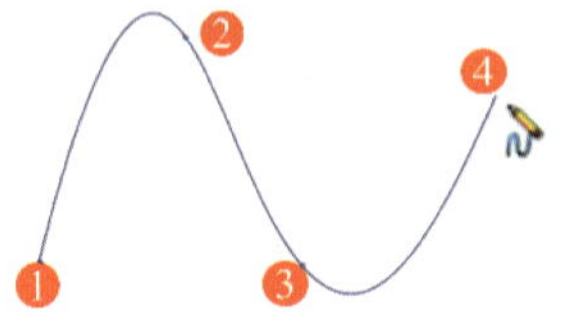 | 单击“草图”控制面板上的“样条曲线”按钮，单击起始点，向上拖动鼠标一段距离后再单击，向下拖动鼠标一段距离后再次单击，向上拖动鼠标一段距离双击，结束样条曲线绘制 |
| 文本 | |  | 单击“草图”控制面板上的“文本”按钮，选择一条曲线作为路径，其名称出现在“曲线”框中，在“文字”框中输入文字，编辑文字属性，单击“确定”按钮 |

注：SolidWorks 2024 提供了命令的具体使用方法的动态演示和文字说明：将鼠标移动到“草图”工具栏相应的命令上，会自动弹出命令的动态演示及文字说明，使初学者便于掌握命令的使用。

在草图绘制过程中应掌握以下几个原则：

（1）根据建立特征的不同及特征间的相互关系，确定草图的草绘平面和基本形状。

（2）零件的第一幅草图应该和原点定位，以确定特征在空间的位置。每一幅草图应尽量简单，不要包含复杂的嵌套，有利于草图的管理和特征的修改。绘图过程中要记住草绘平面的位置，一般情况下可选择“正视于”命令将草图平面与屏幕平行。

（3）复杂的草图轮廓一般应用于二维草图到三维模型的转化操作，正规的建模最好不要用复杂草图。

（4）尽管 SolidWorks 不要求完全定义草图，但在绘制草图过程中最好使用完全定义的草图。合理标注尺寸与添加几何关系，反映了设计者的思维方式及机械设计能力。

（5）绘制实体时要注意 SolidWorks 的系统反馈，可以在绘制过程中确定实体间的关系。在特定的反馈状态下，系统会自动添加草图元素间的几何关系。

（6）中心线（构造线）不参与特征的生成，仅起辅助作用。因此，在必要时可使用它来定位或标注尺寸。

（7）小尺寸几何体应使用夸张画法，标注完尺寸后改成正确尺寸。

## 2. 拉伸凸台/基体

拉伸是以一个或两个方向拉伸草图或草图轮廓来生成实体特征，如图 3.1.5 所示。零件建模时，第一实体是拉伸特征，这个实体就称为拉伸基体特征。在已有实体基础上，通过“拉伸凸台/基体”命令创建的实体称为拉伸凸台特征。拉伸建模的具体过程见表 3.1.2。

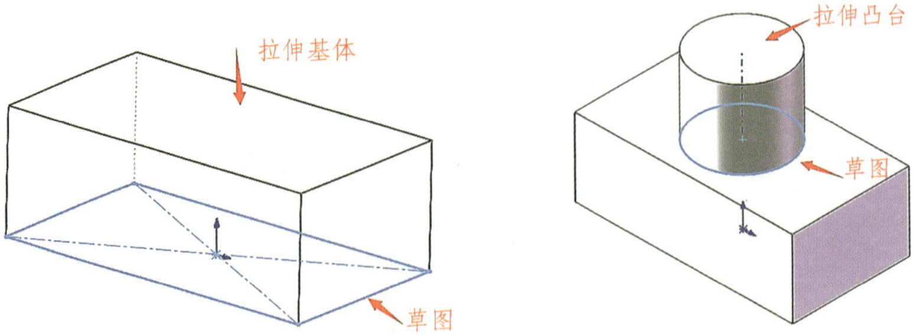


图 3.1.5　用拉伸命令生成的实体

3. 拉伸切除

拉伸切除是在已有实体基础上，以草图或草图轮廓移除材料形成的实体特征。常用封闭草图实现切除效果，见表 3.1.3。

表 3.1.2　拉伸台凸/基体

| 命令条件 | 参数设置 | 结　果 |
|---|---|---|
| 在草图状态下绘制好用于拉伸的草图<br>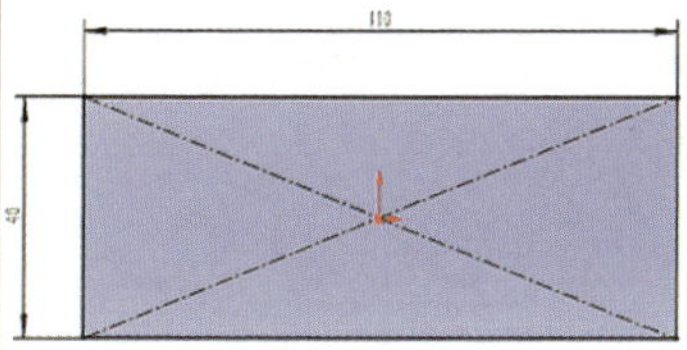 | 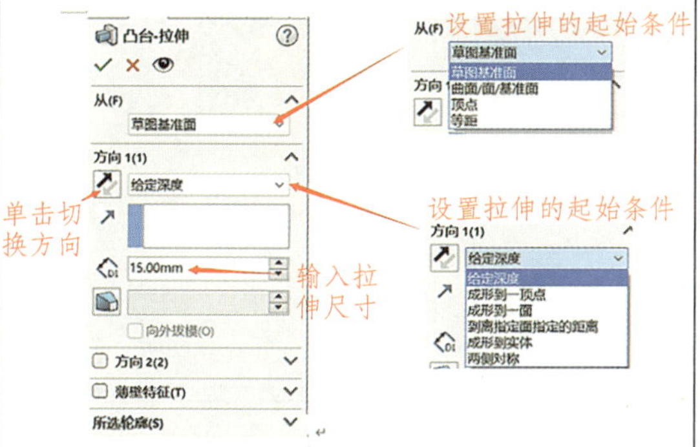 | 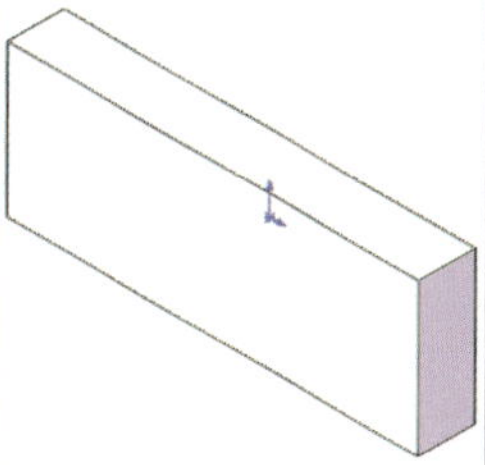 |
| 草图可以是开环，也可以是闭环 | 必要时反向 | 拉伸出指定尺寸的实体 |

表 3.1.3　拉伸切除

| 命令条件 | 参数设置 | 结　果 |
|---|---|---|
| 在草图状态下绘制好用于切除的草图<br>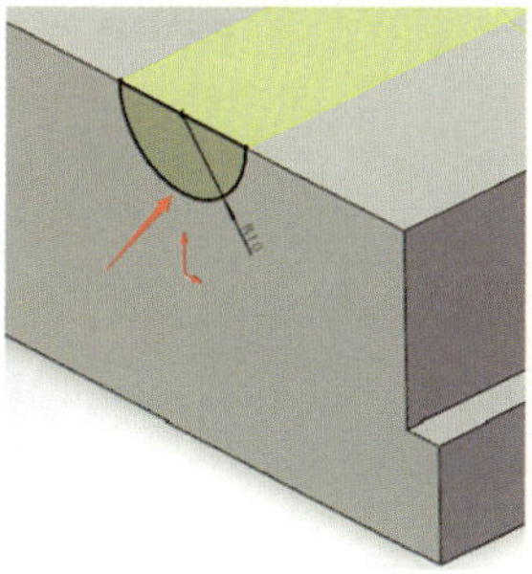 | 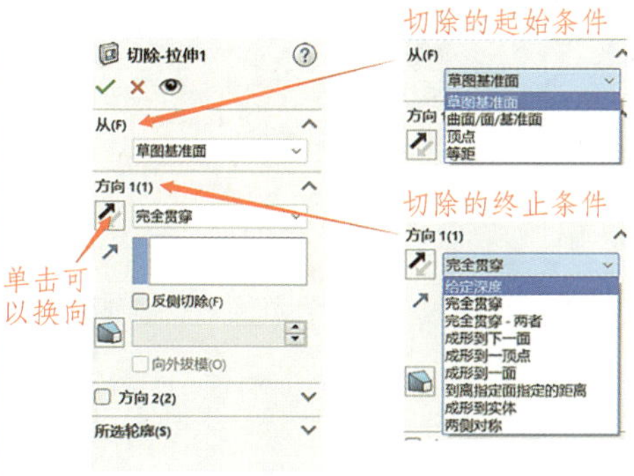 | 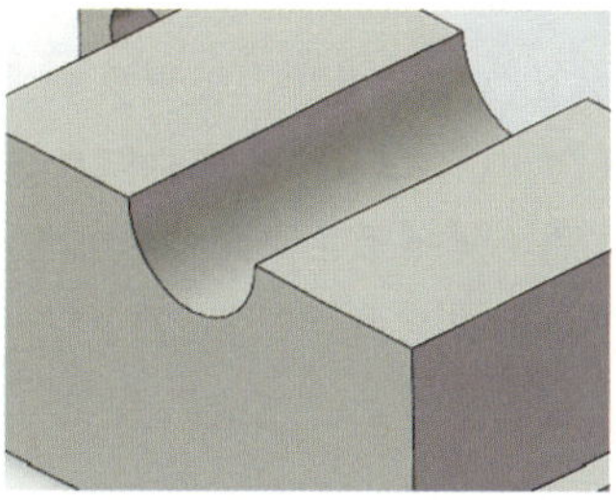 |
| 草图常为封闭状态 | 必要时修改切除的方向和终止条件 | 切除深度为给定的深度 |

## 3.1.5　任务实施

### 1. 轴承座建模

图 3.1.1 所示轴承座的建模过程见表 3.1.4。

轴承座建模

表 3.1.4 轴承座建模过程

| 建模步骤 | 图　示 |
| --- | --- |
| 1. 双击，启动 SolidWorks 2024，单击“新建按钮”，单击“零件”按钮，再单击“确定”按钮进入零件设计环境 | 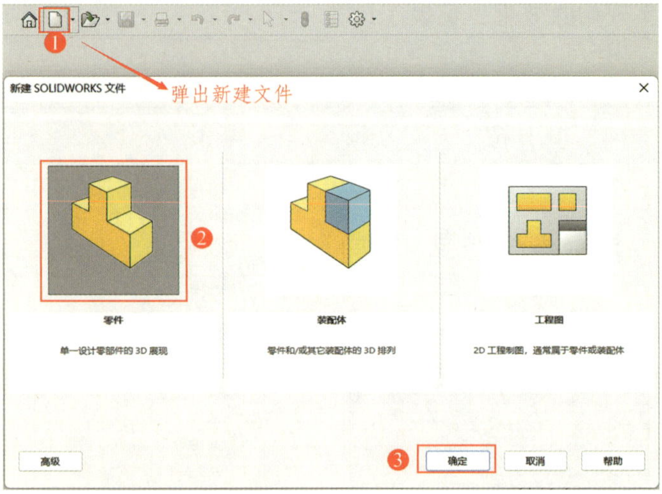 |
| 2. 选择“前视基准面”，在弹出工具栏中单击“草图绘制”命令，新建草图进入草图绘制环境 | 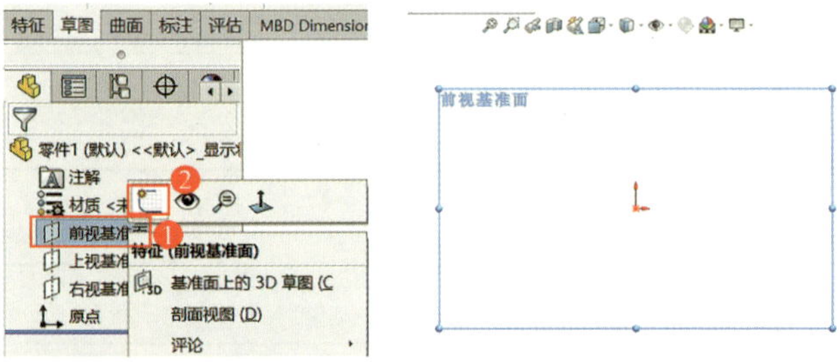 |
| 3. 单击“草图”控制面板上的“矩形”按钮，将鼠标移到原点处开始单击（使矩形中心点与原点重合），向需要的方向移动鼠标，再单击，绘制一个矩形，单击“确定”按钮 | 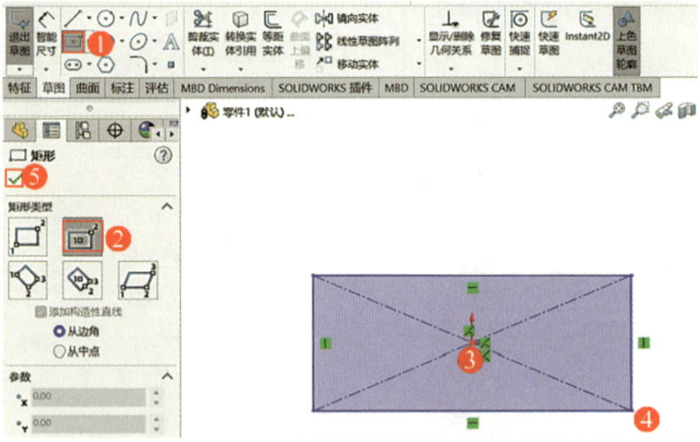 |
| 4. 单击“草图”控制面板上的“智能尺寸”按钮，标注如图尺寸 | 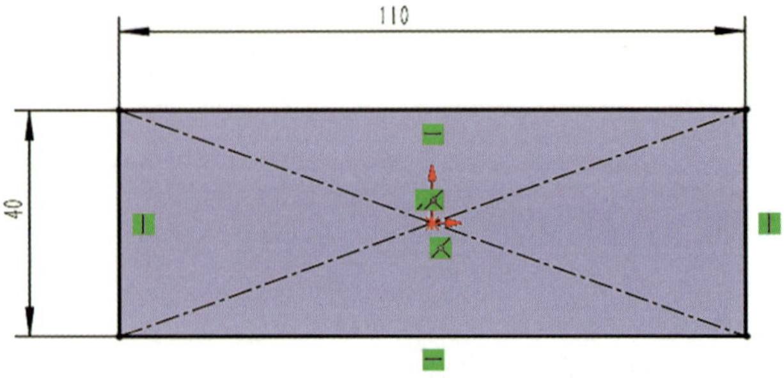 |

续表

<table>
<tr><th>建模步骤</th><th>图　示</th></tr>
<tr><td>5. 单击“草图”控制面板上的“倒圆角”按钮╮，输入圆角半径 10 mm</td><td>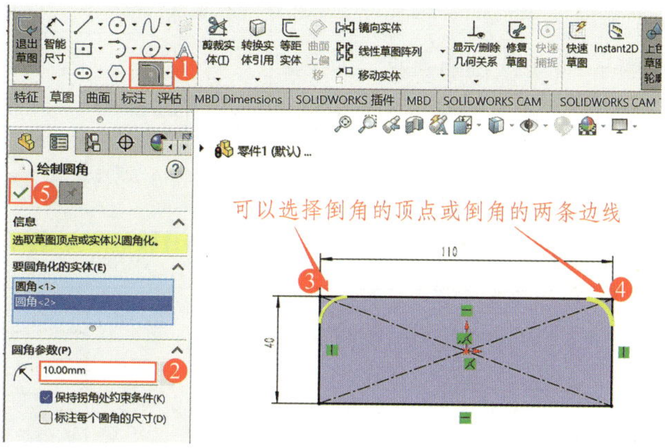
</td></tr>
<tr><td>6. 再绘制如图所示的两个直径 10 mm 的圆（注意设置圆与圆弧同心，左右两个圆相等）</td><td>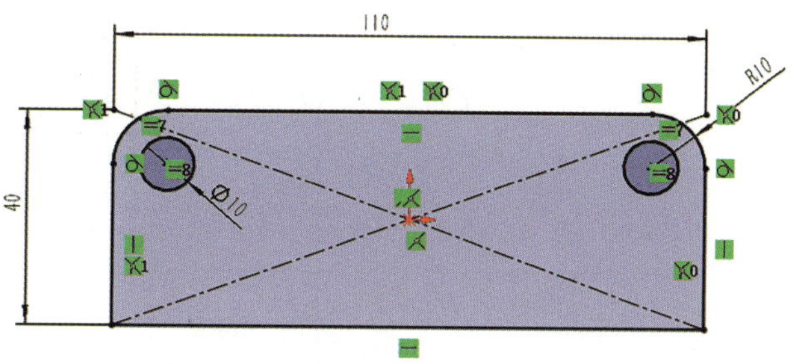
</td></tr>
<tr><td>7. 单击“特征”控制面板上的“拉伸凸台/基体”按钮，将图形拉伸至 15 mm，单击“确定”按钮✓，完成凸台拉伸的创建</td><td>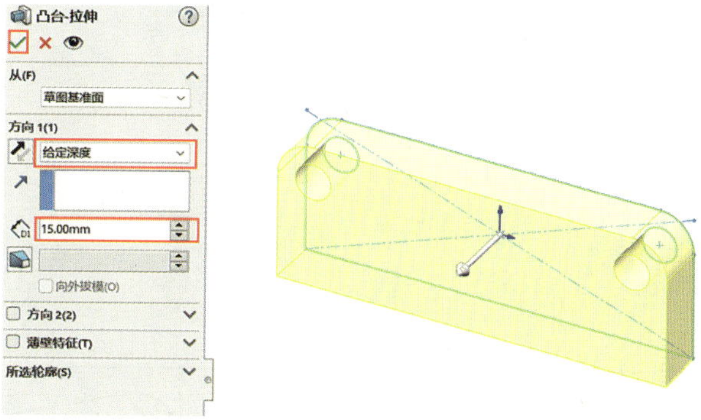
</td></tr>
<tr><td>8. 鼠标右键单击图中所示表面，在弹出的快捷菜单栏上单击“草图绘制”按钮，新建草图</td><td>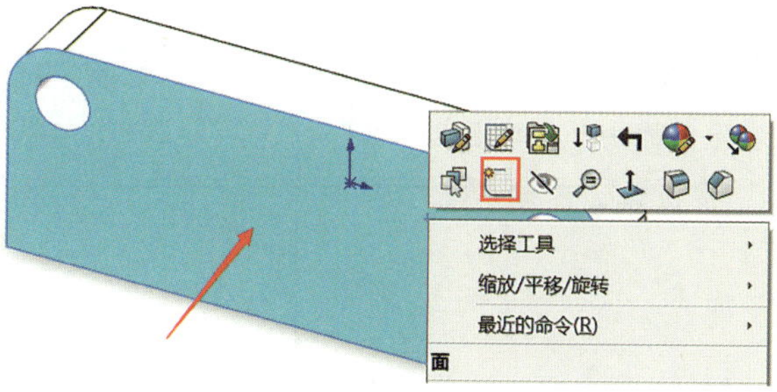
</td></tr>
</table>

<table>
<tr><th>建模步骤</th><th>图　示</th></tr>
<tr><td>9. 单击“草图”控制面板上的“直线”按钮，按图示顺序绘制直线。注意添加位置关系，如右图所示的竖直、水平、相等关系</td><td>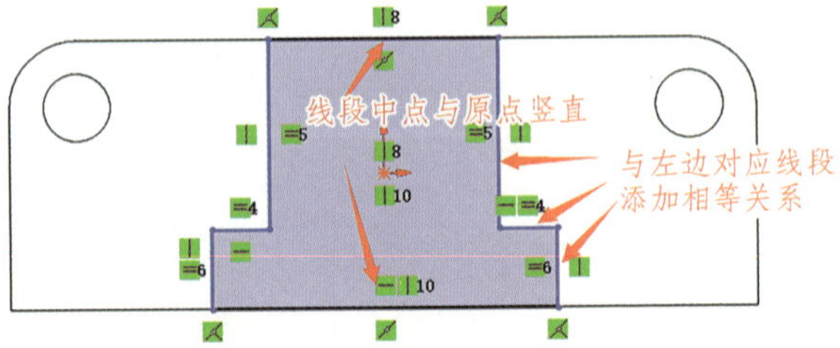
</td></tr>
<tr><td>10. 单击“草图”控制面板上的“智能尺寸”按钮，标注尺寸</td><td>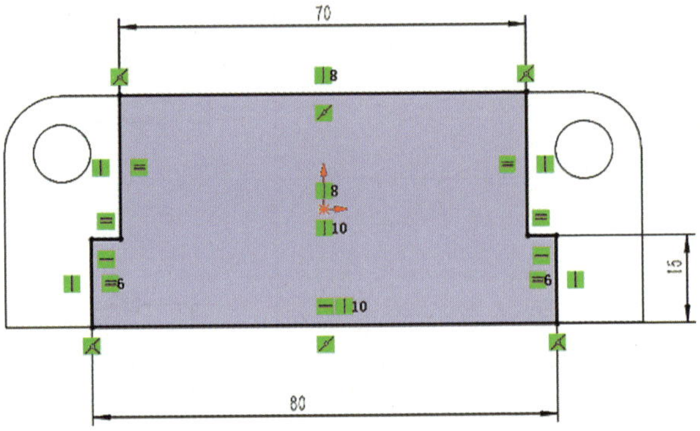
</td></tr>
<tr><td>11. 单击“特征”控制面板上的“拉伸凸台/基体”按钮，将图形拉伸至35 mm，单击“确定”按钮，完成凸台拉伸的创建</td><td>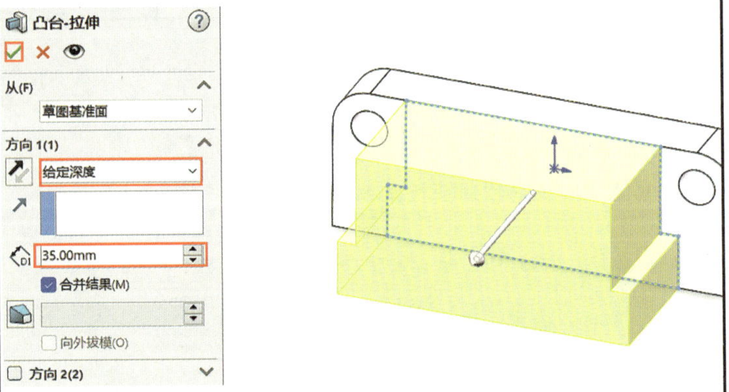
</td></tr>
<tr><td>12. 鼠标右键单击右图中箭头所指表面，在弹出的快捷菜单栏上单击“草图绘制”按钮，新建草图</td><td>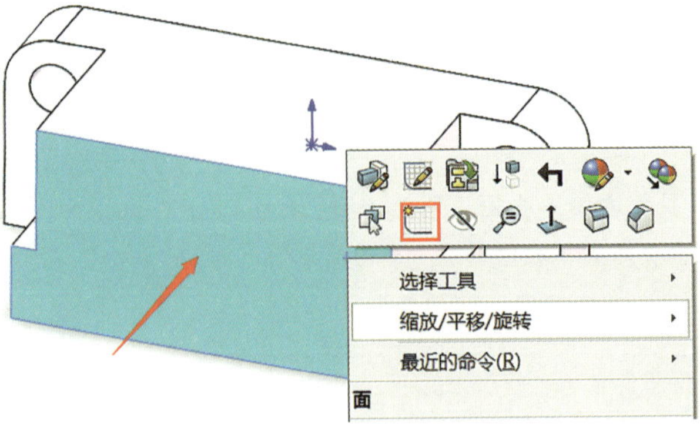
</td></tr>
</table>

| 建模步骤 | 图　示 |
| --- | --- |
| 13. 单击“圆弧”按钮，绘制图示圆弧。(注意将圆弧的圆心与原点在一条直线上，圆弧的圆心、起点和终点与零件的上表面重合) | 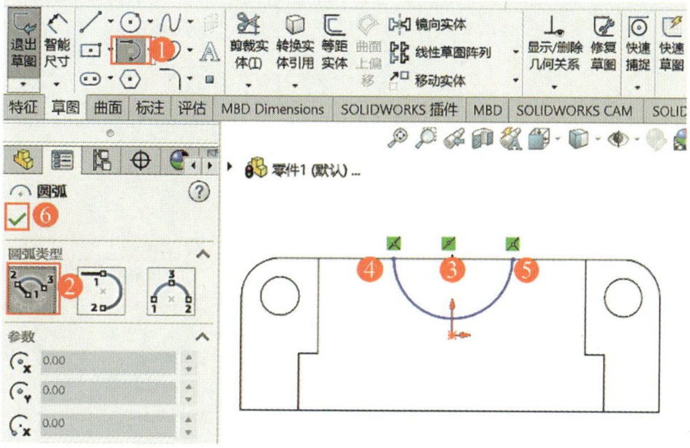  |
| 14. 单击“草图”控制面板上的“直线”按钮，连接圆弧的两个端点，形成封闭图形。<br>单击“草图”控制面板上的“智能尺寸”按钮，标注半径 10 mm | 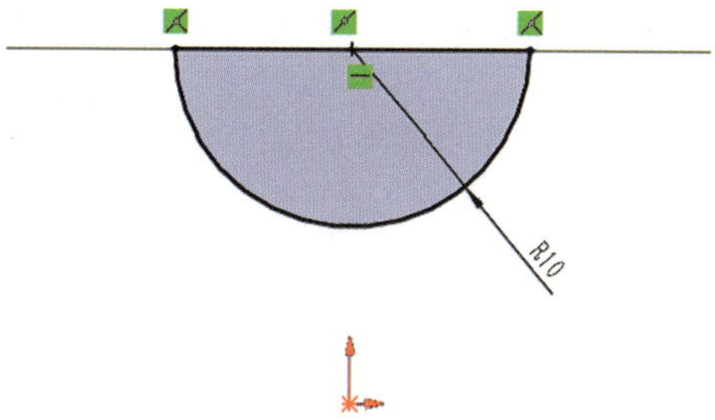  |
| 15. 单击“特征”控制面板上的“拉伸切除”按钮，选择“完全贯穿”，单击“确定”按钮，完成拉伸切除 | 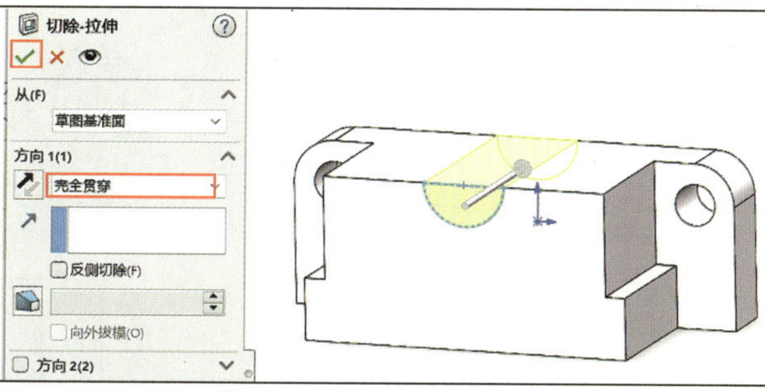  |
| 16. 鼠标右键单击右图中箭头所指表面，在弹出的快捷菜单栏上单击“草图绘制”按钮，新建草图 | 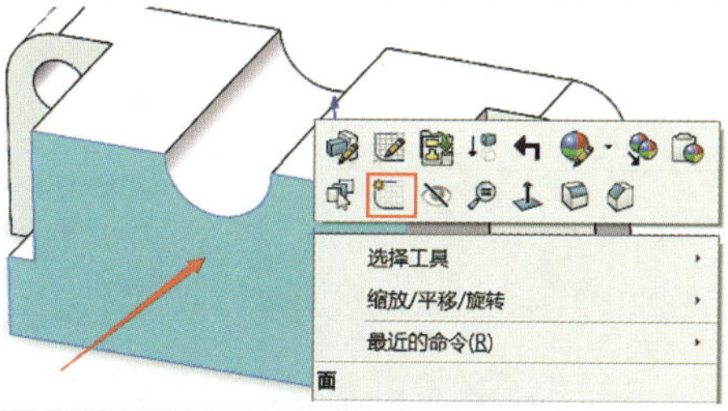  |
| 17. 利用“草图”控制面板上的“圆弧”按钮、“直线”按钮，绘制草图，圆弧半径为 20 mm(注意将圆弧与上一个 $R10$ mm 的圆弧设置为同心) | 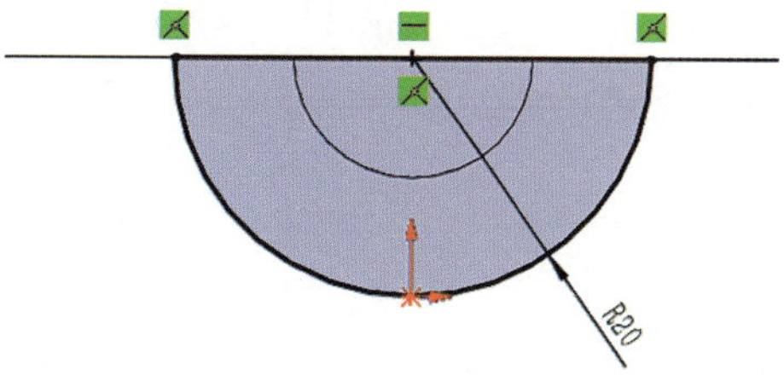  |

| 建模步骤 | 图　示 |
| --- | --- |
| 18. 单击“特征”控制面板上的“拉伸切除”按钮，选择“给定深度”，输入 20 mm，单击“确定”按钮✓，完成拉伸切除 | 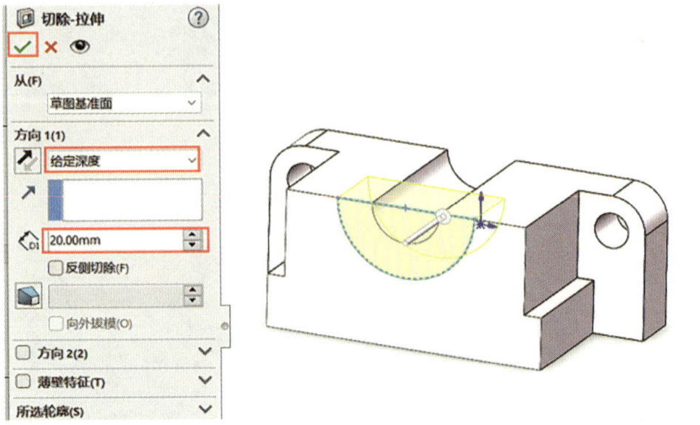 |
| 19. 鼠标右键单击右图中箭头所指表面，在弹出的快捷菜单栏上单击“草图绘制”按钮，新建草图 | 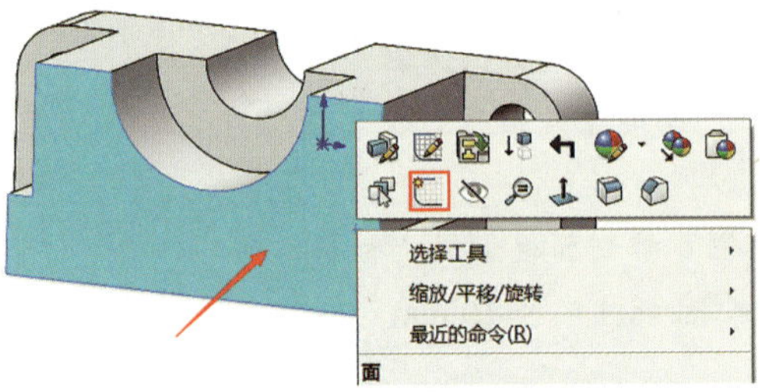 |
| 20. 在新建草图中绘制如右图所示图形，标注尺寸 | 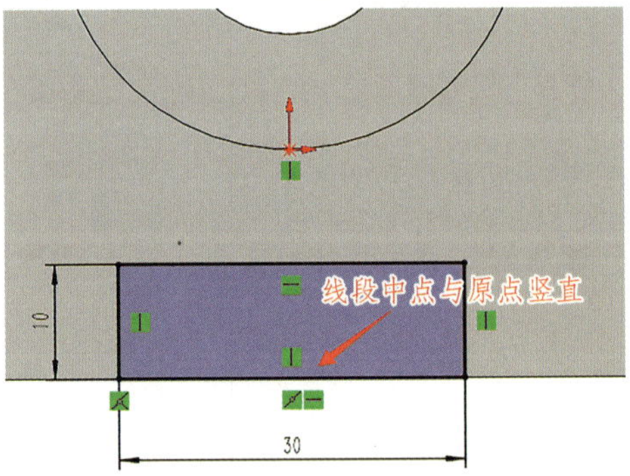 |
| 21. 单击“特征”控制面板上的“拉伸切除”按钮，选择“完全贯穿”，单击“确定”按钮✓，完成拉伸切除 | 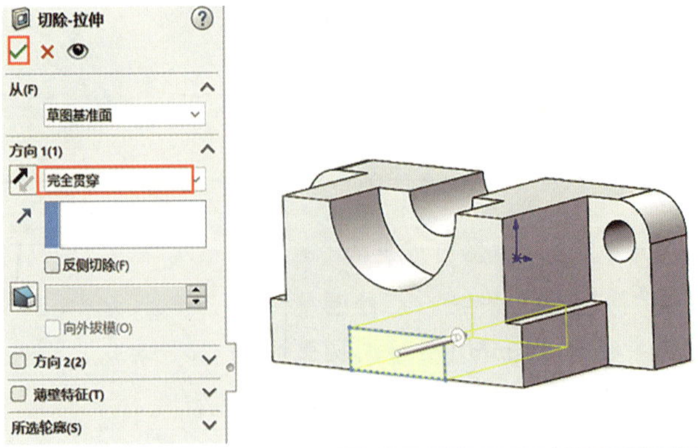 |

2. 带连接座的三通管建模

建立如图 3.1.6 所示的模型，过程见表 3.1.5。

带连接座的三通建模

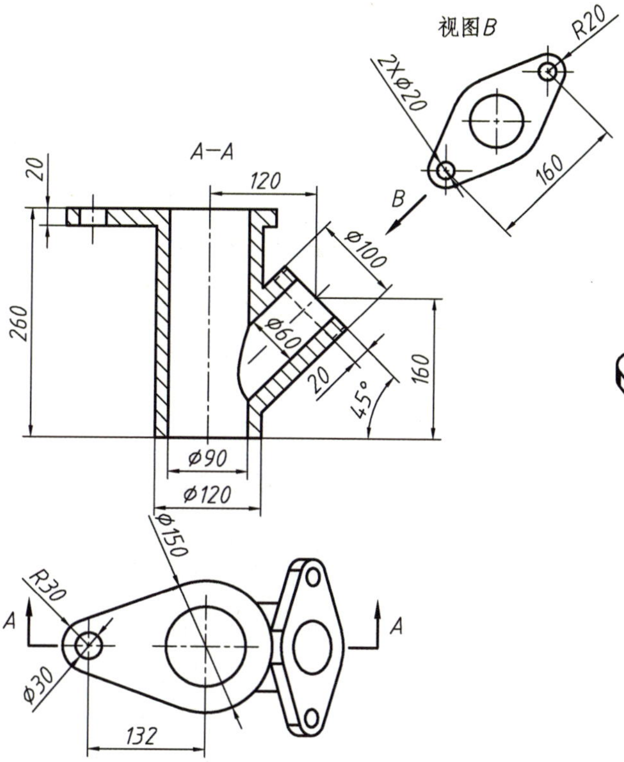


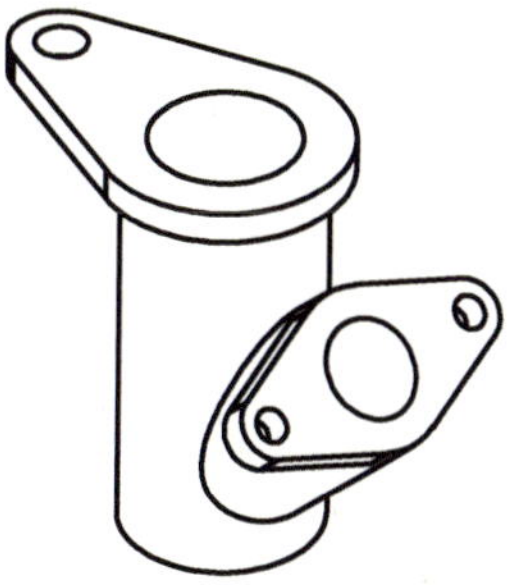

图 3.1.6　模型参考图

表 3.1.5　带连接座的三通管建模过程

| 建模步骤 | 图　示 |
| --- | --- |
| 1. 双击，启动 SolidWorks 2024，单击“新建按钮”，单击“零件”按钮，再单击“确定”按钮进入零件设计环境 | 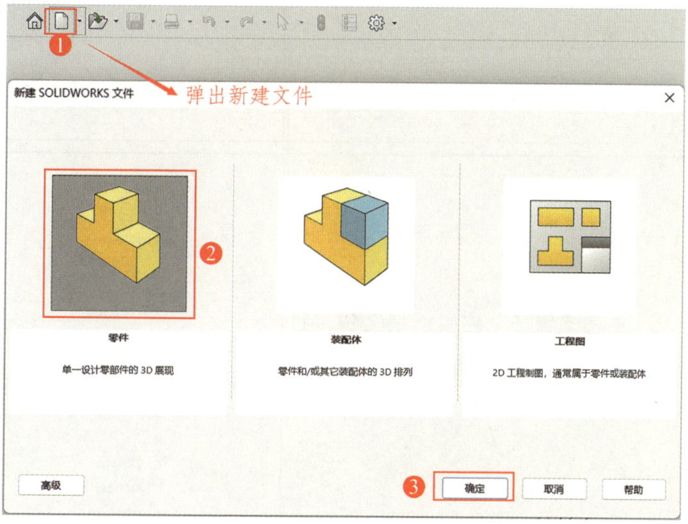 |

| 建模步骤 | 图　示 |
| --- | --- |
| 2. 选择“上视基准面”，在弹出的工具栏中单击“草图绘制”命令，进入草图绘制环境 | 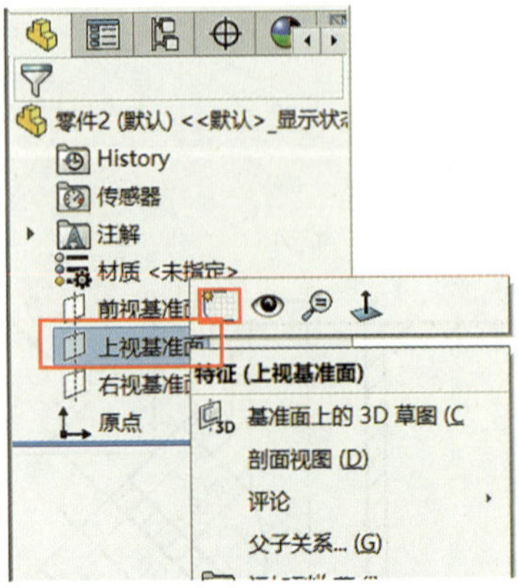 |
| 3. 单击工具栏中的“圆”命令，绘制如右图所示的圆（圆心与原点重合） | 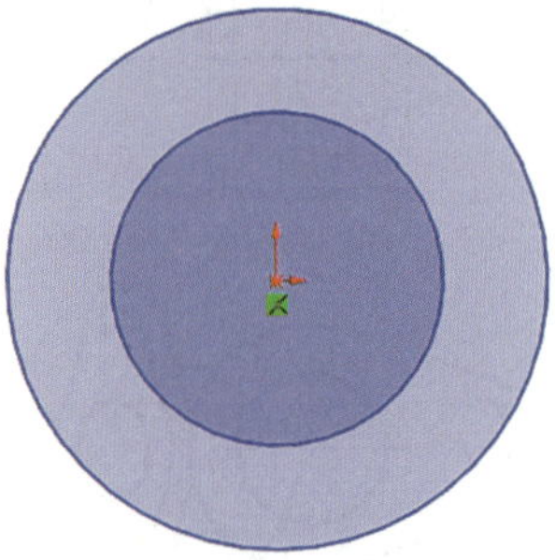 |
| 4. 标注尺寸 | 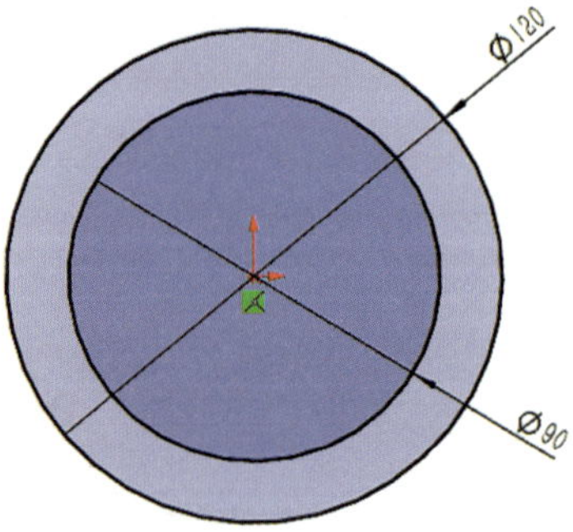 |
| 5. 单击“特征”控制面板上的“拉伸凸台/基体”按钮，将图形拉伸至 240 mm | 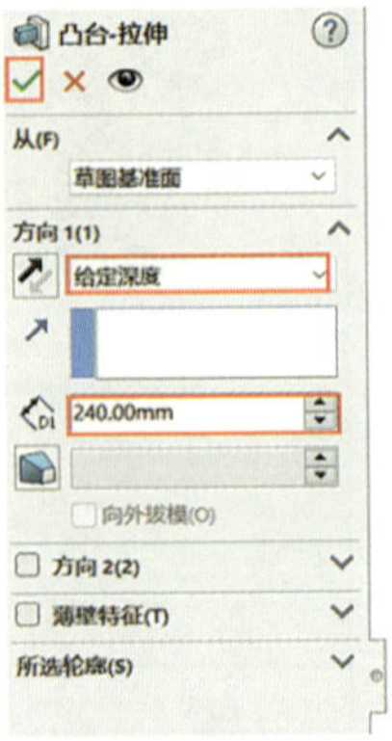  |

| 建模步骤 | 图　示 |
| --- | --- |
| 6. 鼠标右键单击右图中箭头所指表面，在弹出的快捷菜单栏上单击“草图绘制”按钮，新建草图 | 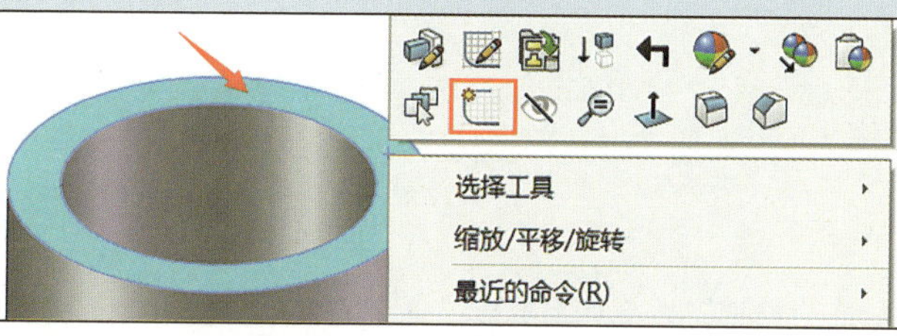 |
| 7. 完成草图绘制，添加如图的几何关系，标注尺寸 | 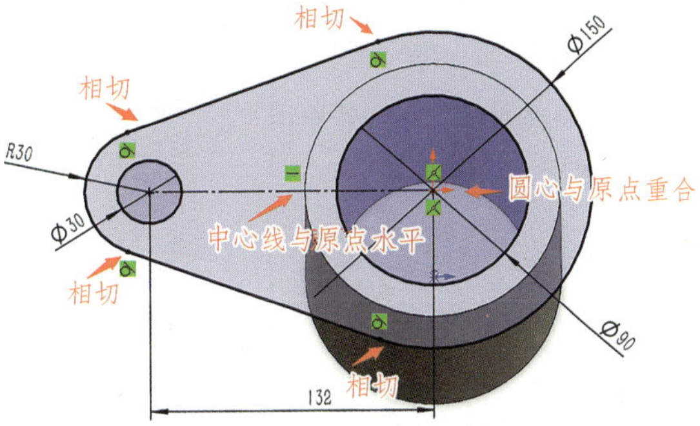 |
| 8. 单击“特征”控制面板上的“拉伸凸台/基体”按钮，将图形拉伸至 20 mm | 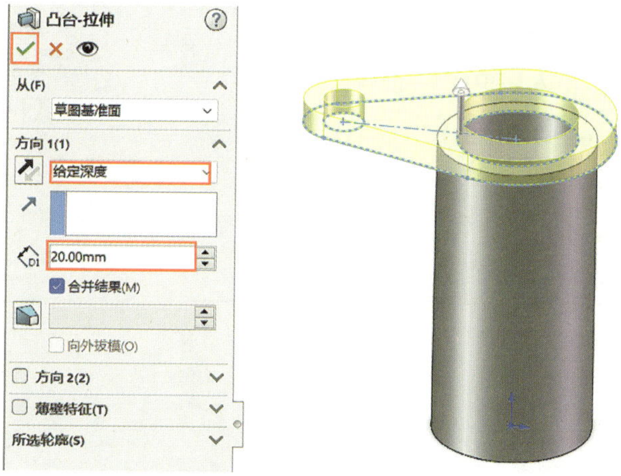 |
| 9. 在“前视基准面”新建草图，绘制图示中心线，按图示标注尺寸，两条中心线添加垂直关系，标注角度和尺寸 | 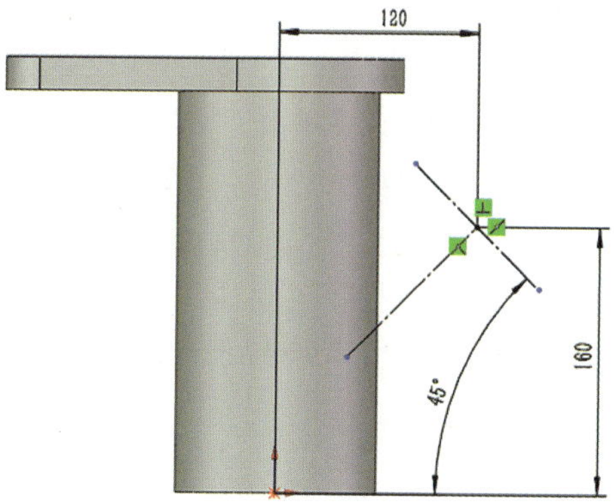 |

| 建模步骤 | 图　示 |
| --- | --- |
| 10. 在“特征”标签页上单击“参考几何体”下拉菜中的“基准面”。第一参考选择直线1——垂直；第二参考选择两条中心线的交点2——重合，单击“确定”完成基面的建立 | 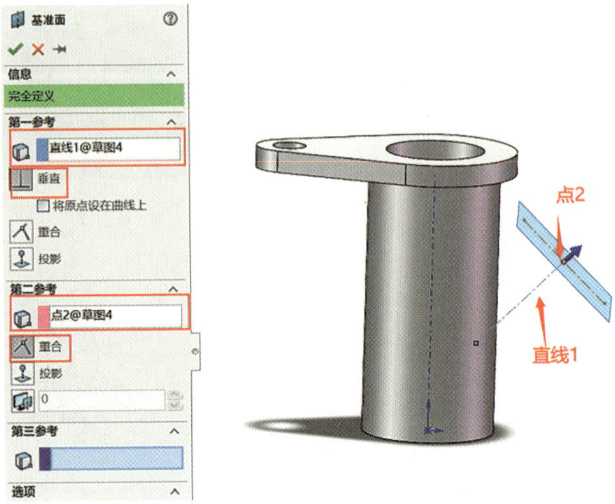 |
| 11. 单击基准面1，在弹出的快捷菜单栏上单击“草图绘制”按钮，新建草图 | 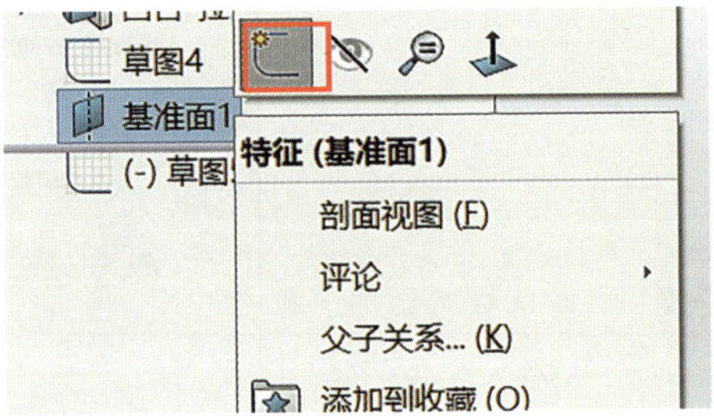 |
| 12. 完成草图绘制，圆心与基准面1的原点重合，标注尺寸100 | 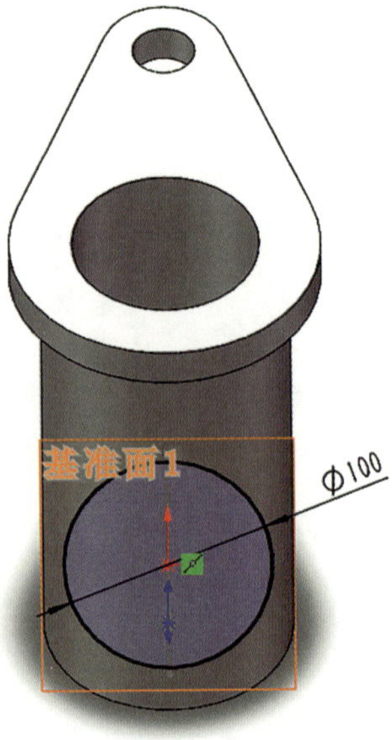 |

| 建模步骤 | 图　示 |
| --- | --- |
| 13. 单击“特征”控制面板上的“拉伸凸台/基体”按钮 ，反转拉伸方向朝实体拉伸，在下拉方式中选择成形到下一面 | 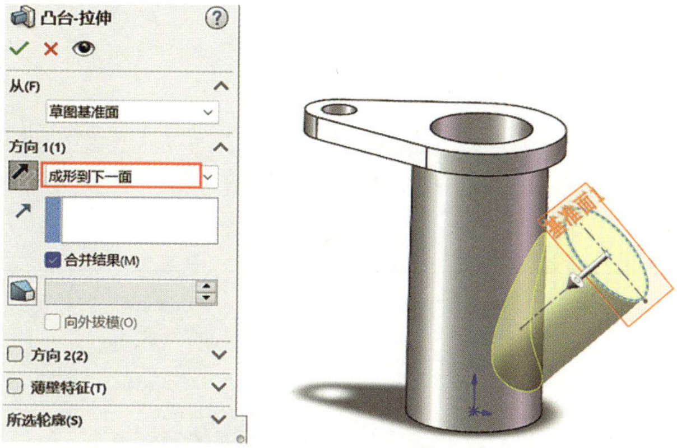 |
| 14. 单击基准面 1，在弹出的快捷菜单栏上单击“草图绘制”按钮 ，新建草图 | 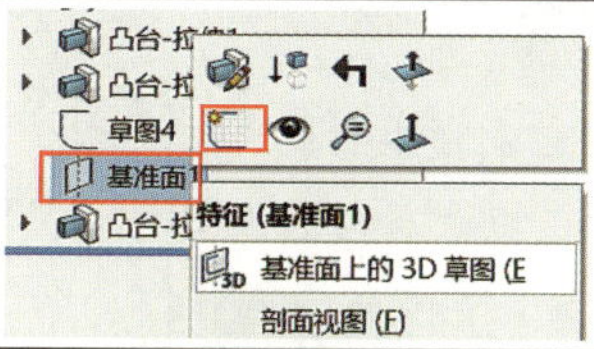 |
| 15. 完成草图绘制，注意添加相切的几何关系并标注尺寸（可运用“镜像实体”命令 ，加快草图绘制） | 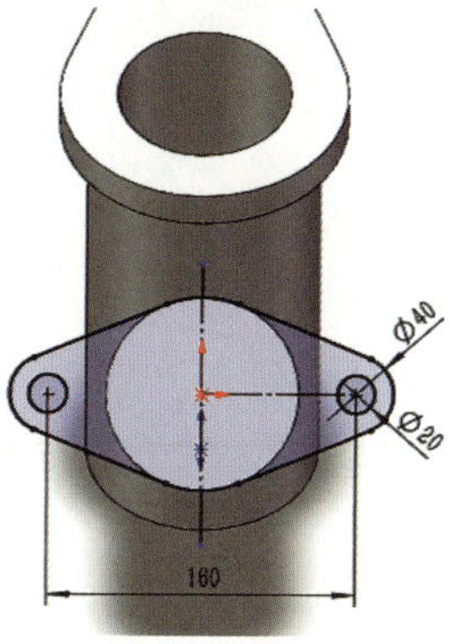 |
| 16. 单击“特征”控制面板上的“拉伸凸台/基体”按钮 ，反转拉伸方向朝实体拉伸，将图形拉伸至 20 mm | 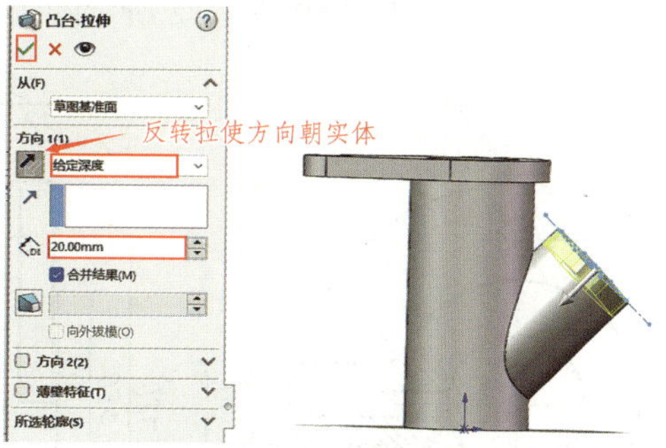 |
| 17. 单击基准面 1，在弹出的快捷菜单栏上单击“草图绘制”按钮 ，新建草图 | 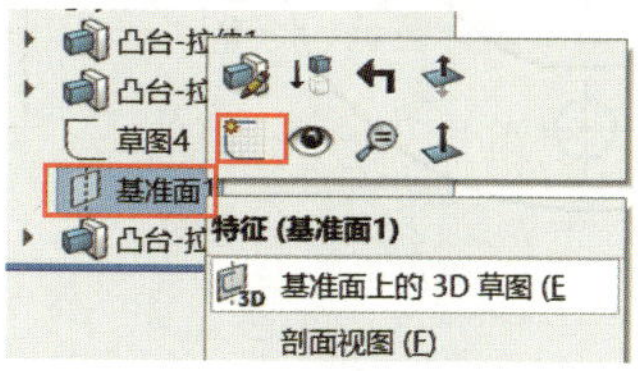 |

| 建模步骤 | 图　示 |
| --- | --- |
| 18. 完成草图绘制，注意圆心与基准面 1 的原点重合，标注尺寸 | 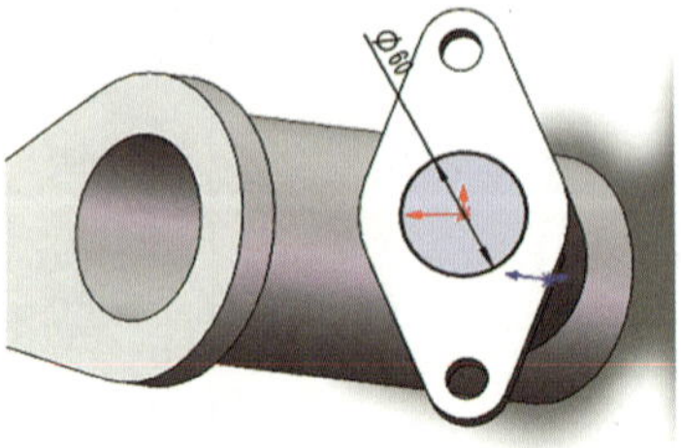 |
| 19. 单击“特征”控制面板上的“拉伸切除”按钮，在切除方式下拉菜单中选择成形到一面，在实体上选择成形到实体的内孔面 | 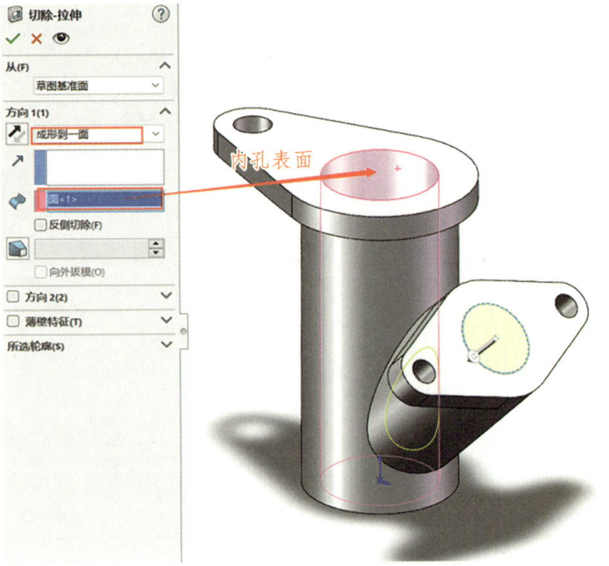 |

## 3.1.6　阶段测试

运用所学方法对图 3.1.7 ~ 图 3.1.12 所示的组合体进行建模。

任务 3.1 阶段测试

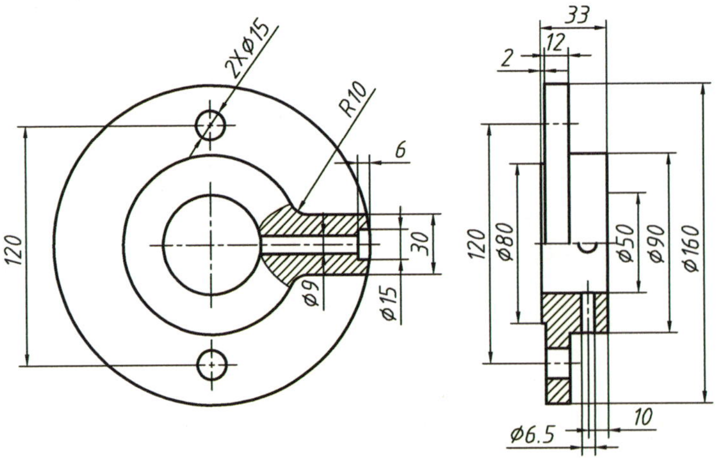

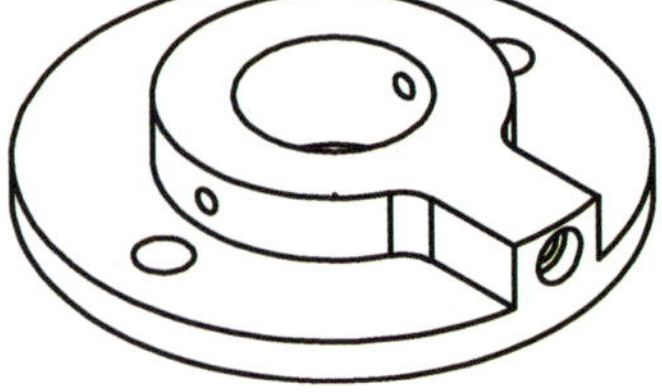

图 3.1.7　组合体练习 1

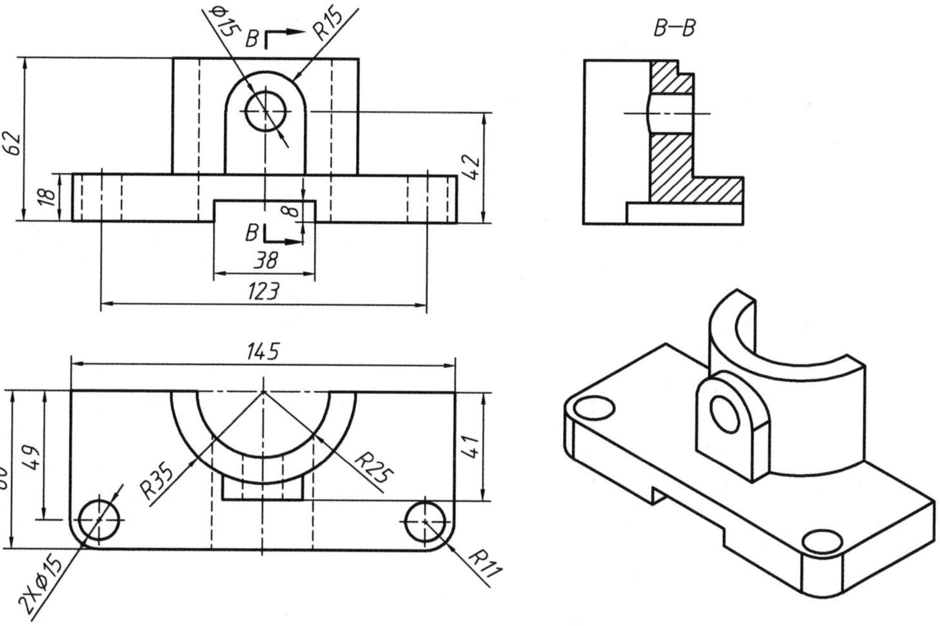


图 3.1.8　组合体练习 2

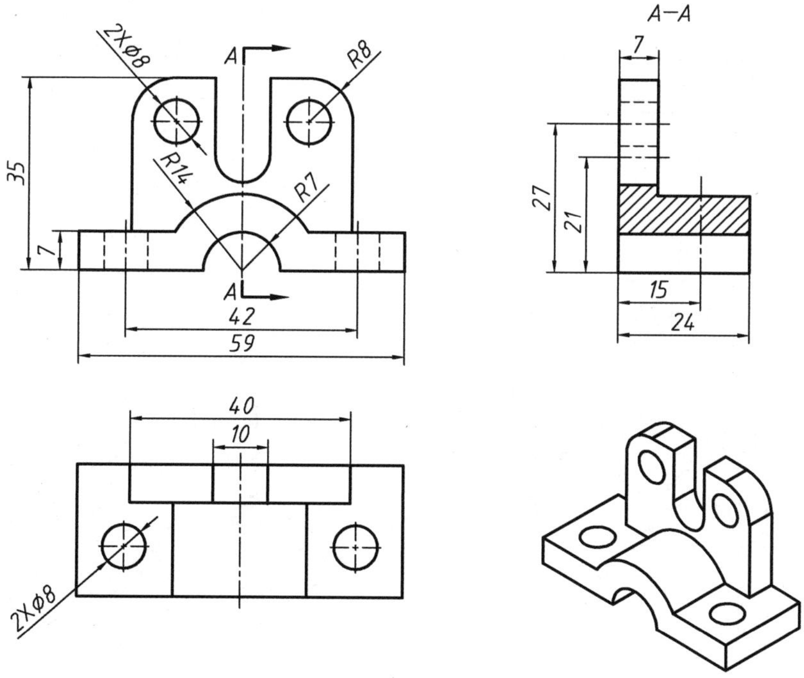


图 3.1.9　组合体练习 3

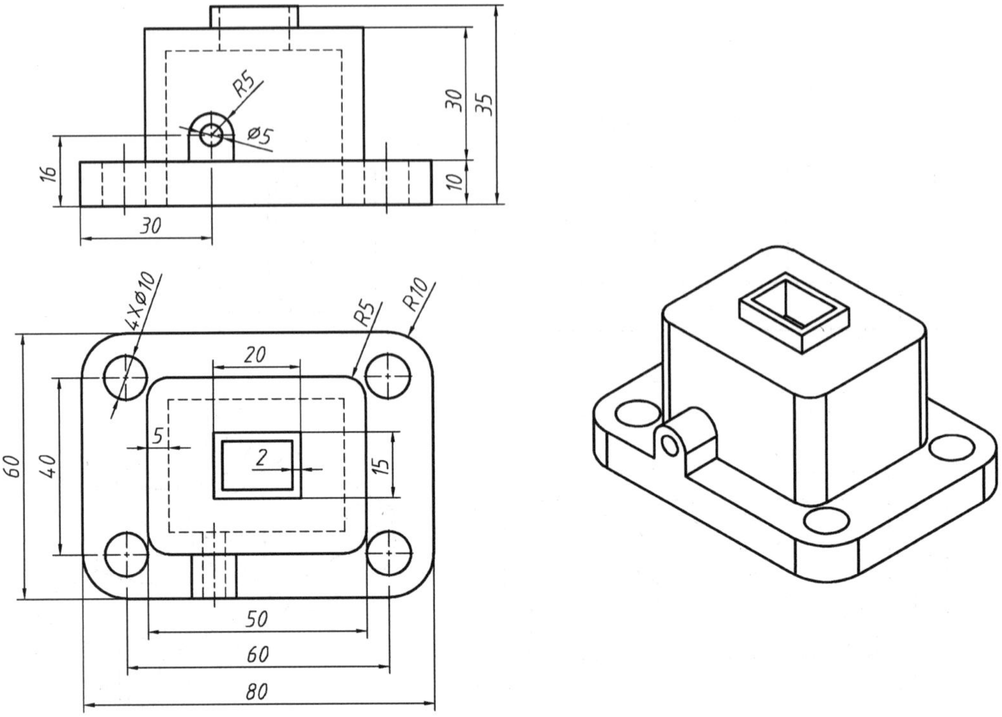


图 3.1.10　组合体练习 4

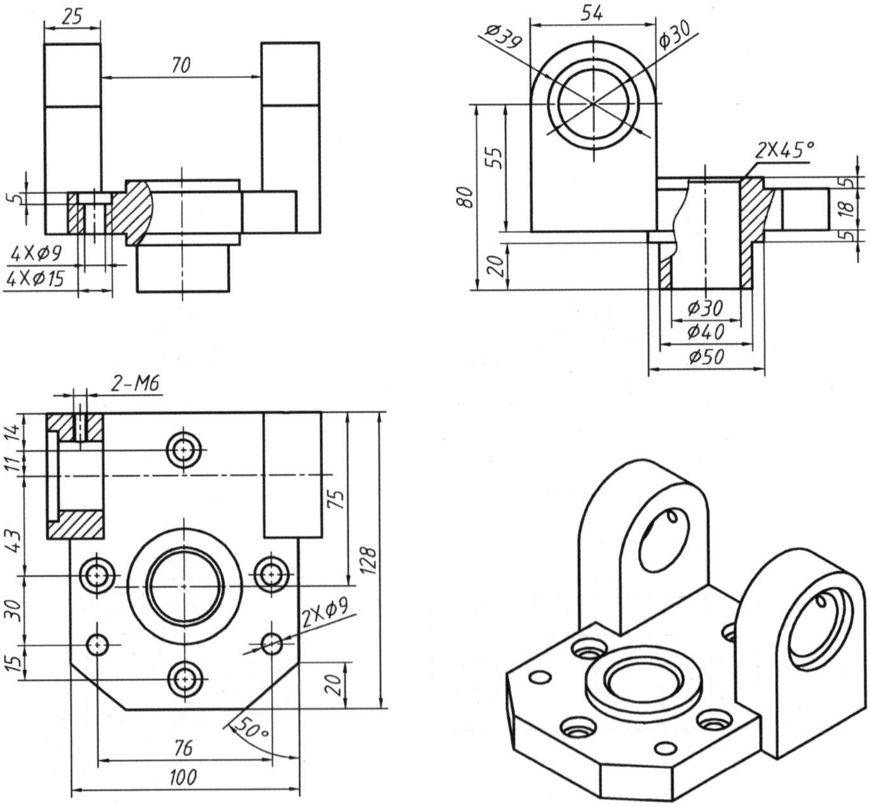


图 3.1.11　组合体练习 5

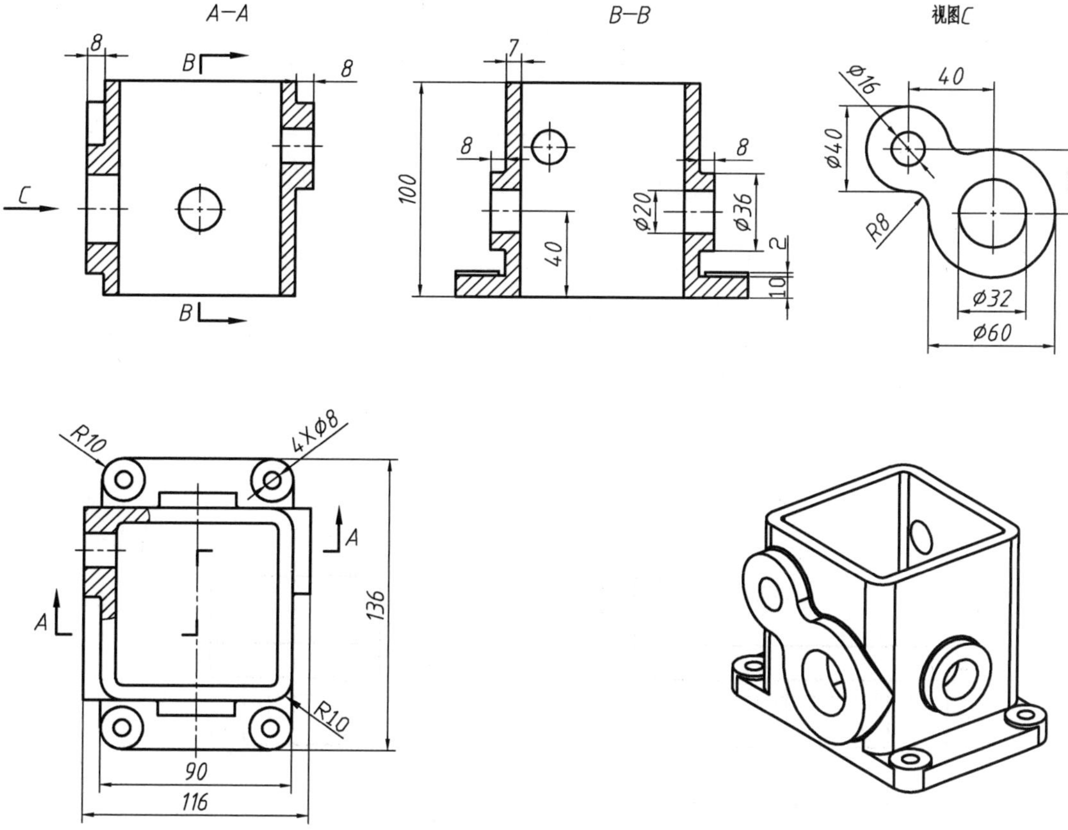


2

图 3.1.12　组合体练习 6

# 任务 3.2 工程师语言——工程图

| 任务目标 | 任务内容 |
| --- | --- |
| 1. 掌握基本视图的创建方法；<br>2. 掌握视图显示样式的调整方法；<br>3. 掌握模型尺寸的标注方法 | 1. 添加视图调色板；<br>2. 调整视图显示样式；<br>3. 添加尺寸标注 |

## 3.2.1 任务导入

绘制如图 3.2.1 所示的支座工程图。

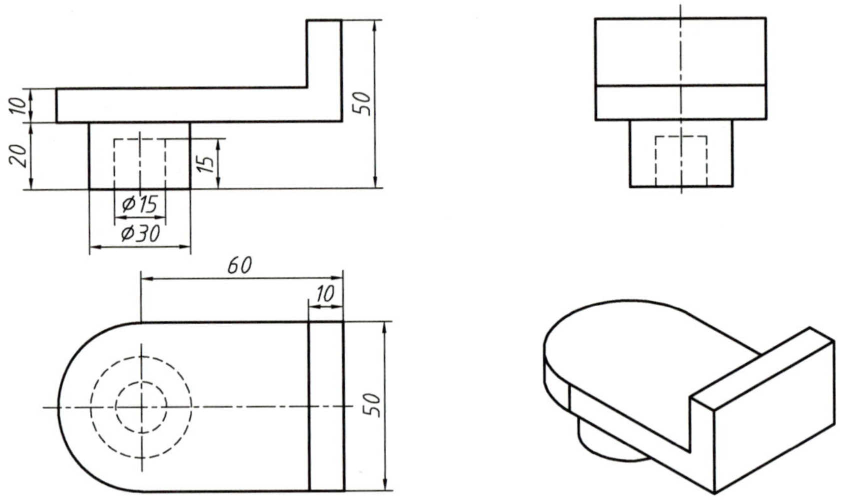


图 3.2.1 支座工程图参考图样

## 3.2.2 任务分解

任务分解如图 3.2.2 所示。

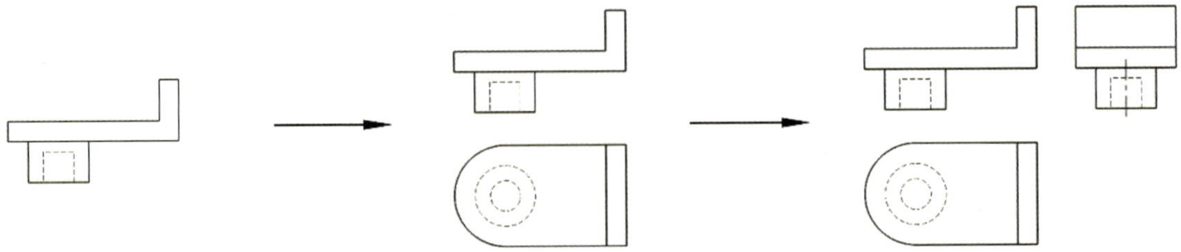

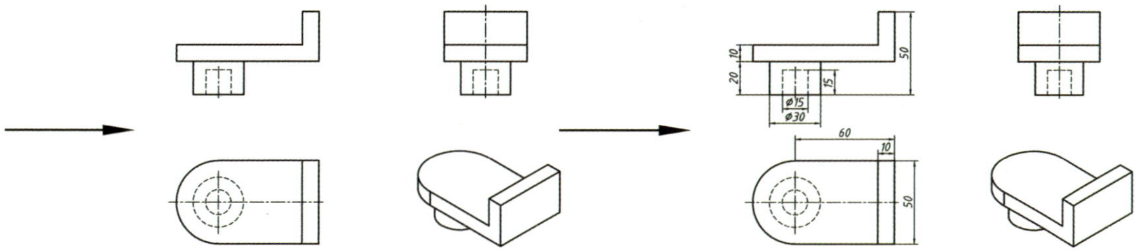


图 3.2.2　支座工程图绘制任务分解

## 3.2.3　思维导图

思维导图如图 3.2.3 所示。

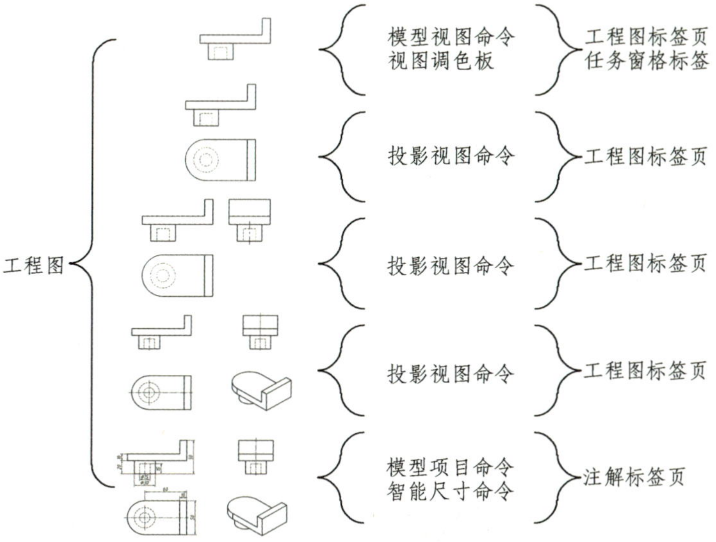


图 3.2.3　支座工程图绘制思维导图

## 3.2.4　相关知识

1. 视图调色板 

视图调色板位于屏幕右侧的任务窗口中，可快速插入一个或多个预定义的视图到工程图中。它包含所选模型的标准视图、注解视图、剖面视图和平板形式（钣金零件）图像，可将视图拖动到工程图纸中生成工程图，每个视图作为模型视图而生成，见表 3.2.1。

表 3.2.1　视图调色板

<table>
<tr><th>命令条件</th><th>参数设置</th><th>结果</th></tr>
<tr><td>已新建工程图文件</td><td colspan="2">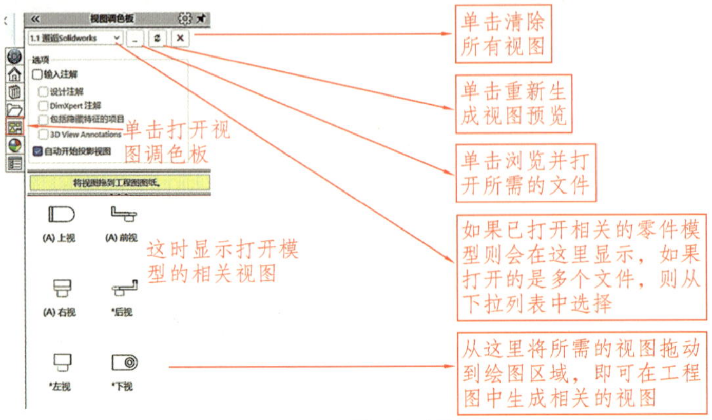
</td></tr>
<tr><td>工程图状态</td><td>在屏幕右侧位置打开</td><td>将视图拖到工程图纸即可完成</td></tr>
</table>

2. 模型项目 

模型项目可以将模型文件（零件或装配体）中的尺寸、注解以及参考几何体插入工程图中。可以将项目插入到所选特征、装配体零部件、装配体特征、工程视图或者所有视图中。当插入项目到所有工程图视图时，尺寸和注解会在最适合的视图中出现。显示这部分视图的特征，如局部视图或剖视图，会先在这些视图中标注尺寸，见表 3.2.2。

表 3.2.2　模型项目

<table>
<tr><th>命令条件</th><th>参数设置</th><th>结果</th></tr>
<tr><td>已插入相关视图<br>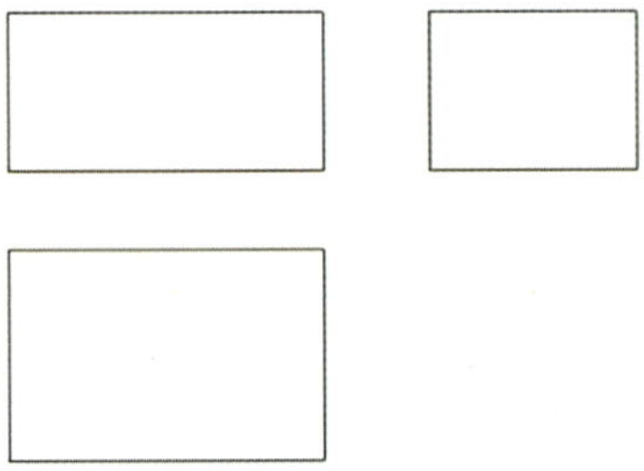<br>在“注解”工具栏单击“模型项目”按钮<br>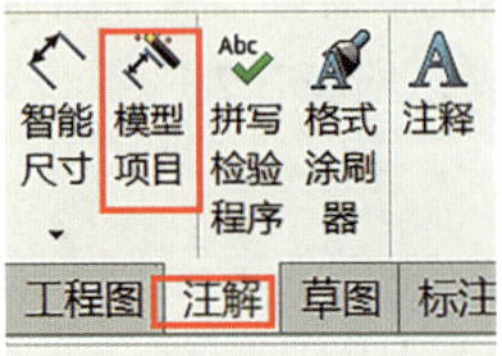
</td><td>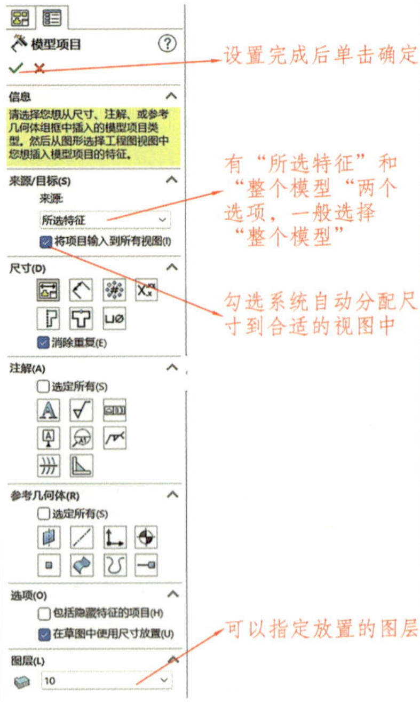
</td><td>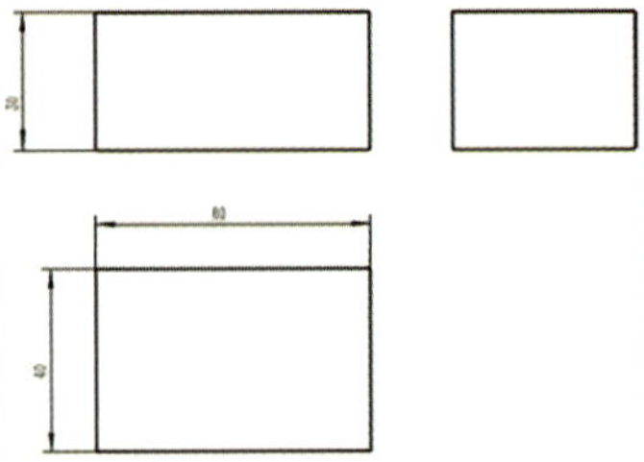</td></tr>
<tr><td>在工程图状态</td><td>设定来源为整个模型</td><td>系统自动标注尺寸</td></tr>
</table>

## 3.2.5 任务实施

### 1. 支座工程图绘制

支座工程图绘制过程见表 3.2.3。

表 3.2.3 作图过程

| 操作步骤 | 图 示 |
| --- | --- |
| 1. 双击，启动 SolidWorks 2024，单击“新建按钮”，单击“工程图”按钮，再单击“确定”按钮，新建工程文件 | 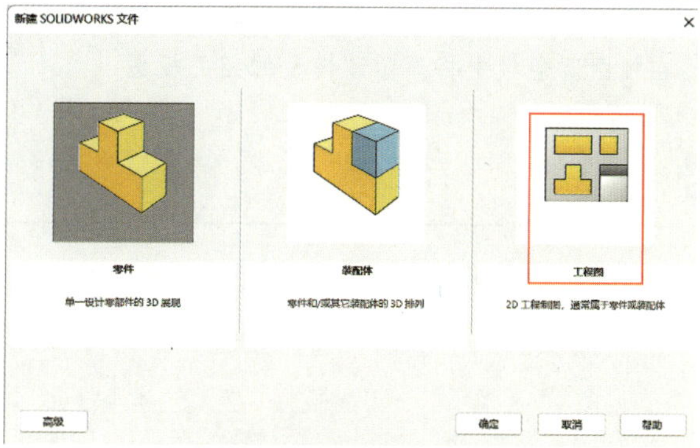 |
| 2. 系统自动生成一张图纸，此时的图纸大小可能不是所需要的。在左侧特征树中右击“图纸 1”，在快捷菜单中单击“属性…” | 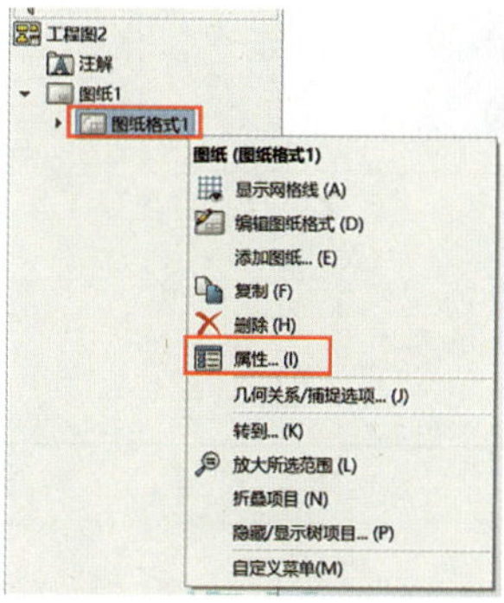 |
| 3. 在图纸属性中，可设置图纸的名称、比例、视角、图纸格式/大小等。这时设置比例为 1∶2，图纸大小为 A4（GB），然后单击“应用更改按钮”。绘图区中的图纸将自动更新为所设置的样式（必要时可单击前导视图工具栏中的“整屏显示全图”按钮，显示全部图纸）<br> | 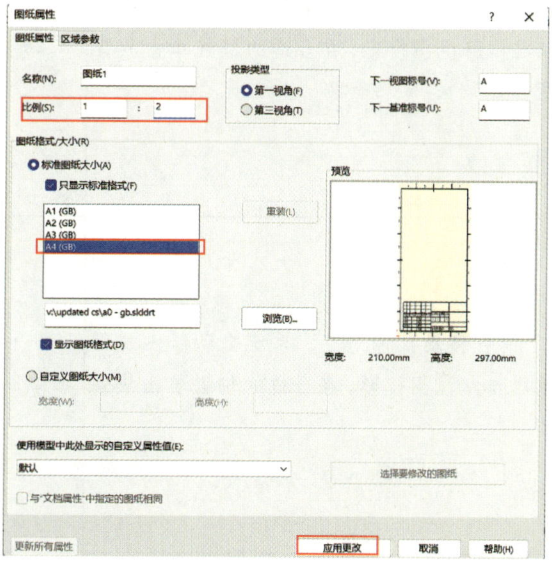 |

<table>
<tr><th>操作步骤</th><th>图　示</th></tr>
<tr><td>4. 单击屏幕右侧的“视图调色板”按钮，打开视图调色板。<br>单击“浏览”按钮 ... ，打开所需的模型文件，在视图调色板中将显示该模型的相关视图</td><td>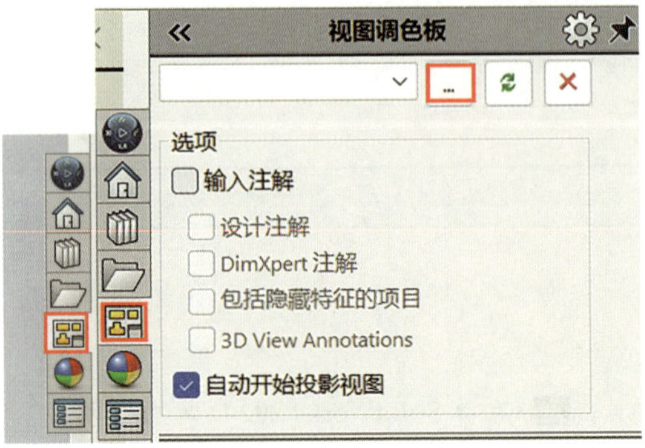<br></td></tr>
<tr><td>5. 将“后视”拖动到图纸中，作为主视图</td><td>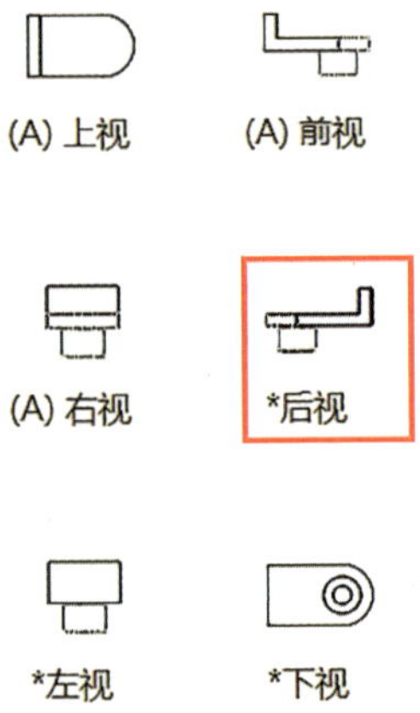<br></td></tr>
<tr><td>6. 向下移动鼠标光标，系统自动以主视图为基准作俯视图投影，在合适的位置单击放置视图</td><td>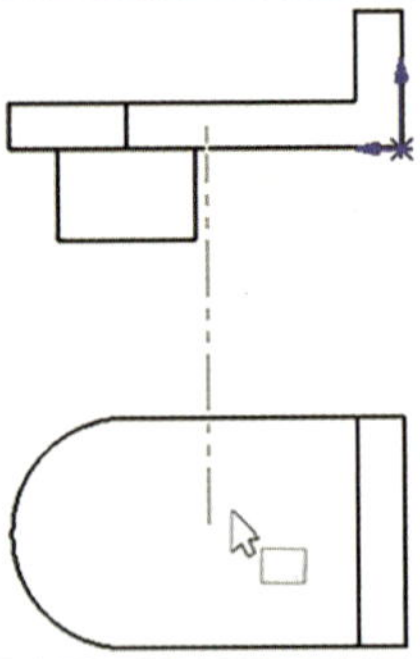</td></tr>
<tr><td>7. 向右移动鼠标光标，系统自动以主视图为基准作左视图投影，在合适的位置单击放置视图</td><td>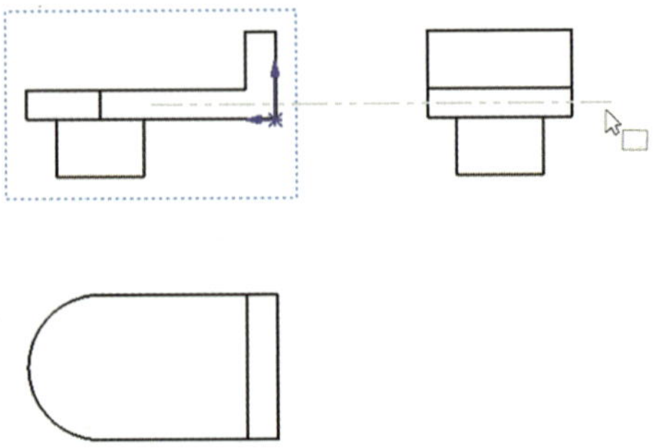</td></tr>
</table>

续表

| 操作步骤 | 图　示 |
|---|---|
| 8. 向 4 个对角移动鼠标光标，系统自动以主视图为基准作轴测图投影。这里选择“右上角”的轴测投影，在合适的位置单击放置视图。至此，所有所需视图已生成完毕，单击“确定”按钮√完成 | 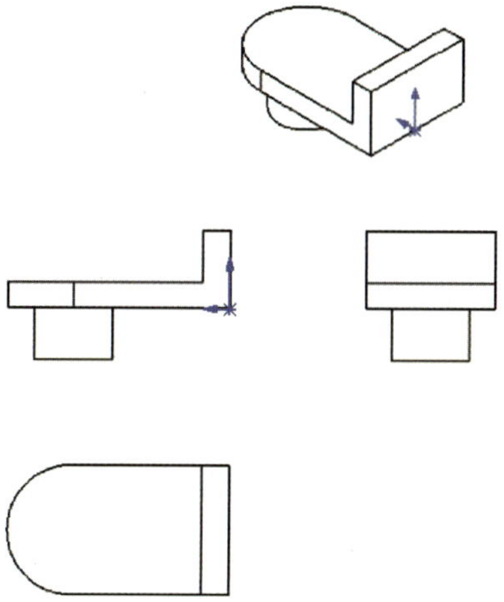 |
| 9. 将鼠标光标移动到上一步生成的视图上，在视图周围会出现橙色虚框，将鼠标光标移动到虚框附近光标会转变成移动样式 | 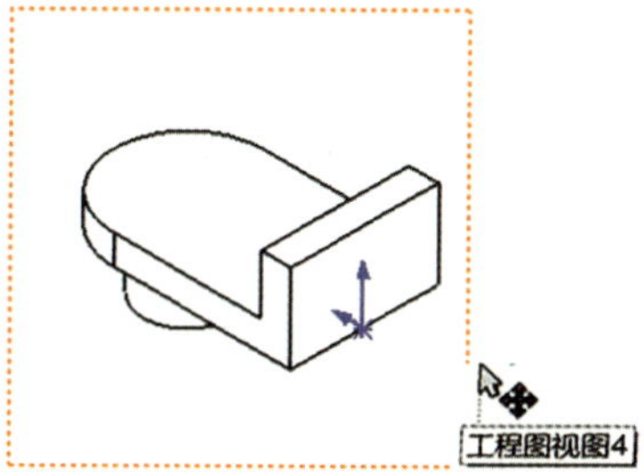 |
| 10. 单击将上一步生成的轴测图拖动到合适的位置 | 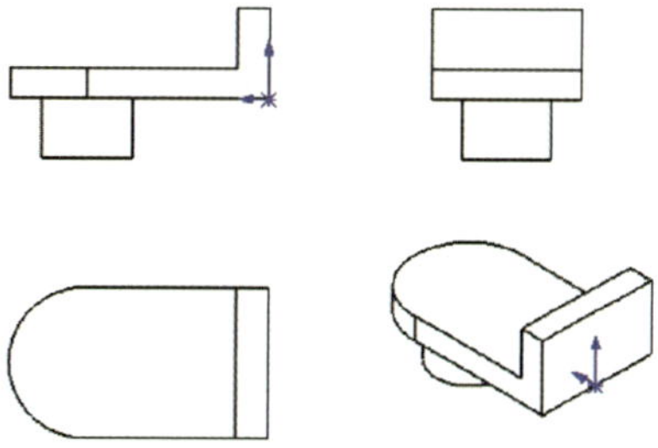 |
| 11. 选中轴测图，在“前导（视图）”工具栏中单击“显示类型”按钮，在下拉列表中单击“带边线上色”按钮，将该视图转变为上色模式（其他视图生成方法相同） | 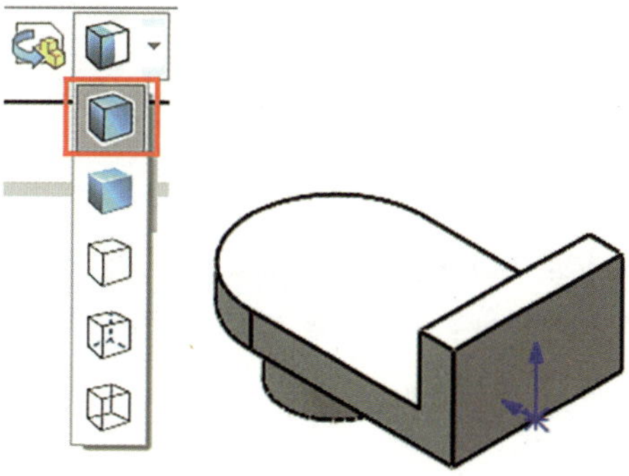 |

<table>
<tr><th>操作步骤</th><th>图　示</th></tr>
<tr><td>12. 选中主视图，在“前导（视图）”工具栏中单击“显示类型”按钮，在下拉列表中单击“隐藏线可见”按钮，三个视图自动将隐藏线显示为虚线</td><td>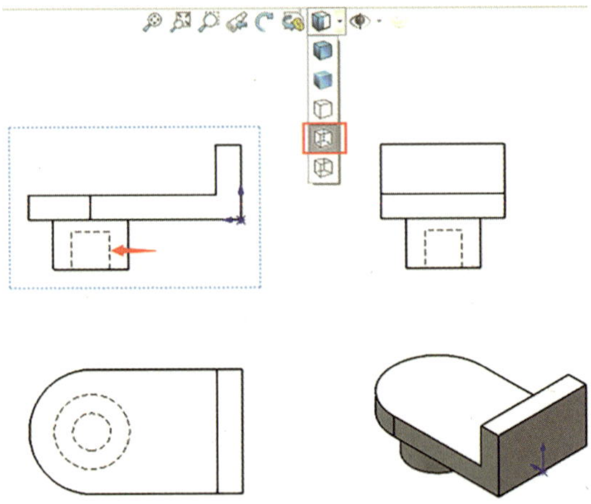</td></tr>
<tr><td>13. 在命令管理器“注解”标签页上单击“模型项目”按钮</td><td>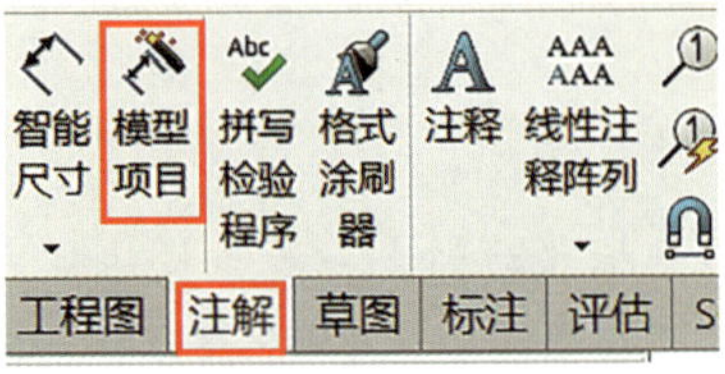
</td></tr>
<tr><td>14. “来源/目标（S）”栏选择“整个模型”，并且确认已勾选下方的“将项目输入到所有视图（I）”；“图层（L）”栏选择“标注层”，单击“确定”按钮，各尺寸将自动分配到相关的视图中</td><td>
</td></tr>
<tr><td>15. 单击并拖动各尺寸到合适的位置。如果视图间的距离不够，可适当拖动视图调整位置</td><td>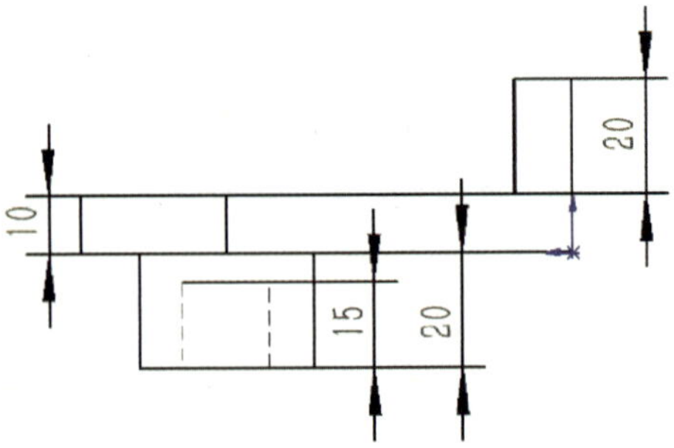
</td></tr>
</table>

<table>
<tr><th>操作步骤</th><th>图　示</th></tr>
<tr><td>16. 如果有个别尺寸未自动标注，则在命令管理器“注解”标签页上单击“智能尺寸”按钮，进行手动标注</td><td>
</td></tr>
<tr><td>17. 按住 Shift 键，同时单击拖动俯视图上的∅30 mm 尺寸到主视图，再松开鼠标和键盘，将尺寸移到主视图（如果按住 Ctrl 键则是复制操作）</td><td>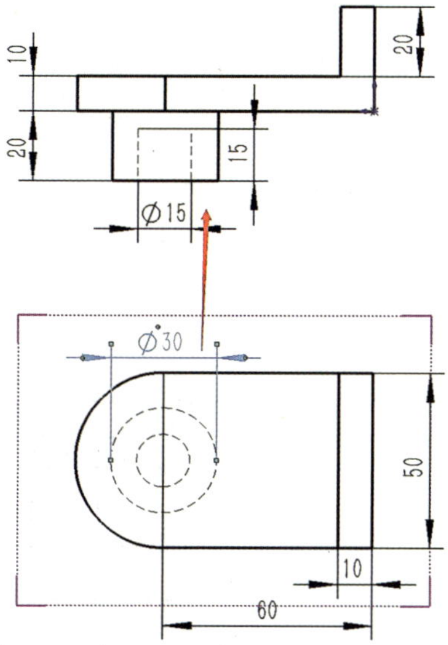
</td></tr>
<tr><td>18. 单击尺寸∅30 mm，在箭头周边将显示圆形控点。单击圆形控点，可改变箭头的方向；右击圆形控点，则可改变箭头的样式。这里将箭头的方向改成内侧</td><td>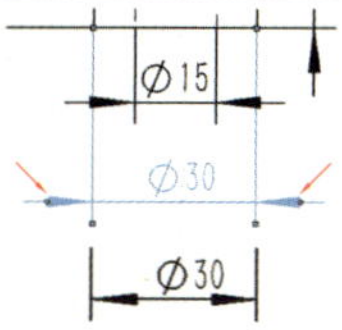
</td></tr>
<tr><td>19. 单击尺寸 10 mm，右击下方的圆形控点，将下方箭头改成直线。同理，完成 20 mm 上方箭头改圆点的操作</td><td>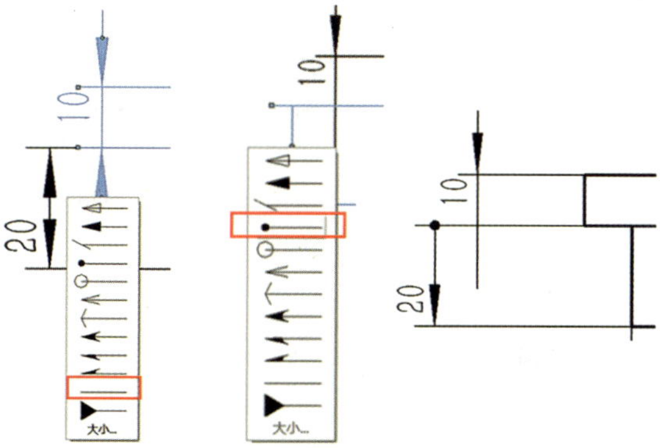
</td></tr>
<tr><td>20. 拖动尺寸 10 mm 或 20 mm，将显示黄线指示线，将两者对齐</td><td>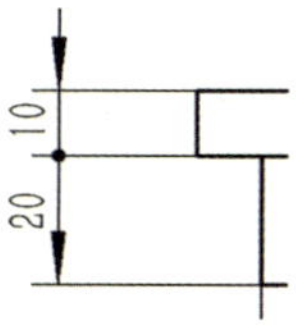
</td></tr>
</table>

| 操作步骤 | 图　示 |
| --- | --- |
| 21. 继续调整其他尺寸，使所有尺寸位置合适 | 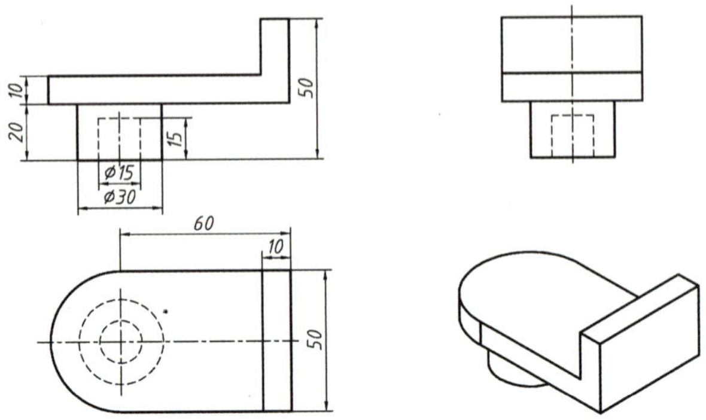 |

2. 任　务

建立如图 3.2.4 所示的侧支座工程图，作图过程见表 3.2.4。

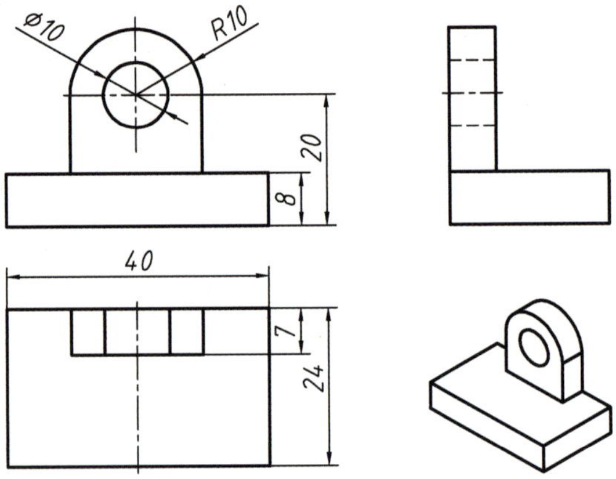


图 3.2.4　侧支座工程图参考图样

表 3.2.4　侧支座工程图绘制过程

| 操作步骤 | 图　示 |
| --- | --- |
| 1. 双击，启动 SolidWorks 2024，单击“新建按钮”，单击“工程图”按钮，再单击“确定”按钮，新建工程图文件 | 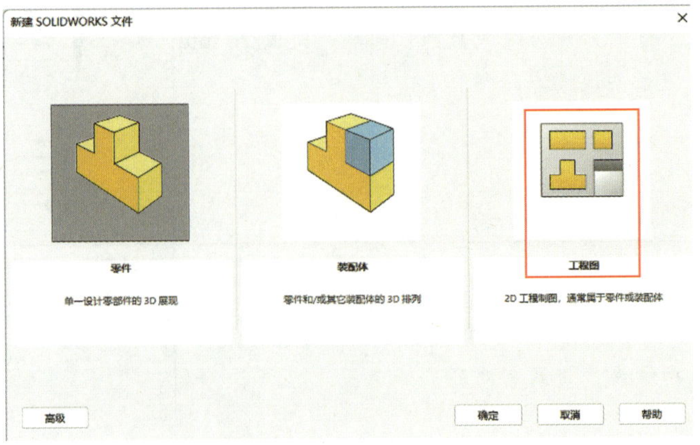 |

续表

| 操作步骤 | 图　示 |
| --- | --- |
| 2. 系统会自动生成一张图纸，此时的图纸大小可能不是所需要的。在左侧特征树中右击“图纸 1”，在快捷菜单中单击“属性…”。设置比例为 1∶1，图纸大小为 A4（GB），然后单击“应用更改”按钮 | 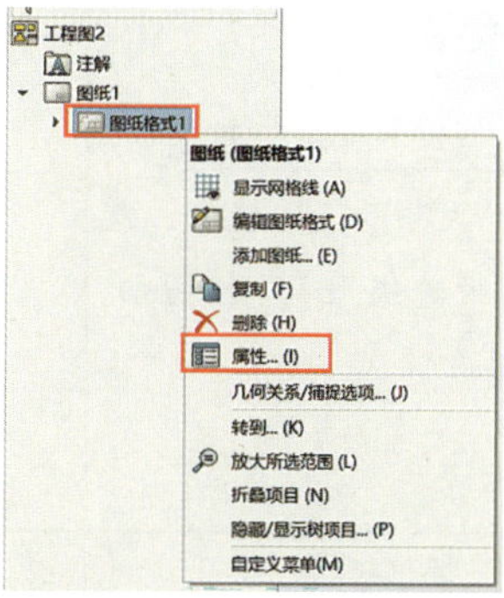 |
| 3. 单击屏幕右侧的“视图调色板”按钮，打开视图调色板。单击“浏览”按钮 ...，打开所需的模型文件，在视图调色板中将显示该模型的相关视图 | 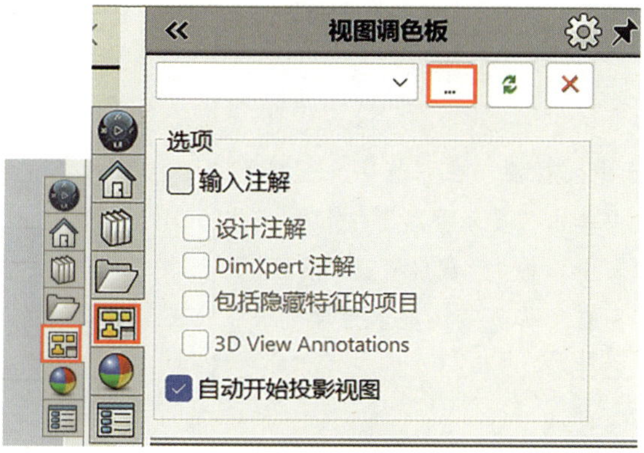 |
| 4. 将“后视”拖动到图纸中，作为主视图 | 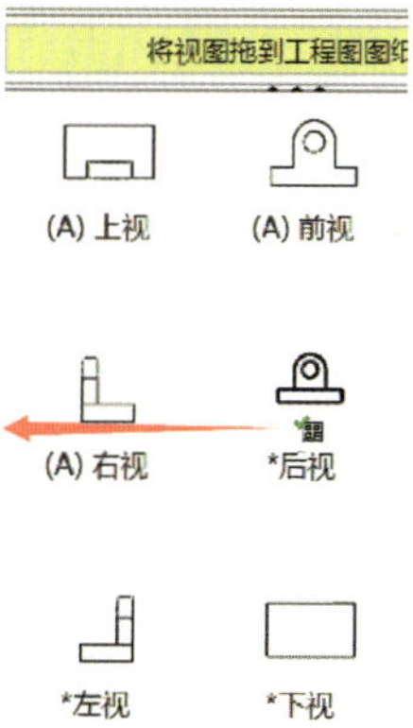 |
| 5. 分别向下、向右、向右上角移动鼠标光标，系统自动以主视图为基准作俯视图投影、左视图投影及轴测图投影，在合适的位置单击放置视图。至此，所有需要的视图已生成完毕，单击确定按钮完成。再拖动轴测图至合适的位置 | 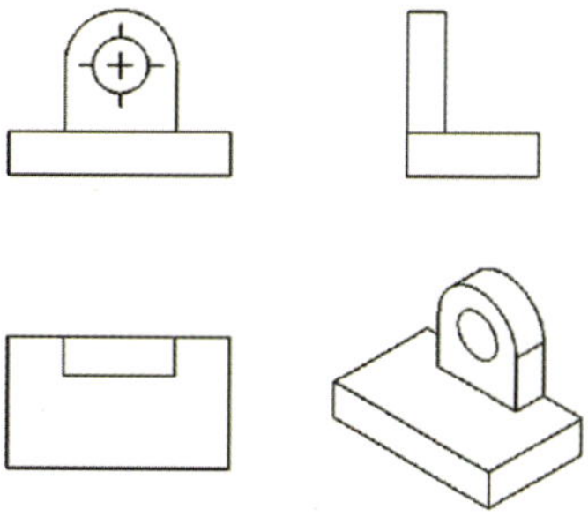 |

<table>
<tr><th>操作步骤</th><th>图　示</th></tr>
<tr><td>6. 选中轴测图，在“前导（视图）”工具栏中单击“显示类型”按钮，在下拉列表中单击“带边线上色”按钮，将该视图转变为上色模式</td><td>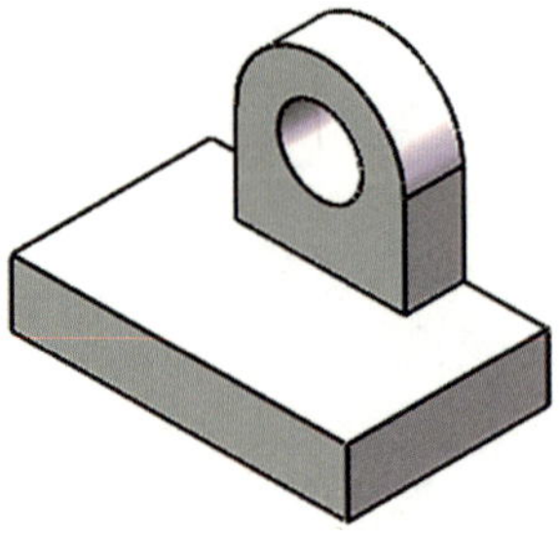</td></tr>
<tr><td>7. 选中主视图，在“前导（视图）”工具栏中单击“显示类型”按钮，在下拉列表中单击“隐藏线可见”按钮，三个视图自动将隐藏线显示为虚线</td><td>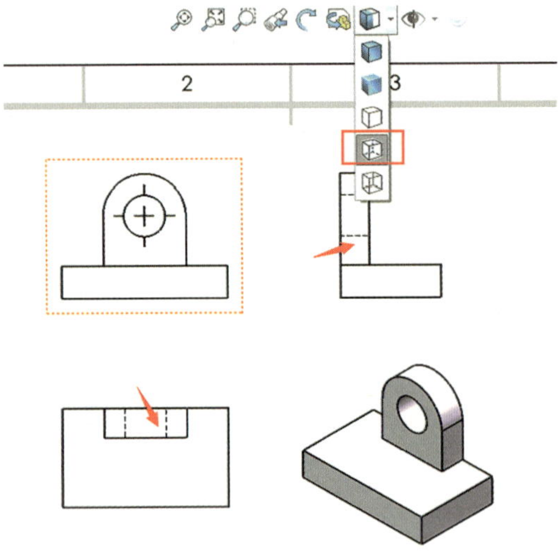
</td></tr>
<tr><td>8. 在“注解”标签页上选择“中心线”按钮，可手动插入中心线，选择两条边线或草图线段，或选取单一圆柱面、圆锥面或圆环</td><td>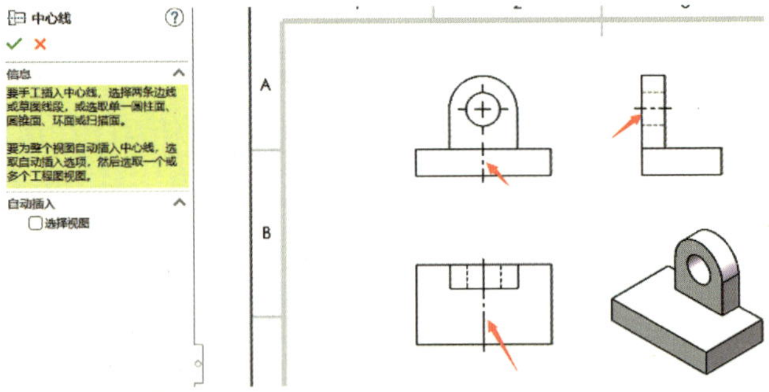
</td></tr>
<tr><td>9. 在命令管理器“注解”标签页上单击“模型项目”按钮</td><td>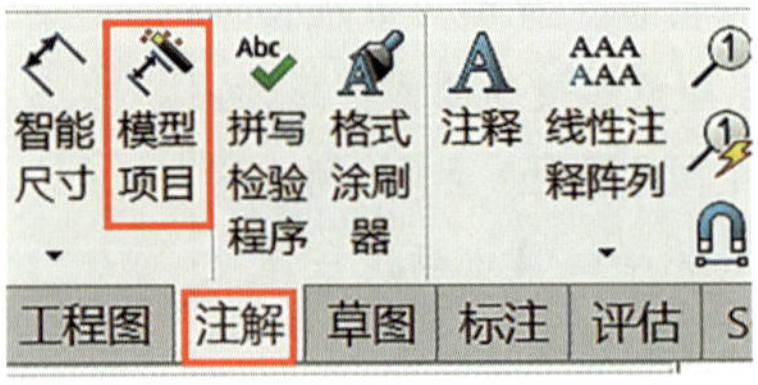
</td></tr>
</table>

续表

| 操作步骤 | 图　示 |
| --- | --- |
| 10.“来源/目标（S）”栏选择“整个模型”，并且确认已勾选下方的“将项目输入到所有视图（I）”；“图层（L）”栏选择“标注层”，单击“确定”按钮。各尺寸将自动分配到相关的视图中 | 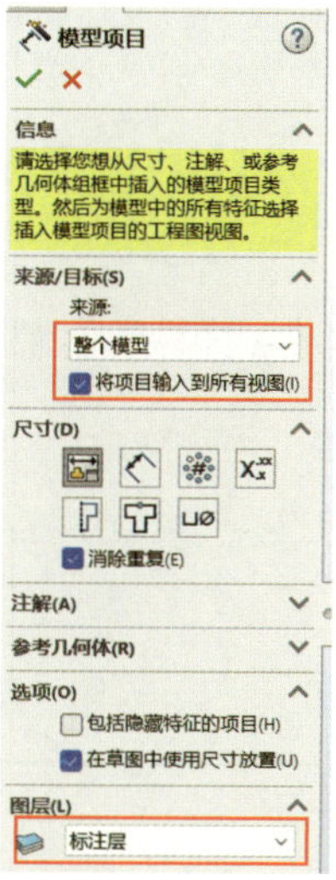  |
| 11. 单击拖动各尺寸到合适的位置。如果视图间的距离不够，可适当拖动视图调整位置。如果有个别尺寸未自动标注，则在命令管理器“注解”标签页上单击“智能尺寸”按钮，进行手动标注 | 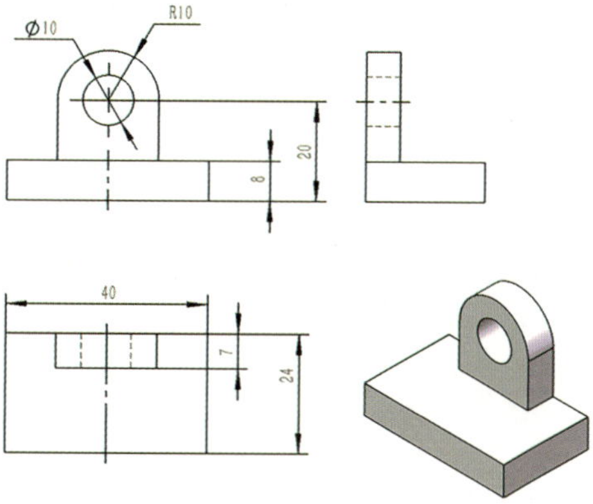  |
| 12. 单击尺寸$\phi$10 mm，切换到“引线”标签页，“尺寸界线/引线显示（W）”栏取消勾选“使用文档第二箭头（D）”；勾选“自定义文字位置”并选择“折断引线，水平文字”项，单击“确定”按钮√。同理，完成尺寸 $R$10 mm 的标注 | 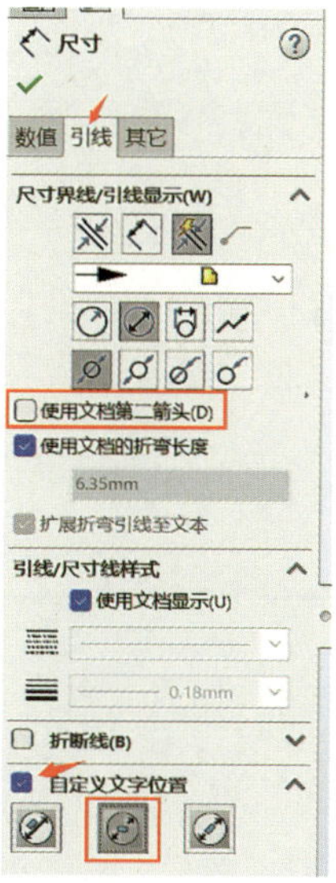  |

| 操作步骤 | 图　示 |
| --- | --- |
| 13. 继续调整其他尺寸，使所有尺寸位置合适 | 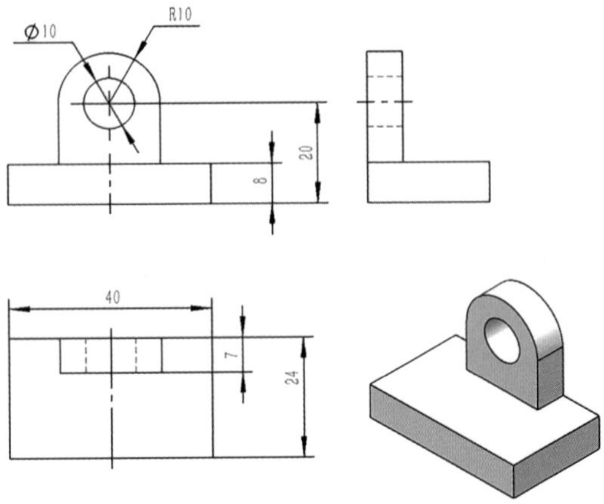 |

# 任务 3.3 神奇的转身——旋转

| 任务目标 | 任务内容 |
| --- | --- |
| 1. 掌握运用鼠标笔势草图的绘制命令；<br>2. 理解旋转凸台/基体命令、旋转切除命令的应用；<br>3. 了解基本视图、剖面视图、局部视图的创建方法 | 能够运用直线、中心线、圆周阵列等草图绘制命令，完成剖面视图、局部视图 |

## 3.3.1 任务导入

绘制如图 3.3.1 所示的锥形法兰模型。

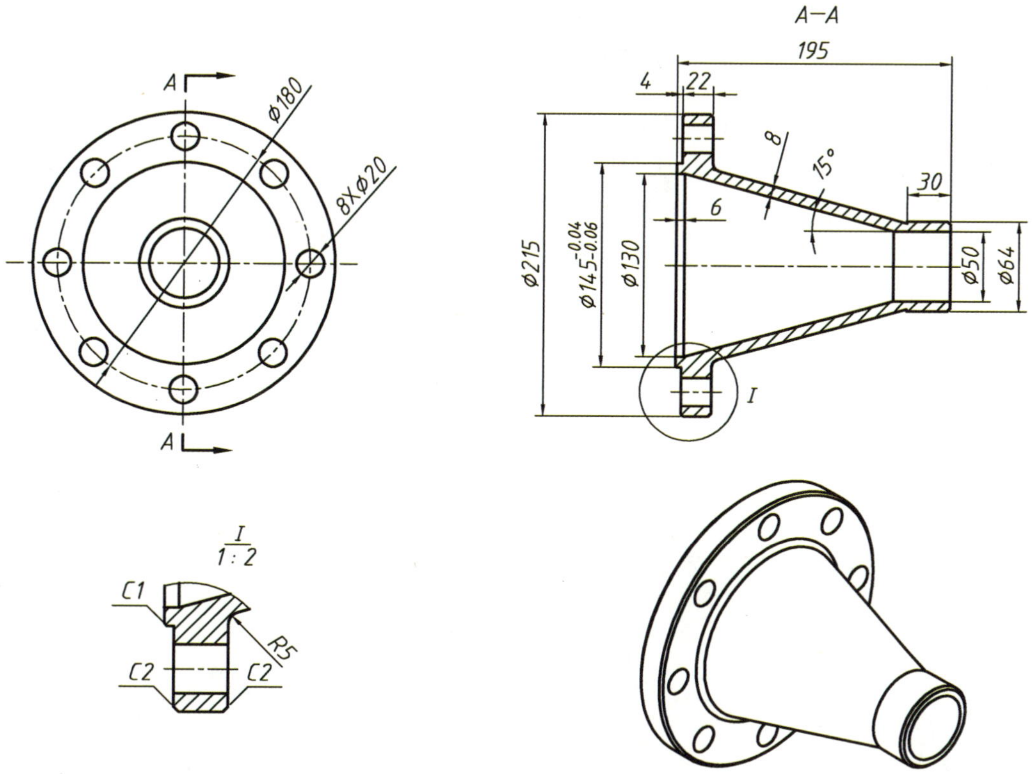


图 3.3.1 锥形法兰模型参考图

## 3.3.2 任务分解

任务分解如图 3.3.2 所示。

图 3.3.2　锥形法兰建模分解

## 3.3.3　思维导图

思维导图如图 3.3.3 所示

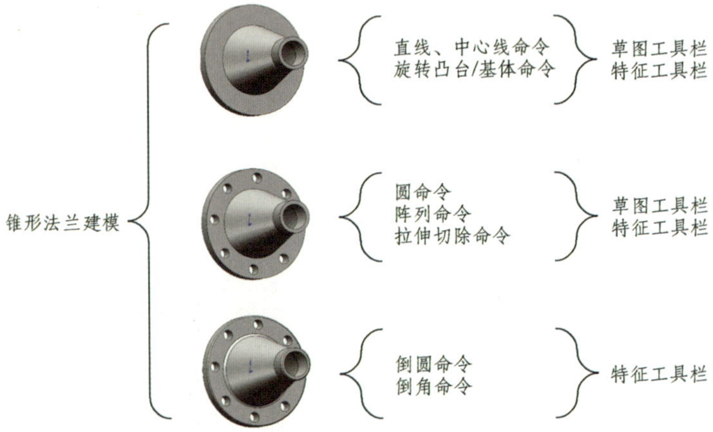


图 3.3.3　锥形法兰建模思维导图

## 3.3.4　相关知识

### 1. 对称尺寸的标注

标注对称件的尺寸或旋转成形时的直径类尺寸见表 3.3.1。

表 3.3.1　对称尺寸标注

| 命令条件 | 参数设置 | 结　果 |
|---|---|---|
| 需要有中心线 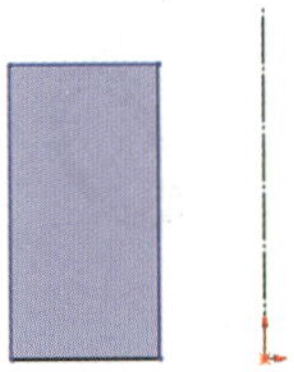 | 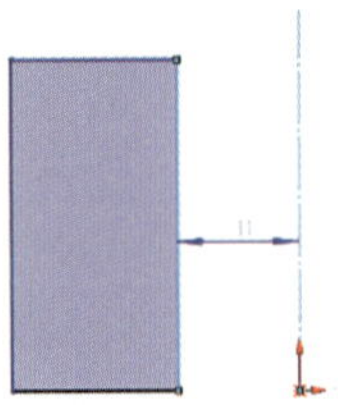 | 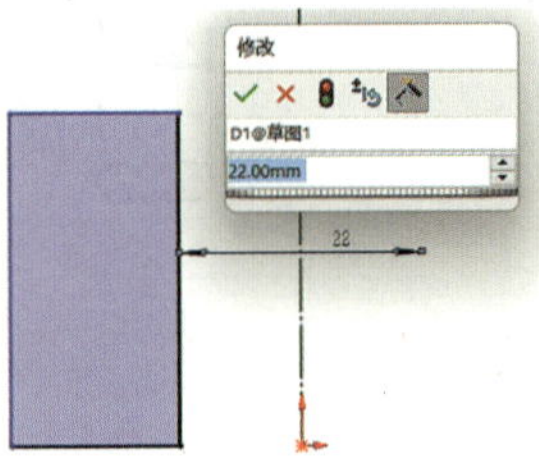 |
| 在草图状态 | 将光标移至另一侧过轴线旋转尺寸 | 标注整体尺寸 |

### 2. 旋转凸台/基体

旋转台凸/基体的形成必须有一条旋转轴（必须为构造直线或草图直线）及一个旋转剖面（不可横跨旋转轴），旋转轴及旋转剖面必须在同一个草图上，旋转剖面会绕旋转轴做圆形回转，适用于环状特征模型的建立。命令介绍见表 3.3.2。

表 3.3.2　旋转台凸/基体

| 命令条件 | 参数设置 | 结果 |
| --- | --- | --- |
| 生成草图（包含一个或多个轮廓）和一条中心线，或直线、边线作为旋转特征的轴<br>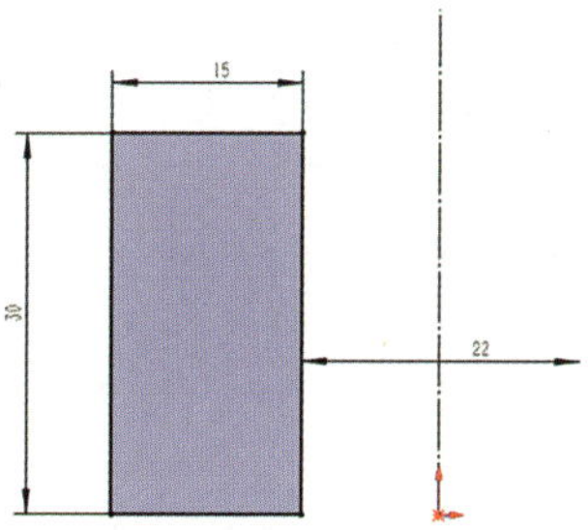 | 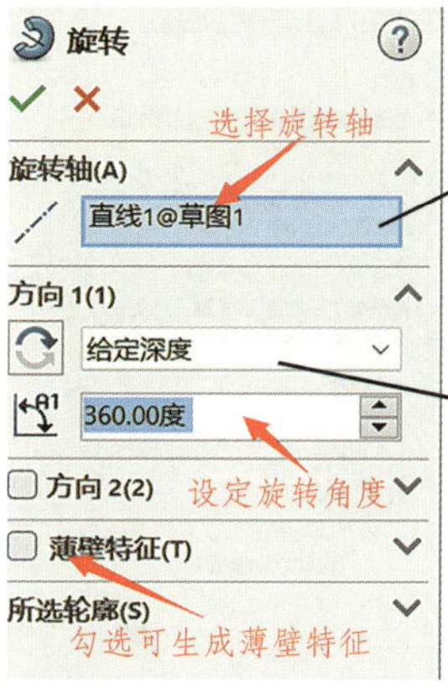 | 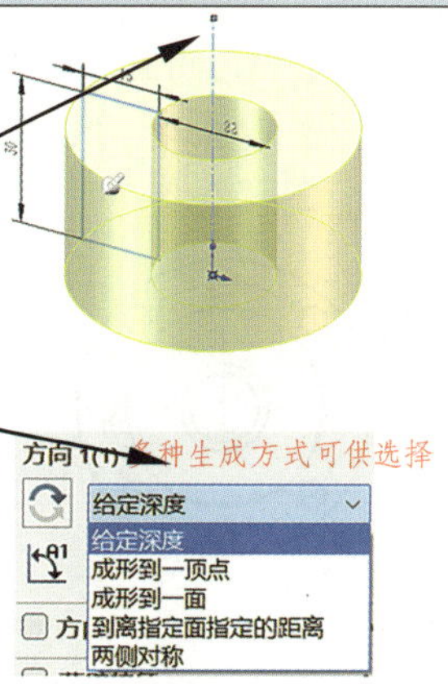 |
| 草图可以是封闭或开环状态 | 根据需要设置回转角度 | 形成回转体 |

3. 旋转切除

在旋转切除的特征形成必须有一条旋转轴（必须为构造直线或草图直线）及一个旋转剖面（不可横跨旋转轴），旋转轴及旋转剖面必须在同一个草图上，旋转剖面会绕旋转轴做圆形回转，适用于去除环状特征模型的建立。命令介绍见表 3.3.3。

表 3.3.3　旋转切除

| 命令条件 | 参数设置 | 结　果 |
| --- | --- | --- |
| 在已存在实体上生成草图（包含一个或多个轮廓）和一条中心线，或直线、边线作为旋转特征的轴<br>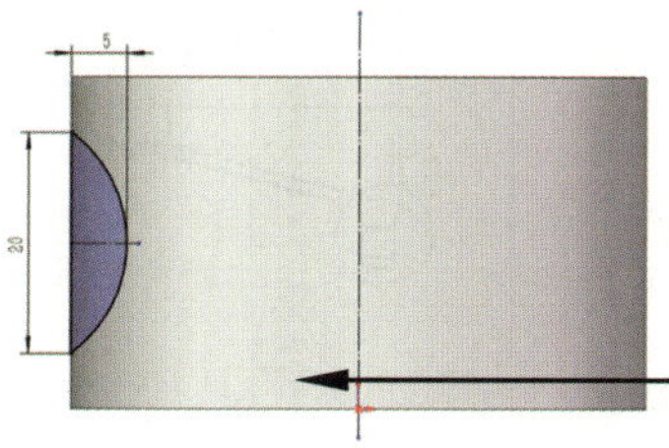 | 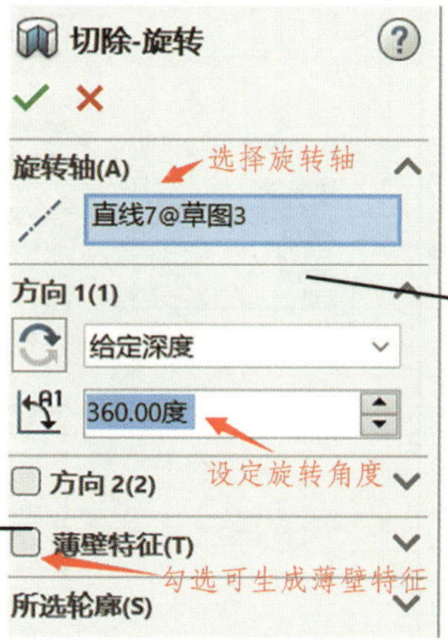 | 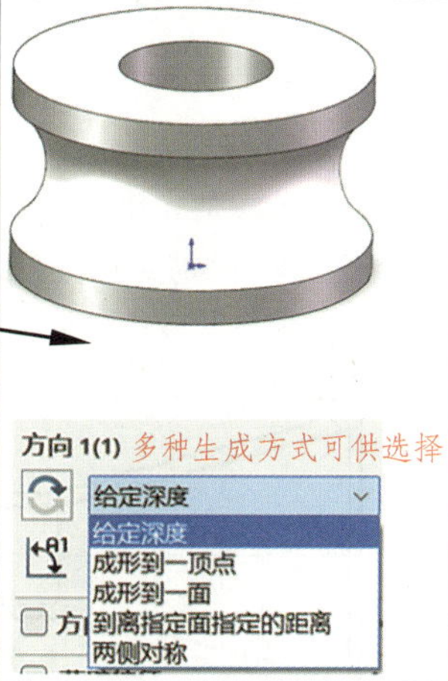 |
| 草图可以是开环，也可以是闭环 | 必要时反向 | 拉伸出指定尺寸的实体 |

4. 剖面视图

在工程图视图中剖切零件或装配体以显示内部结构，系统会自动在所有零部件的剖切面上生成剖面线。通过使用剖切线切割父视图，可以在工程图中建立剖面图。剖面视图可以是直切剖面或者是用阶梯剖切线定义的等距剖面。命令见表 3.3.4。

表 3.3.4　剖面视图

| 命令条件 | 参数设置 | 结果 |
| --- | --- | --- |
| 在已完基本的视图，在“工程图”标签页上单击“剖面视图”按钮<br>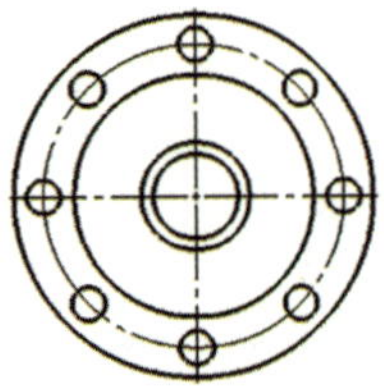 | 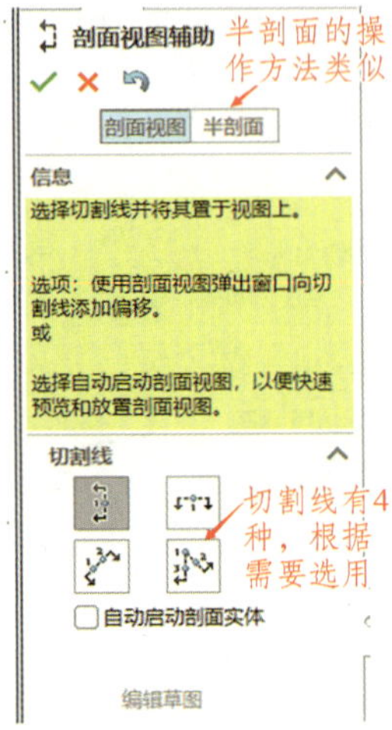 | 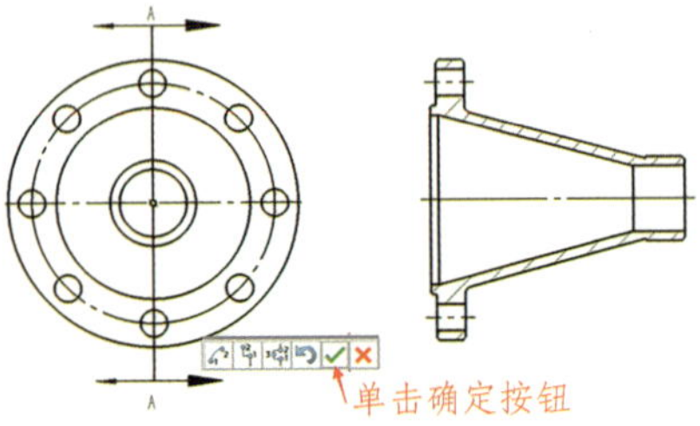 |
| 在工程图状态 | 选择合适的切割线按提示操作 | 在指定的剖切位置生成剖面视图 |

5. 局部视图

在工程图中生成一个局部视图来显示一个视图的某个部分（通常是以放大比例显示）。此局部视图可以是正交视图、等轴测视图、剖面视图、裁剪视图爆炸装配体视图或另一局部视图。放大的部分使用草图（通常是圆或其他闭合的轮廓）进行闭合。命令介绍见表 3.3.5。

表 3.3.5　局部视图

| 命令条件 | 参数设置 | 结果 |
| --- | --- | --- |
| 在已完基本的视图，在“工程图”标签页上单击“局部视图”按钮<br>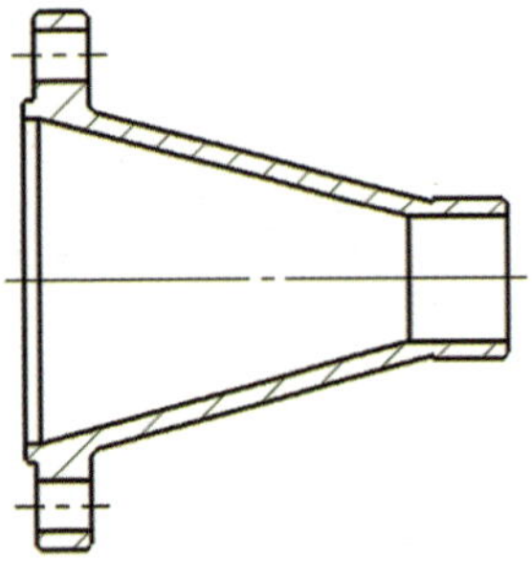 | 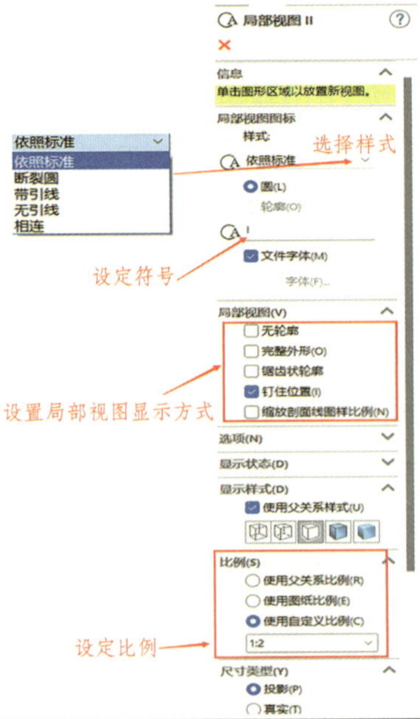 | 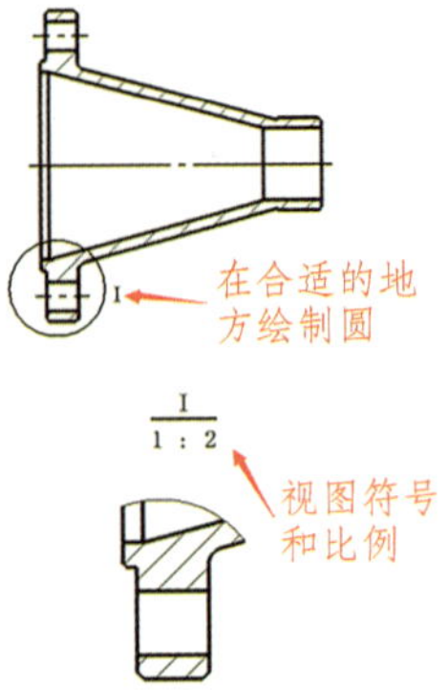 |
| 在工程图状态 | 在合适的地方画圆并设置 | 指定的位置局部视图 |

6. 尺寸公差

“尺寸公差”可控制尺寸公差值和非整数尺寸的显示。命令介绍见表 3.3.6。

表 3.3.6　尺寸公差

| 命令条件 | 参数设置 | 结果 |
|---|---|---|
| 在已完基本的尺寸标注，在需要添加尺寸公差的尺寸上单击<br>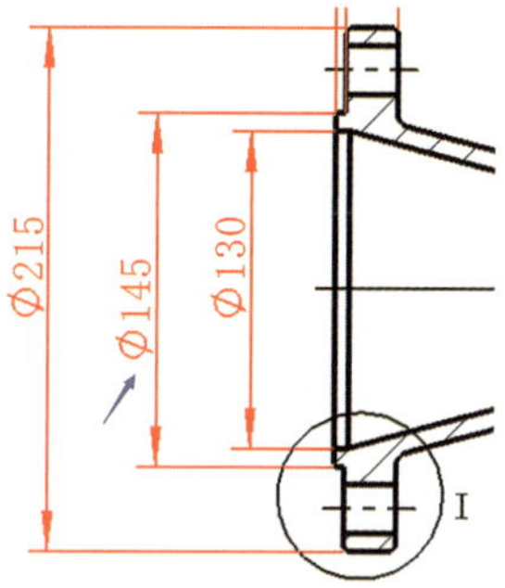<br> | 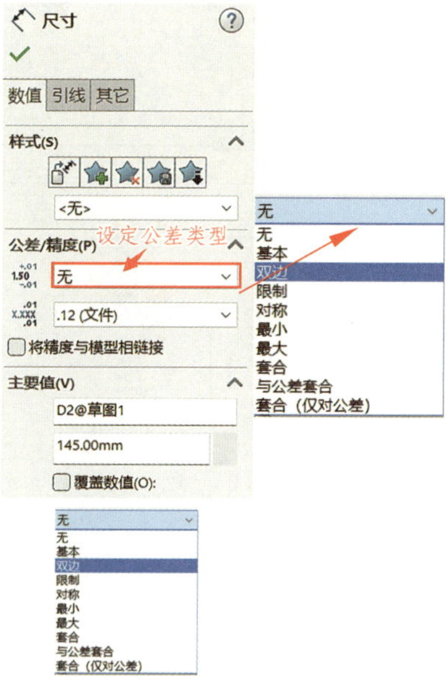<br><br>选择公差的类型并设定好数值，再设定公差的精度 | 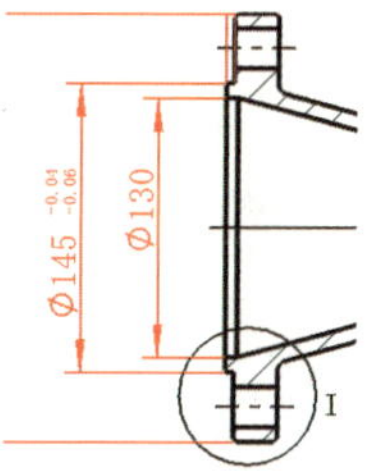<br> |
| 在工程图状态 | 必要时调整公差显示的大小 | 按指定的公差类型显示公差值 |

## 3.3.5　任务实施

1. 锥形法兰

锥形法兰建模过程见表 3.3.7。

表 3.3.7　锥形法兰建模过程

| 建模步骤 | 图　示 |
|---|---|
| 1. 新建零件，在“前视基准面”新建草图。通过原点在水平方向绘制一条中心线 | 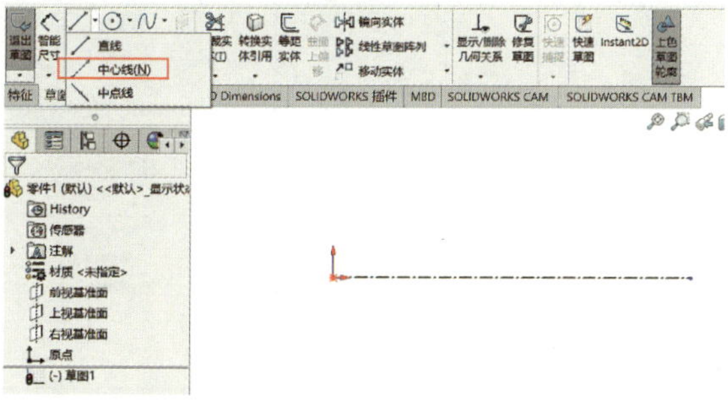<br> |

<table>
<tr><th>建模步骤</th><th>图　示</th></tr>
<tr><td>2. 绘制草图。注意：将图形左边的线段设置与原点重合，添加图示两条直线为平行的几何关系</td><td>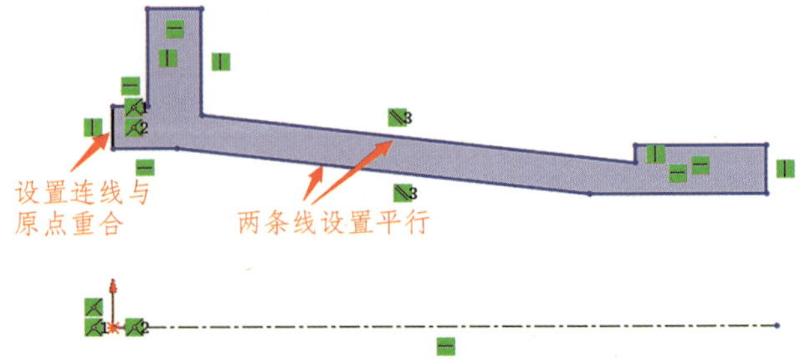
</td></tr>
<tr><td>3. 单击“草图”标签页上的“智能尺寸”按钮，单击边线 1 和中心线 6，将光标移动到中心线的另一侧，放置尺寸 $\phi$130 mm；其余直径尺寸标注方法相同（这样将标注模型的成型全尺寸）</td><td>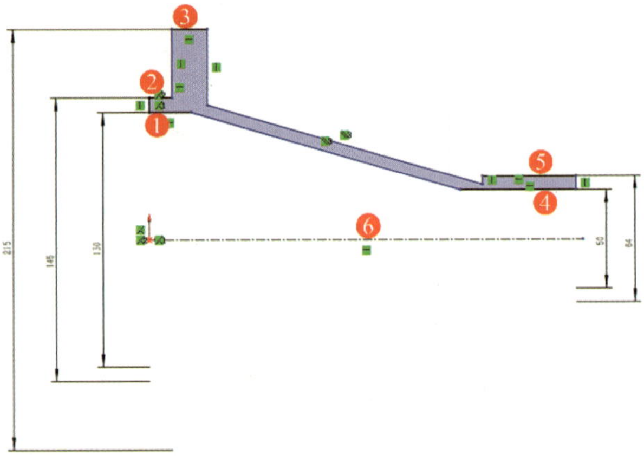
</td></tr>
<tr><td>4. 单击“草图”标签页上的“智能尺寸”按钮，标注完如图尺寸</td><td>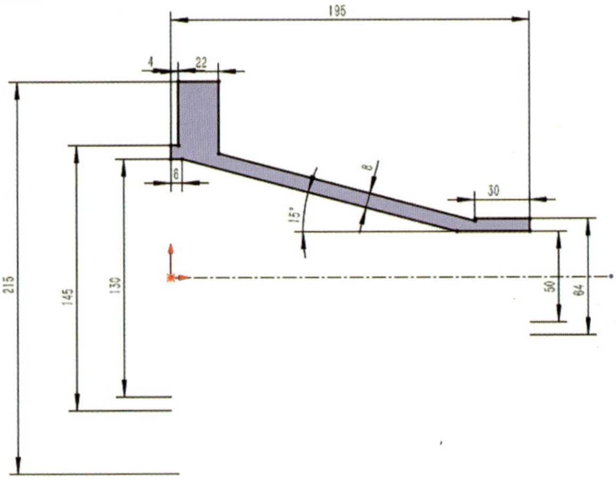
</td></tr>
<tr><td>5. 单击“特征”标签页上的“旋转凸台/基体”按钮，“旋转轴（A）”栏选择中心线，“方向 1（1）”栏中默认为“给定深度”和“360 度”，单击“确定”按钮</td><td>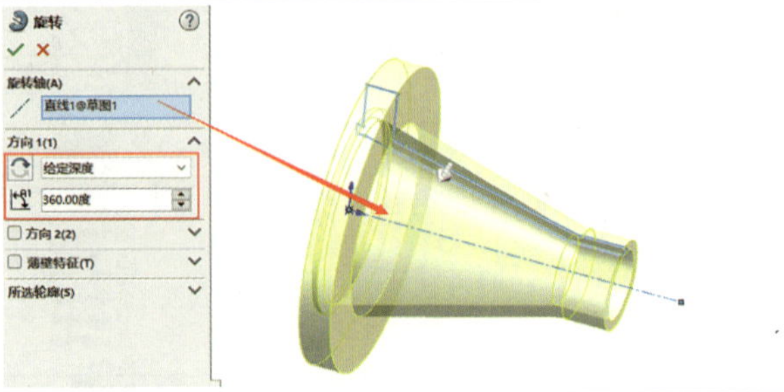
</td></tr>
</table>

| 建模步骤 | 图　示 |
|---|---|
| 6. 鼠标右键单击右图中箭头所指表面，在弹出的快捷菜单栏上单击“草图绘制”按钮，新建草图 | 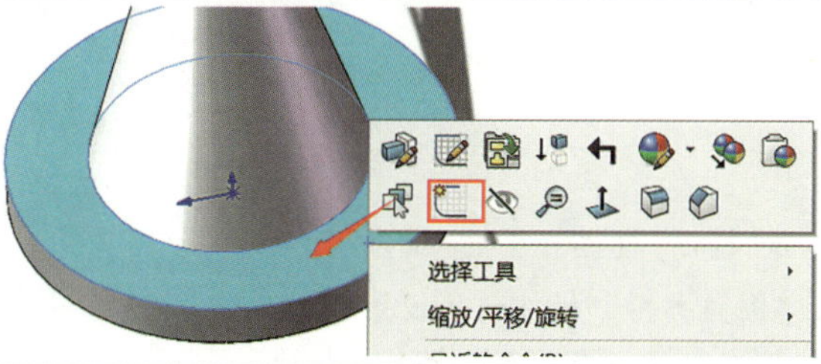 |
| 7. 绘制如右图所示的中心线，$\phi$180 mm 的圆设置为构造线，在图示位置画$\phi$20 mm 圆 | 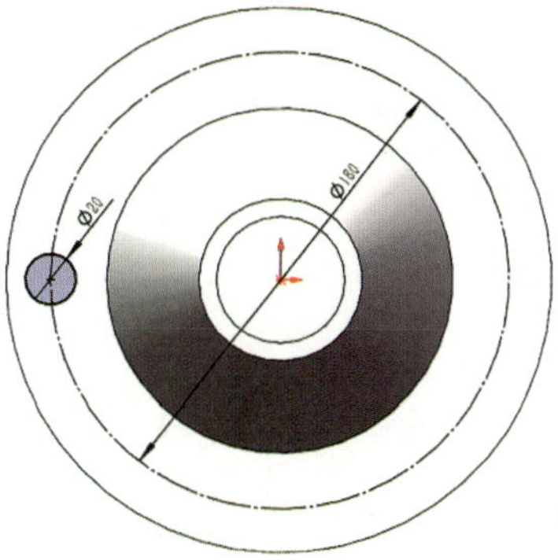 |
| 8. 在“草图”标签页上单击“圆周阵列”。在参数中选择“等间距”，阵列数输入“8”，单击“确定”按钮 | 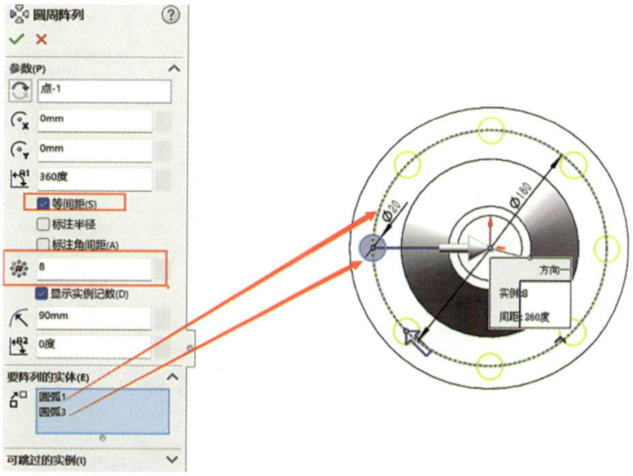 |
| 9. 单击“特征”标签页上的“拉伸切除”按钮，选择“完全贯穿”，单击“确定”按钮 | 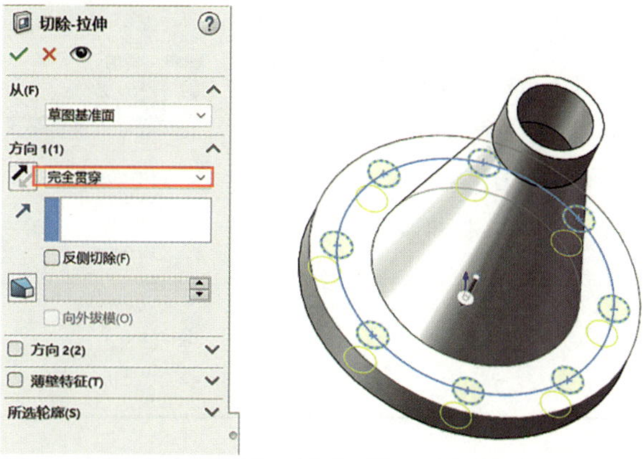 |

<table>
<tr><th>建模步骤</th><th>图示</th></tr>
<tr><td>10. 单击“特征”标签栏上的“圆角”按钮，“圆角类型”栏按默认设置，“圆角参数”默认“对称”并设置倒圆半径为 5 mm，在“要圆角化的项目”中选择图示边线，单击“确定”按钮</td><td>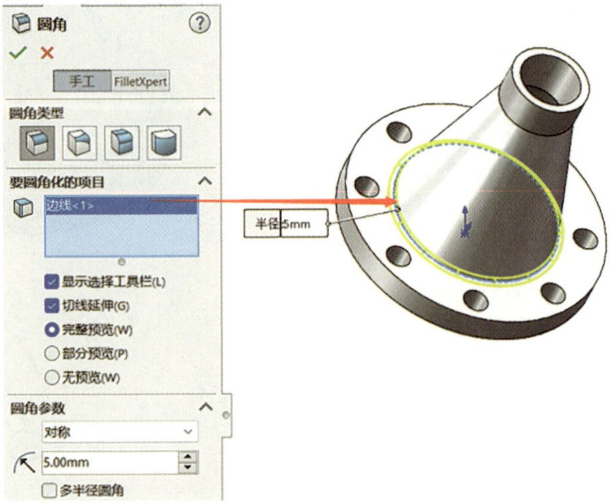
</td></tr>
<tr><td>11. 单击“特征”标签栏上的“倒角”按钮，“倒角类型”栏按默认设置，“倒角参数”设置长度为 1 mm 和 45°，在“要倒角化的项目”中选择图示边线，单击“确定”按钮</td><td>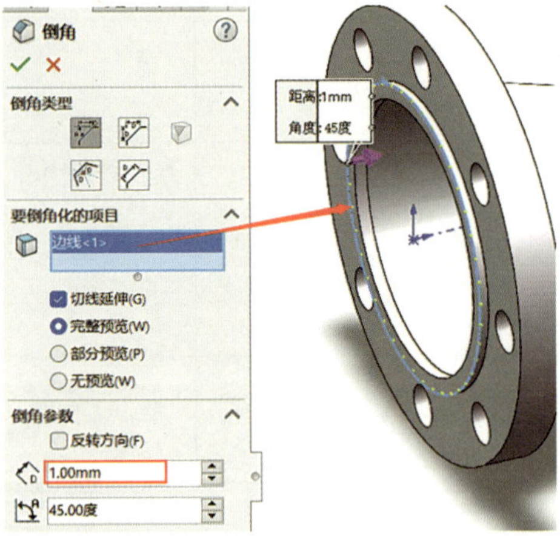
</td></tr>
<tr><td>12. 单击“特征”标签栏上的“倒角”按钮，“倒角类型”栏按默认设置，“倒角参数”设置长度为 2 mm 和 45°，在“要倒角化的项目”中选择图示 3 条边线，单击“确定”按钮</td><td>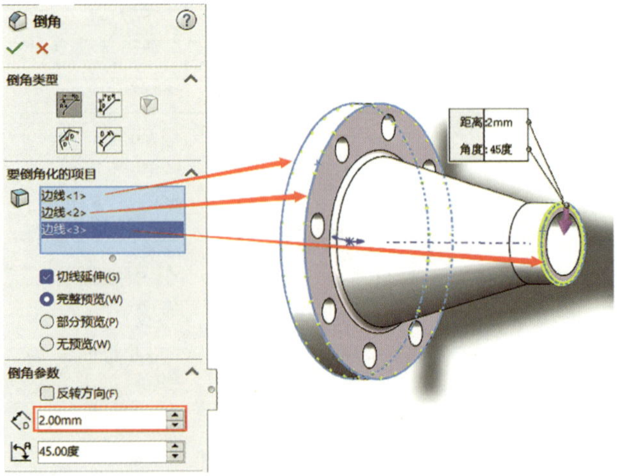
</td></tr>
</table>

2. 制作锥形法兰工程图

（1）任务分解如图 3.3.4 所示。

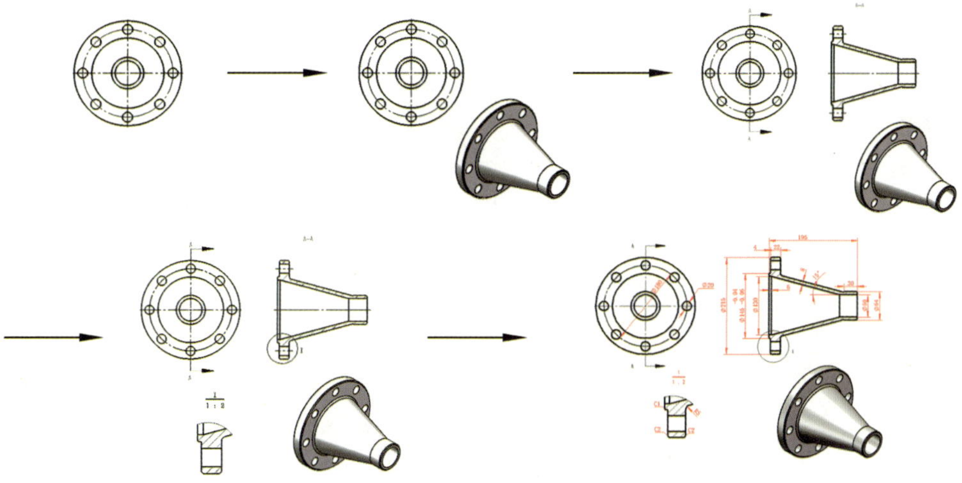

图 3.3.4　锥形法兰工程图绘制任务分解

（2）思维导图如图 3.3.5 所示。

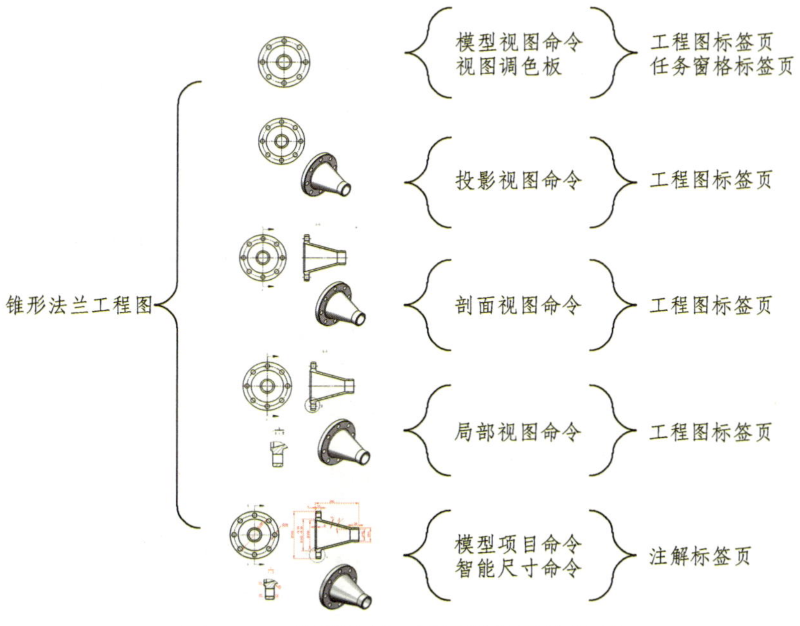


图 3.3.5　锥形法兰工程图绘制思维导图

（3）锥形法兰工程图绘制过程见表 3.3.8。

表 3.3.8　作图过程

| 操作步骤 | 图　示 |
|---|---|
| 1. 双击，启动 SolidWorks 2024，单击“新建按钮”，单击“工程图”按钮，再单击“确定”按钮，新建工程文件 | 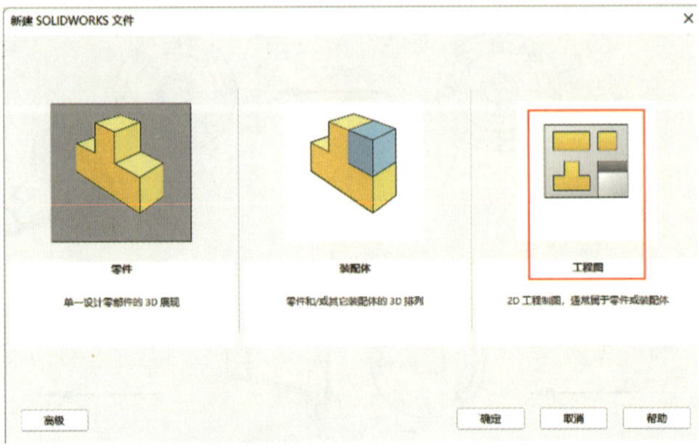 |
| 2. 系统会自动生成一张图纸，此时的图纸大小可能不是所需要的。在左侧特征树中右击“图纸 1”，在快捷菜单中单击“属性…”。设置比例为 1∶3，图纸大小为 A4（GB），然后单击“应用更改”按钮 | 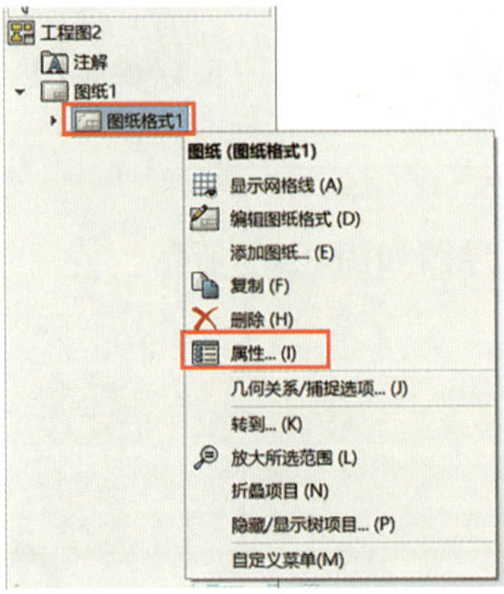 |
| 3. 单击屏幕右侧的“视图调色板”按钮，打开视图调色板。单击“浏览”按钮，打开所需的模型文件，在视图调色板中将显示该模型的相关视图 | 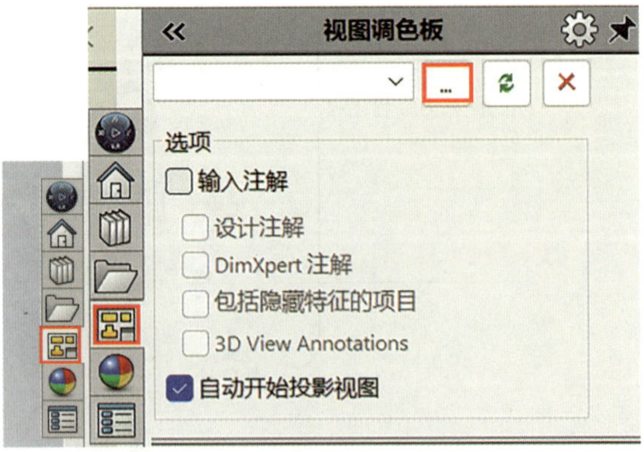 |
| 4. 将右视图和等轴测图拖动到图纸中，作为主视图和轴测图 | 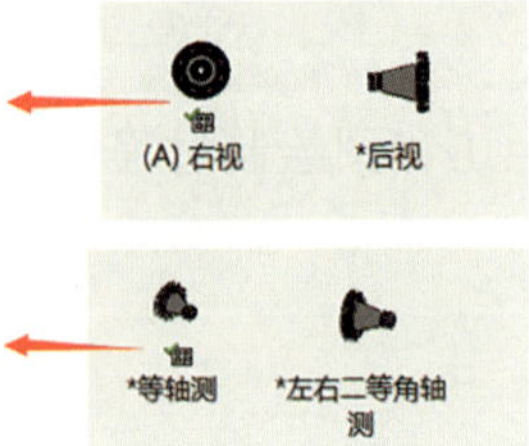 |

| 操作步骤 | 图示 |
| --- | --- |
| 5. 在“工程图”标签页上单击“剖面视图”按钮 |  |
| 6. 在“剖面视图”标签页上，“切割线”栏选择“竖直”按钮。此时，光标为状态 | 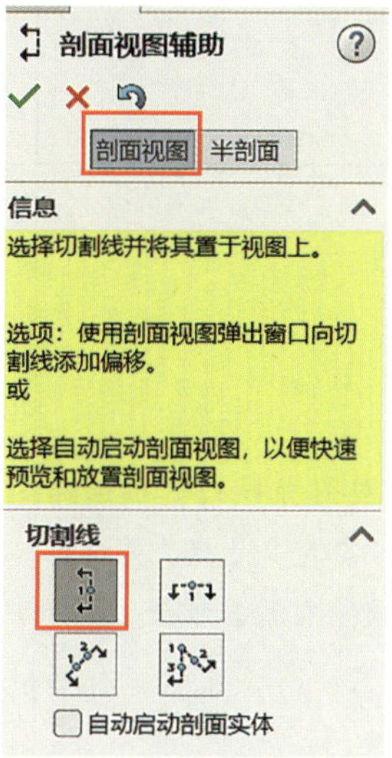 |
| 7. 单击主视图①处，如右图所示。右击或单击右图的“确定”按钮 | 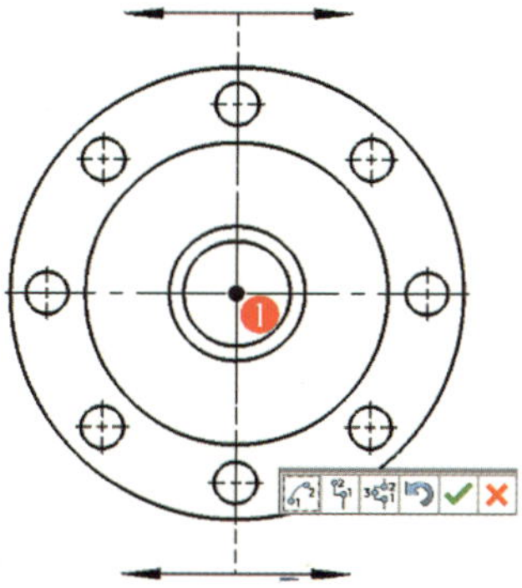 |
| 8. 右击或单击“确定”按钮。在左边属性管理器中“切除线”栏设置字母为“A”，必要时可单击反转方向按钮，剖视图如右图所示 | 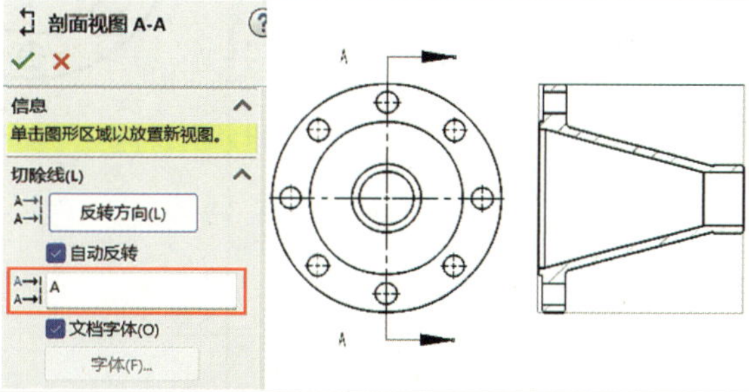 |
| 9. 在“工程图”标签页上单击“局部视图”按钮 | 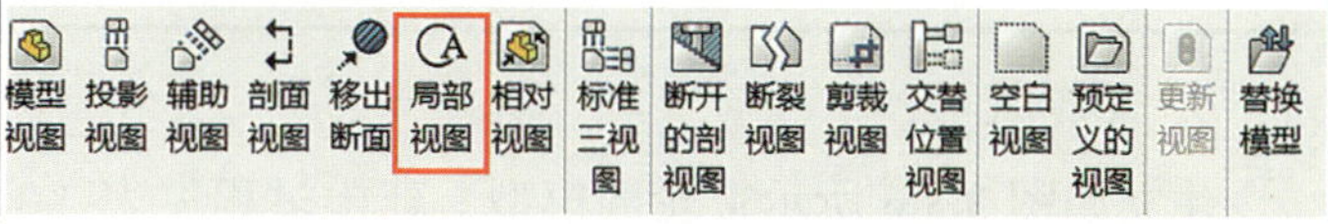 |

| 操作步骤 | 图　示 |
| --- | --- |
| 10. 在基本视图中需要放大的局部圈出，如右图所示 | 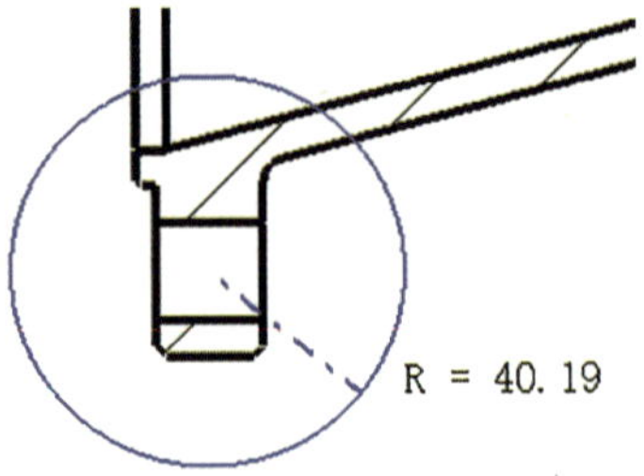 |
| 11. 在“局部视图图标样式”栏选择“依照标准”，使用“自定义比例”并设为1∶2。将局部视图放置在适当位置，如右图所示 |  |
| 12. 利用“注解”标签页的“模型项目”命令，“智能尺寸”命令，“注释”命令 A，完成尺寸标注 | 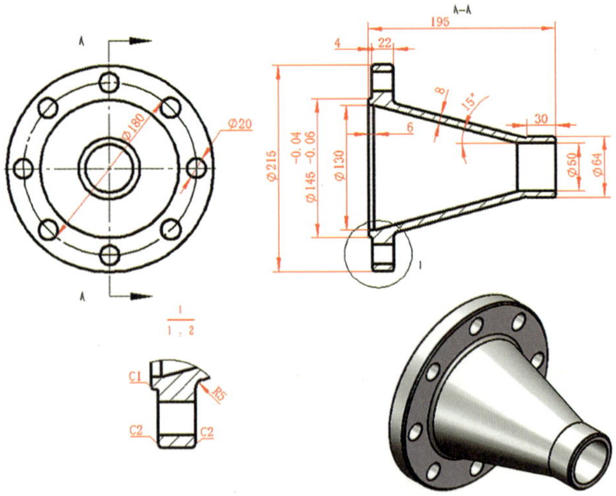 |

3. 带轮建模

建立如图 3.3.6 所示带轮的模型。建模过程见表 3.3.9。

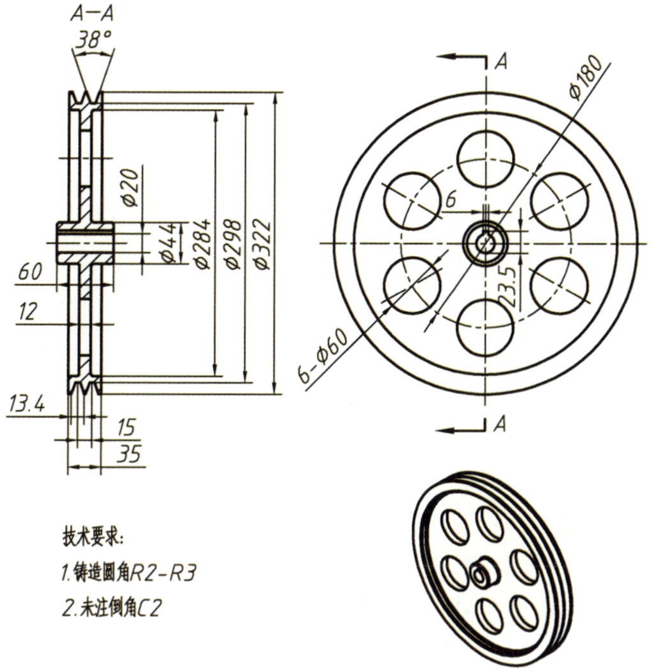


图 3.3.6　模型参考图

表 3.3.9　建模过程

| 建模步骤 | 图　示 |
|---|---|
| 1. 新建零件，在“前视基准面”新建草图（本图已顺时针转动 90°）。注意通过原点绘制一条中心线，并利用中心线标注对称尺寸 | 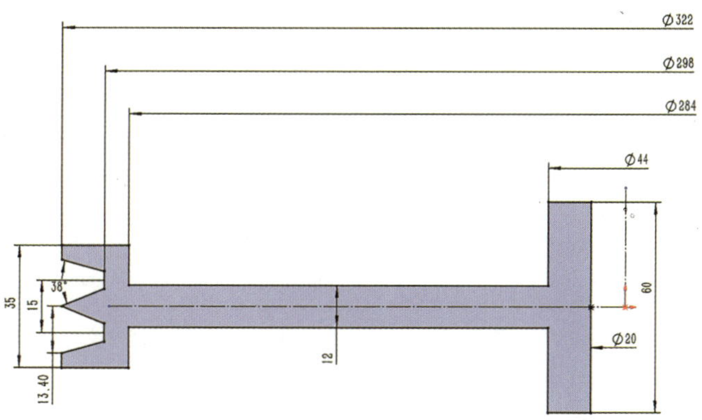 |
| 2. 单击“特征”标签页上的“旋转凸台/基体”按钮，“旋转轴（A）”栏选择图示中心线，“方向 1（1）”栏中默认为“给定深度”和“360 度”，单击“确定”按钮 | 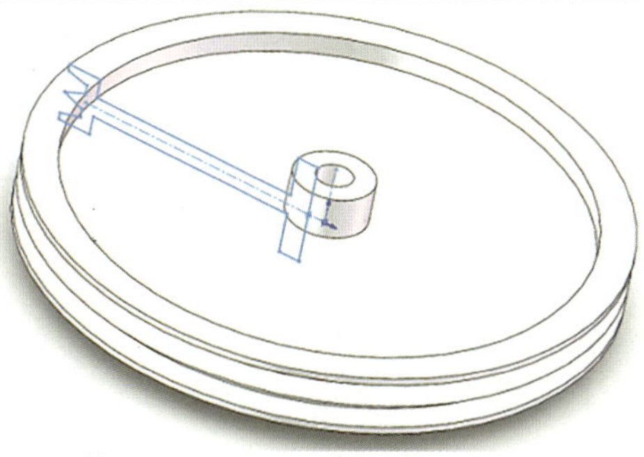 |

| 建模步骤 | 图　示 |
| --- | --- |
| 3. 鼠标右键单击右图中箭头所指表面，在弹出的快捷菜单栏上单击“草图绘制”按钮，新建草图 | 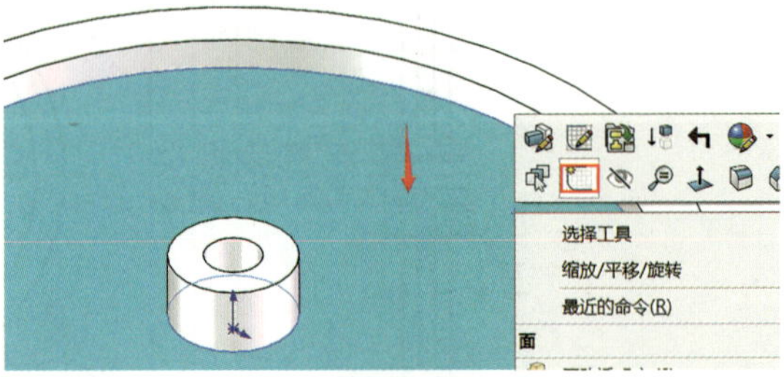 |
| 4. 绘制如右图所示的直径为180 mm 辅助圆，小圆直径为 60 mm（小圆直径位于 90°方向） | 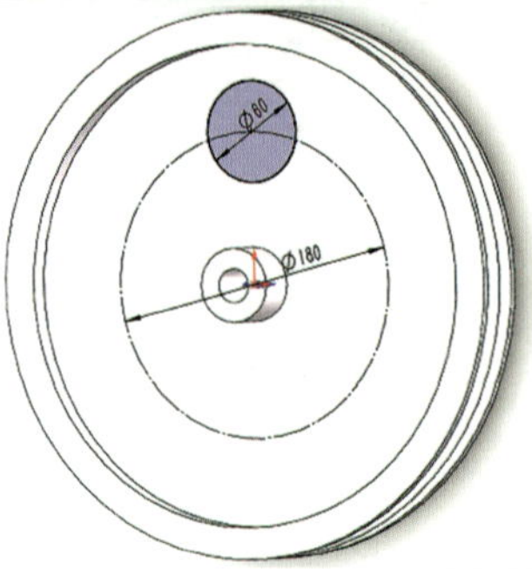 |
| 5. 单击“特征”标签页上的“拉伸切除”按钮，选择“完全贯穿”，单击“确定”按钮 | 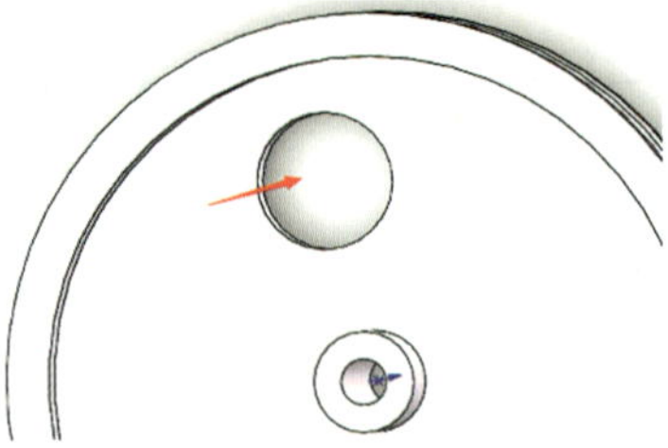 |
| 6. 单击“特征”标签页上的“圆周阵列”按钮，“方向 1（D）”栏选择右图所示圆柱面，选择“等间距”，输入数量为 6，“特征和面（F）”栏中选择第 4 步生成的切除特征，单击“确定”按钮 | 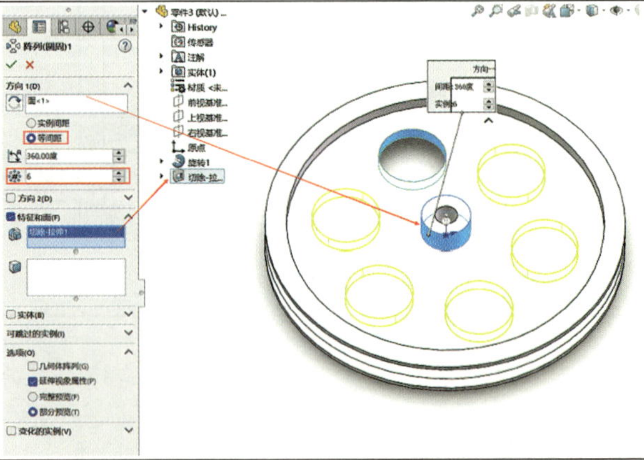 |
| 7. 鼠标右键单击右图中箭头所指圆柱端面，在弹出的快捷菜单栏上单击“草图绘制”按钮，新建草图 | 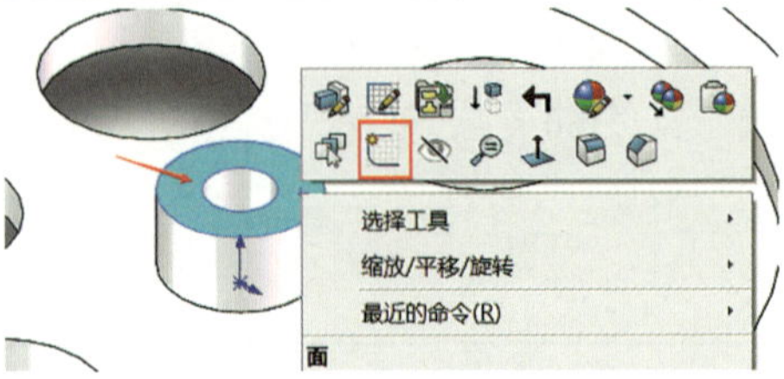 |

| 建模步骤 | 图　示 |
| --- | --- |
| 8. 绘制如右图所示的直线，标注直线上端点与孔底端边线的距离为 23.5 mm（标注时，注意配合使用 Shift 键） | 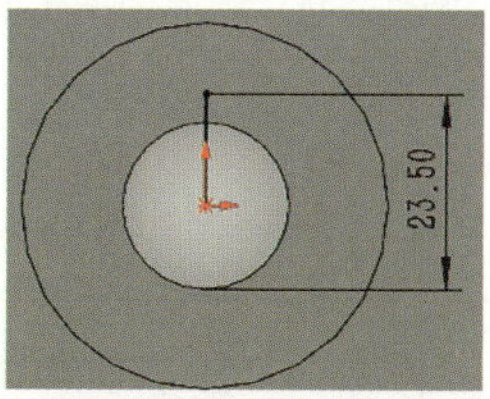  |
| 9. 单击“特征”标签页上的“拉伸切除”按钮，选择“完全贯穿”，“薄壁特征 T”栏选择“两侧对称”并设置数值为 6 mm，单击“确定”按钮 | 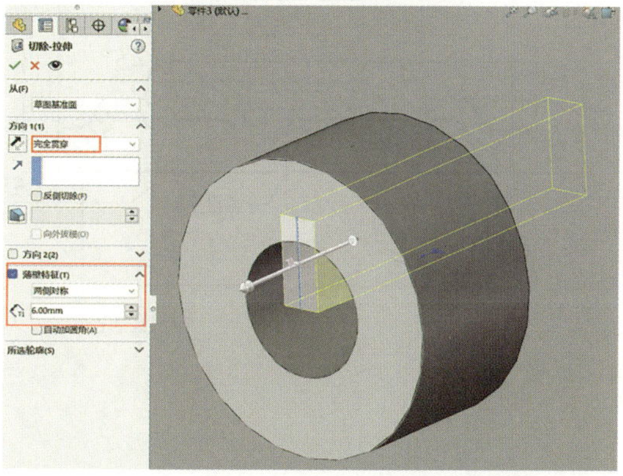 |
| 10. 单击“特征”标签栏上的“圆角”按钮，“圆角类型”栏按默认设置，“圆角参数”默认“对称”并设置倒圆半径为 2 mm，在“要圆角化的项目”中选择图示边线（两面对应位置的边线都选共 6 条），单击“确定”按钮 | 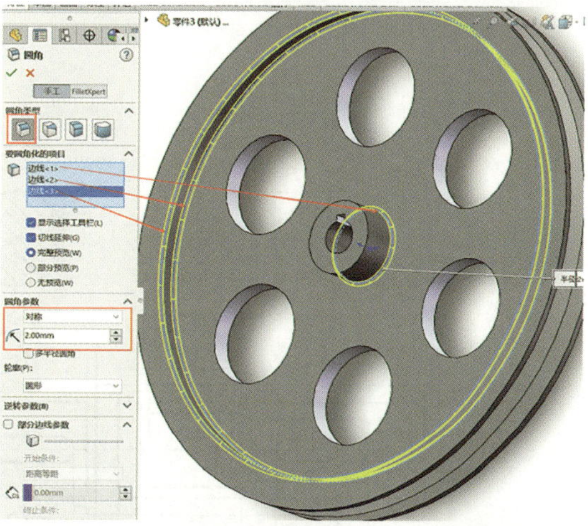 |
| 11. 单击“特征”标签栏上的“倒角”按钮，“例角类型”栏按默认设置，“倒角参数”设置长度为 2 mm 和 45°，在“要倒角化的项目”中选择图示边线（两面对应位置的连线都选共 2 条），单击“确定”按钮 | 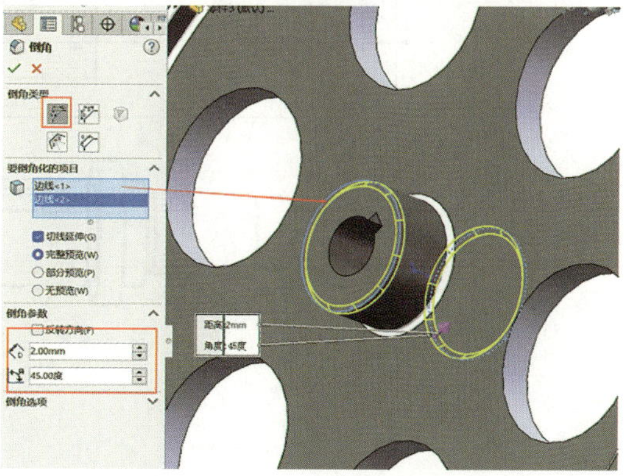 |

## 3.3.6 阶段测试

运用所学方法对图 3.3.7 ~ 图 3.3.14 所示的零件进行建模。

任务 3.3 阶段测试

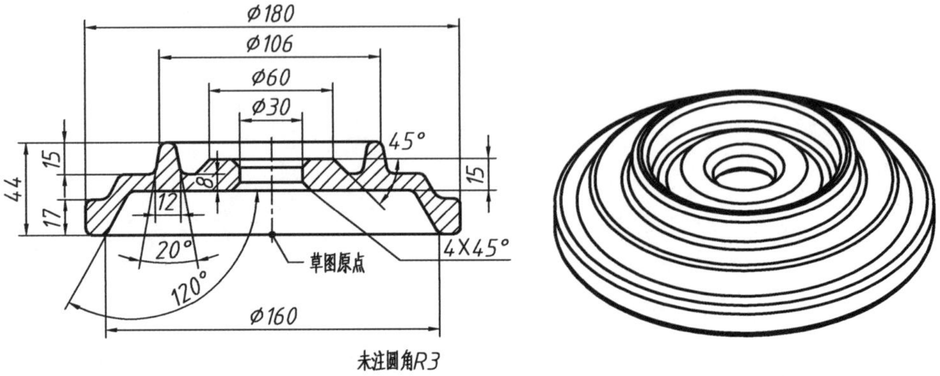


图 3.3.7 练习 1

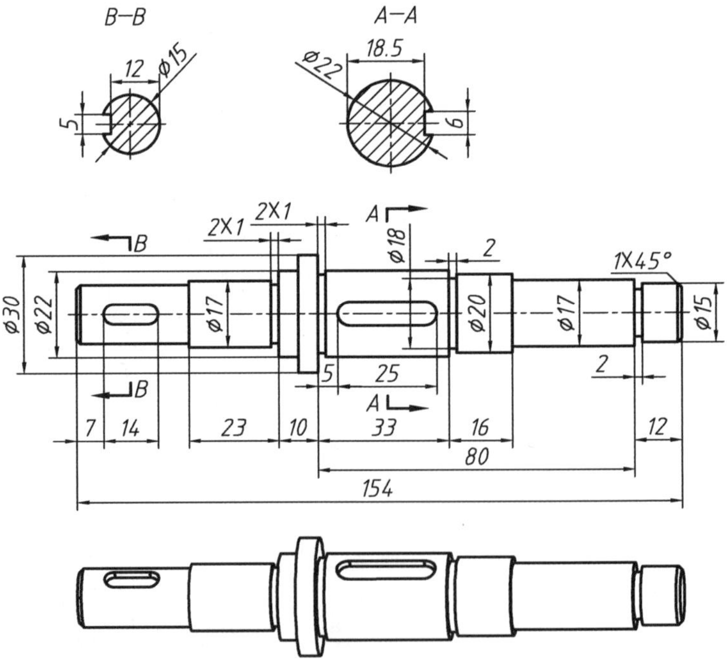


图 3.3.8 练习 2

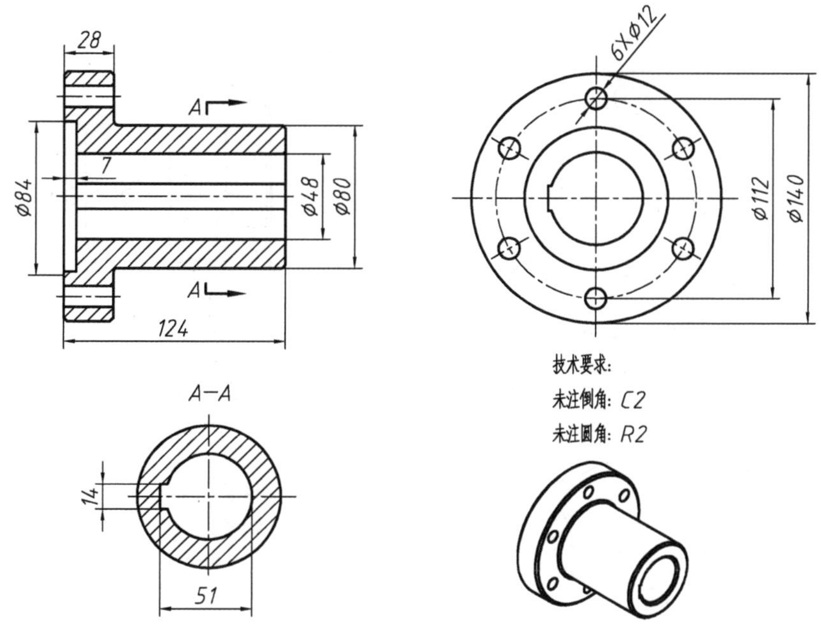


图 3.3.9　练习 3

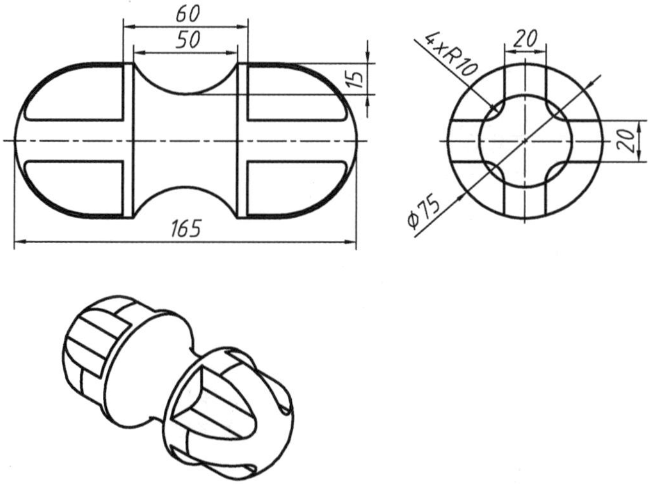


图 3.3.10　练习 4

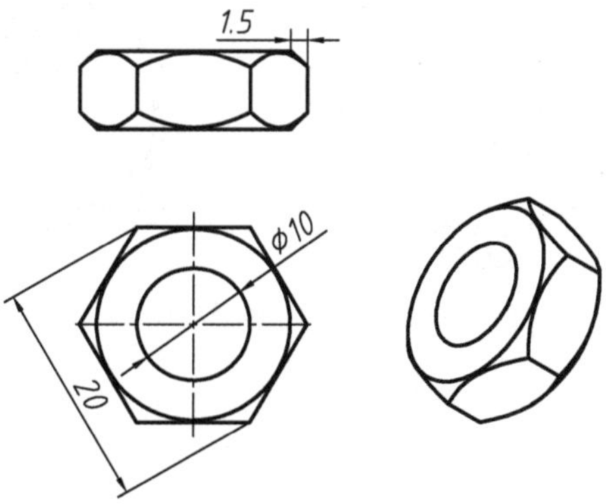


图 3.3.11　练习 5

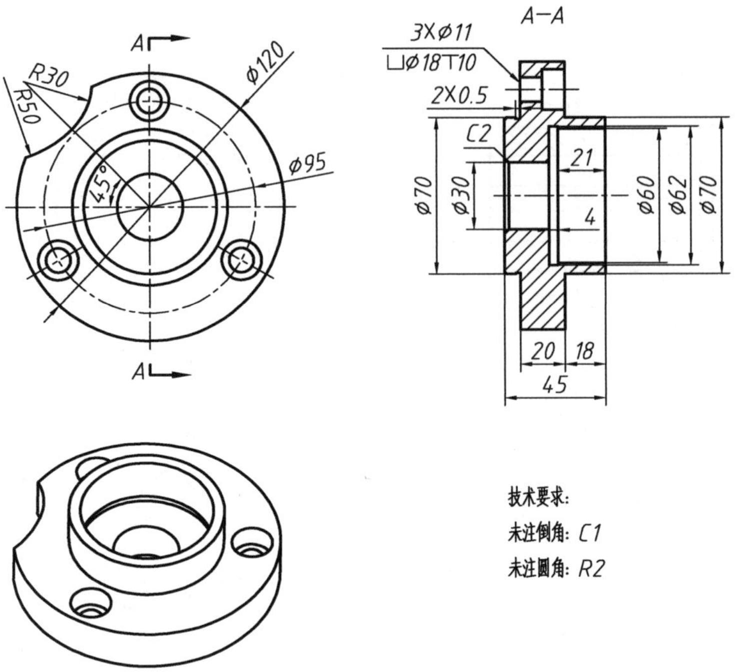


图 3.3.12　练习 6

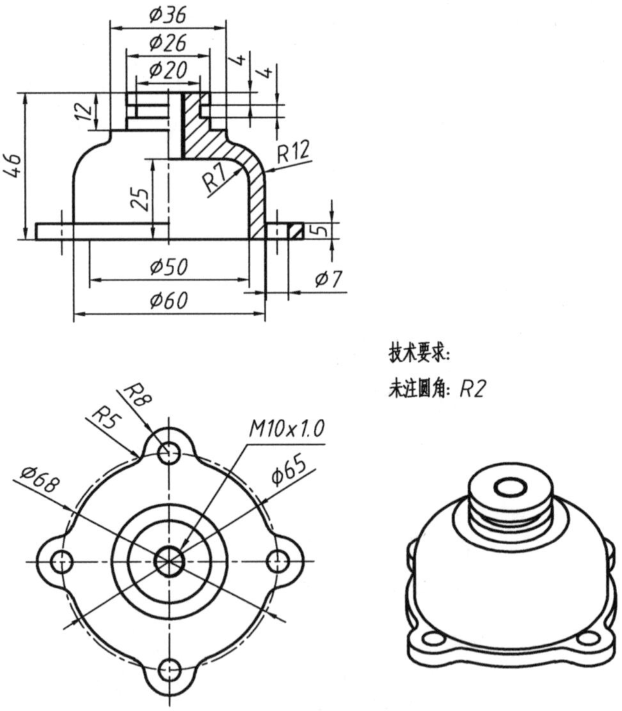


图 3.3.13　练习 7

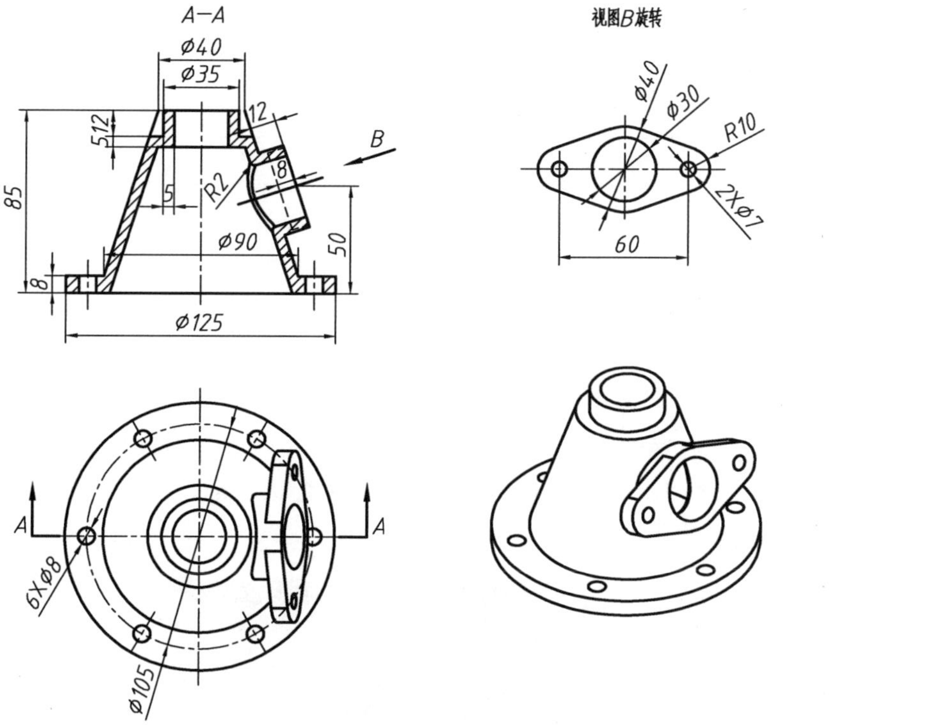
A—A
Ø40
Ø35
512
12
B
8
85
5
R2
Ø90
50
8
Ø125
视图B旋转
Ø40
Ø30
R10
2XØ7
60
A
A
6XØ8
Ø105

图 3.3.14　练习 8

# 任务 3.4 让它看起来更真实——渲染模型

| 任务目标 | 任务内容 |
| --- | --- |
| 1. 掌握渲染实例，添加外观、贴图；<br>2. 理解使用布景及照明；<br>3. 了解 SolidWorks 渲染的实际应用和技巧 | 掌握使用相机视图、向零部件添加外观、更改和编辑布景及照明 |

## 3.4.1 任务导入

本任务将通过具体的渲染实例，深入了解 SolidWorks 渲染的实际应用和技巧，渲染如图 3.4.1 所示图形。了解使用 PhotoView 360 可以生成模型的照片式逼真渲染，使用外观和贴图使看起来更逼真，以用于展示。

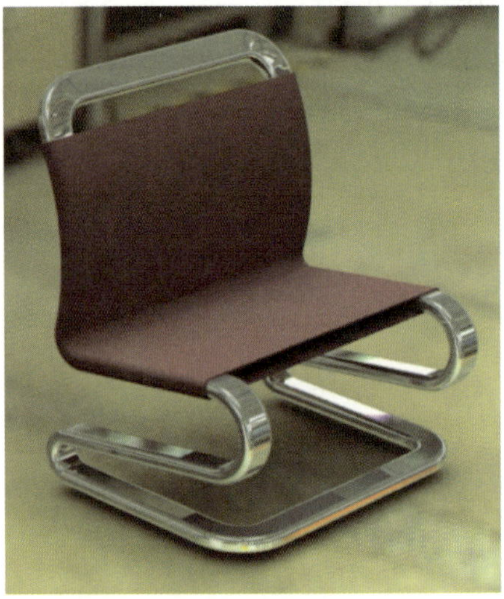

图 3.4.1 椅子的渲染模型

## 3.4.2 任务分解

任务分解如图 3.4.2 所示。

图 3.4.2 渲染椅子任务分解

## 3.4.3 思维导图

思维导图如图 3.4.3 所示。

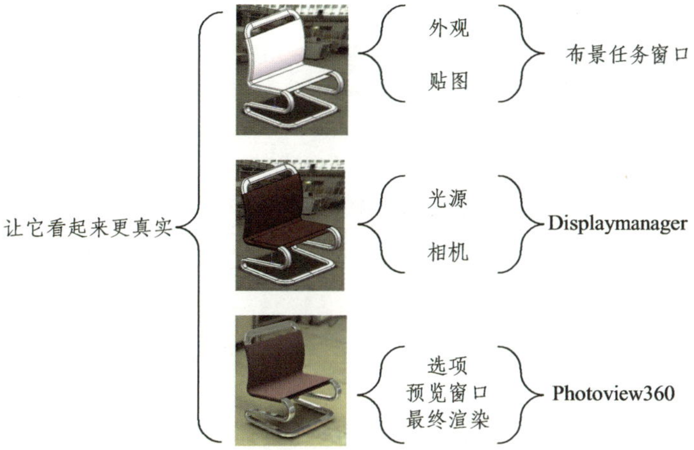


图 3.4.3 渲染椅子思维导图

## 3.4.4 相关知识

1. 布景

“布景”可以为模型选择可视背景的弹出窗口，具体过程见表 3.4.1。

表 3.4.1 布景

<table>
<tr><th>命令条件</th><th>参数设置</th><th>结果</th></tr>
<tr>
<td>创建好模型文件或者要改变之前的工作背景<br>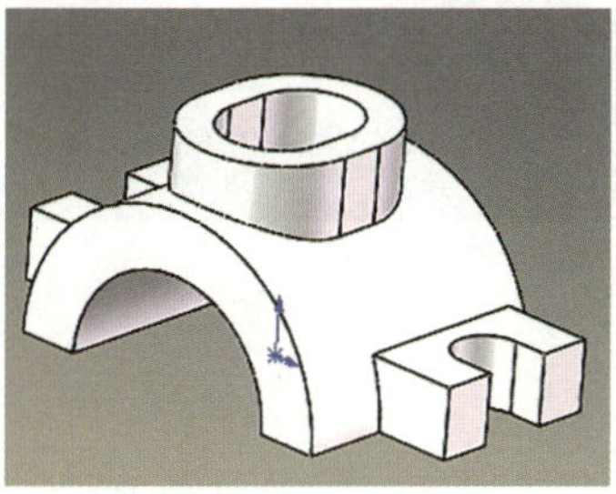<br>在前导视图工具栏和任务窗口都可以单击执行</td>
<td>布景下拉菜单中选择自己需要的背景拖放到图形中<br>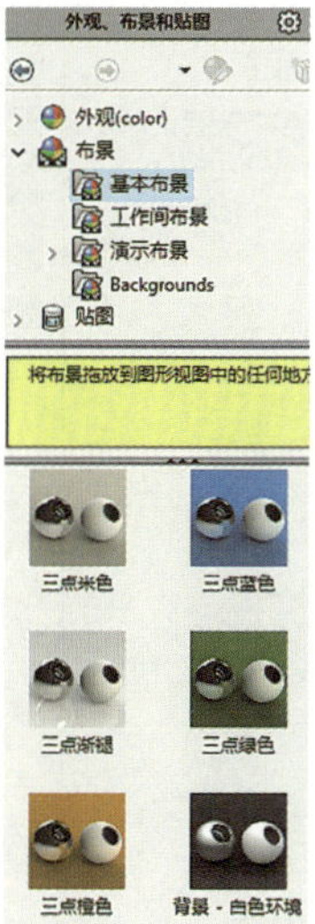<br></td>
<td>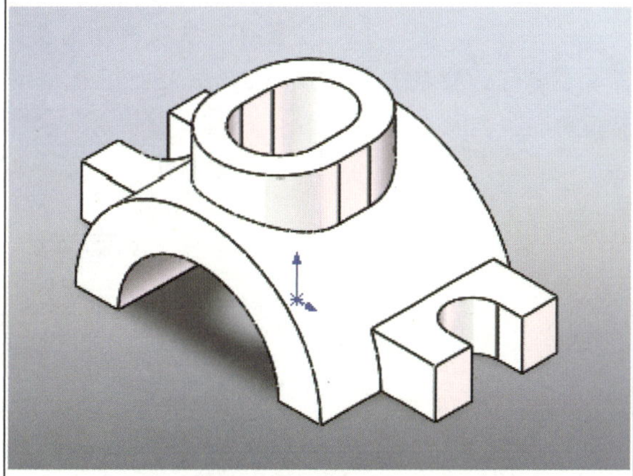<br>这里选择的是基本布景“屋顶”</td>
</tr>
</table>

2. 视图设定

“视图设定”可以切换各种视图设定，具体过程见表 3.4.2。

表 3.4.2　视图设定

| 命令条件 | 参数设置 | 结果 |
| --- | --- | --- |
| 让模型光源效果更真实 | 前导视图工具栏视图设定如下：<br>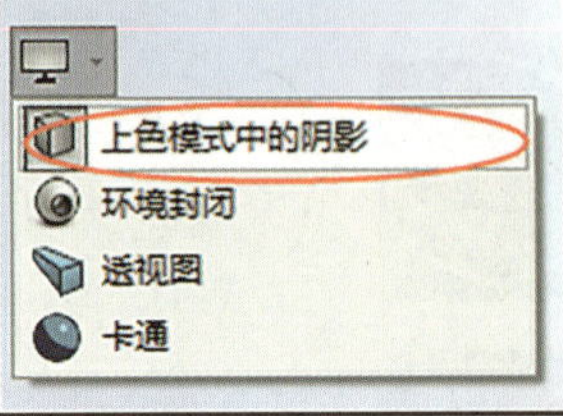 | 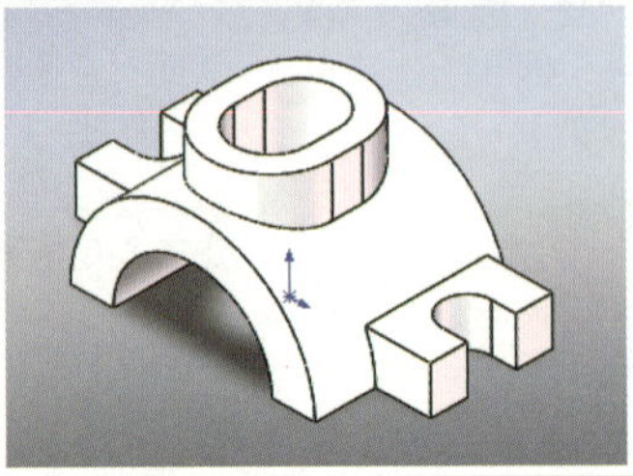 |

3. 外观

“外观”是给模型、特征、面选择材质或颜色，具体过程见表 3.4.3。

表 3.4.3　添加外观

| 命令条件 | 参数设置 | 结果 |
| --- | --- | --- |
| 在创建好的模型上体现材质特征或用颜色区分表面 | 整个实体选择“金属”→“钢”→“涂刷钢”（鼠标左键拖放到模型上松开）<br>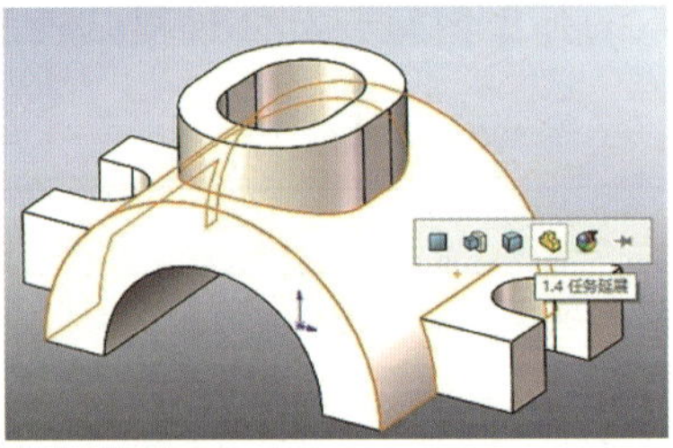<br>精度要求高的加工表面选择镀铬（在 Displaymanager 下逐一添加面）<br>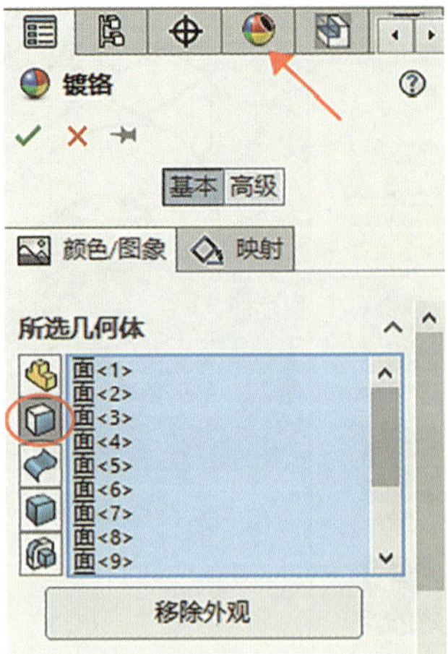 | <br>渲染预览效果 |

4. 相机

在 DisplayManager 中，单击查看布景、光源和相机，然后展开相机，见表 3.4.4。

表 3.4.4　添加相机

| 命令条件 | 参数设置 | 结果 |
| --- | --- | --- |
| 建模完毕，需要对模型添加指定视图视角时 | 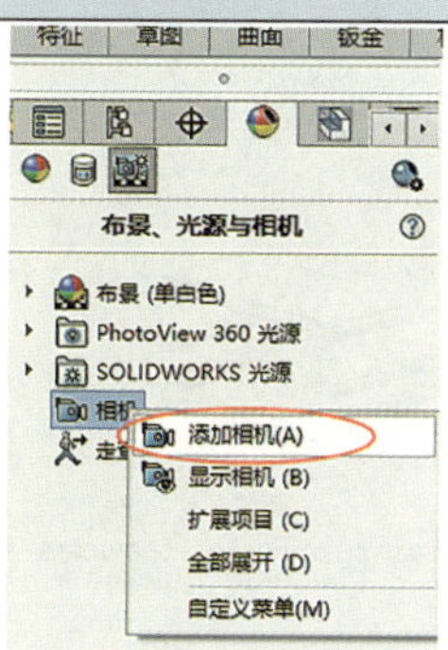 用右键单击相机，然后选择“添加相机”。SolidWorks 图形区域和预览窗口更新为“相机 1”视图 | 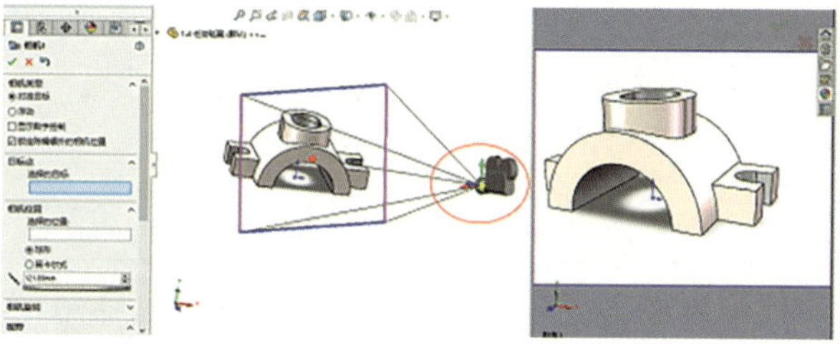 可以通过鼠标左键按住图形中相机前面的坐标系，拖放进行角度调整。鼠标中键按住旋转观察方向，或在最后边窗口中滑动鼠标中键放大缩小画面 |

5. 渲染选项

单击“PhotoView 360 选项”，为最终渲染设计选项，过程见表 3.4.5。

表 3.4.5　渲染选项

| 命令条件 | 参数设置 | 结　果 |
| --- | --- | --- |
| 建模完毕，外观材质，光源等设置完毕，出最后渲染结果之前设置 | 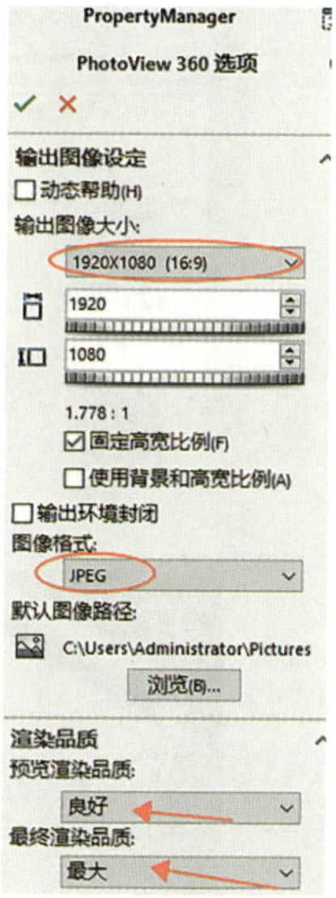 参数设置如图，得到的最终渲染效果较好 |  在 CommandManager 的渲染工具选项卡上，单击最终渲染。“最终渲染”窗口打开，开始进行渲染。渲染结束时，单击保存图像 |

## 3.4.5 任务实施

椅子的渲染过程见表 3.4.6。

椅子渲染

表 3.4.6 椅子的渲染

| 建模步骤 | 图 示 |
|---|---|
| 1. 打开零件模型文件。启动 SolidWorks 软件，单击此处打开椅子模型。确保模型文件已正确加载并处于可编辑状态 | 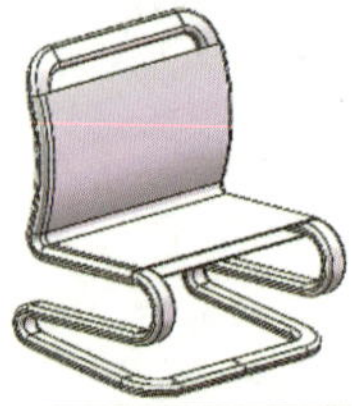 |
| 2. 启用 PhotoView360，单击“工具”→“插件”并选择 PhotoView 360。在 CommandManager 中会增加“渲染工具”选项卡 |  |
| 3. 在任务窗口中，单击查看“布景”，然后展开选择演示布景中的工厂布景。将布景拖到图形中任何地方 | 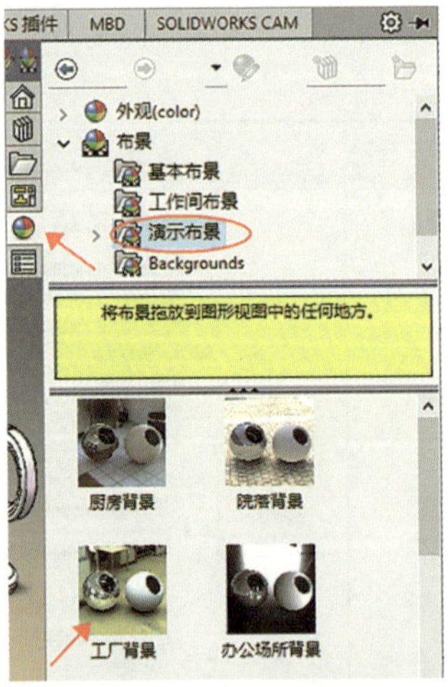 |
| 4. 在任务窗格的外观、布景和贴图选项卡上，单击“外观”→“金属”→“铝”→“抛光铝”。拖放到模型相应材质位置上 | 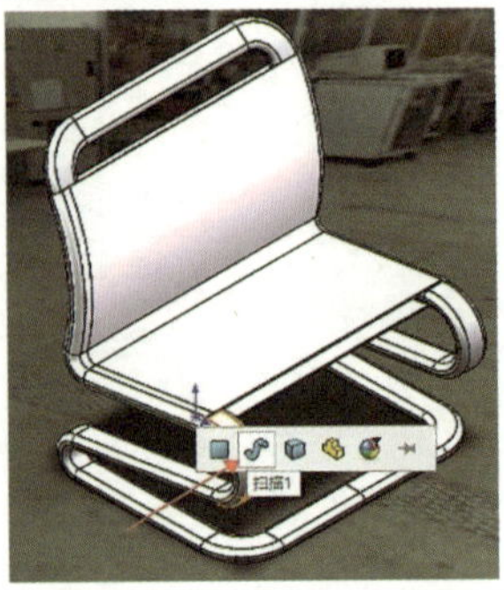 |

| 建模步骤 | 图　示 |
| --- | --- |
| 5. 在任务窗格的外观、布景和贴图选项卡上，单击“外观”→“织物”→“棉布红葡萄酒棉布”，拖放到模型相应材质位置上 | 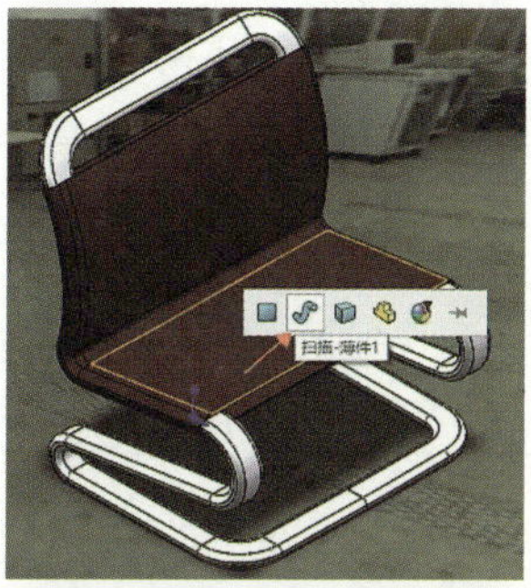 |
| 6. 在 DisplayManager 中，单击查看布景、光源和相机，然后右键单击相机。添加“相机1”。在 SolidWorks 图形区域和相机预览窗口用鼠标调节到自己满意的角度 |  |
| 7. 在渲染工具栏中单击“选项”，进入设置最后图形大小、格式、渲染品质等 | 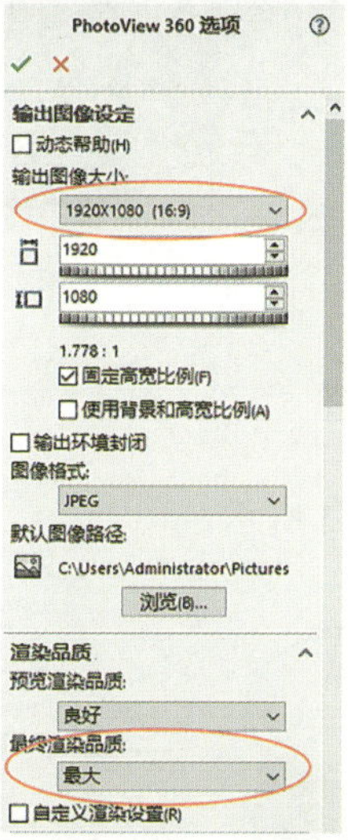 |
| 8. 可在渲染工具栏单击预览窗口查看最后效果，没问题就可“最终渲染” | 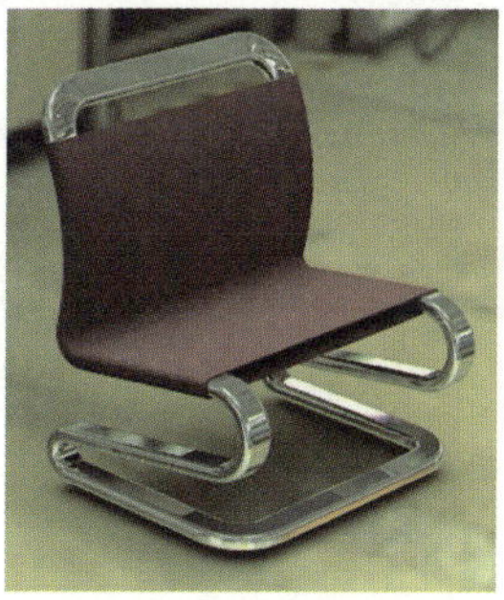 |

# 任务 3.5 带莫奈气息的咖啡杯——任务拓展

| 任务目标 | 任务内容 |
| --- | --- |
| 1. 通过建模过程，掌握更多的特征及草图指令；<br>2. 灵活运用所学知识点进行自己的产品设计；<br>3. 掌握贴图方法，能较为完整、美观地出产品效果图 | 1. 设计创建自己的杯子模型；<br>2. 贴图，选择合适的材质；<br>3. 文本、包覆；<br>4. PhotoView 360 出最终渲染图 |

## 3.5.1 任务导入

完成如图 3.5.1 所示的咖啡杯模型。

图 3.5.1 咖啡杯渲染图

## 3.5.2 任务分解

任务分解如图 3.5.2 所示。

图 3.5.2 咖啡杯建模任务分解

## 3.5.3 思维导图

思维导图如图 3.5.3 所示。

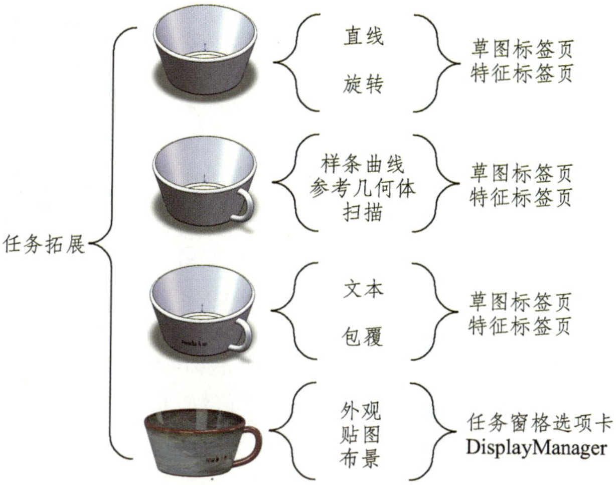


图 3.5.3 咖啡杯建模思维导图

## 3.5.4 相关知识

1. 扫 描

以增材或减材方式，将草图或轮廓沿给定的路径“掠过”生成的实体，称为扫描特征。通过沿着一条路径移动轮廓（草图）可以生成基体、凸台、曲面和“扫描切除”特征。扫描特征包括扫描凸台/基体特征、扫描切除特征和引导线扫描，如图 3.5.4 所示。

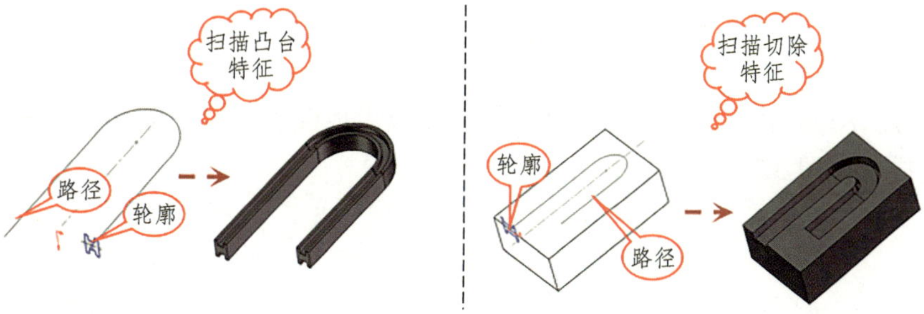


图 3.5.4 扫描指令应用

1）扫描凸台/基体特征

以增材方式，将草图或轮廓沿给定的路径“掠过”生成的实体，称为扫描凸台/基体特征。它由“扫描”命令创建，适合于构造复杂凸台、曲面等零件，如图 3.5.5 所示。

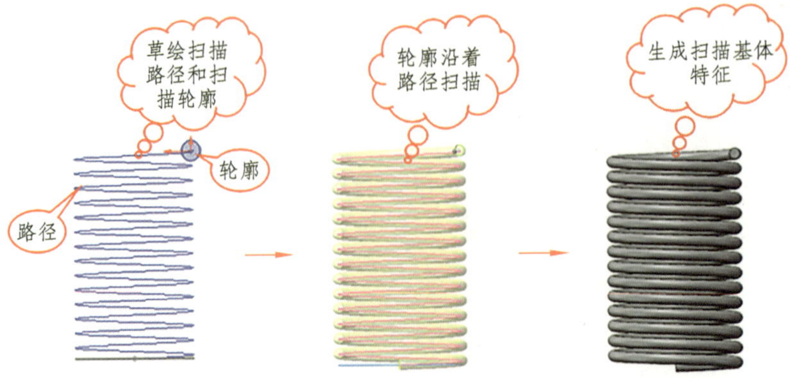


图 3.5.5　扫描弹簧应用

2）扫描切除特征

以减材方式，将草图或轮廓沿给定的路径“掠过”切除基体生成的实体，称为扫描切除特征。它由“扫描切除”命令创建。适用于构造复杂凸台、曲面等零件，如图 3.5.6 所示。

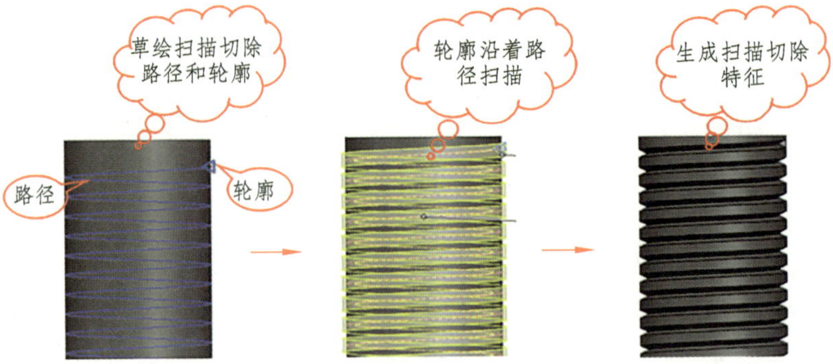


图 3.5.6　扫描切除应用

3）引导线扫描特征

SolidWorks 不仅可以生成等截面的扫描，还可以生成随着路径变化，截面也发生变化的扫描-引导线扫描，如图 3.5.7 所示。

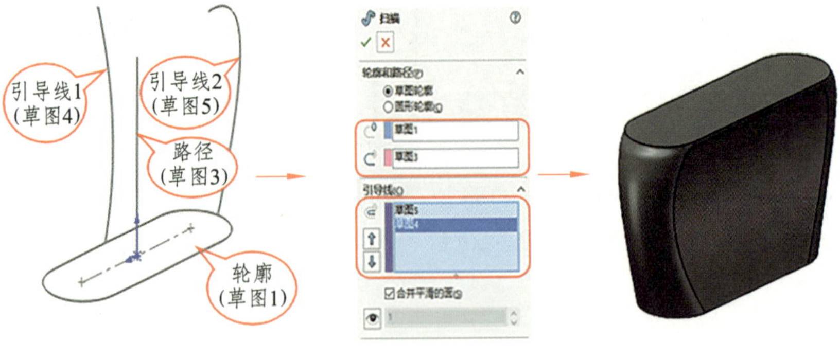


图 3.5.7　引导线扫描

2. 包覆

SolidWorks 的“包覆”命令是一种在建模过程中常用的工具，主要用于将一个平面的草绘投影到另一个平面或非平面上，然后实现拉伸、切除、拔模等功能。这个命令包括三个主要的参数：包覆参数、拔模方向和源草图。

（1）包覆参数：这是“包覆”命令的核心部分，包括浮雕、蚀雕、刻划、面和深度等选项。

（2）浮雕：此选项用于向外拉伸草绘形状。

（3）蚀雕：这个选项用于向内拉伸切除草绘形状。

（4）刻画：类似于分割线，用于在模型上创建特定的标记或线条。

（5）面：指的是要投影到的面，可以是任何有效的面或基准面。

（6）深度：指的是拉伸或拉伸切除的深度，根据浮雕或蚀雕的选择，这个深度可以是正值（向外）或负值（向内）。

（7）拔模方向：这是确定拉伸或切除操作的方向的部分。拔模方向可以是草绘的自身方向，也可以是其他平面或基准面的方向。

（8）源草图：这是进行“包覆”命令时所使用的原始草绘。这个草绘将被投影到指定的面上，并按照包覆参数进行拉伸或切除。

要使用 SolidWorks 的“包覆”命令，你需要先创建一个源草图，然后选择“包覆”命令并设置相应的参数，如图 3.5.8 所示。

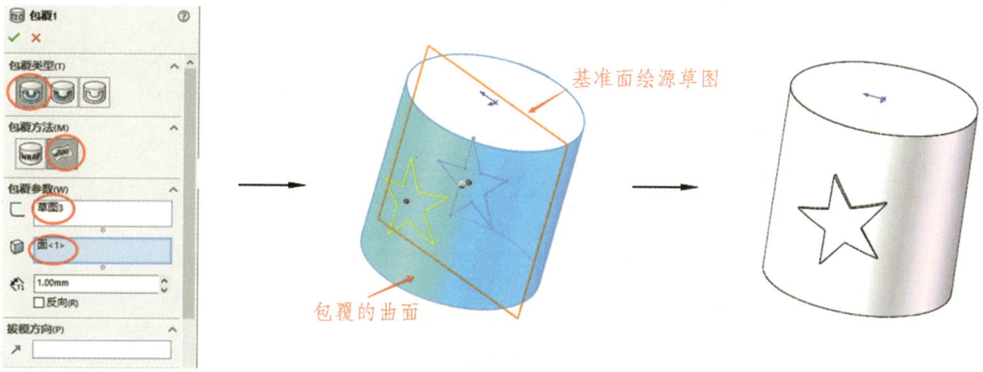


图 3.5.8 “包覆”命令

3. 文本

可以使用草图选项卡中的文本工具在平面上输入文字。选择绘图平面后，绘制文本曲线，即文本将分布在其上的 2D 几何图形，如图 3.5.9 所示。

图 3.5.9 文本应用

然后，点选“文本”按钮弹出属性管理器，选择适当的曲线并输入想要输入到项目中的适当文本后，可以继续进行文本设置。可以设置文本的粗体、斜体、文本对齐方式和方向（垂直和水平）。至于文本字体，则是从绘图模板中加载的——默认字体，大小为 3.5 mm。如果想改变它，必须取消选中“使用文档字体”选项，然后“字体...”选项将被激活，通过它可以选择 Windows 中安装的任何字体。选择字体后，还可以设置大小、间距和宽度系数，如图 3.5.10 所示。

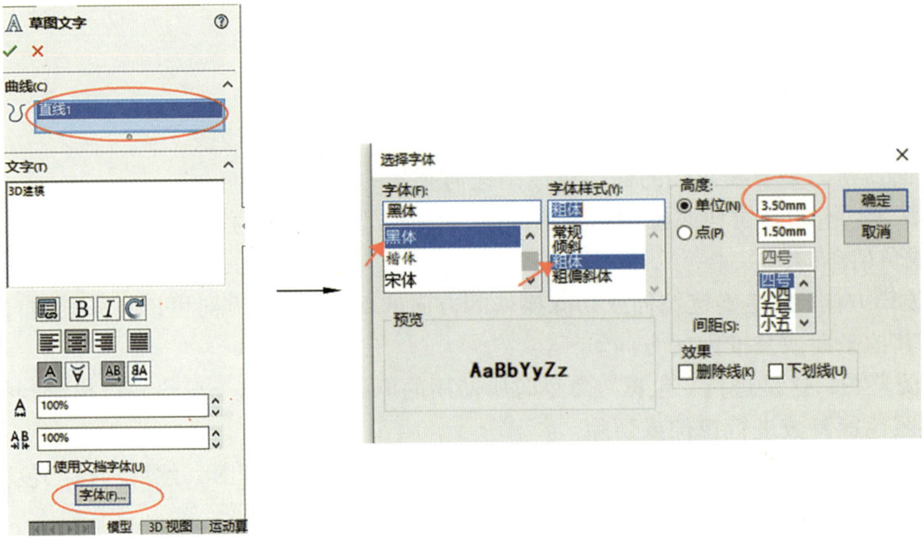


图 3.5.10　字体应用

完成后在文字上单击右键，点选“解散”草图文字。此时文字成为多个封闭线框，可以用于许多操作，包括用于切割/挤压操作以获得雕刻，如图 3.5.11 所示。

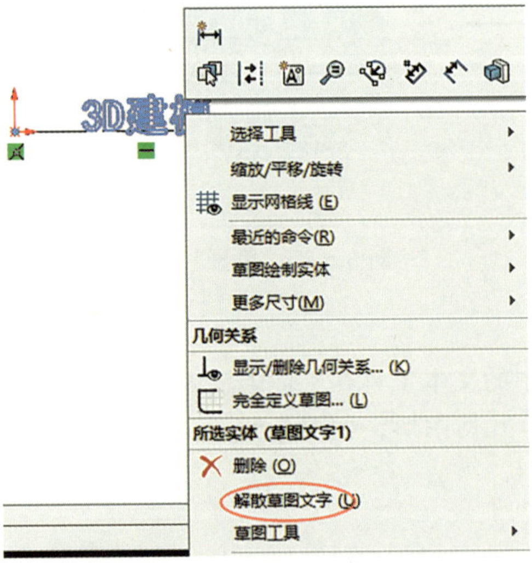


图 3.5.11　“解散”草图文字

例如，退出“草图”→“拉伸”，形成立体字，或者在立体上拉伸去除，可凹陷，如图 3.5.12 所示。

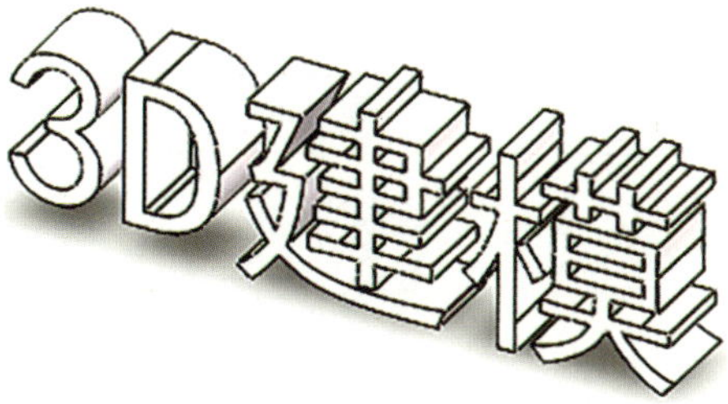

图 3.5.12　拉伸字体

### 3.5.5　任务实施

设计一款专属自己的杯子，形状、颜色、外观加入创意。步骤见表 3.5.1.

表 3.5.1　咖啡杯建模过程

| 建模步骤 | 图　示 |
|---|---|
| 1. 新建零件，在前视基准面绘制草图。<br>尺寸、外形都可根据美观性和实用性自行调整。旋转草图形成杯身 | 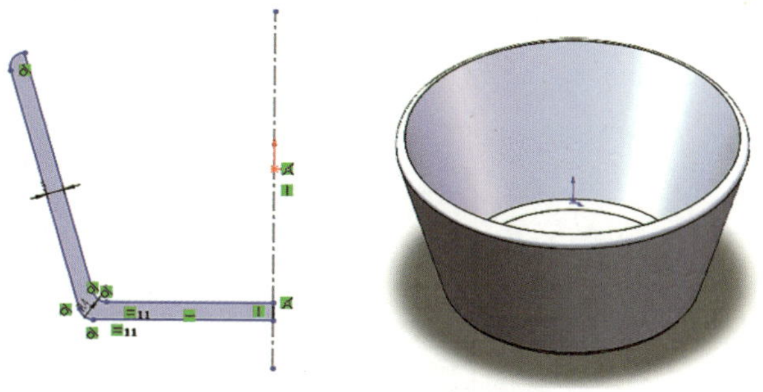 |
| 2. 在前视基准面用样条曲线绘制自己中意的把手轮廓 |  |
| 3. 选择刚创建的把手轮廓端点，和右视基准面为参考创建基准面 | 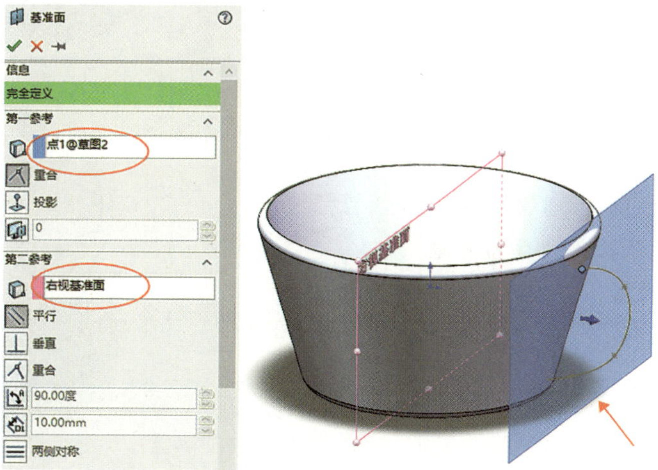 |

| 建模步骤 | 图　示 |
| --- | --- |
| 4. 在新建的基准面内绘制合适大小的圆形草图 | 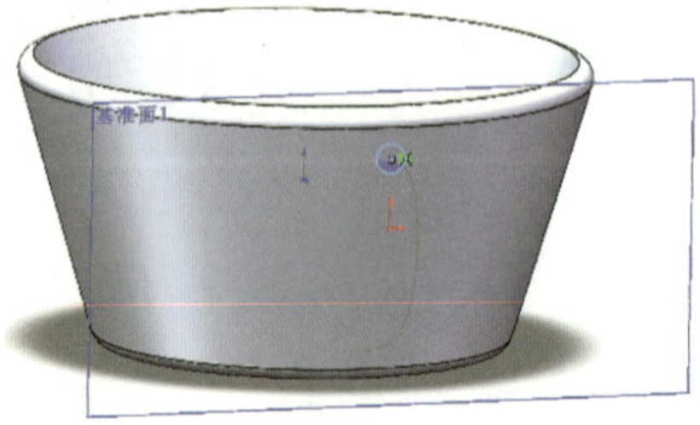 |
| 5. 退出草图，单击扫描特征。生成把手 | 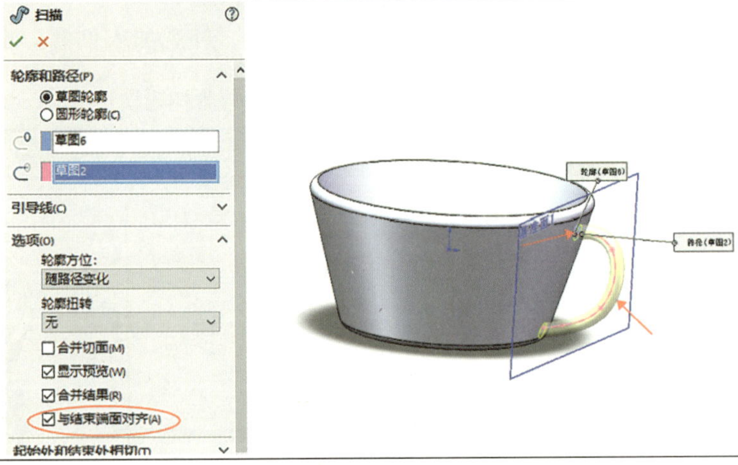 |
| 6. 在前视基准面上绘制文本曲线，书写自己的专属标志 | 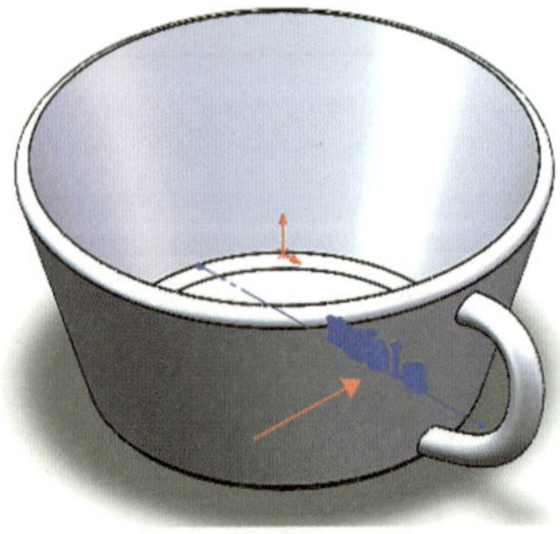 |
| 7. 点选特征“包覆”，弹出特征管理器后进行相关设置，包覆草图的面选择杯身曲面 | 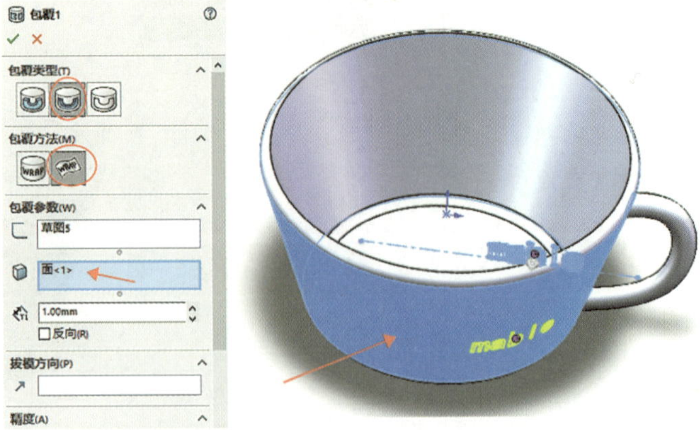 |

<table>
<tr><th>建模步骤</th><th>图　示</th></tr>
<tr><td>8. 在右侧“任务窗格选项卡”中选择喜欢的外观材质</td><td>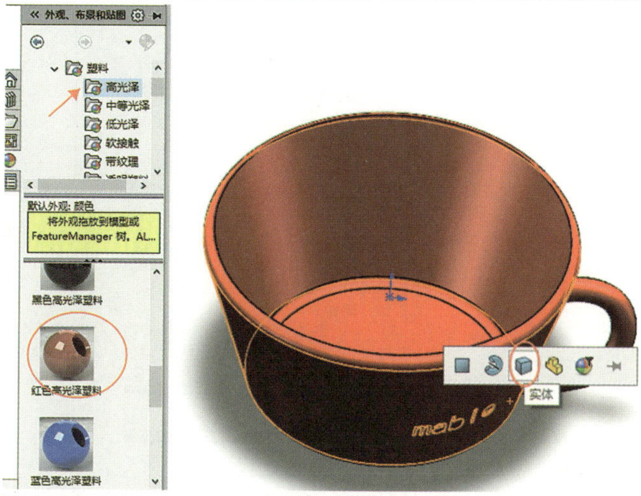
</td></tr>
<tr><td>9. 继续添加玻璃材质到杯子内壁</td><td>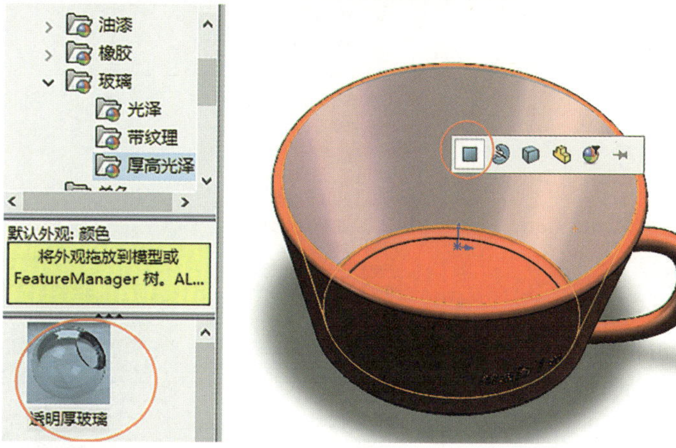
</td></tr>
<tr><td>10. 继续在“任务窗格选项卡”中选择任意贴图，左键按住不放拖放到杯子上。在弹出的贴图特征管理器中点击浏览，选择自己准备好的图片，图形选择“无掩码”</td><td>
</td></tr>
</table>

<table>
<tr><th>建模步骤</th><th>图　示</th></tr>
<tr><td>11. 继续对“贴图”中“映射”选项进行设定，让贴图遍布杯身</td><td>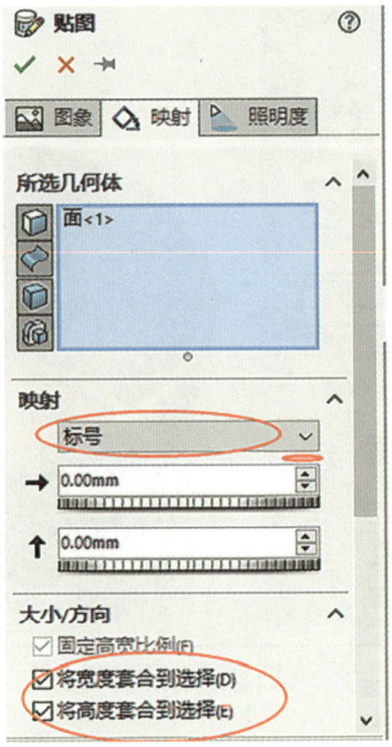

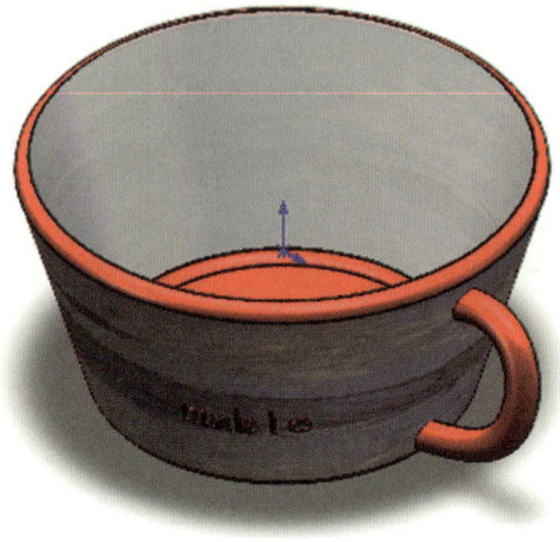</td></tr>
<tr><td>12. 挑选一个自己喜欢的布景。启用 PhotoView 360，单击“工具”→“插件”并选择“PhotoView 360”。在 CommandManager 中会增加的渲染工具选项卡。<br>可在渲染工具栏单击预览窗口查看最后效果，没问题就可“最终渲染”最终渲染</td><td>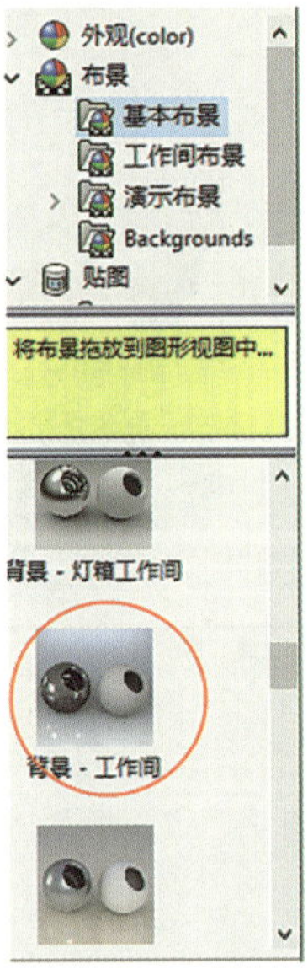

</td></tr>
</table>

# 任务 3.6 技能考评

任务 3.6 技能考评

1. 扫码完成图 3.6.1 的建模

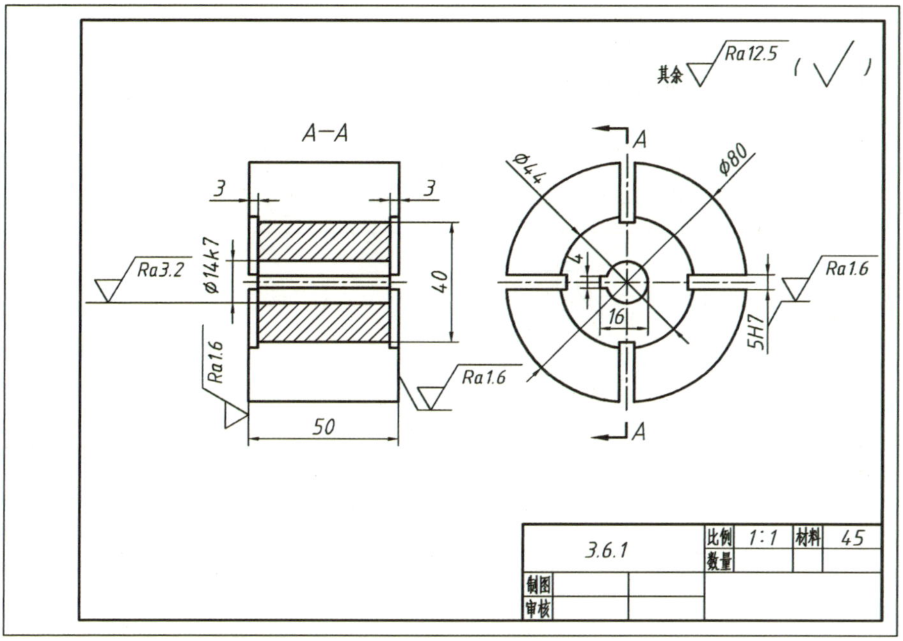


图 3.6.1 转子（三维数字建模师 第 3 期）

2. 扫码完成图 3.6.2 的建模

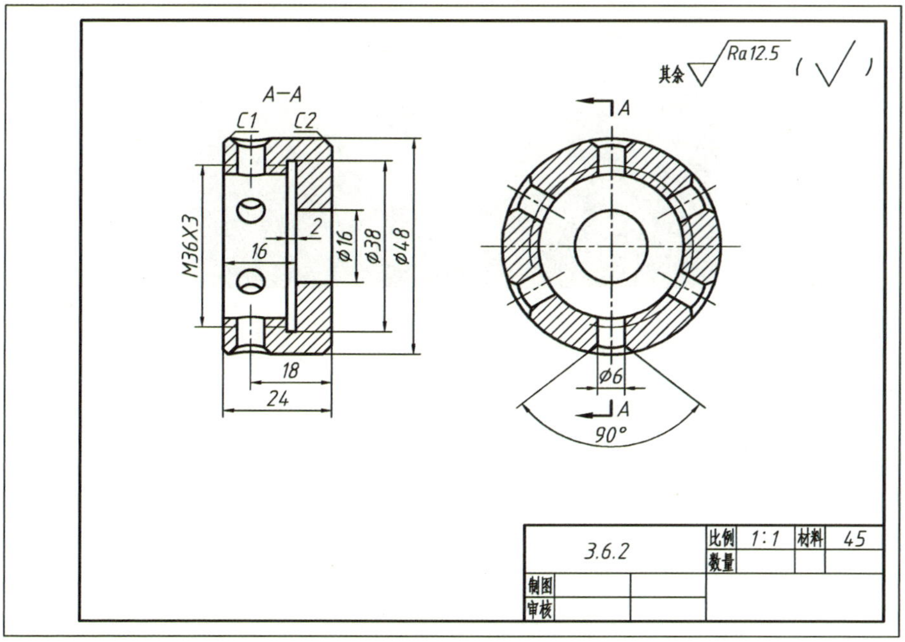


图 3.6.2 压盖螺母

3. 扫码完成图 3.6.3 的建模，并生成同样的工程图

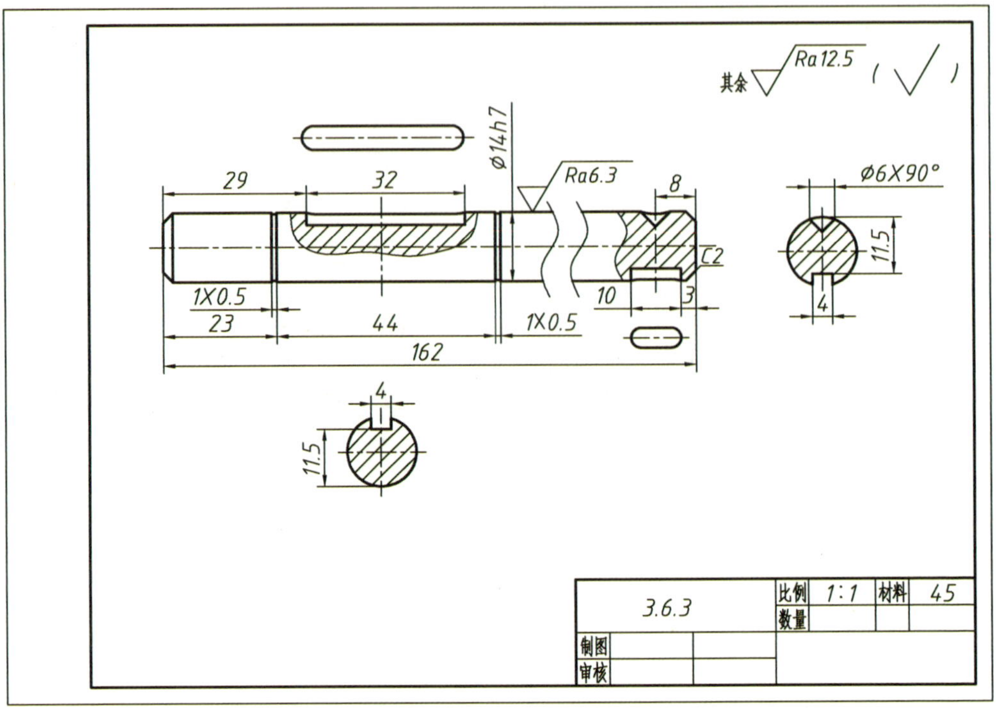


图 3.6.3 轴

4. 扫码完成图 3.6.4 的扣合件模型渲染

图 3.6.4 扣合件渲染

# 项目 4 中流击楫——中级设计

| 知识目标 | 技能目标 | 素质目标 |
|---|---|---|
| 1. 熟练掌握运用快捷菜单；<br>2. 掌握基于特征建模绘制命令；<br>3. 理解高级配合的应用；<br>4. 了解装配体工程图的生成 | 1. 能够运用特征镜像、孔、圆角、倒角等特征编辑命令；<br>2. 能够进行特征建模、特征编辑；<br>3. 能够进行装配体配合；<br>4. 能够出装配体工程图 | 1. 培养良好的道德品质、沟通协调能力和团队合作精神、敬业精神、具备爱岗敬业；<br>2. 培养崇尚劳动、热爱劳动、辛勤劳动、诚实劳动的劳动精神；<br>3. 培养发现问题和解决问题的能力，培养终身学习与专业发展能力 |

## 任务 4.1 先增后减——箱体类

| 任务目标 | 任务内容 |
|---|---|
| 1. 熟练运用快捷菜单；<br>2. 掌握草图的绘制命令；<br>3. 掌握常用特征建模命令的应用；<br>4. 掌握利用鼠标右键快捷菜单创建草绘的方法 | 1. 特征镜像、孔、圆角、倒角等特征编辑命令；<br>2. 草图绘制特征；<br>3. 特征建模；<br>4. 特征编辑 |

### 4.1.1 任务导入

绘制如图 4.1.1 所示的齿轮泵体模型。

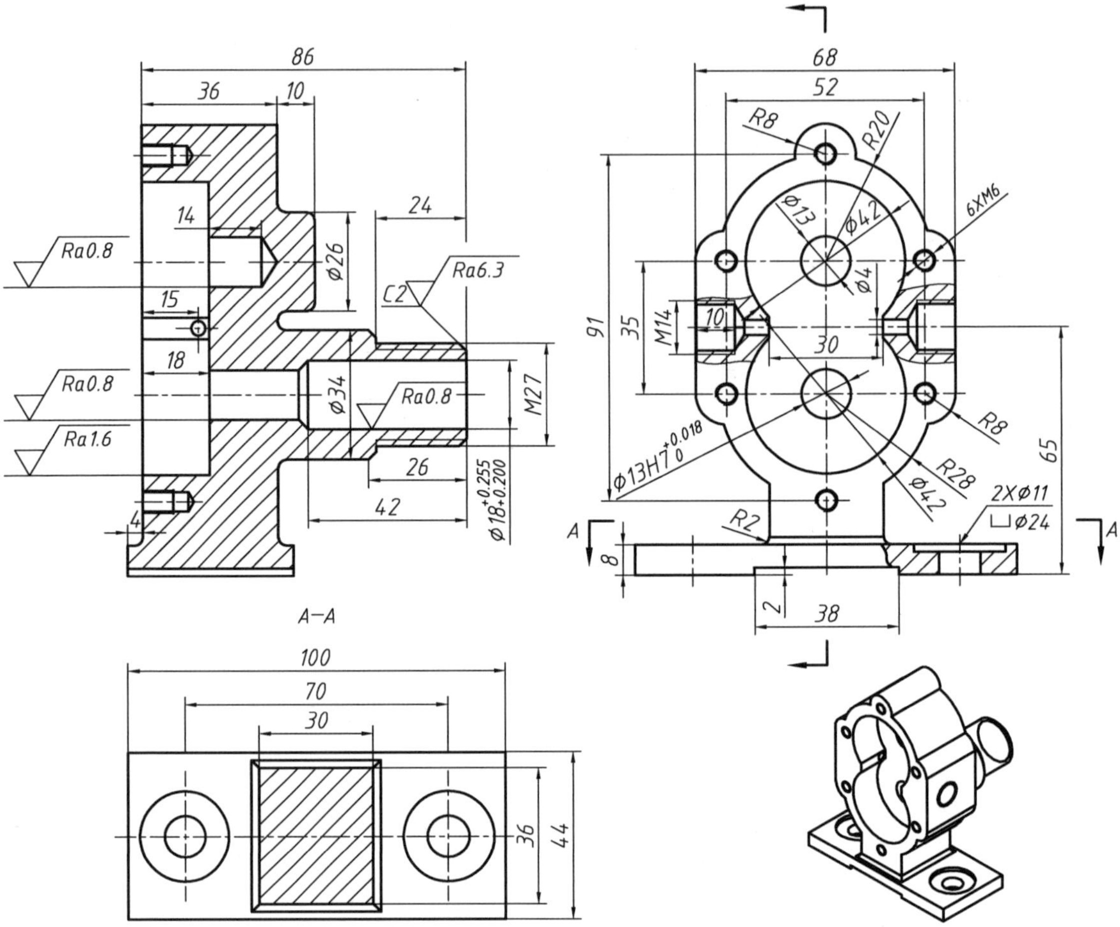


图 4.1.1　齿轮泵泵体模型参考图

## 4.1.2　任务分解

任务分解如图 4.1.2 所示。

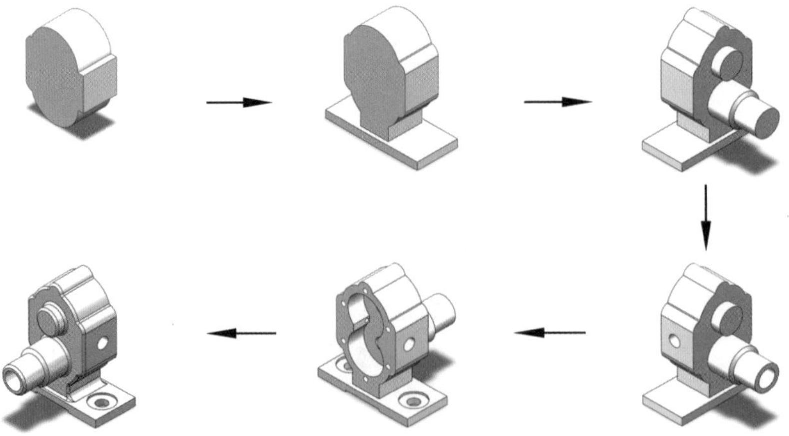

图 4.1.2　齿轮泵泵体建模任务分解

### 4.1.3　思维导图

思维导图如图 4.1.3 所示。

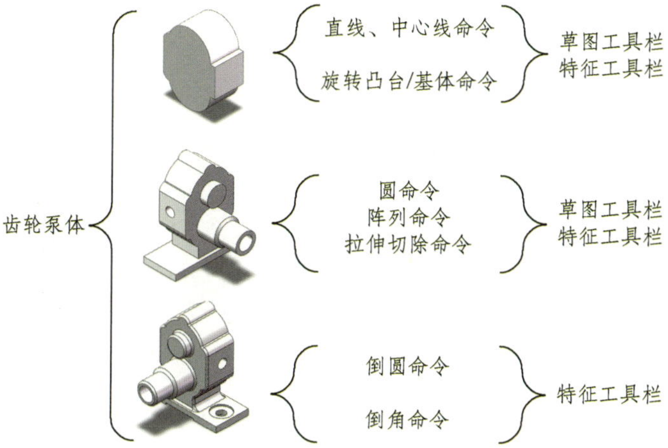


图 4.1.3　齿轮泵泵体建模思维导图

### 4.1.4　任务实施

齿轮泵泵体建模过程见表 4.1.1。

表 4.1.1　齿轮泵泵体建模过程

| 建模步骤 | 图　示 |
| --- | --- |
| 1. 新建零件，选择前视基准面新建草图。在“草图”选项卡，单击“中心点直槽口”图标 中心点直槽口，绘制如右图所示图形（注意中心点需约束到草图原点上槽尺寸 56 mm × 35 mm） | 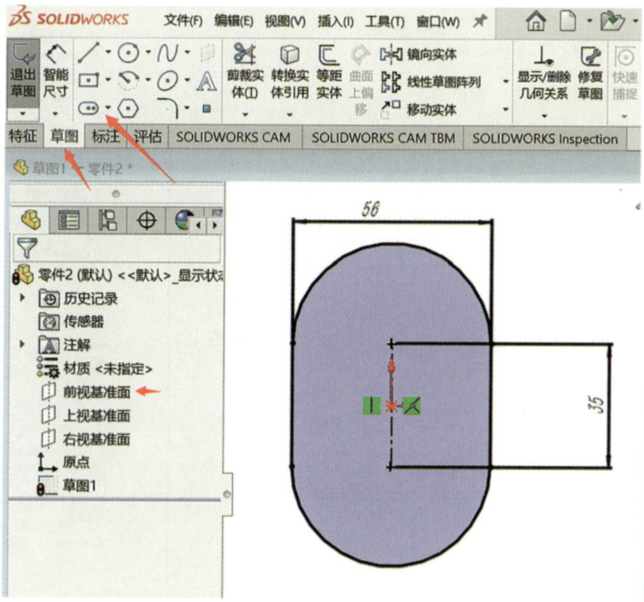 |

| 建模步骤 | 图示 |
|---|---|
| 2. 单击“特征”标签页，按下 拉伸/凸台/基体 拉伸/凸台基体按钮，在尺寸框内输入拉伸尺寸“36.00 mm”，然后点击“确定” | 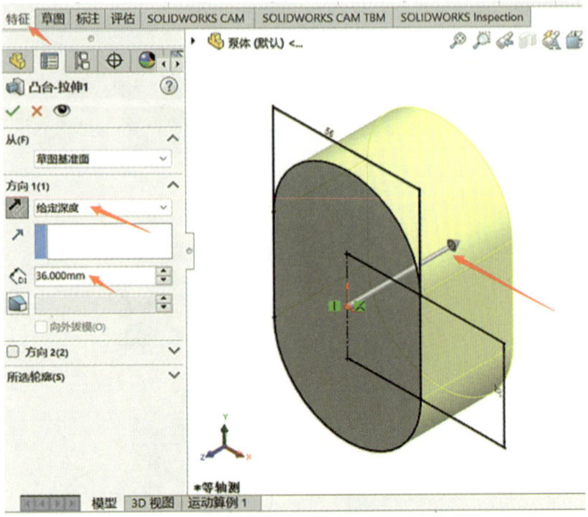 |
| 3. 选择实体端面，点击“草图”标签页，单击中心矩形图标，将矩形中心点定位到草图坐标原点上，如右图所示，矩形尺寸 35 mm × 68 mm。绘制完成后单击“退出草图” | 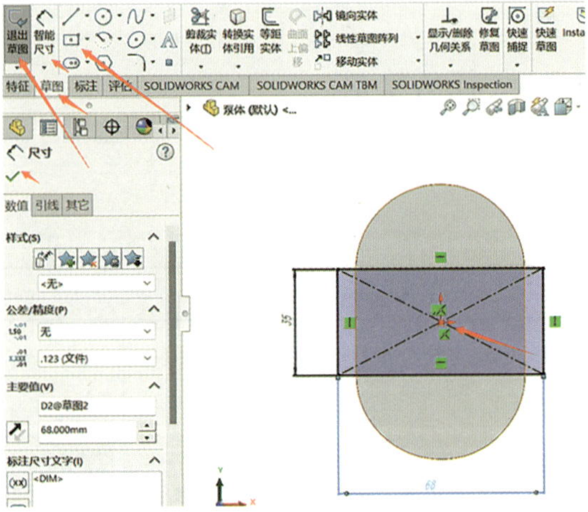 |
| 4. 单击“特征”标签页，按下 拉伸/凸台/基体 拉伸/凸台基体按钮，在尺寸框内输入拉伸尺寸“36.00 mm” 36.00mm ，然后点击“确定” | 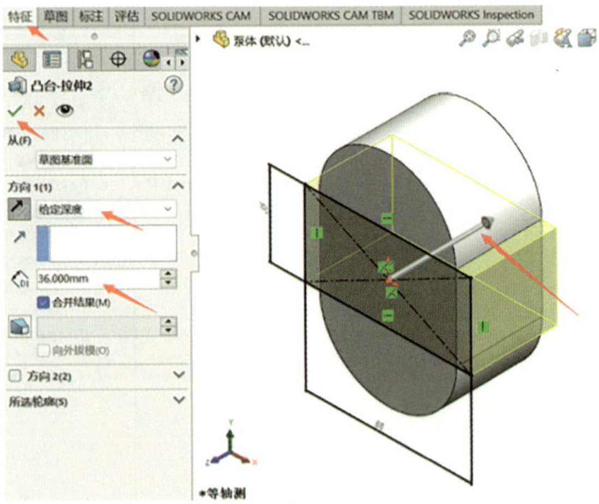 |

<table>
<tr><th>建模步骤</th><th>图　示</th></tr>
<tr><td>5. 选择端面为草绘面，绘制直径 16 mm 的圆，单击“草图”标签页上的“智能尺寸”按钮，按右图所示分别标注圆心与草图中心的距离 26 mm。按住键盘 Ctrl 键，分别点击右图中的边线和圆心，弹出的菜单中选择重合约束，至此将圆完全约束</td><td>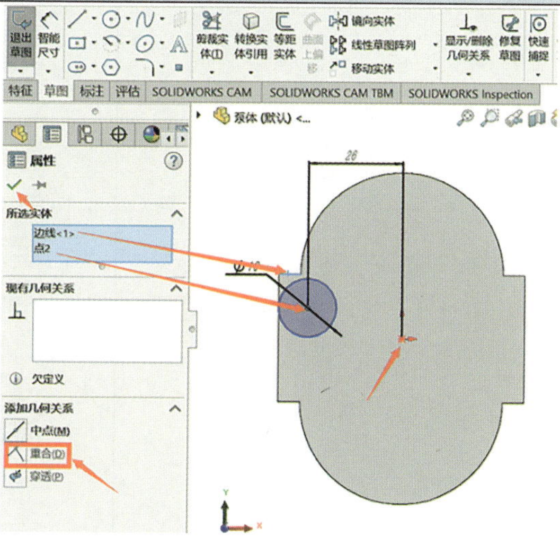

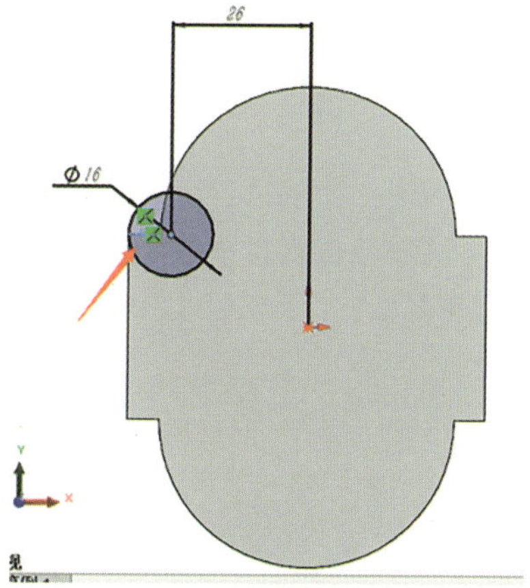
</td></tr>
<tr><td>6. 单击“特征”标签页，按下拉伸/凸台基体按钮，方向选择给定深度选项，在尺寸框内输入拉伸尺寸“36.00 mm”，然后点击确定生成特征</td><td>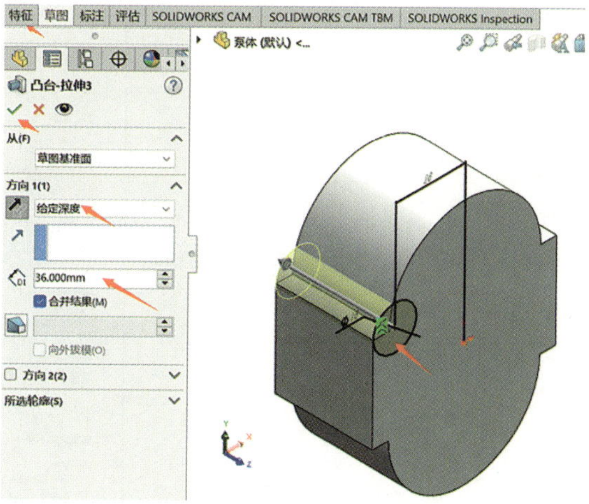
</td></tr>
</table>

| 建模步骤 | 图　示 |
|---|---|
| 7. 在设计树中选中步骤 6 生成的特征，在“特征”标签页，点击镜像按钮 镜向 | 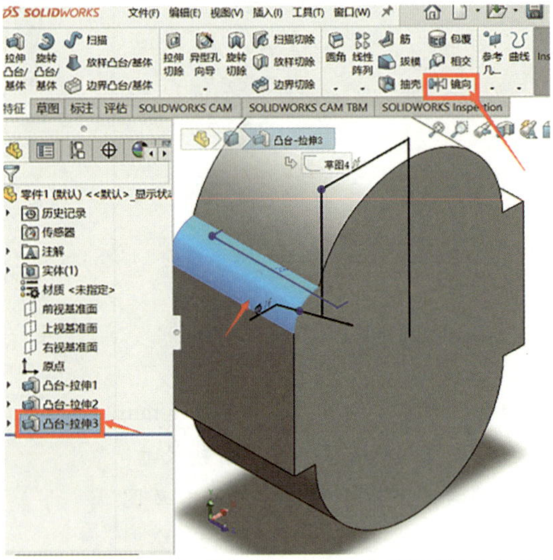 |
| 8. 如右图所示点击绘图窗口中的零件，镜像面选择为上视基准面，然后单击“确定”完成特征的镜像 | 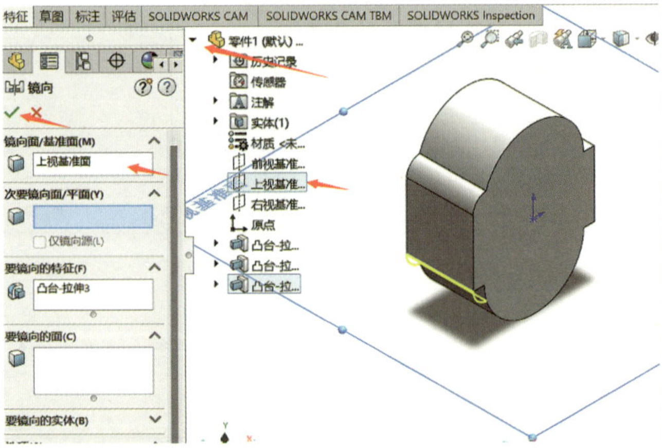 |
| 9. 选择步骤 8 中生成的镜像特征，再次点击“特征”标签页中的镜像按钮 镜向。以右视基准面为镜像面，然后点击“确定”按钮完成特征的镜像 | 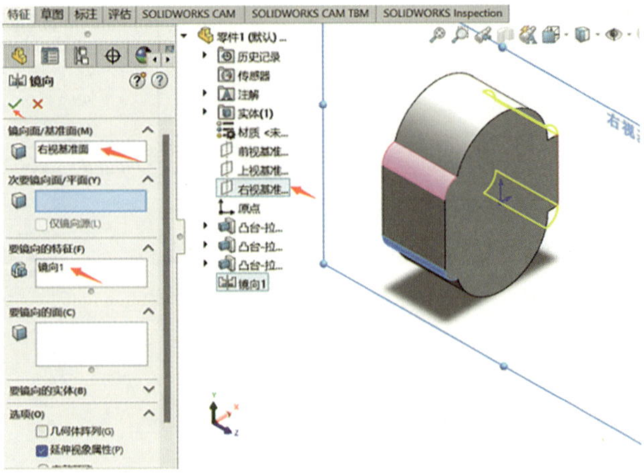 |

| 建模步骤 | 图　示 |
| --- | --- |
| 10. 在上视基准面绘制右图所示矩形草图，矩形宽度 30 mm，厚度与特征边缘轮廓重合 | 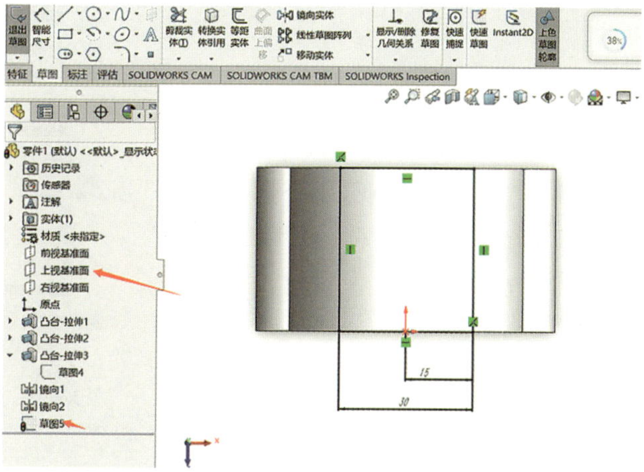 |
| 11. 单击“特征”标签页，按下拉伸/凸台基体按钮，选择好拉伸方向，尺寸框内输入 65 mm，然后点击✓确定，完成拉伸特征的创建 | 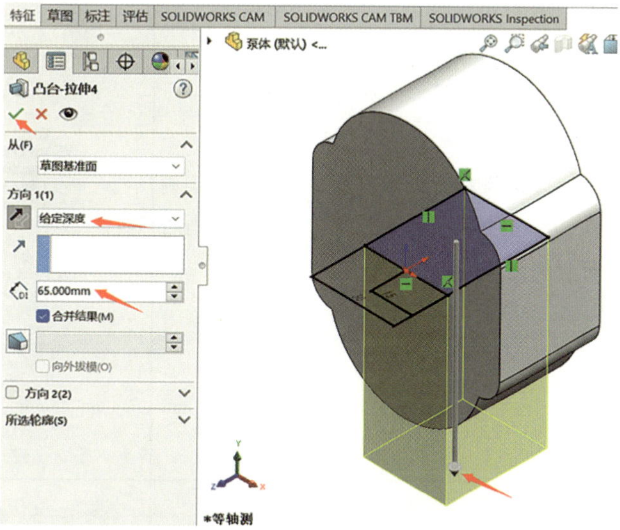 |
| 12. 选择上一步骤生成的特征底部，作为草绘基准面，创建右图中的草图，利用构造线定出端面的中心位置，将绘制的中心矩形图的中心点位置约束到构造线中点上，并标注对应的草图尺寸（100 mm × 44 mm） | 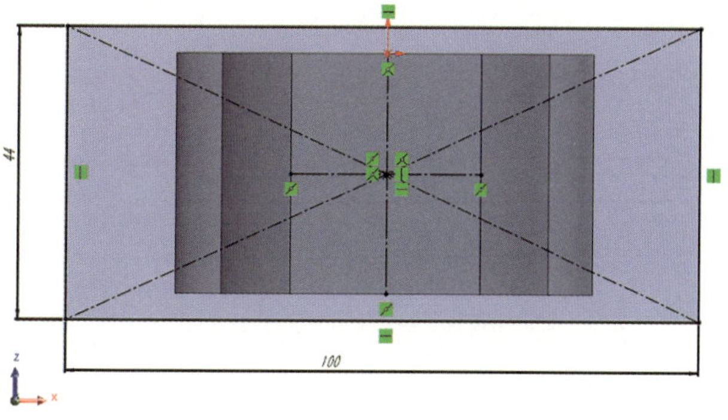 |

| 建模步骤 | 图　示 |
| --- | --- |
| 13. 单击“特征”标签页，按下拉伸/凸台基体按钮，选择好拉伸方向，尺寸框内输入 8 mm，然后点击✓确定 | 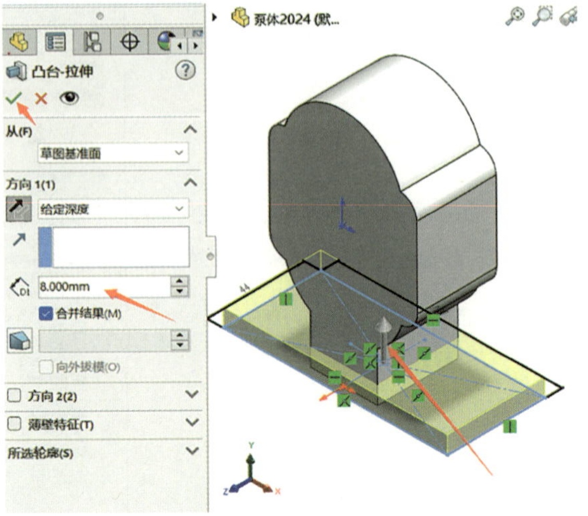 |
| 14. 以泵体端面为草图绘制基准面，绘制直径 26 mm 的圆，并将圆心与泵体轮廓圆心进行重合约束 | 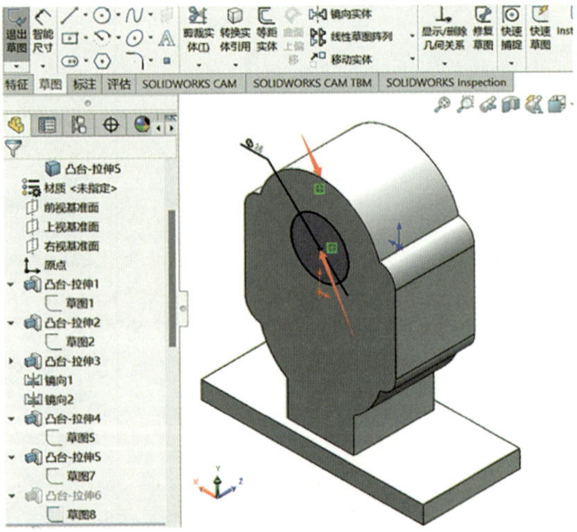 |
| 15. 单击“特征”标签页，按下拉伸/凸台基体按钮，选择好拉伸方向，尺寸框内输入 10 mm 10.000mm，然后点击✓确定 | 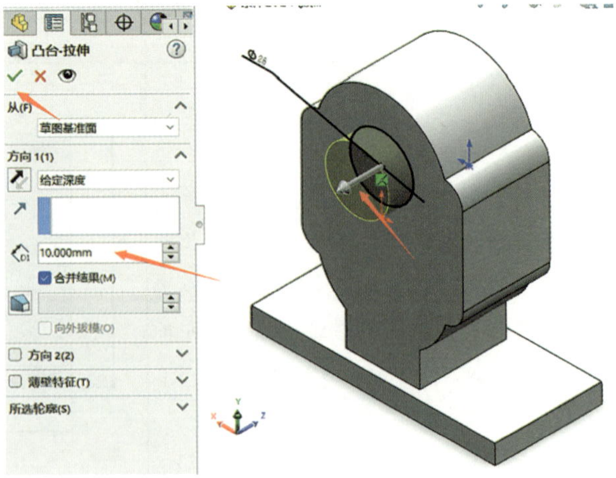 |

<table>
<tr><th>建模步骤</th><th>图　示</th></tr>
<tr><td>16. 用步骤 14 的方法绘制右图所示的草图，注意草图中圆心需与端面圆形轮廓同心约束</td><td>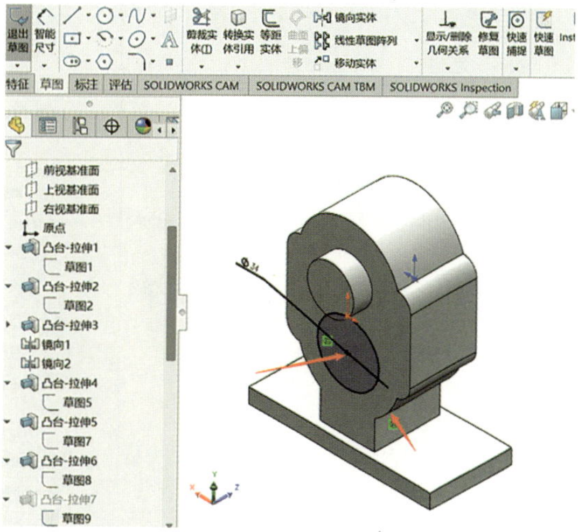
</td></tr>
<tr><td>17. 单击“特征”标签页，按下拉伸/凸台基体按钮，选择好拉伸方向，尺寸框内输入 26 mm 26.000mm，然后点击确定</td><td>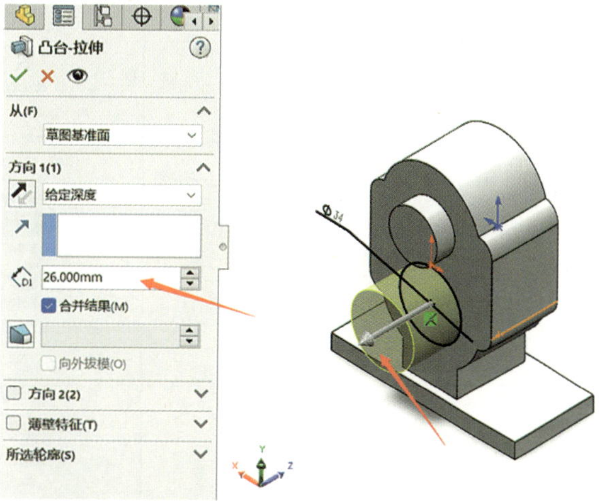
</td></tr>
<tr><td>18. 在上一步骤生成的特征圆柱端面，创建草图绘制。利用按钮，绘制直径为 $\phi$27 mm 的圆，注意草图圆心位置时需与圆柱特征圆心重合</td><td>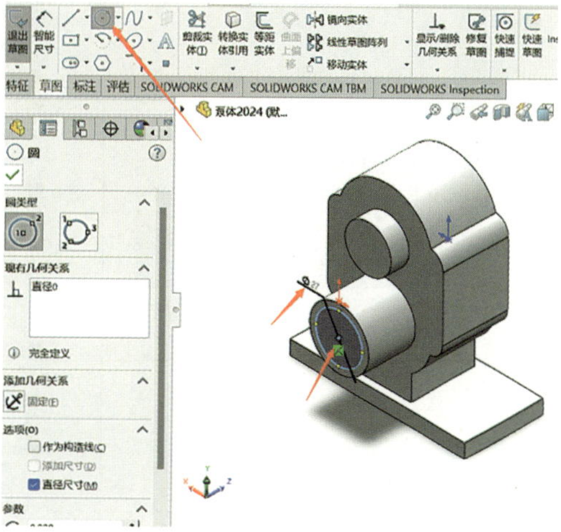
</td></tr>
</table>

| 建模步骤 | 图　示 |
|---|---|
| 19. 单击“特征”标签页，按下拉伸/凸台基体按钮，选择好拉伸方向，尺寸框内输入24 mm [24.000mm]，然后点击[✓]确定 | 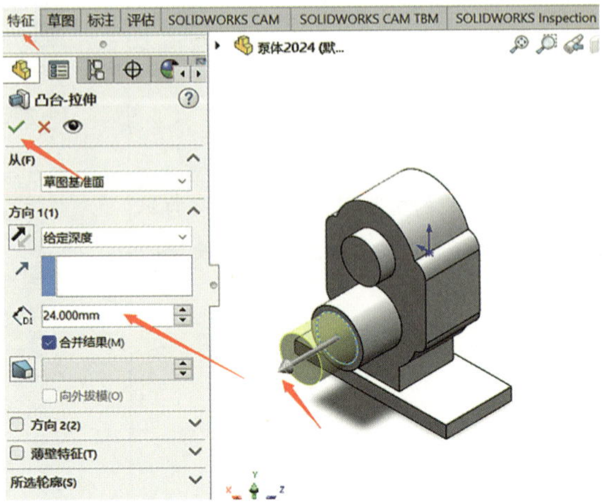 |
| 20. 选择菜单栏中的[插入(I)]，下拉菜单内点击[注解(N)]注解选项，点击注解选项后的黑色三角，弹出的下一级菜单内选择装饰螺纹线[装饰螺纹线(O)...]。按右图所示设置螺纹装饰线参数。然后单击[✓]确定，完成装饰螺纹的创建 | 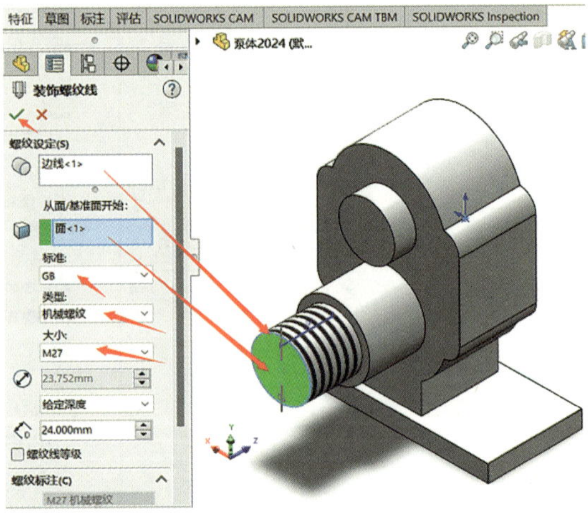 |
| 21. 对生成特征进行倒角，单击“特征”标签页，选择倒角图标，按照右图所示，设置倒角参数，两处倒角C2（2×45°） | 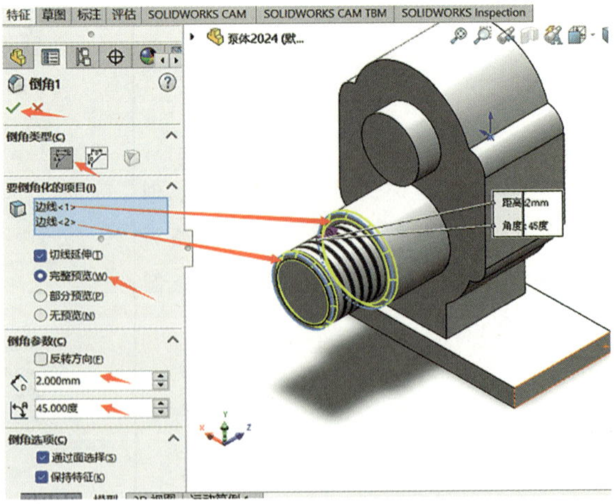 |

| 建模步骤 | 图　示 |
|---|---|
| 22. 在泵体端面创建右图所示草图，首先用直线绘制竖直方向的构造线，线段下端固定在草图中心原点位置，构造线长度45.5 mm，构造线另一端绘制直径$\phi$16 mm的圆 | 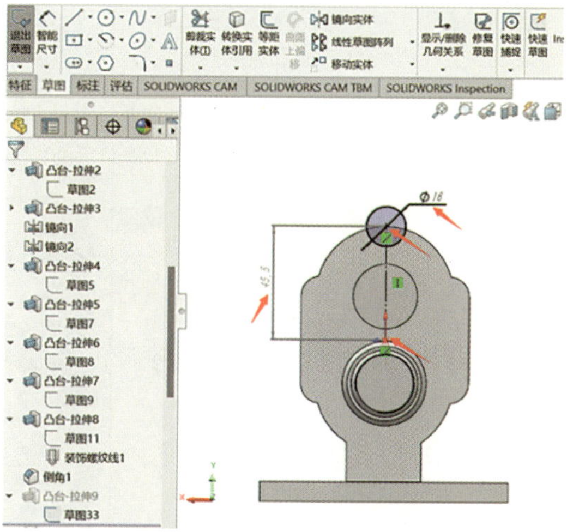 |
| 23. 单击“特征”标签页，按下“凸台/拉伸”基体按钮，选择成形到一面选项，添加拉伸到达的面，如右图所示，然后点击✓确定 | 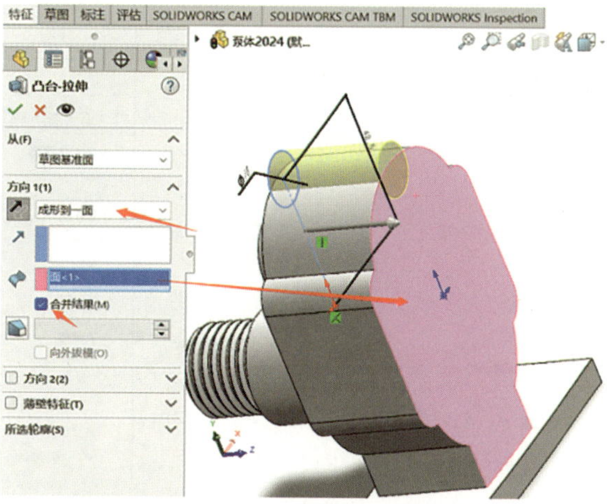 |
| 24. 在泵体端面创建泵体齿轮腔草图。<br>（1）利用中心矩形图标 中心矩形 绘制中心在草图原点的 30 mm×35 mm 矩形构造线。<br>（2）利用圆按钮⊙绘制两个直径$\phi$42 mm的圆，其圆心分别固定到构造线矩形 30 mm 边的中点上，然后修剪圆，并用直线将修剪后的圆形图形连接成封闭图形，如右图所示 | 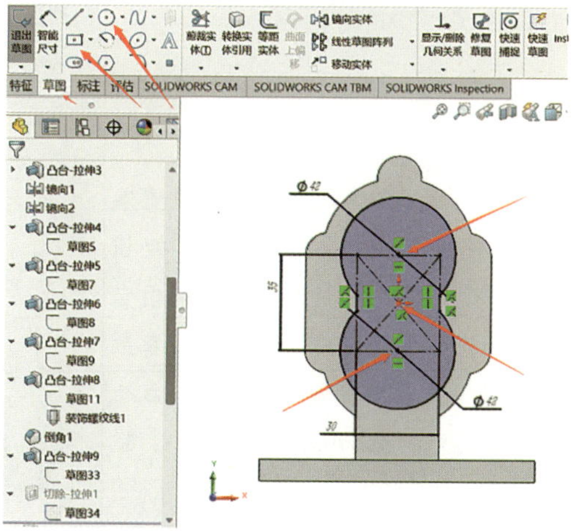 |

<table>
<tr><th>建模步骤</th><th>图　示</th></tr>
<tr><td>25. 单击“特征”标签页，按下拉伸切除按钮<br>拉伸切除，如右图所示设置“给定深度”模式进行拉伸切除，尺寸设置为 18 mm 18.000mm，然后点击✓确定</td><td>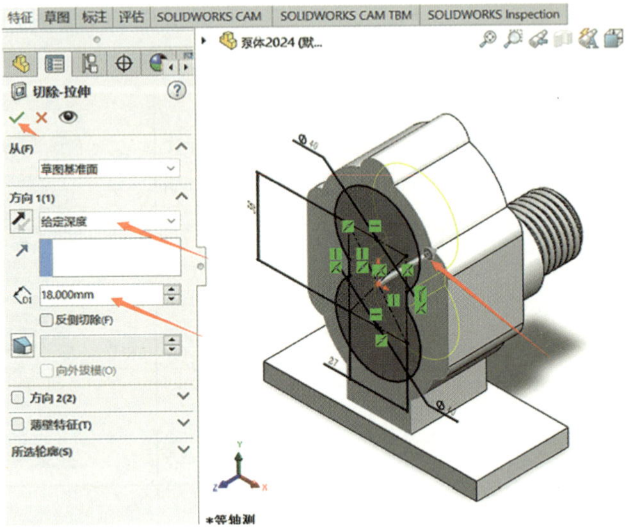
</td></tr>
<tr><td>26. 在特征标签页，点击“异型孔向导”按钮 异型孔向导，进入参数设置界面，按照右图所示设置完打孔尺寸参数。孔类型选择，其余参数按右图所示进行设置（大小 $\phi13$ mm，给定深度 14 mm）</td><td>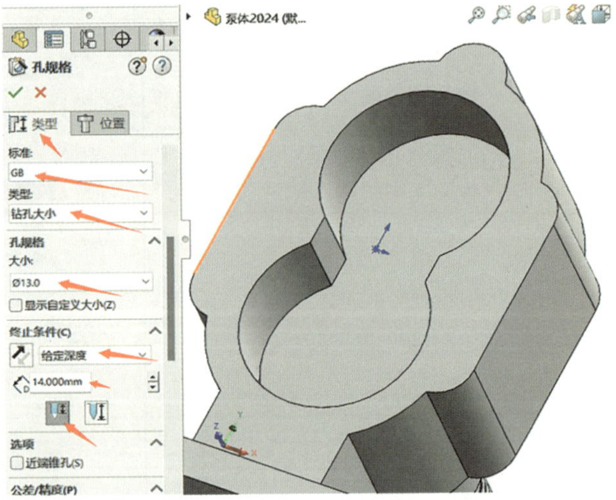
</td></tr>
<tr><td>27. 接上一步骤，点击选项卡中的位置选项 位置，弹出菜单点击 3D 草图按钮 3D 草图，标定打孔中心位置，可利用自动捕捉功能，找到齿轮腔中心点位置。参数设置与捕捉定位位置如右图所示。然后点击确定✓按钮，完成 $\phi13$ mm 直径孔的创建</td><td>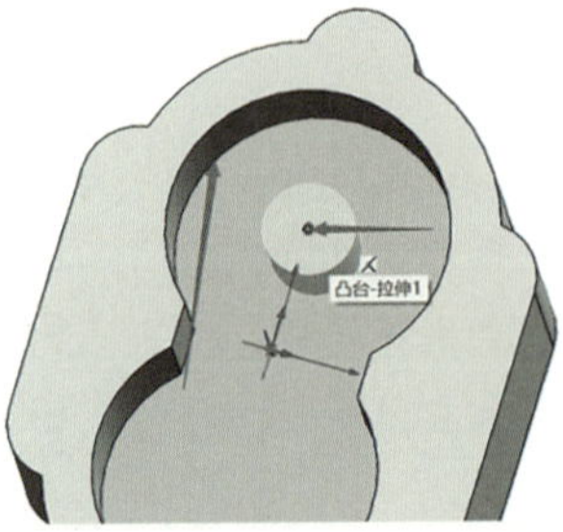

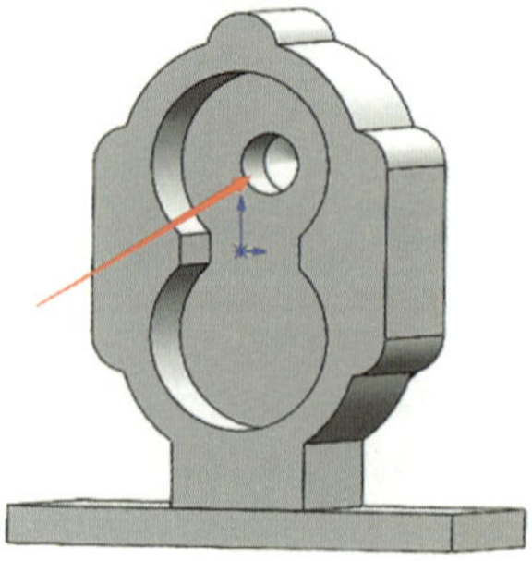</td></tr>
</table>

| 建模步骤 | 图　示 |
|---|---|
| 28. 点击齿轮腔底面，弹出快捷菜单，选择草图绘制。在齿轮腔底部创建草图绘制界面，如右图所示 | 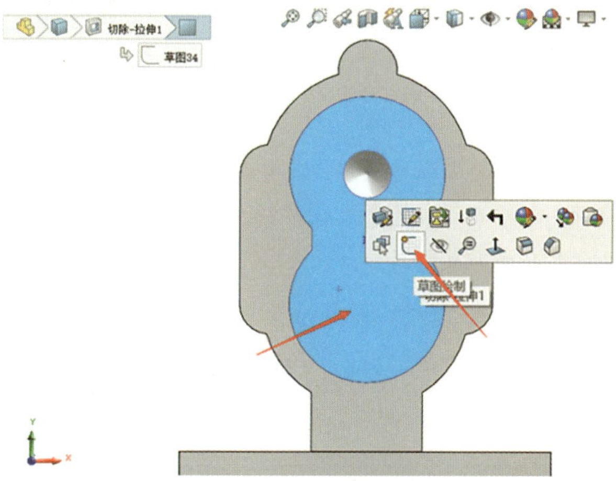 |
| 29. 利用“草绘”标签页中的绘制圆按钮，捕捉齿轮腔圆形中心，做直径$\phi$13 mm的圆 | 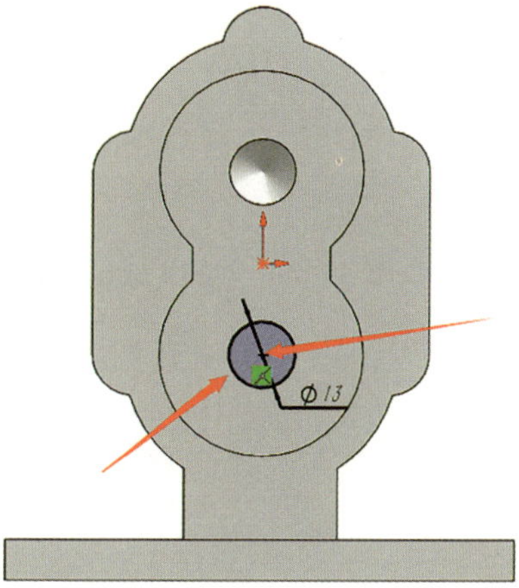 |
| 30. 利用“特征”标签页的拉伸切除按钮 拉伸切除，创建$\phi$13 mm 的通孔。参数设置如右图所示。设置完成后点击确定生成通孔特征 | 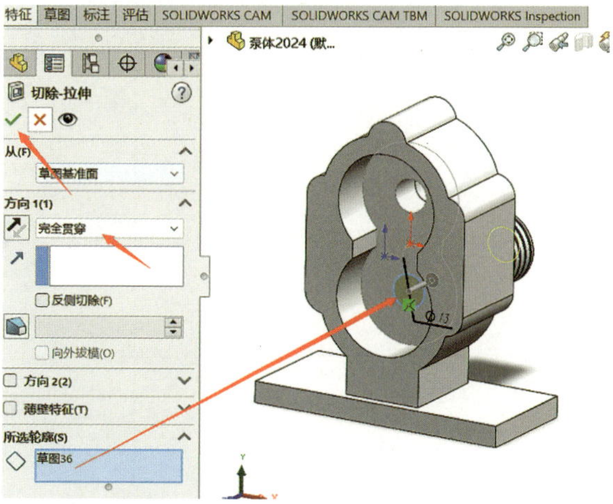 |

| 建模步骤 | 图　示 |
|---|---|
| 31. 选择齿轮泵体输入端，以端面为草图基准面，创建草图，绘制直径$\phi$18 mm 的草图。注意在捕捉草图圆心时，应约束在输入端正中心，如右图所示 | 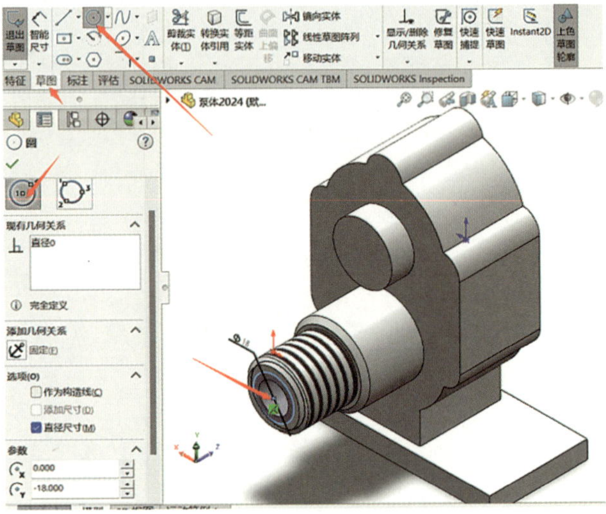 |
| 32. 利用“特征”标签页的“拉伸切除”按钮 拉伸切除，创建深度为 42 mm 的$\phi$18 mm 孔的特征。参数设置如右图所示。设置完成后点击确定 生成孔特征 | 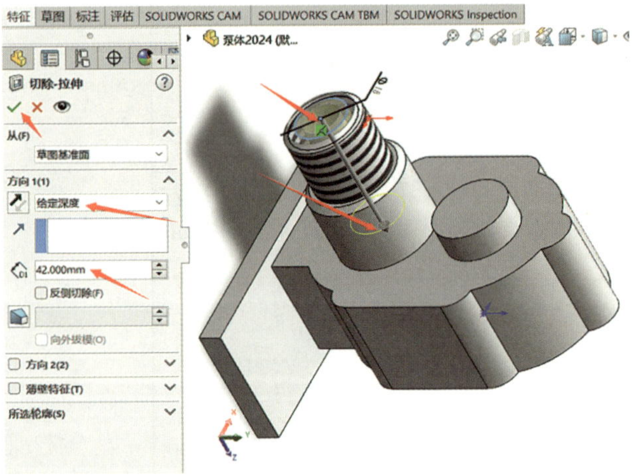 |
| 33. 鼠标左键点击孔底部棱边，弹出的快捷选项中选择倒角 。如右图所示 | 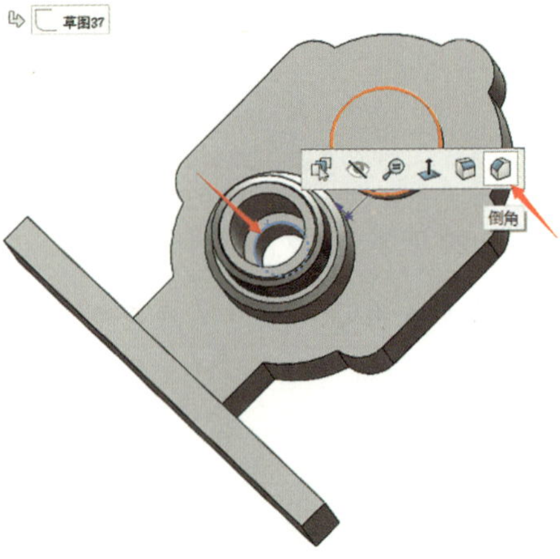 |

| 建模步骤 | 图　示 |
|---|---|
| 34. 按右图所示，选择边线，并设置倒角参数 2.5 mm × 45° | 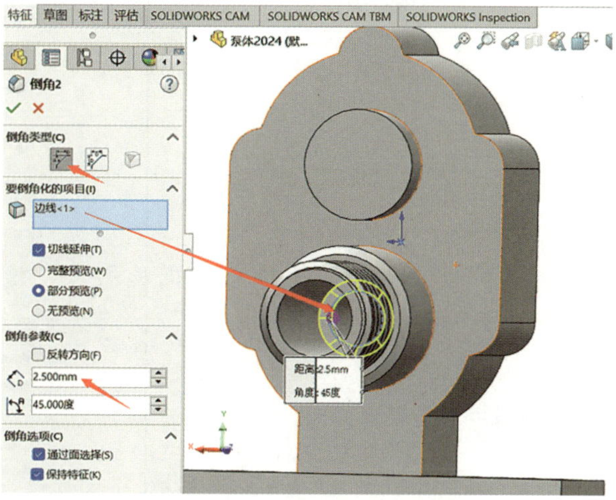 |
| 35. 鼠标选择齿轮泵泵盖安装面，点击“特征”标签页中的“异型孔向导”按钮 异型孔向导 按钮，设置螺钉参数，如右图所示。M6 螺钉孔，钻深 12 mm，攻深 8 mm | 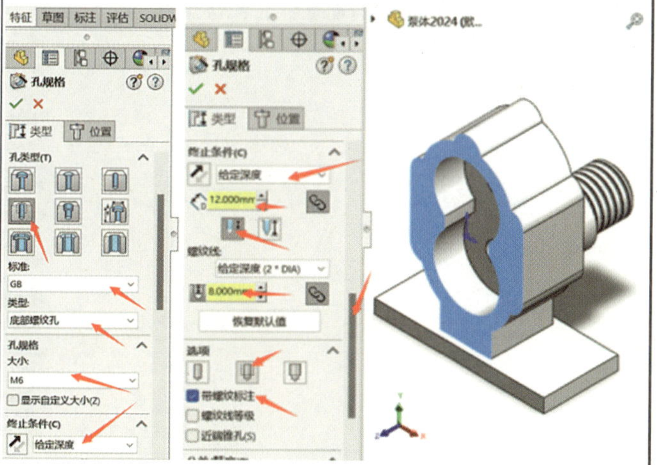 |
| 36. 螺钉孔位的设置，点击位置按钮 位置，弹出的菜单中点击 3D 草图，移动鼠标，在齿轮泵泵盖安装表面设置钻孔位置，上部 5 个孔位可通过同心约束来直接定位。最下面的孔位置竖直方向与草图中心原点重合约束，并标注尺寸 91 mm，具体实施如右图所示 | 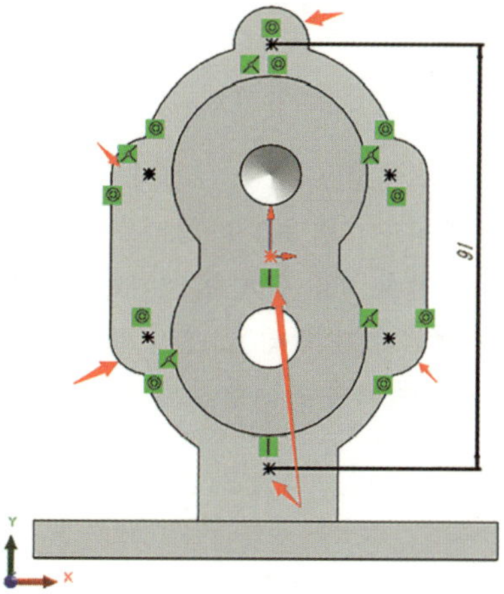 |

| 建模步骤 | 图　示 |
| --- | --- |
| 37. 鼠标选择齿轮泵体侧面，点击“特征”标签页中的“异型孔向导”按钮，设置螺钉参数，如右图所示。M14 螺钉孔，钻深 13 mm，攻深 10 mm | 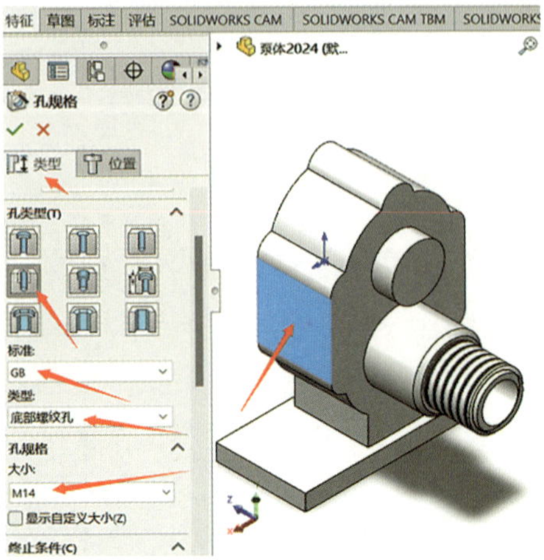  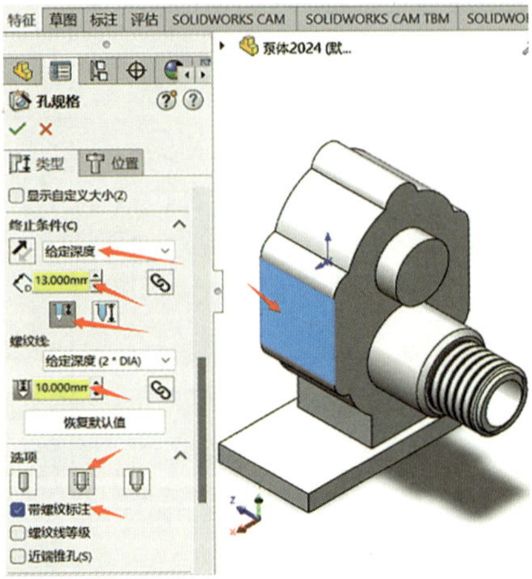  |
| 38. 螺钉孔位的设置，点击位置按钮，弹出的菜单中点击 3D 草图，完成螺钉孔位置的尺寸约束（水平方向 15 mm，竖直方向与草图原点水平约束），然后单击确定，完成螺纹孔特征的创建 | 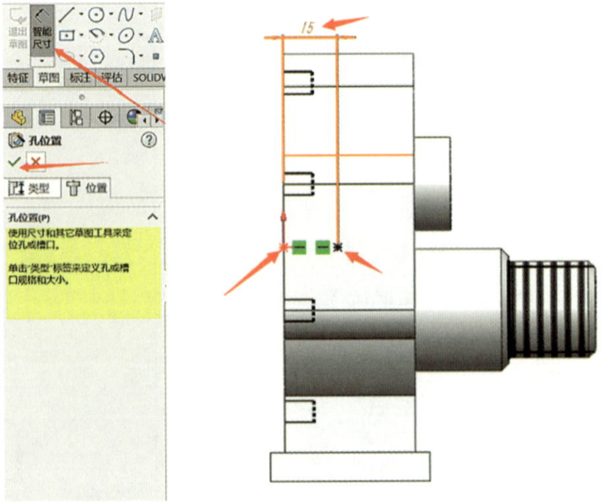  |

<table>
<tr><th>建模步骤</th><th>图　示</th></tr>
<tr><td>39. 鼠标选择上一步骤创建的螺钉孔 M14 特征，单击“特征”选项卡中的“镜向”按钮 镜向，按照右图所示，选择右视基准面为镜像面。然后单击 ✔ 确定，完成 M14 螺钉孔特征镜像操作</td><td>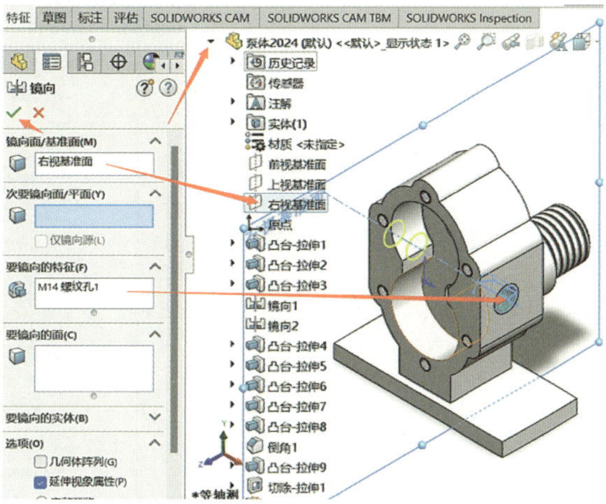
</td></tr>
<tr><td>40. 利用鼠标左键选择泵体侧面，点击鼠标右键，弹出快捷菜单选择草图绘制按钮，创建草图绘制，如右图所示</td><td>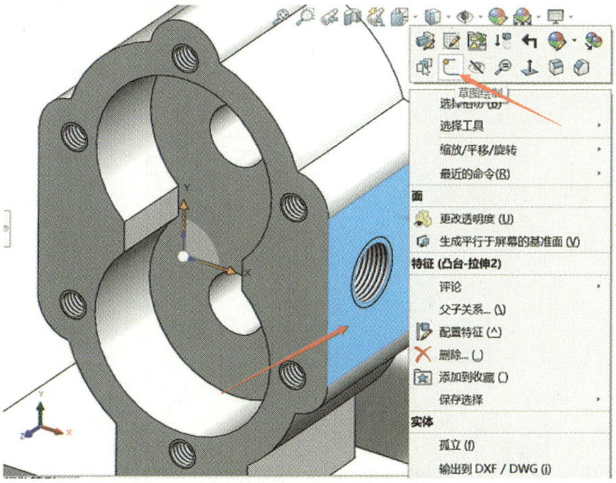
</td></tr>
<tr><td>41. 利用“草绘”标签页中的绘制圆 ⊙ 按钮，捕捉 M14 螺纹孔中心，做 $\phi 4$ mm 的圆。然后点击“确定”完成 $\phi 4$ mm 草图圆的绘制</td><td>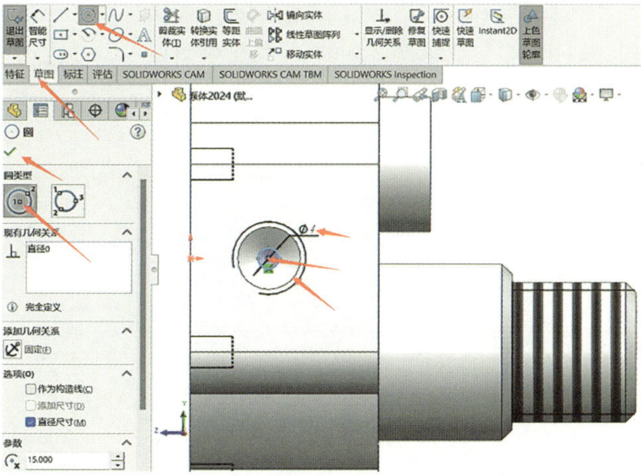
</td></tr>
</table>

续表

| 建模步骤 | 图　示 |
| --- | --- |
| 42. 左键选择上一步骤绘制的$\phi$4 mm 圆，单击“特征”标签页，点击拉伸切除按钮[拉伸切除]，参数设定如右图所示，完成后点击[✓]确定，完成$\phi$4 mm 圆通孔特征的创建 | 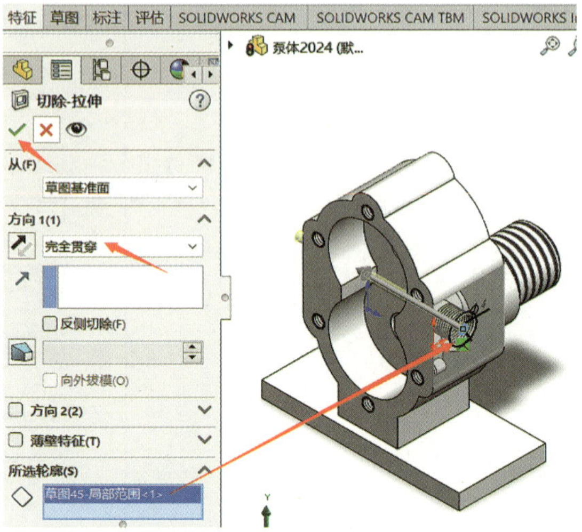 |
| 43. 点击“特征”标签页中的“异形孔向导”按钮[异型孔向导]，设置齿轮泵体安装螺钉孔，锪孔$\phi$24 mm，锪孔深度 2 mm，螺纹安装通孔直径$\phi$11 mm，具体参数设置见右图 | 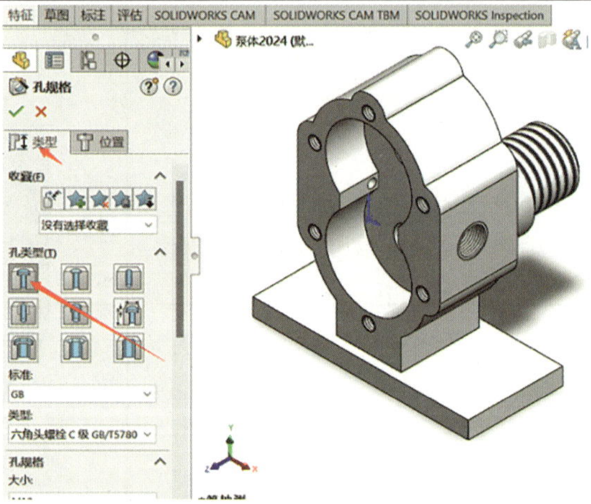 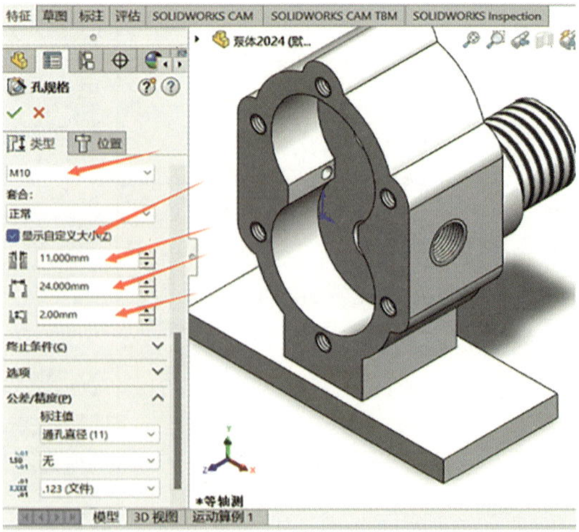 |

| 建模步骤 | 图　示 |
| --- | --- |
| 44. 点击位置 位置 按钮，弹出菜单点击“确定”，点击泵体安装板表面，放置孔特征，然后进行打孔位置的尺寸约束，如右图所示。两孔中心点位置沿着 $X$ 轴重合约束，单孔距泵体安装板侧面距离 22 mm，孔到右视基准面的距离 35 mm，两孔之间距离为 70 mm，标注完成后单击“确定”完成孔特征的创建 | 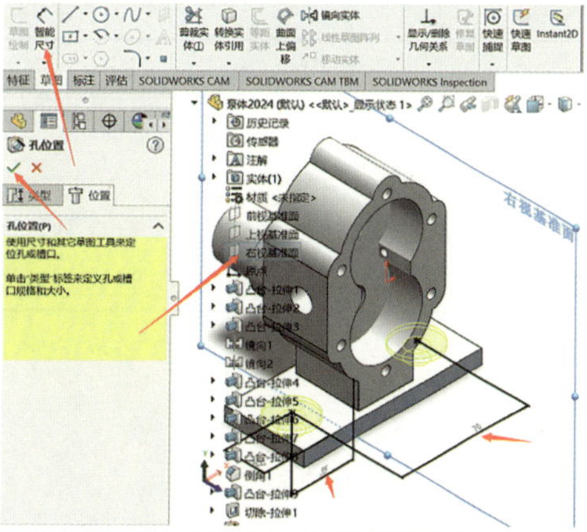 |
| 45. 在安装座板侧面创建草图绘制，选择中心矩形将矩形中心与右视基准面重合约束，矩形一边与安装底座下底边重合约束，然后标注矩形尺寸尺寸宽 2 mm 和长 38 mm。然后点击退出草图，完成矩形草图绘制，如右图所示。 | 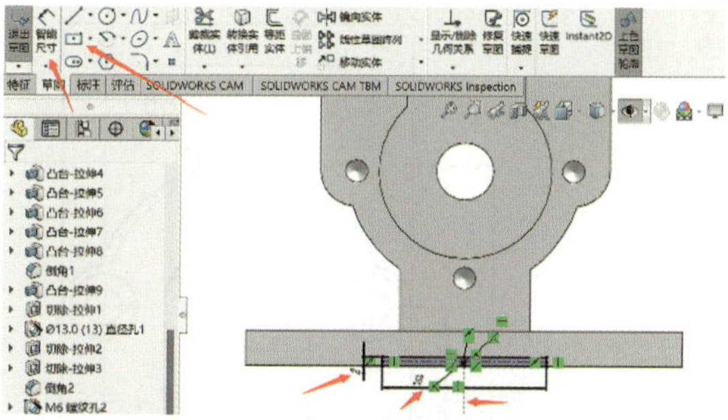 |
| 46. 点击“特征”标签，选择“拉伸切除”按钮 拉伸切除，设置右图所示参数，然后点击确定，完成特征绘制（注意拉伸切除方向） | 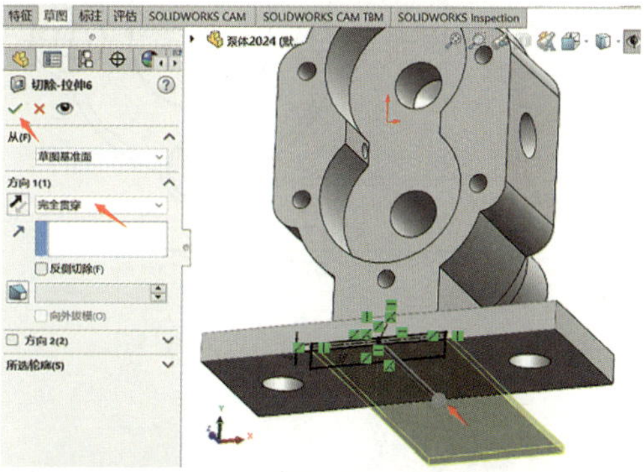 |
| 47. 点击“特征”标签，点击“圆角”按钮 圆角，弹出菜单内选择需要倒圆角的棱边或面，设置倒圆半径为 2 mm。点击“确定”，完成泵体倒圆角的创建 | 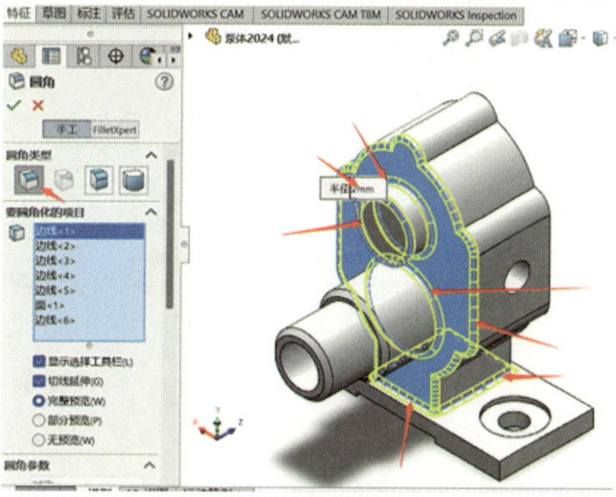 |

# 任务 4.2 复制特征——盘类零件

| 任务目标 | 任务内容 |
| --- | --- |
| 1. 熟练运用鼠标笔势；<br>2. 掌握草图的绘制命令；<br>3. 掌握旋转凸台/基体命令、旋转切除命令的应用；<br>4. 掌握基本视图、剖面视图、局部视图的创建方法 | 1. 直线、中心线、圆周阵列等草图绘制命令；<br>2. 旋转凸台/基体；<br>3. 旋转切除命令；<br>4. 剖面视图、局部视图 |

## 4.2.1 任务导入

绘制如图 4.2.1 所示的泵盖模型。

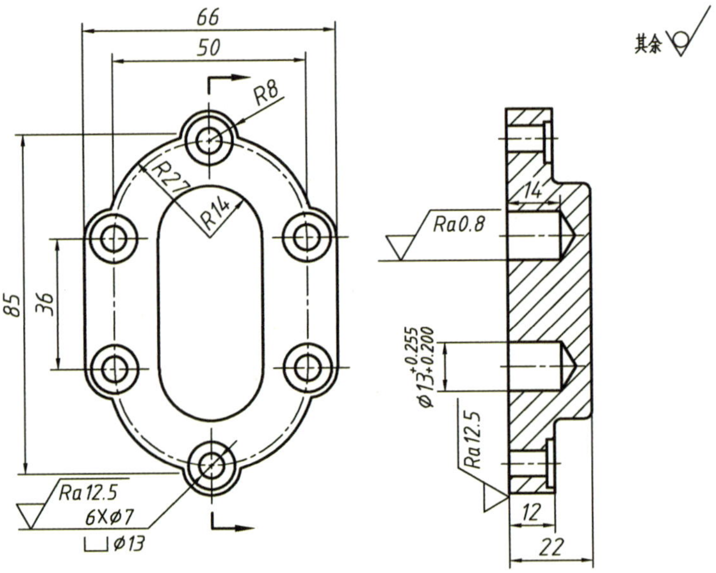


图 4.2.1　泵盖模型参考图

## 4.2.2 任务分解

任务分解如图 4.2.2 所示。

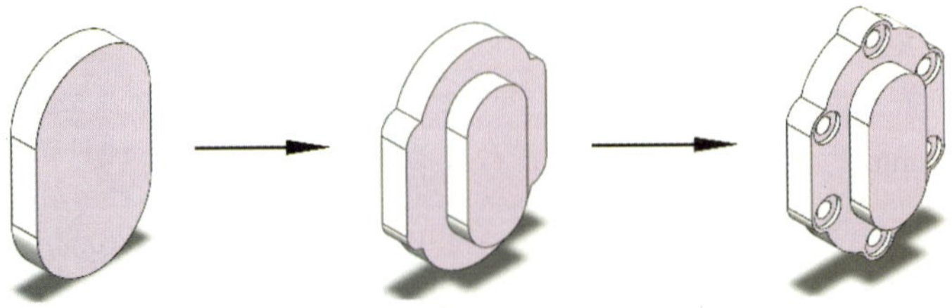

图 4.2.2　泵盖模型绘制任务分解

### 4.2.3 思维导图

思维导图如图 4.2.3 所示。

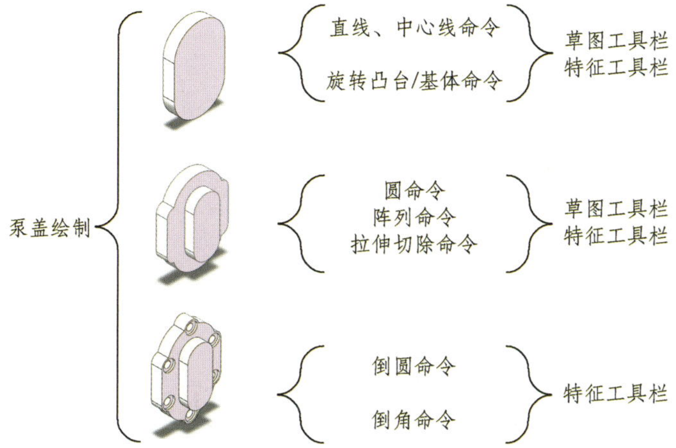


图 4.2.3　泵盖模型绘制思维导图

### 4.2.4 任务实施

泵盖建模过程见表 4.2.1。

泵盖和垫片建模

表 4.2.1　泵盖建模过程

| 建模步骤 | 图　示 |
| --- | --- |
| 1. 新建零件，选择前视基准面新建草图。在“草图”选项卡，单击中心点直槽口图标 中心点直槽口，绘制如右图所示图形，尺寸 56 mm × 35 mm（注意中心点需约束到草图原点上） | 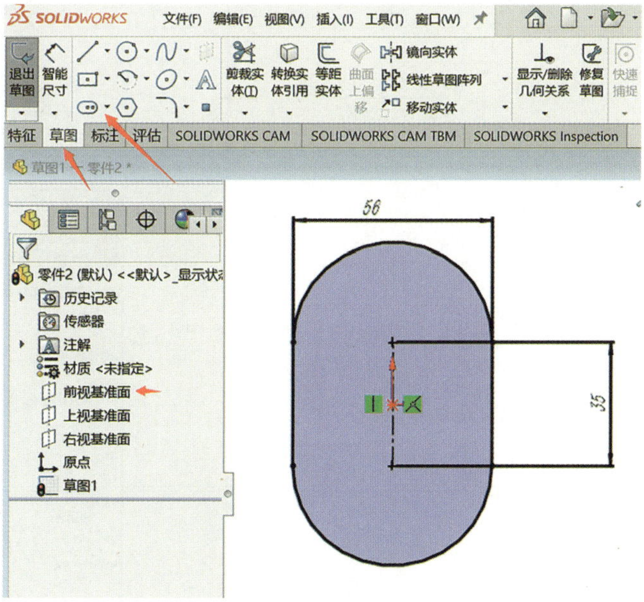 |

| 建模步骤 | 图　示 |
| --- | --- |
| 2. 单击“特征”标签页，按下拉伸凸台/基体按钮，选择给定深度模式，在尺寸框内输入拉伸尺寸 12 mm 12.000mm，然后点击确定✓完成特征实体创建 | 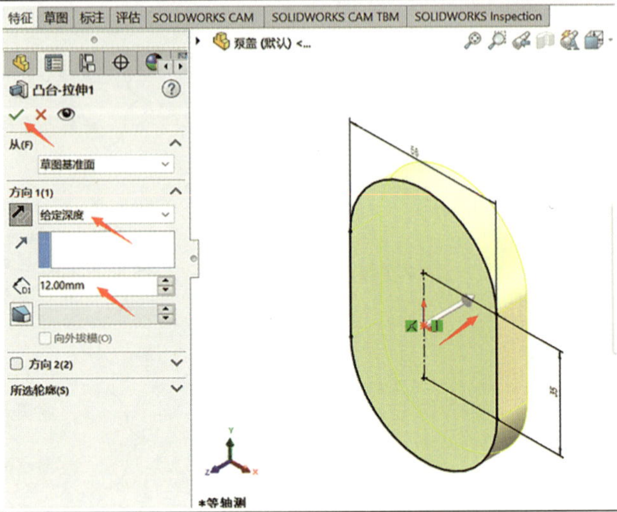 |
| 3. 鼠标左键单击选中泵盖端面，然后右键弹出菜单，点击弹出的快捷菜单中的创建草绘按钮 | 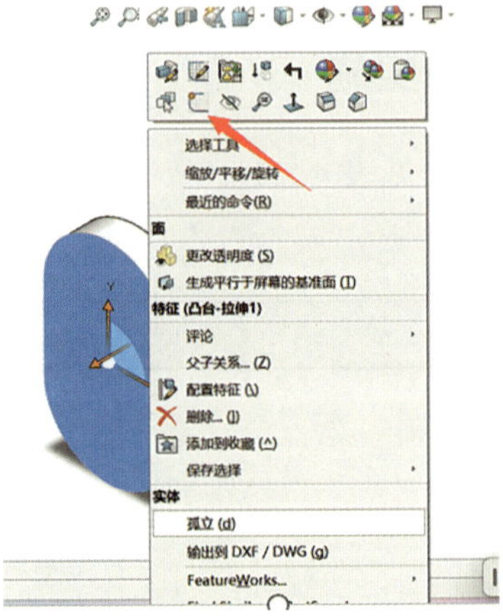 |
| 4.“草图”标签页中，单击中心矩形图标，将矩形中心点定位到草图原点上，如右图所示，绘制矩形，尺寸 35 mm × 68 mm。绘制完成后单击“退出草图” | 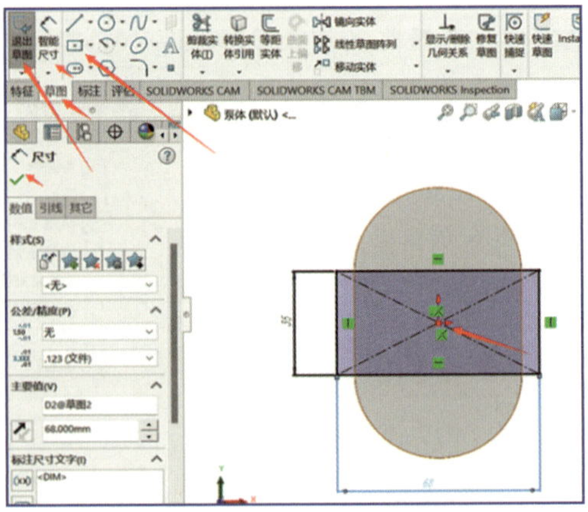 |

<table>
<tr><th>建模步骤</th><th>图　示</th></tr>
<tr><td>5. 单击“特征”标签页，按下“拉伸/凸台基体按钮”，参数选择如右图所示。选择完成后点击确定按钮完成特征创建</td><td>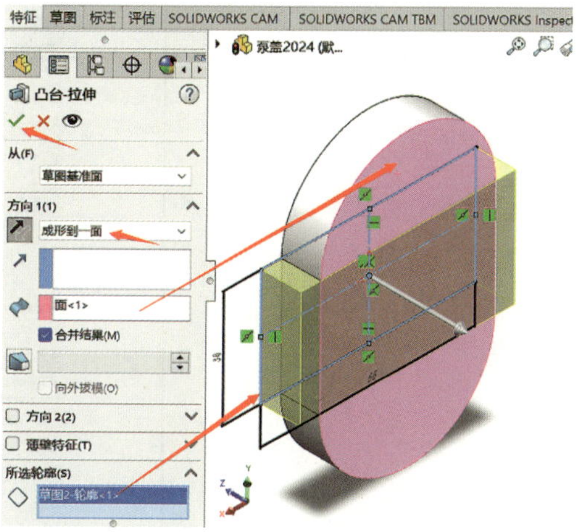
</td></tr>
<tr><td>6. 鼠标左键选择泵盖端面，然后点击右键，弹出快捷菜单，点击草图绘制按钮，快速完成在泵盖端面创建草绘操作</td><td>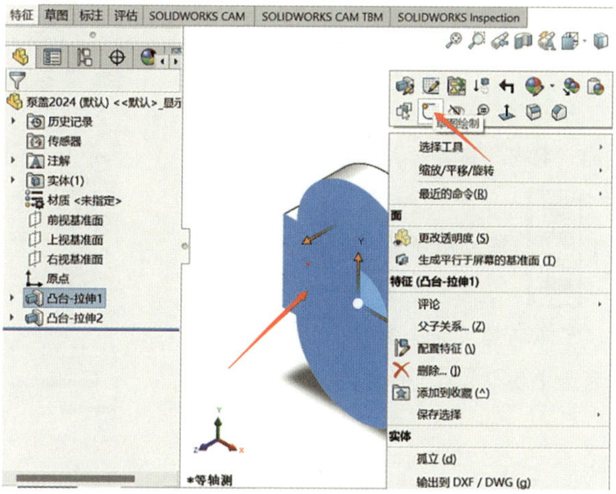
</td></tr>
<tr><td>7. 在“草绘”标签页，分别利用直线按钮，中心矩形按钮，绘制如右图所示的草图。绘制完成后，选择直线和矩形草绘，利用鼠标右键选择转换构造线按钮，转换为构造线（注意竖直方向直线中点约束到草绘原点，竖直方向长度为91 mm。矩形草图其中心也选择在草绘原点，尺寸为 52 mm × 35 mm）</td><td>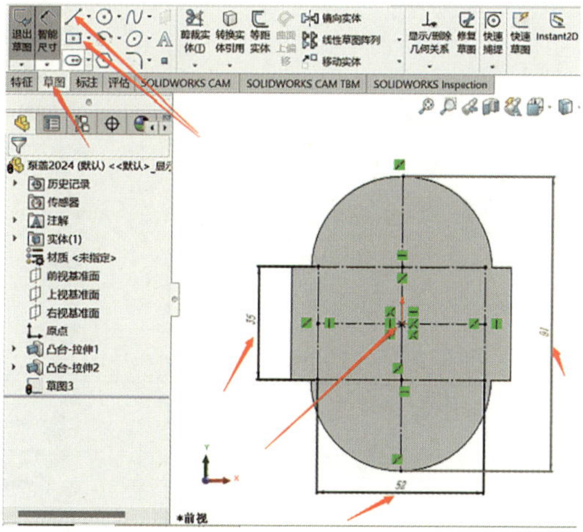
</td></tr>
</table>

| 建模步骤 | 图示 |
| --- | --- |
| 8. 继续在“草绘”标签页内选择草绘圆按钮，圆心定位需捕捉上一步骤直线端点和矩形顶点，完成右图所示 $\phi$16 mm 圆的绘制 | 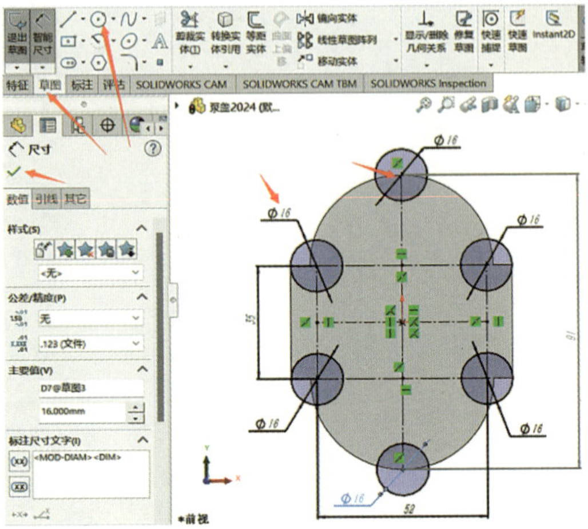 |
| 9. 在“特征”标签页，点击凸台拉伸/基体按钮，按右图所示，设置拉伸特征参数，方向选择“完全贯通”所选轮廓。完成后点击确认，完成特征创建 | 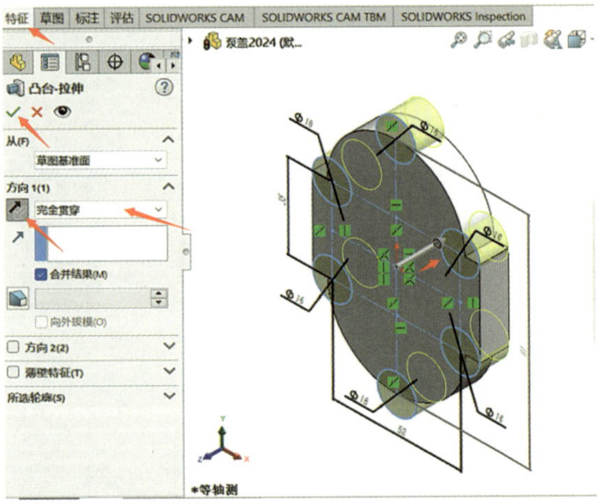 |
| 10. 在“特征”标签页，点击“异型孔导向”按钮，弹出菜单选择类型标签页，设置孔类型为，下拉菜单进行右图所示的参数设定，标准选择“GB”，大小“M6”，勾选显示自定义大小，设置通孔尺寸为 7 mm，锪孔直径 13 mm，锪孔深度 2 mm，终止条件选择“完全贯穿”。完成设置后点击位置标签 | 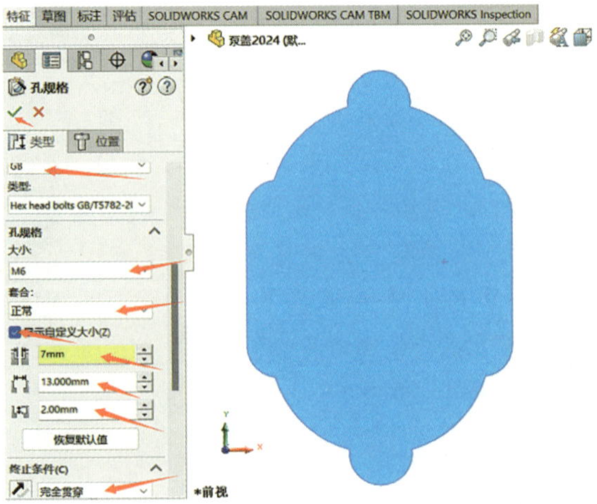 |

| 建模步骤 | 图　示 |
|---|---|
| 11. 在设置标签页，选择“3D 草图”确认按钮，进入 3D 草图绘制环境，利用捕捉工具，捕捉圆孔的中心点位置与特征圆中心重合，如右图所示，完成 6 个螺钉安装锪孔选择后，点击确定按钮，完成孔特征创建 | 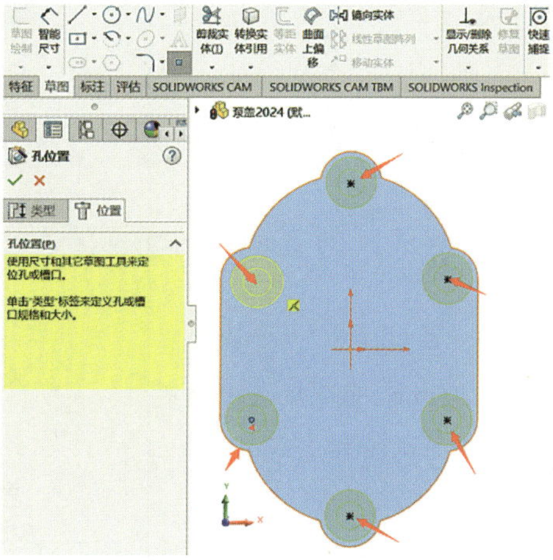 |
| 12. 鼠标左键选择泵盖端面，然后点击右键，弹出快捷菜单，点击草图绘制按钮，快速完成在泵盖端面创建草绘操作 | 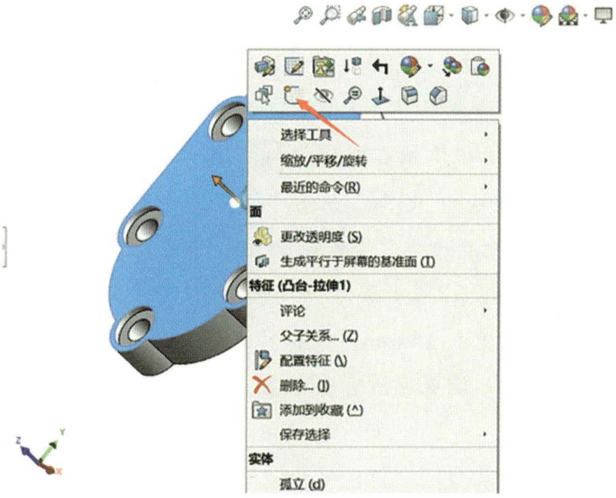 |
| 13. “草绘”标签页中，点击中心点直槽按钮，捕捉草图原点，然后按右图所示尺寸创建草图水平方向尺寸 28 mm，竖直方向半圆中心距尺寸 35 mm。草图完成后，点击“退出草图” | 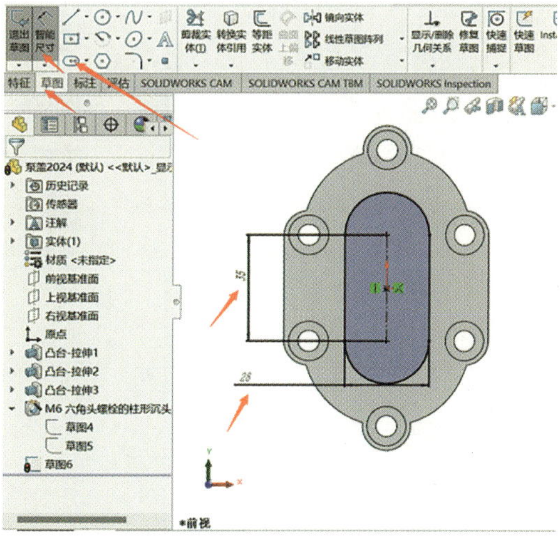 |

| 建模步骤 | 图　示 |
|---|---|
| 14．“特征”标签页，点击凸台拉伸/基体按钮 拉伸凸台/基体，按右图所示，设置拉伸特征参数。方向选项“给定深度”，注意观察方向，深度尺寸 10 mm。完成后点击确定按钮 ✔ 完成拉伸特征创建 | 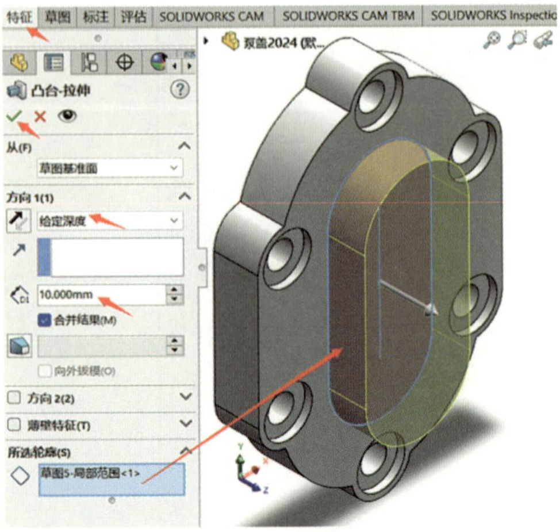 |
| 15．“特征”标签页，点击“异型孔向导”，弹出菜单类型中选择孔按钮 ，然后下滑菜单，依次在“标准”选择“GB”，“类型”选择“钻孔大小”，“孔规格大小”选择“$\phi$13.0 mm”，“终止条件”选择“给定深度”，尺寸输入 14 mm，钻孔尺寸形式按钮选择 ，设置完后点击位置设定按钮 位置 | 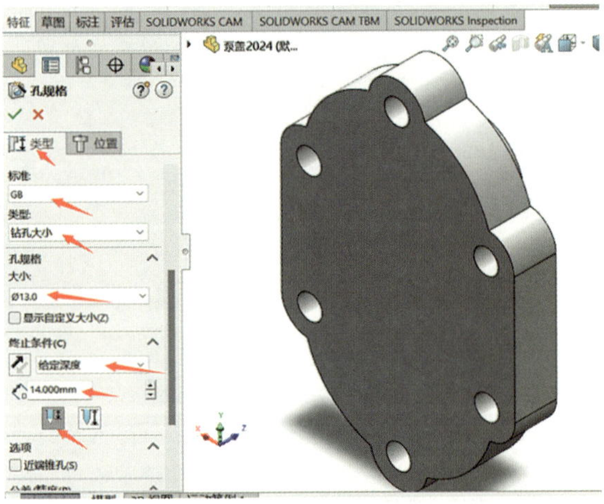 |
| 16．在设置标签页，选择“3D 草图”确认按钮 3D 草图，进入 3D 草图绘制环境，利用捕捉工具，捕捉圆孔的中心点位置与特征圆中心重合，如右图所示。完成特征孔定位选择后，点击确定按钮 ✔，完成孔特征创建 | 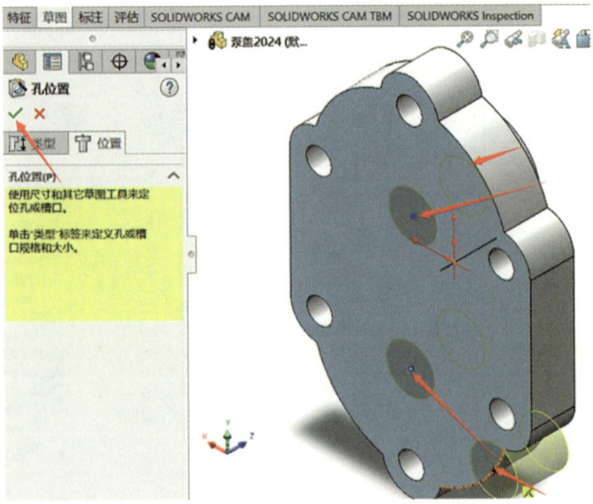 |

| 建模步骤 | 图　示 |
| --- | --- |
| 17. 倒圆处理。“特征”标签页，点击圆角按钮，弹出菜单后，选择倒圆类型按钮，捕捉需要倒圆的边线，设置圆角大小 2 mm，然后单击“确定”按钮，完成泵盖的建模 | 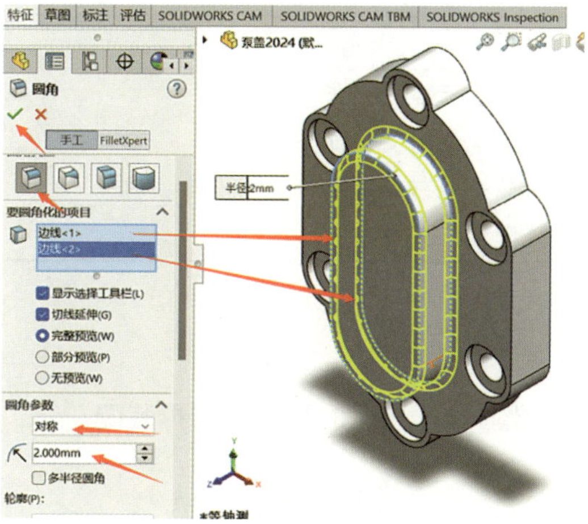 |

# 任务 4.3 华丽变身——虚拟装配

| 任务目标 | 任务内容 |
| --- | --- |
| 1. 掌握新建装配体的方法；<br>2. 掌握标准配合的使用方法；<br>3. 掌握齿轮、螺钉等标准件的调用与编辑；<br>4. 掌握装配的工艺方法 | 1. 创建装配体；<br>2. 齿轮、螺钉等标准件的库调用；<br>3. 标准配合 |

## 4.3.1 任务导入

完成如图 4.3.1 所示的齿轮泵虚拟装配。

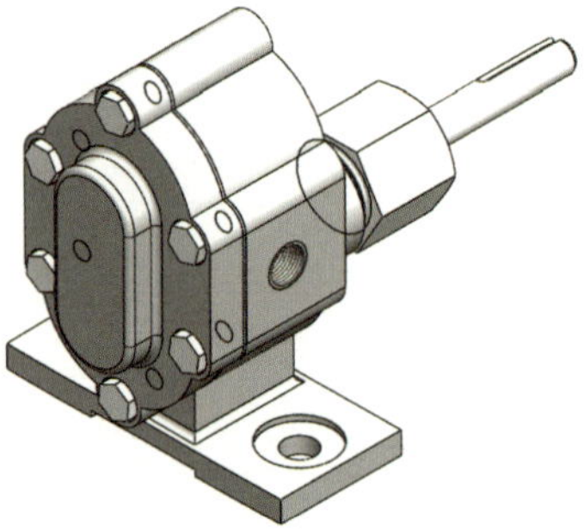

图 4.3.1 齿轮泵模型参考图

## 4.3.2 任务分解

任务分解如图 4.3.2 所示。

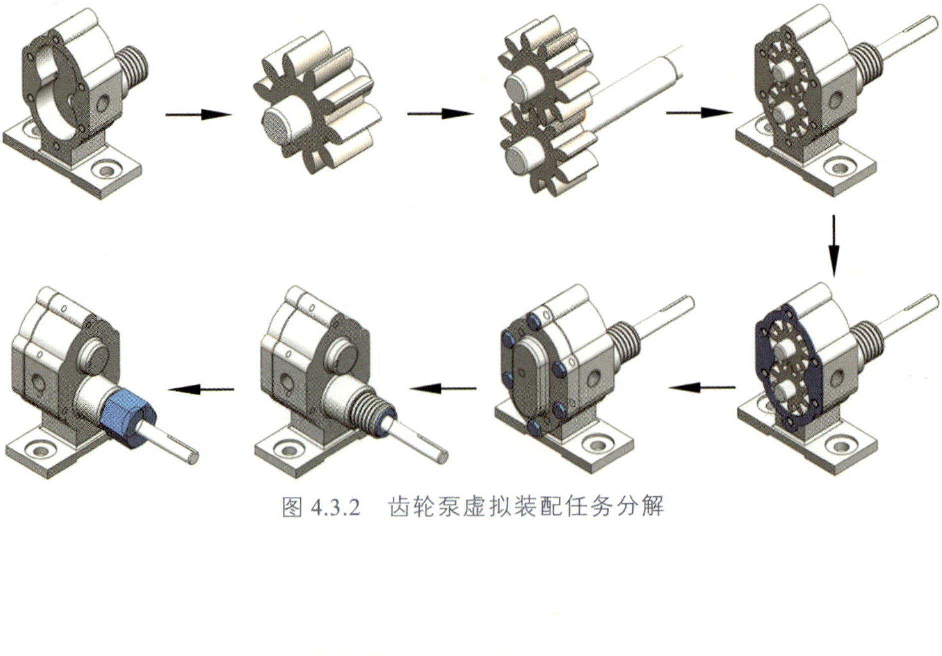

图 4.3.2 齿轮泵虚拟装配任务分解

## 4.3.3 思维导图

思维导图如图 4.3.3 所示。

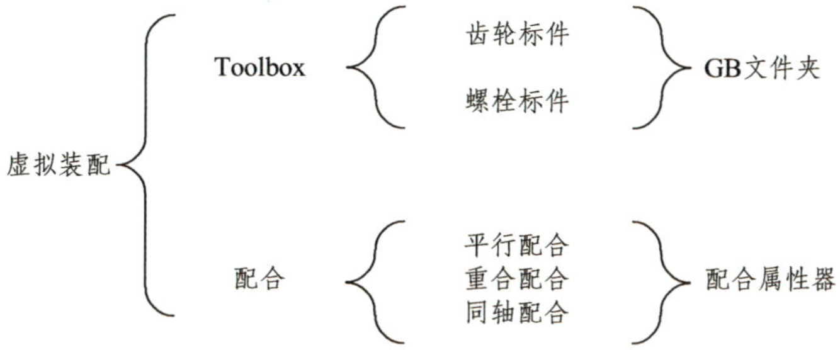


图 4.3.3 齿轮泵虚拟装配思维导图

## 4.3.4 任务实施

齿轮泵装配

### 1. 利用设计库中的 Toolbox 生成齿轮和螺栓

利用设计库中的 Toolbox 生成齿轮和螺栓见表 4.3.1。

表 4.3.1 利用设计库中的 Toolbox 生成齿轮和螺栓

| 操作步骤 | 图　示 |
| --- | --- |
| 1. 双击，启动 SolidWorks 2022，单击“新建按钮”，单击“零件”按钮，创建新零件文件。然后弹出窗口选择“设计库”，点击“Toolbox”，如右图所示 | 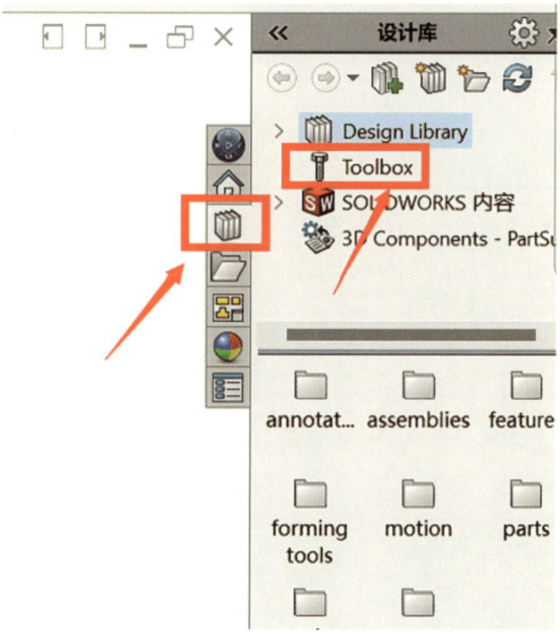 |

<table>
<tr><th>操作步骤</th><th>图　示</th></tr>
<tr><td>2. 点击“现在插入”，启动 Toolbox 插件</td><td>
</td></tr>
<tr><td>3. 点击国标“GB”文件夹</td><td>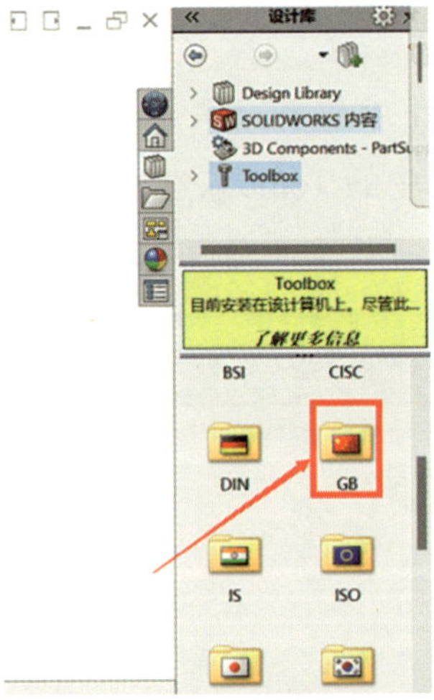
</td></tr>
<tr><td>4. 下拉菜单选择“动力传动”文件夹</td><td>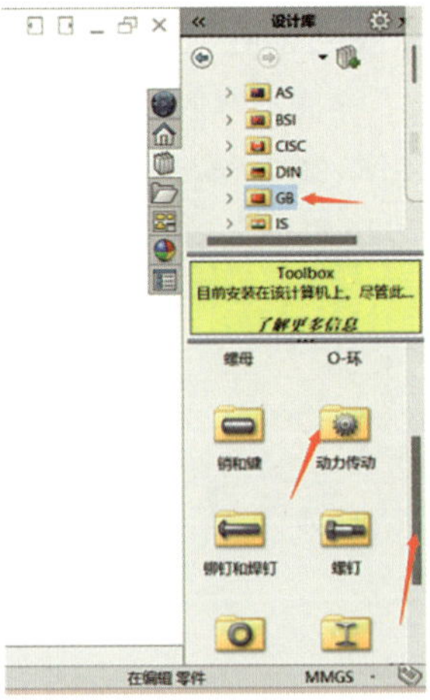
</td></tr>
</table>

| 操作步骤 | 图　示 |
| --- | --- |
| 5. 点击“齿轮” |  |
| 6. 选择“正齿轮”，单击鼠标右键，弹出菜单选择“生成零件...” | 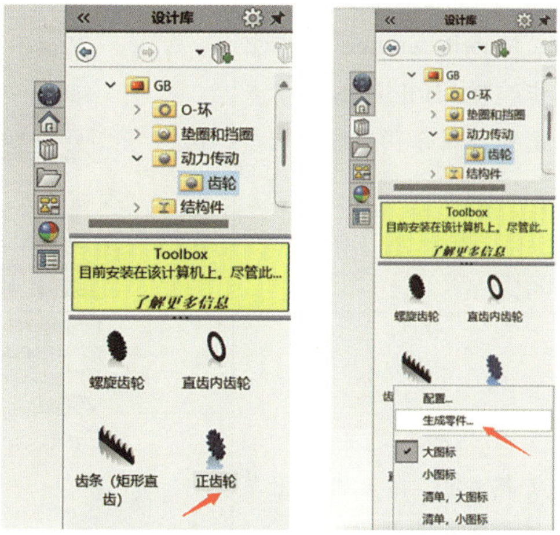 |
| 7. 在“配置零部件”中设定齿轮参数，“模数”3.5，“齿数”10，“压力角”20，“面宽”18，“毂样式”类型 A，“标称轴直径”12，“键槽”无，“显示齿”10，然后点击确定按钮生成齿轮 | 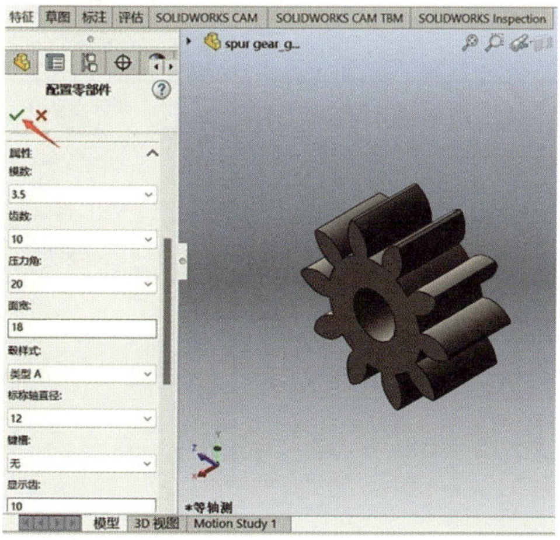 |

| 操作步骤 | 图　示 |
| --- | --- |
| 8. 点击“文件”菜单，选择“另存为”，将生成的齿轮零件保存到自定义的文件夹内，并命名为“齿轮 M3.5Z10”以便下一步的编辑 | 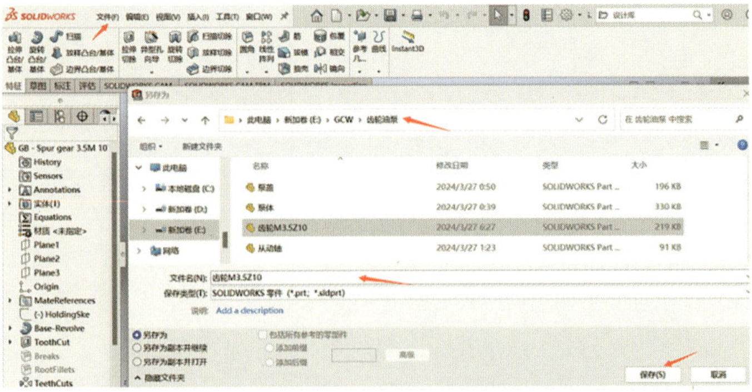 |
| 9. 修改齿轮轴孔尺寸。在设计树中选择“MateReference”，弹出二级选项中选择“HoldingSke”，点击右键并选择编辑草图按钮 | 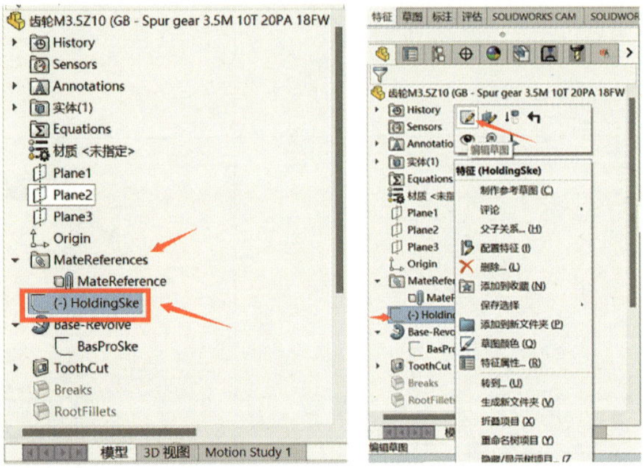 |
| 10. 将装配孔 $\phi 12$ 改为 $\phi 13$ 的圆。然后点击确定，再点击推出草图，模型将重新生成齿轮轴孔 | 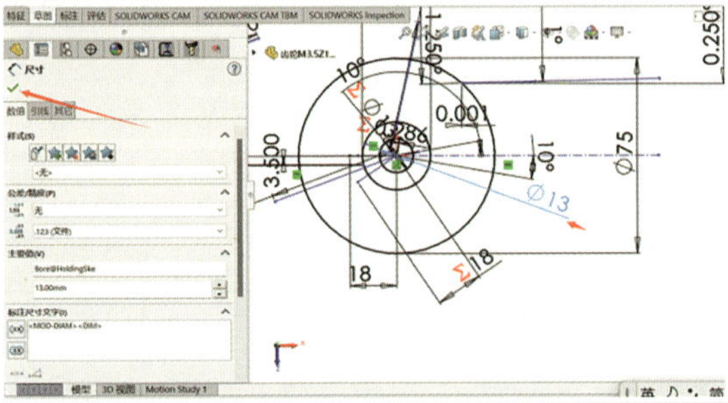 |
| 11. 设计树中选择“Plane2”基准面，点击右键弹出菜单选择草图绘制按钮 | 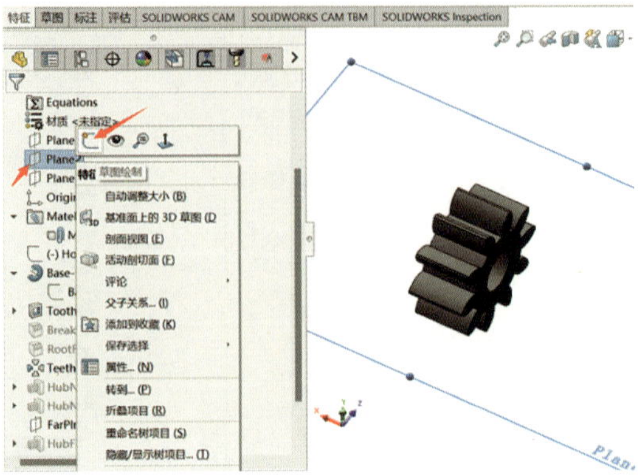 |

<table>
<tr><th>操作步骤</th><th>图　示</th></tr>
<tr><td>12. 以草图原点为起点，绘制水平构造线，长度为 9 mm，以构造线端点为圆心，绘制 $\phi$2.5 mm 的圆，绘制完成后退出草图</td><td>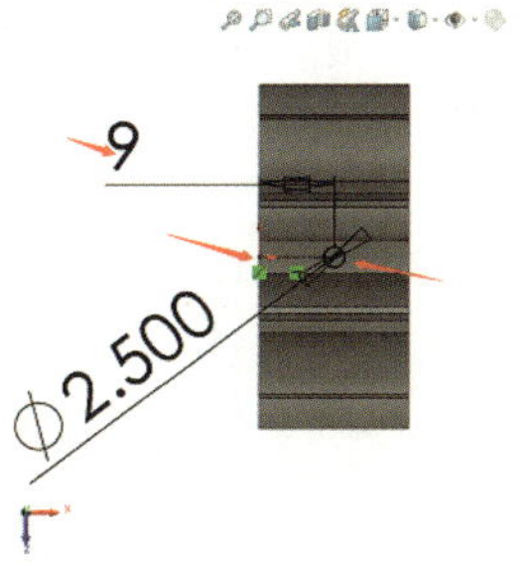
</td></tr>
<tr><td>13. 点击“特征”标签页，点击“拉伸切除”按钮，选择“方向”→“完全贯穿-两者”，然后点击确定按钮，完成齿轮定位销孔的创建</td><td>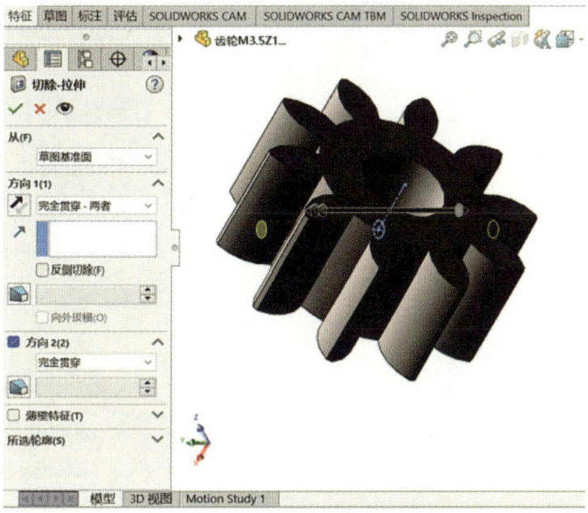
</td></tr>
<tr><td>14. 重复 1～3 步骤，双击打开“螺栓和螺柱”文件夹</td><td>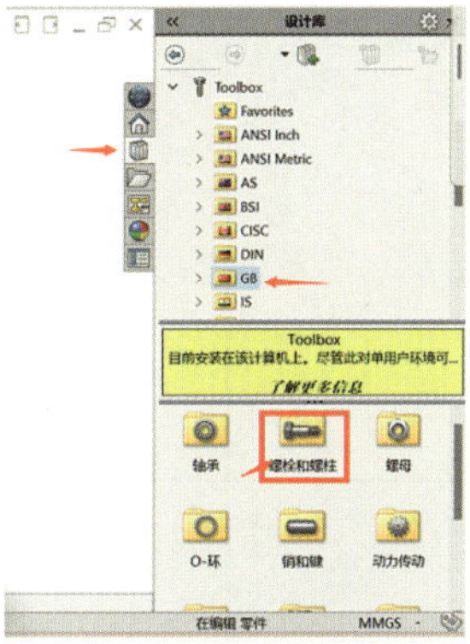
</td></tr>
<tr><td>15. 选择双击打开“六角头螺栓”文件夹，选择，单击鼠标右键选择“生成零件...”选项</td><td>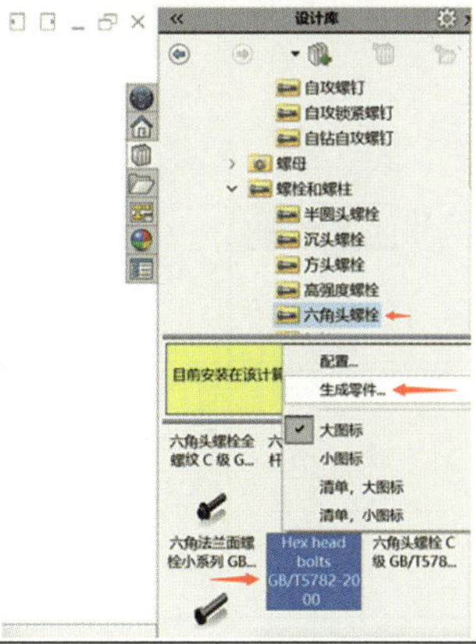
</td></tr>
</table>

<table>
<tr><th>操作步骤</th><th>图　示</th></tr>
<tr><td>16.“配置零部件”菜单设定螺钉参数属性，“大小”M6，“长度”默认 30，“螺纹线显示”选择装饰。然后点击确定按钮生成螺钉</td><td>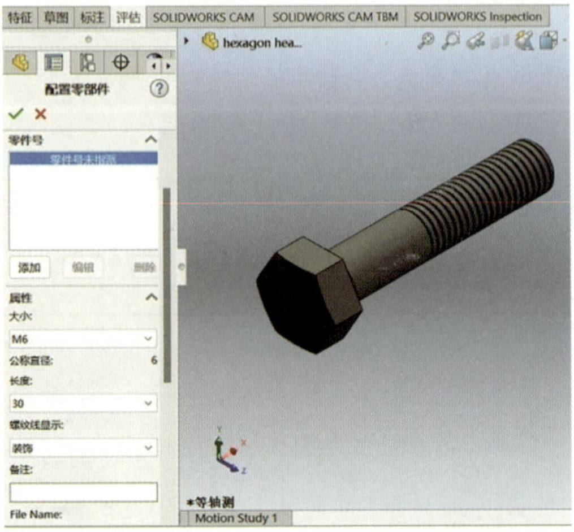
</td></tr>
<tr><td>17. 点击“文件”菜单，选择“另存为”，将生成的齿轮零件保存到自定义的文件夹内，并命名为“GB_T 5782 M6X20”以便下一步的编辑</td><td>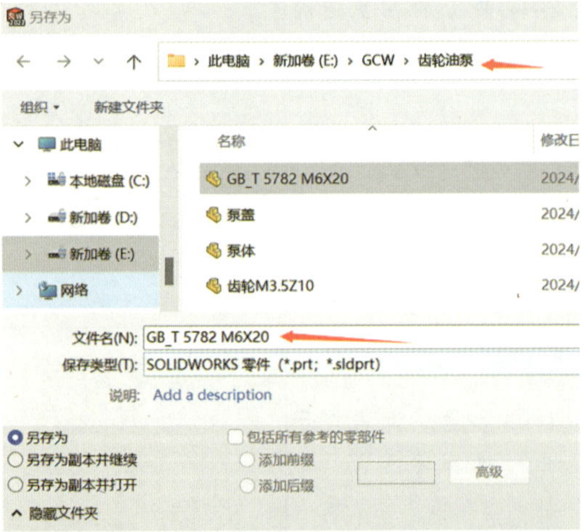
</td></tr>
<tr><td>18. 打开设计树，选择 BaseBody</td><td>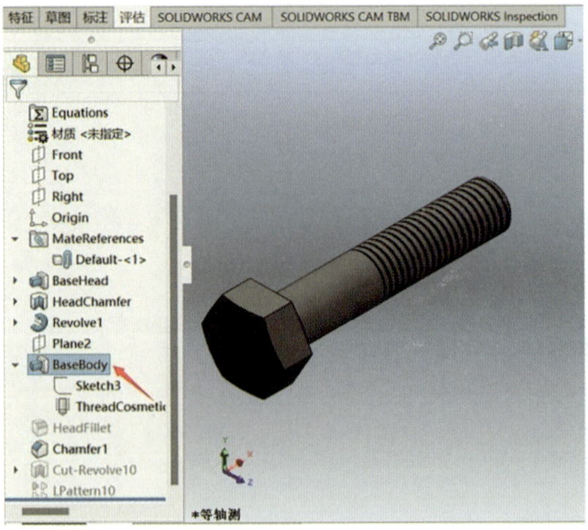
</td></tr>
</table>

| 操作步骤 | 图　示 |
|---|---|
| 19. 点击鼠标右键菜单，选择并点击特征编辑 | 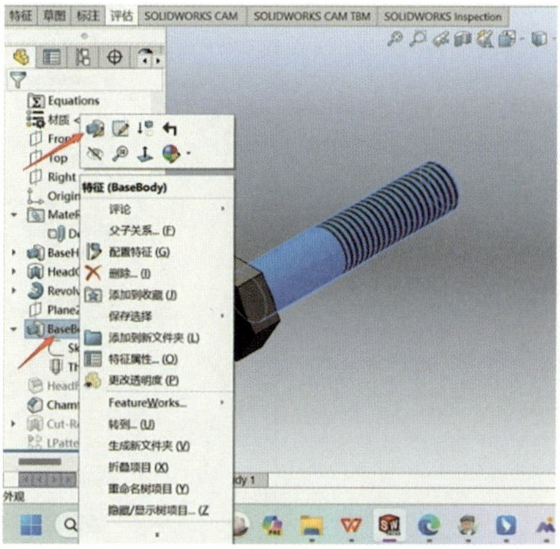 |
| 20. 在弹出的菜单内，更改螺钉的拉伸长度，将 30 mm 改为 20 mm，然后点击确定按钮 | 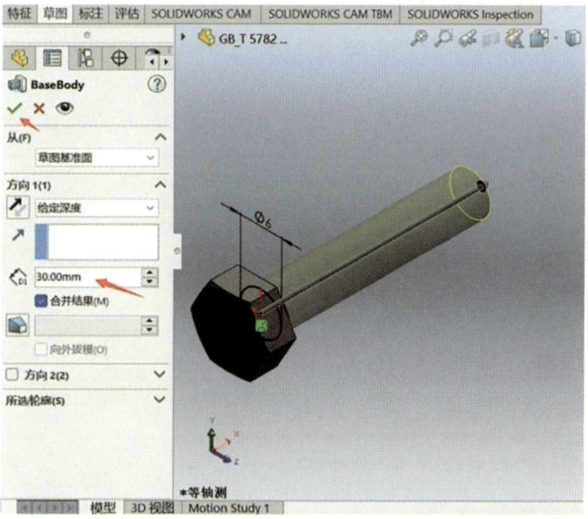 |
| 21. 设计树内选择装饰螺纹线特征 ThreadCosmetic1，弹出的快捷菜单内选择并点击特征编辑 | 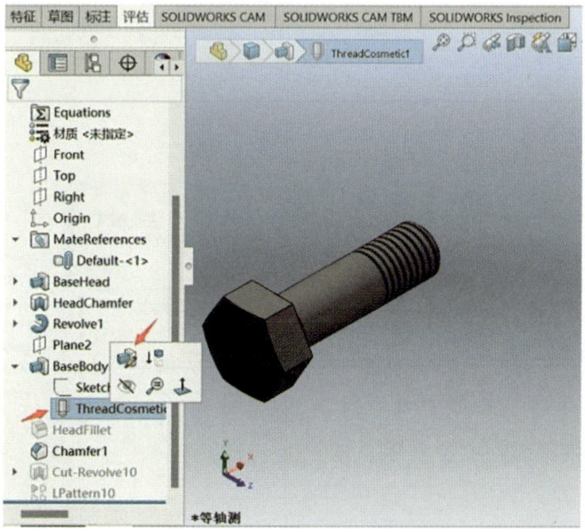 |

| 操作步骤 | 图　示 |
| --- | --- |
| 22. 修改装饰螺纹线的长度为12 mm，然后点击“确定”按钮，完成螺钉 GB/T 5782 M6 × 20 的尺寸修改 | 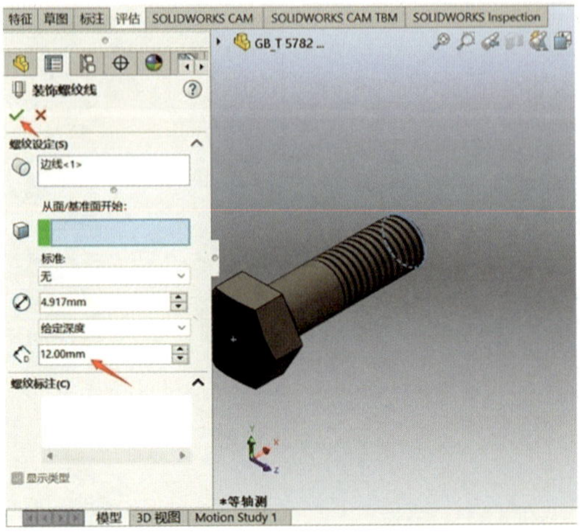 |

2. 齿轮泵的装配

齿轮泵的装配过程见表 4.3.2。

表 4.3.2　齿轮泵虚拟装配过程

| 操作步骤 | 图　示 |
| --- | --- |
| 1. 双击 ，启动 SolidWorks 2024，单击“新建按钮” ，单击“装配体” 按钮，再单击“确定”按钮，新建装配体文件 | 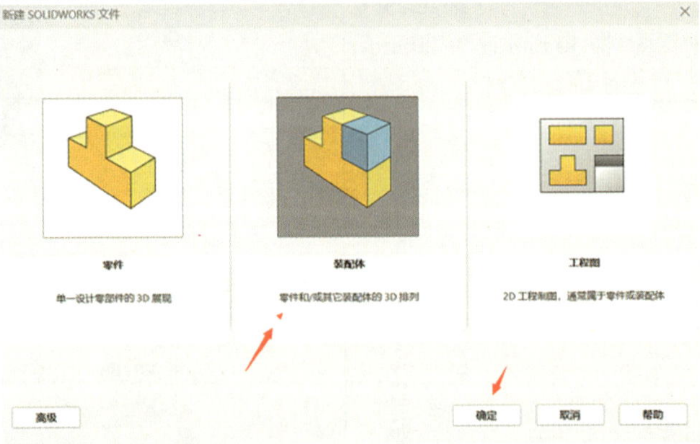 |
| 2. 首次进入新建的装配文件会弹出“开始装配体”属性管理器菜单。点击“浏览...”，选择需要装配的零件存放路径，并选择首个装入的零件——泵体，然后点击“打开”按钮，完成装配体的首个零件插入 | 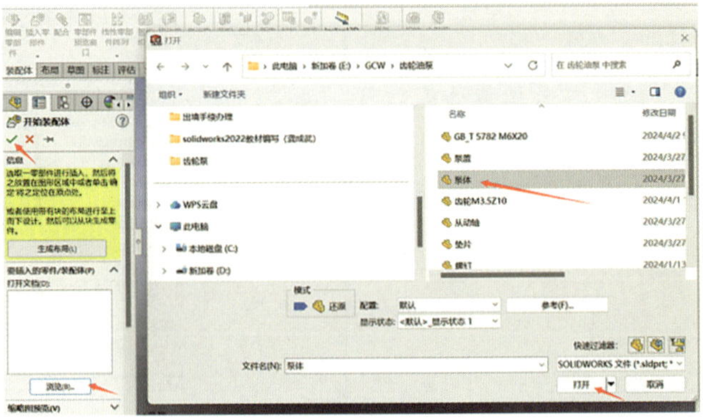 |

| 操作步骤 | 图　示 |
|---|---|
| 3. 点击设计树，在绘图区域点开下拉菜单，选择点击“原点”，确定泵体零件的原点与装配体文件原点重合配合（注意，首件零件默认调入后为固定件） | 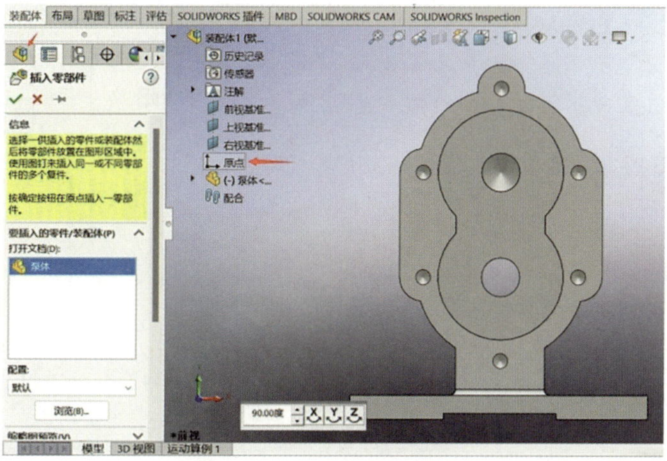 |
| 4. 点击命令管理器中的“插入零部件”按钮，点击“浏览...”，根据文件存放路径打开文件夹，按住键盘 Ctrl，用鼠标左键分别选择“齿轮 M3.5×10”“从动轴”“圆柱销”三个零件，然后点击打开按钮 | 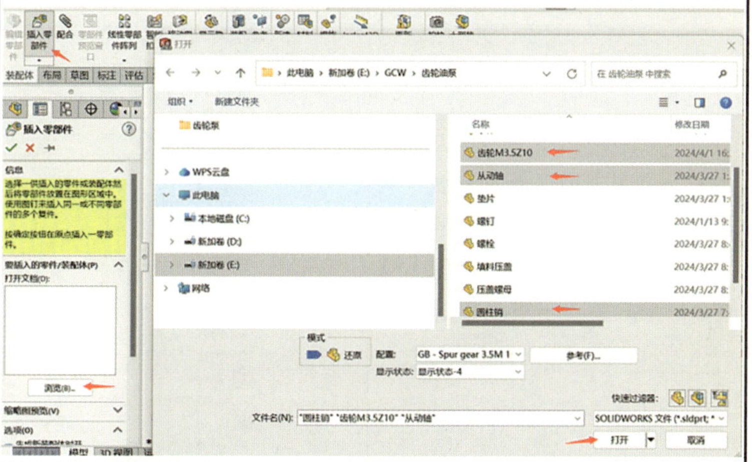 |
| 5. 在装配区域依次点击鼠标左键，初步放置零件齿轮 M3.5X10、从动轴、圆柱销的大致位置 | 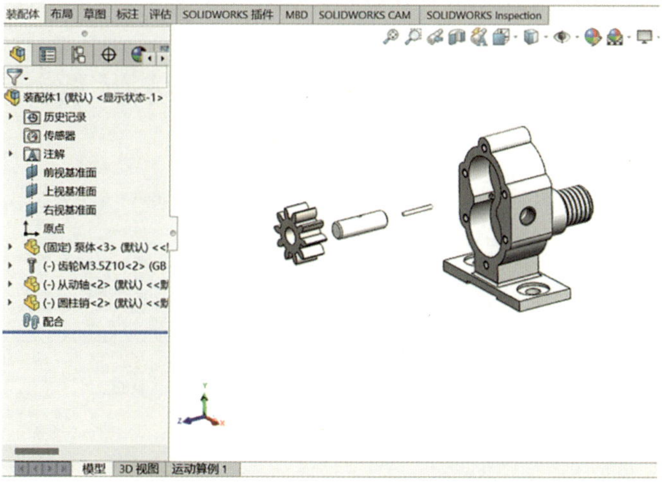 |

| 操作步骤 | 图　示 |
| --- | --- |
| 6. 点击命令管理器中的“配合”按钮，分别鼠标左键拾取从动轴外表面，齿轮轴孔内表面，系统自动匹配同轴心配合，单击确定，完成齿轮与从动轴的初步配合 | 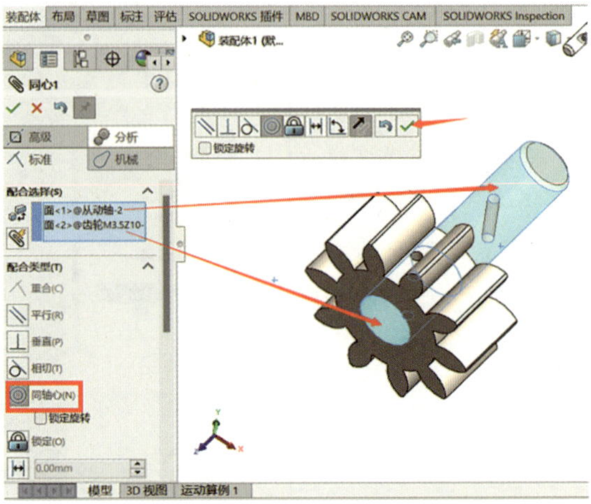 |
| 7. 点击从动轴上的圆柱销孔内表面以及齿轮销孔内表面，再次进行同轴心配合约束，点击确定，然后按 ESC 键退出配合命令 | 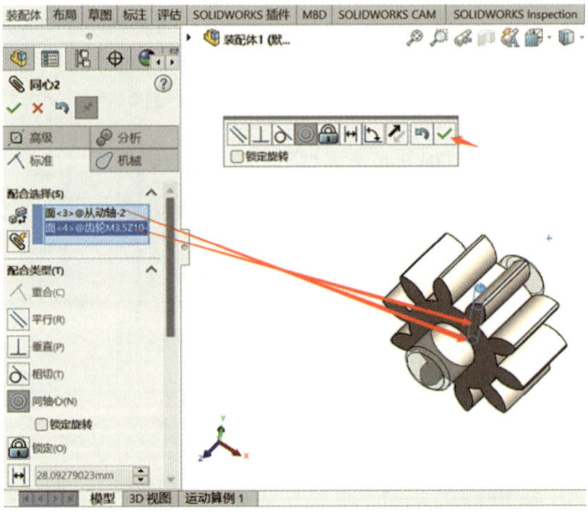 |
| 8. 选中设计树中齿轮，点击鼠标右键，弹出菜单选择隐藏 | 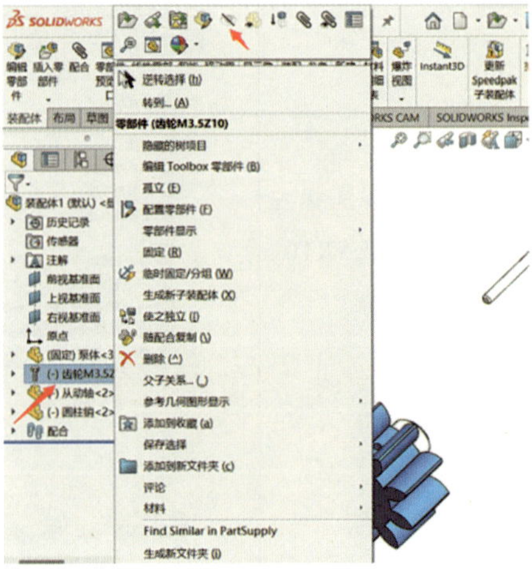 |

续表

| 操作步骤 | 图　示 |
| --- | --- |
| 9. 再次点击命令管理器中的“配合” 配合 按钮，分别拾取圆柱销外表面和从动轴上的圆柱销配合孔，系统自动匹配同轴心配合约束，然后点击确定按钮 ✓ | 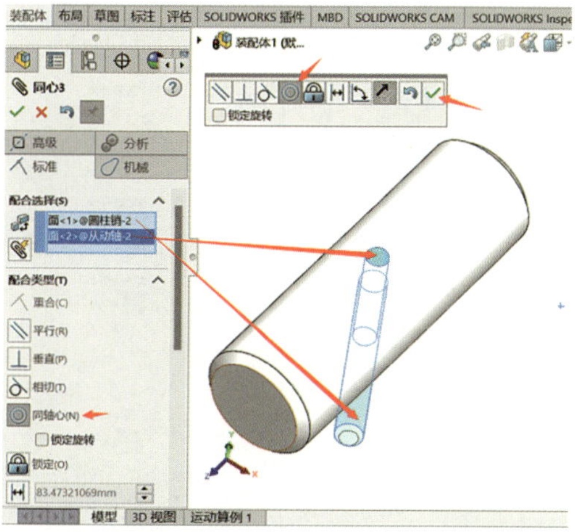 |
| 10. 接着点选圆柱销端面，点击设计树，在窗口点击“装配体”的下拉三角形，在显示所有零件中，找到从动轴。点开左边的下拉三角形，点选上视基准面，如右图所示。然后点击距离配合按钮 14.00mm ，输入 14 mm 的安装配合尺寸，点击确定 ✓ 按钮完成圆柱销与从动轴的配合约束 | 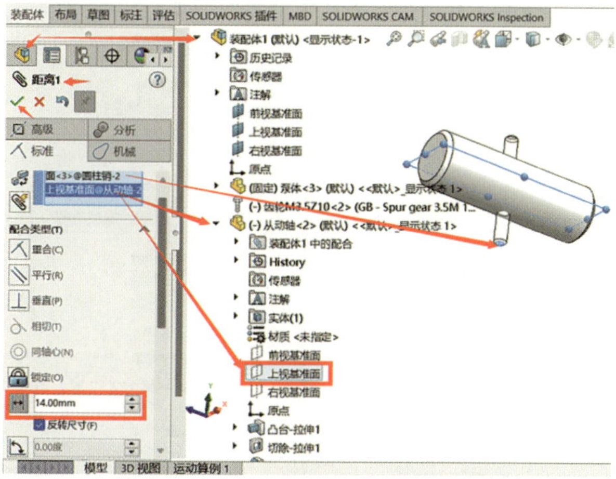 |
| 11. 设计树中找到齿轮，鼠标右键菜单点击显示 显示 (C) ，打开之前隐藏的齿轮零件 | 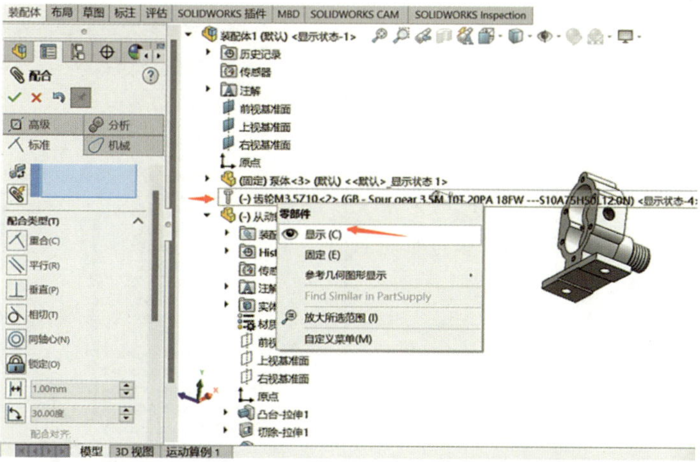 |

| 操作步骤 | 图　示 |
| --- | --- |
| 12. 点击窗口装配体左边的黑色三角形按钮，收回设计树，然后点击配合选择区域，分别用鼠标左键拾取泵体齿轮腔底部与齿轮端面，如右图所示。系统自动匹配从动齿轮端面与齿轮腔底面重合配合，然后点击确定按钮✓，完成此重合配合约束 | 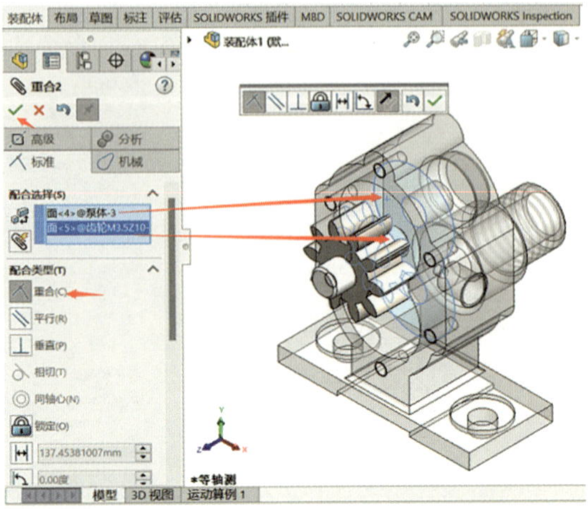 |
| 13. 点击“配合选择”，然后分别用鼠标左键拾取泵体的齿轮轴安装腔内表面以及从动轴外表面，系统自动匹配同心轴配合约束，然后点击确定按钮✓，完成齿轮、定位销、从动轴与泵体的联合装配 | 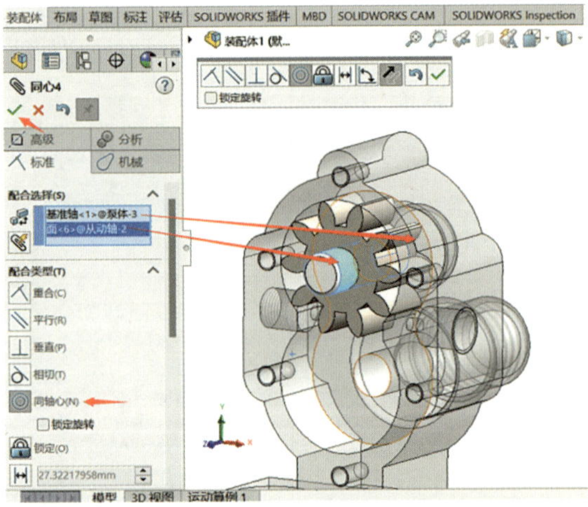 |
| 14. 按照步骤 4～13 的方法完成齿轮、主动轴、圆柱销与齿轮泵体的装配。如右图所示 | 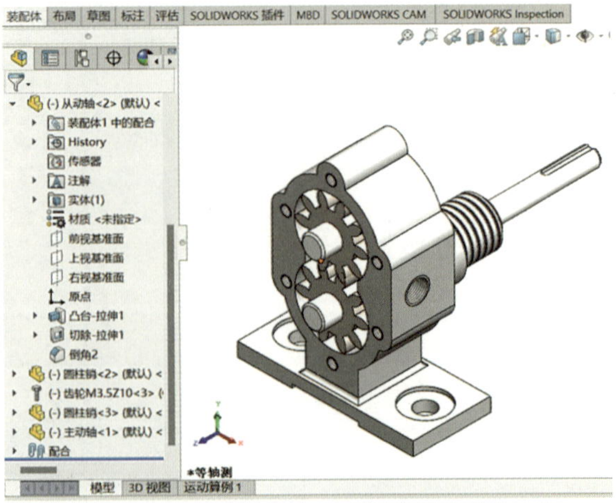 |

| 操作步骤 | 图示 |
| --- | --- |
| 15. 点击命令管理器中的配合 配合 按钮，选择主动轴键槽底面，然后点击设计树，点击装配体左侧黑色三角，展开设计树，点击“配合选择”，鼠标左键拾取装配体的基准面如右图所示，系统会自动匹配平行配合 平行(R)，通过选择配合方向按钮 ↗，达到图示的主动轴键槽朝向后，点击确定按钮 ✓ 完成装配位置调整 | 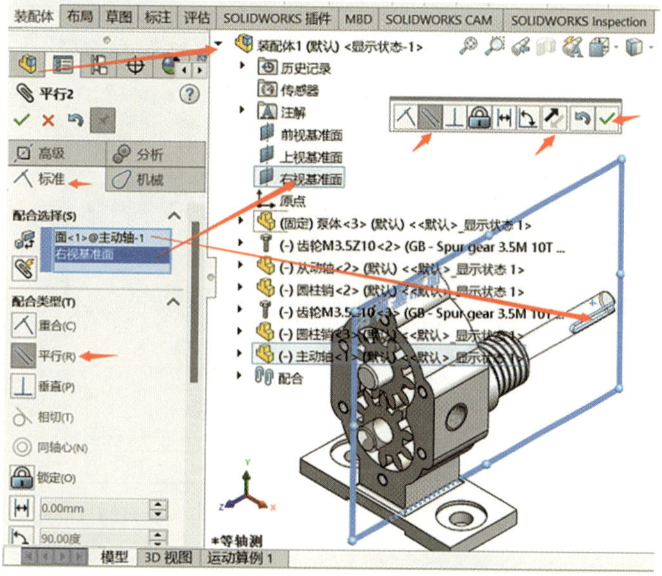 |
| 16. 点击命令管理器中的插入零部件 插入零部件 按钮，点击“浏览...”，根据文件存放路径打开文件夹，按住键盘 Ctrl，用鼠标左键分别选择垫片、泵盖然后打开，依次在装配窗口点击鼠标左键，按右图所示，依次放置好待装配的垫片和泵盖 | 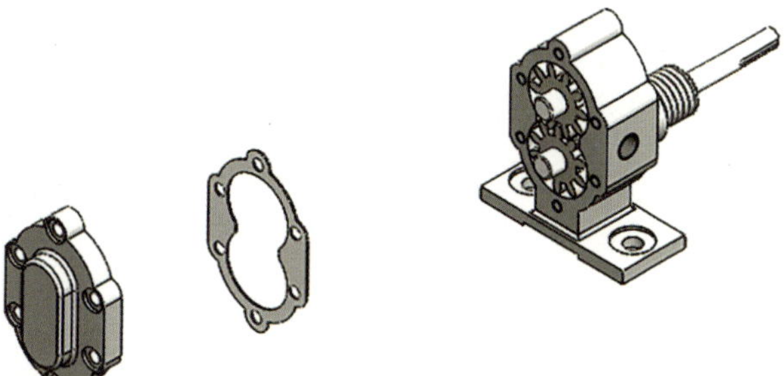 |
| 17. 点击命令管理器中的配合 配合 按钮，选择垫片端面与泵盖端面，系统自动进行重合配合 重合(C)，然后点击确定按钮 ✓ | 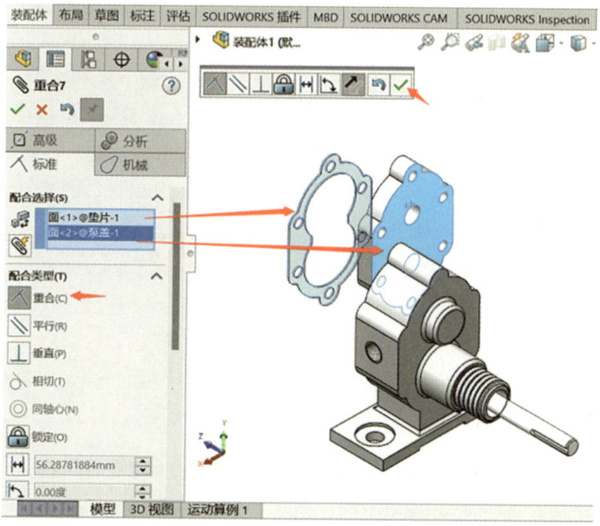 |

| 操作步骤 | 图　示 |
| --- | --- |
| 18. 选择螺钉孔内圆表面与泵盖对应螺钉孔内表面，系统自动匹配同轴心配合 同轴心(N)，点击确定按钮 ✓ | 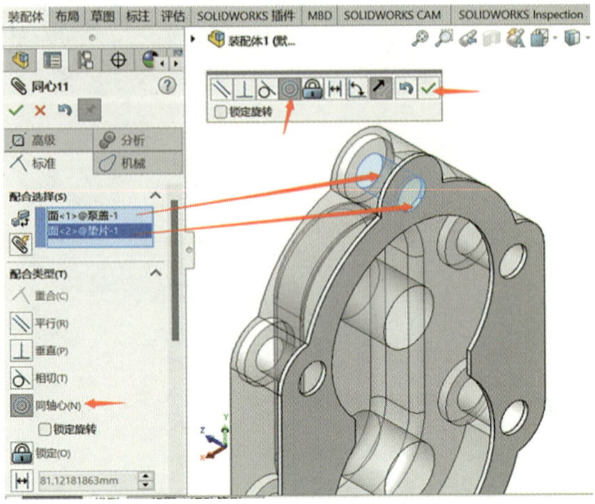 |
| 19. 选择垫片的其他螺钉孔内表面，与对应的泵盖孔内表面，系统自动匹配同轴心配合 同轴心(N)，点击“确定”按钮 ✓。完成垫片和泵盖的配合约束 | 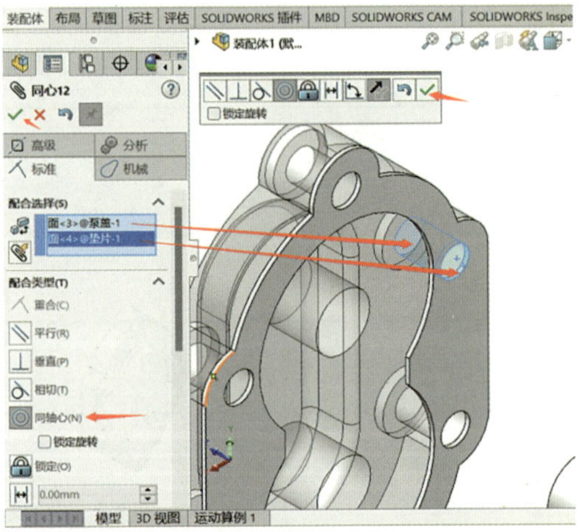 |
| 20. 拾取泵盖齿轮轴孔表面与从动轴外表面，系统自动匹配同轴心配合 同轴心(N)，点击确定按钮 ✓ | 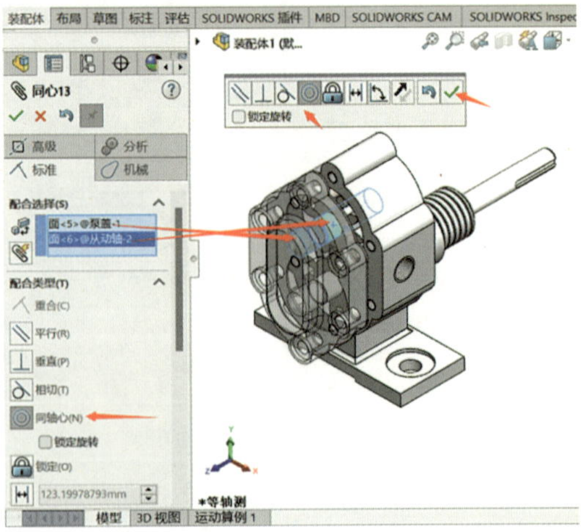 |

| 操作步骤 | 图　示 |
|---|---|
| 21. 按 Esc 键退出配合命令，在命令管理器中选择，“移动零部件”按钮，选择泵盖，进行自由拖动，拖出合适距离，点击“确定”按钮，便于下一步选择配合面 | 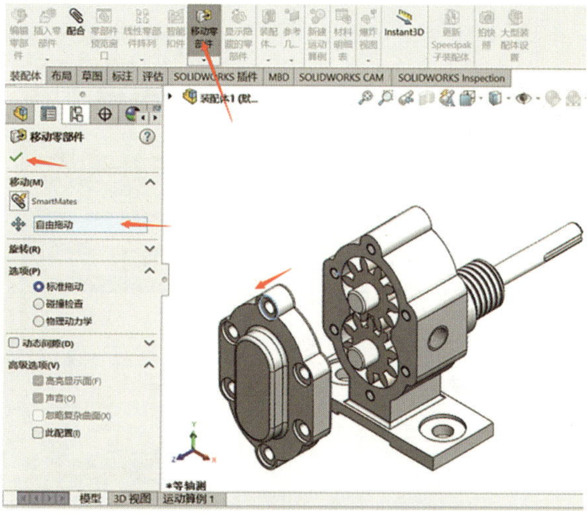 |
| 22. 参照第 20 步同样的方法，完成泵盖另一个齿轮轴孔与主动轴同轴心配合 | 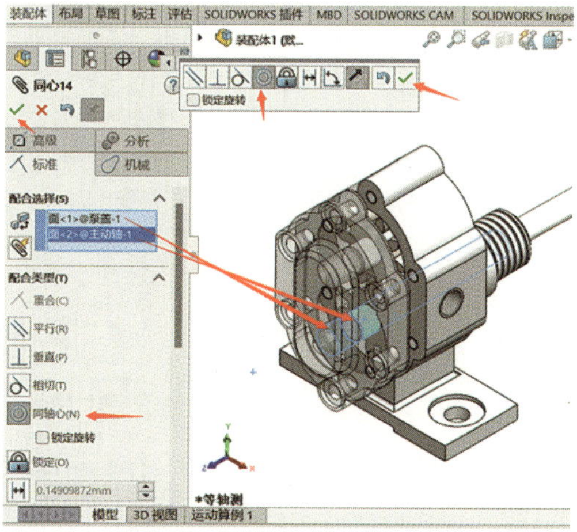 |
| 23. 选择垫片端面与泵体端面，系统自动匹配重合配合，完成泵盖、垫片、泵体的配合约束 | 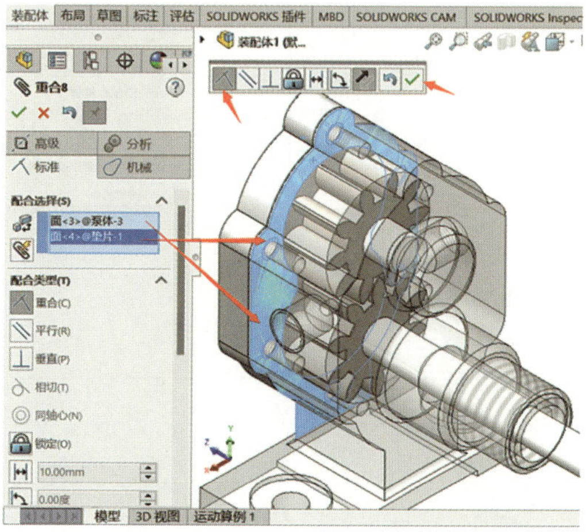 |

| 操作步骤 | 图　示 |
| --- | --- |
| 24. 点击命令管理器中的“插入零部件”按钮，点击“浏览...”，根据文件存放路径打开文件夹，选择螺栓零件“GB_T 5782 M6X20”，点击“打开后”，用鼠标移动到端盖锪孔中心位置，软件可快速自动匹配螺钉重合配合约束，然后点击左键，螺钉将自动配合完成 | 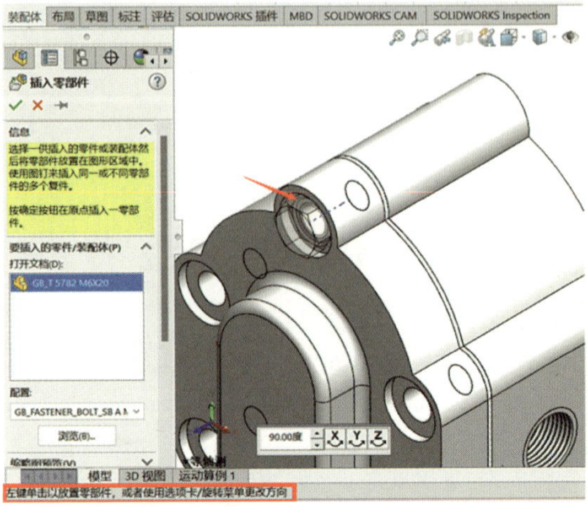 |
| 25. 在设计树选中上一步装入的螺钉，在命令管理器中点击插入零部件按钮下方黑色三角形，下拉菜单中选择“随配合复制”（注意：此步骤可完成相同约束的零件快速配合） | 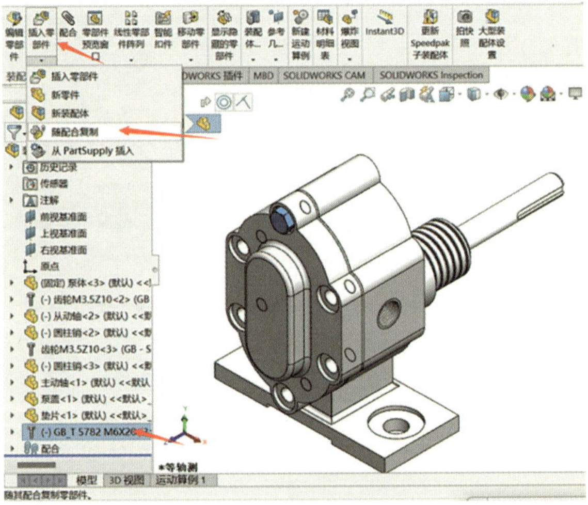 |
| 26. 弹出菜单中，可以看到上一步骤选好的螺钉装配对象，点击下一步按钮，进入下一步操作界面 | 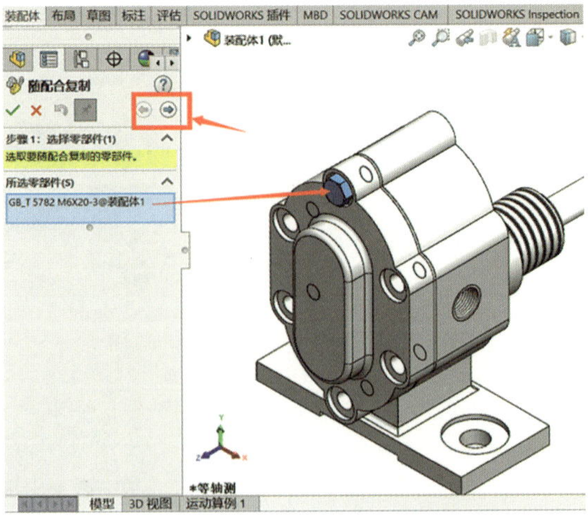 |

| 操作步骤 | 图　示 |
|---|---|
| 27. 在弹出菜单内，“同心配合”中选择泵盖对应螺钉安装孔的内表面，“重合配合”选择螺钉孔锪孔底面，点击确定按钮，可完成一个螺钉的配合约束。利用相同方法安装其余螺钉。点击装配窗口右上角的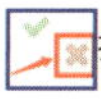按钮，退出螺钉装配 | 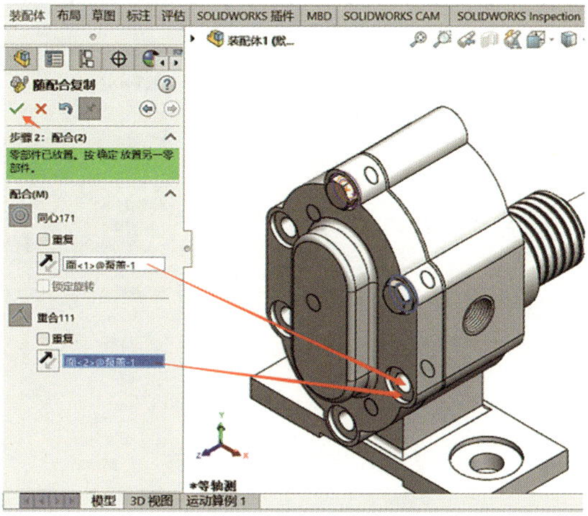 |
| 28. 点击命令管理器中的“插入零部件”按钮，点击“浏览...”。根据文件存放路径打开文件夹，选择填料压盖零件，点击打开，在右图所示位置点击鼠标左键，初步放置填料压盖零件 | 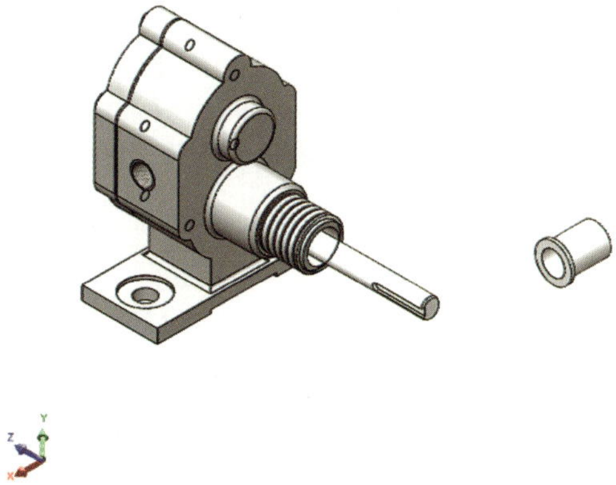 |
| 29. 命令管理器中，点击“移动零部件”按钮黑色三角形，下拉菜单选择“旋转零部件”，将填料压盖零件自由拖动模式下用鼠标旋转到右图所示位置，方便配合时选取各配合要素。调整好位置后点击确定按钮，退出零部件的旋转 | 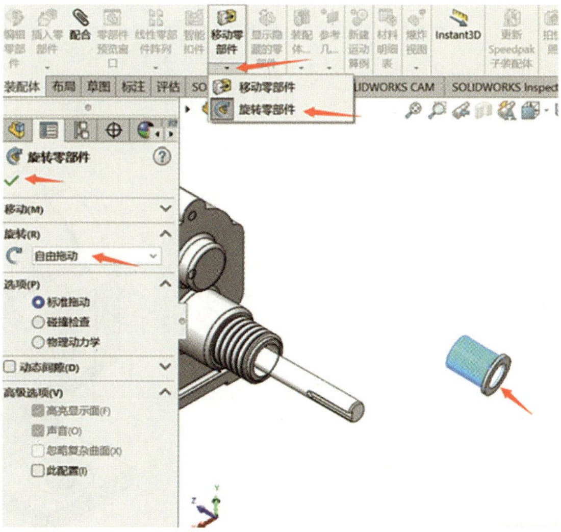 |

| 操作步骤 | 图示 |
| --- | --- |
| 30. 点击命令管理器中的“配合”按钮，分别选择填料压盖内孔表面与主动轴外表面，系统自动匹配同轴心配合，然后点击确定按钮 | 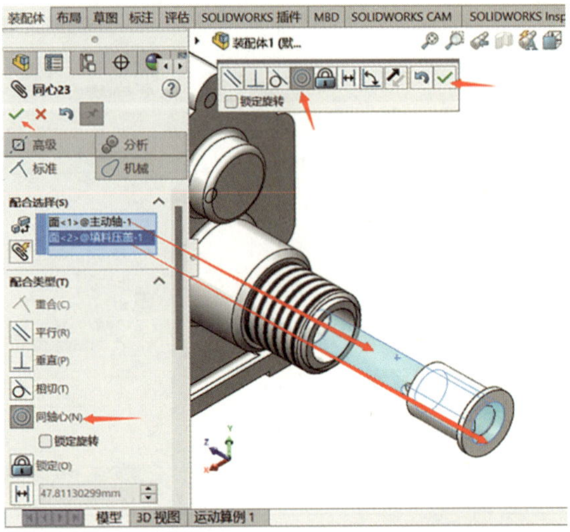 |
| 31. 继续选择泵体安装螺纹端面与填料压盖内测端面，系统自动匹配重合配合，点击确定按钮，完成填料压盖与泵体的装配 | 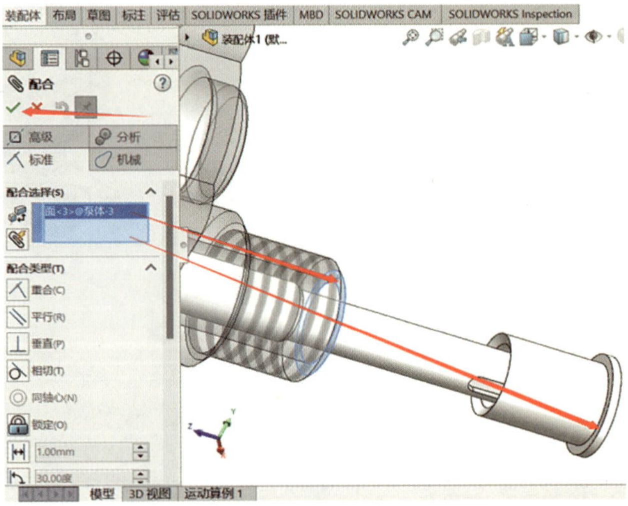 |
| 32. 点击命令管理器中的“插入零部件”按钮，点击“浏览...”。根据文件存放路径打开文件夹，选择压盖螺母零件，然后点击“打开”，在右图所示位置点击鼠标左键，初步放置压盖螺母零件 | 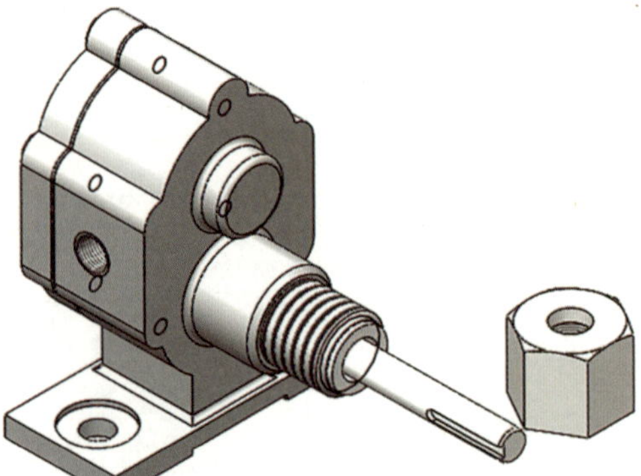 |

<table>
<tr><th>操作步骤</th><th>图　示</th></tr>
<tr><td>
33. 命令管理器中，点击移动零部件按钮黑色三角形，下拉菜单选择“旋转零部件”

，将压盖螺母零件自由拖动模式下用鼠标旋转到右图所示位置，方便配合时选取各配合要素。调整好位置后点击确定按钮✓，退出零部件的旋转
</td><td>

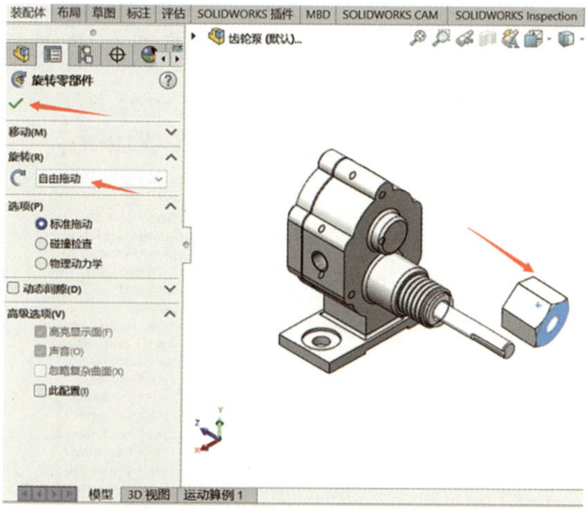


</td></tr>
<tr><td>
34. 点击命令管理器中的“配合”

按钮，分别选择主动轴外表面与压盖螺母通孔内表面，系统自动匹配同轴心配合，点击“确定”按钮✓
</td><td>

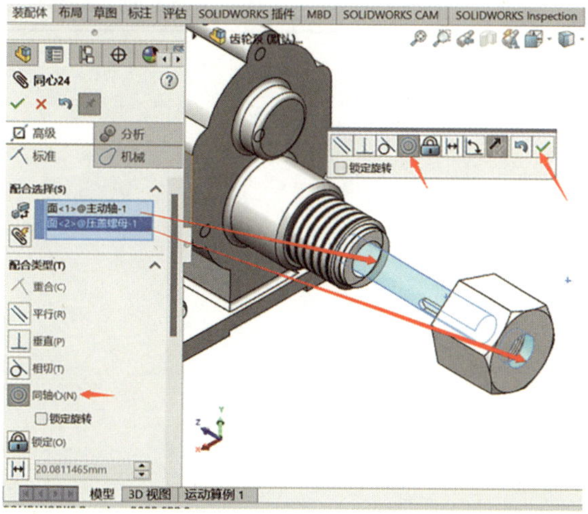


</td></tr>
<tr><td>
35. 选择压盖螺母内表面与填料压盖端面，软件自动匹配重合配合，然后点击确定按钮✓，完成压盖螺母的装配
</td><td>

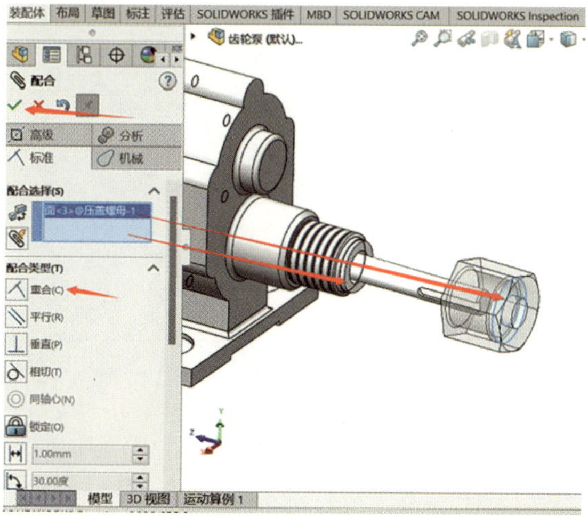


</td></tr>
</table>

续表

| 操作步骤 | 图示 |
| --- | --- |
| 36. 点击“保存”按钮，将齿轮泵装配体保存到对应的文件夹内，即完成齿轮泵的装配 | 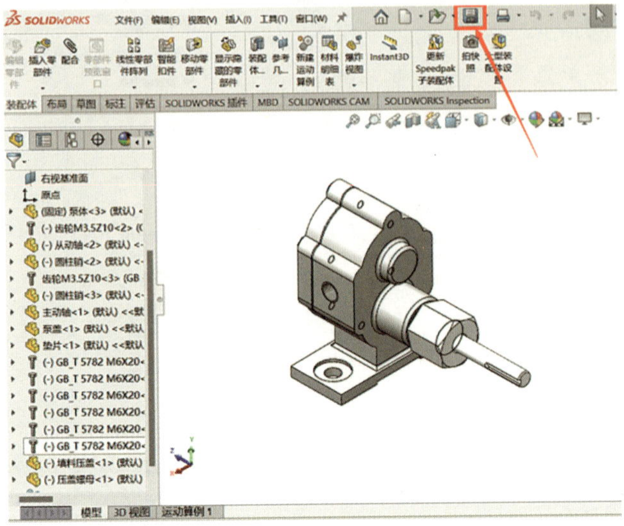 |

# 任务 4.4 统一攻略——装配体工程图

| 任务目标 | 任务内容 |
|---|---|
| 1. 掌握装配体工程图的方法；<br>2. 掌握装配体工程图尺寸注释标注；<br>3. 理解装配体各视图的作用；<br>4. 了解工程图的格式 | 1. 创建模型视图、爆炸视图、局部视图、剖面视图；<br>2. 添加材料明细表；<br>3. 添加零件序号；<br>4. 生成 PDF 文档和 EXE 浏览文件 |

## 4.4.1 任务导入

建立如图 4.4.1 和图 4.4.2 所示齿轮泵装配体工程图。

齿轮泵装配体工程图

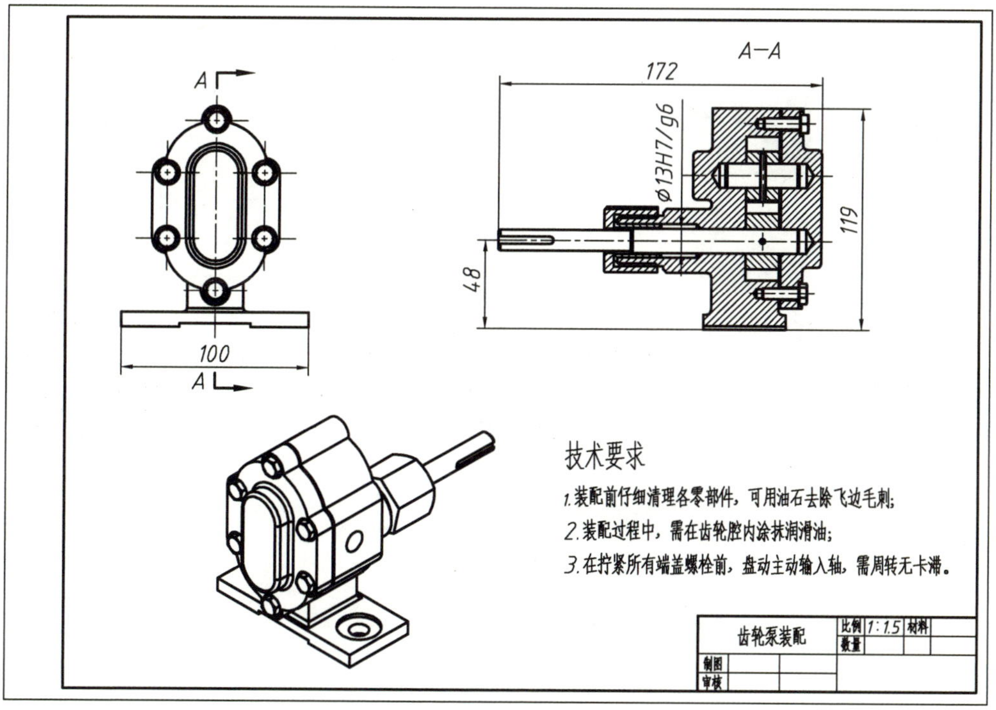


图 4.4.1　齿轮泵装配体工程图 1

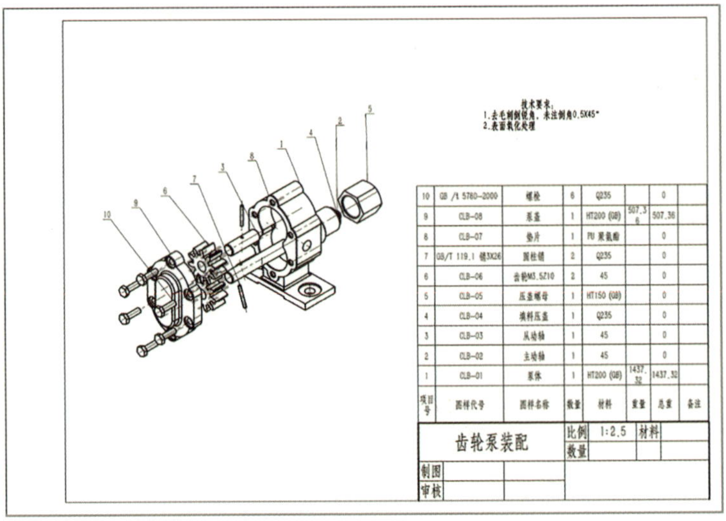


图 4.4.2　齿轮泵装配体工程图 2

## 4.4.2　任务分解

任务分解如图 4.4.3 所示。

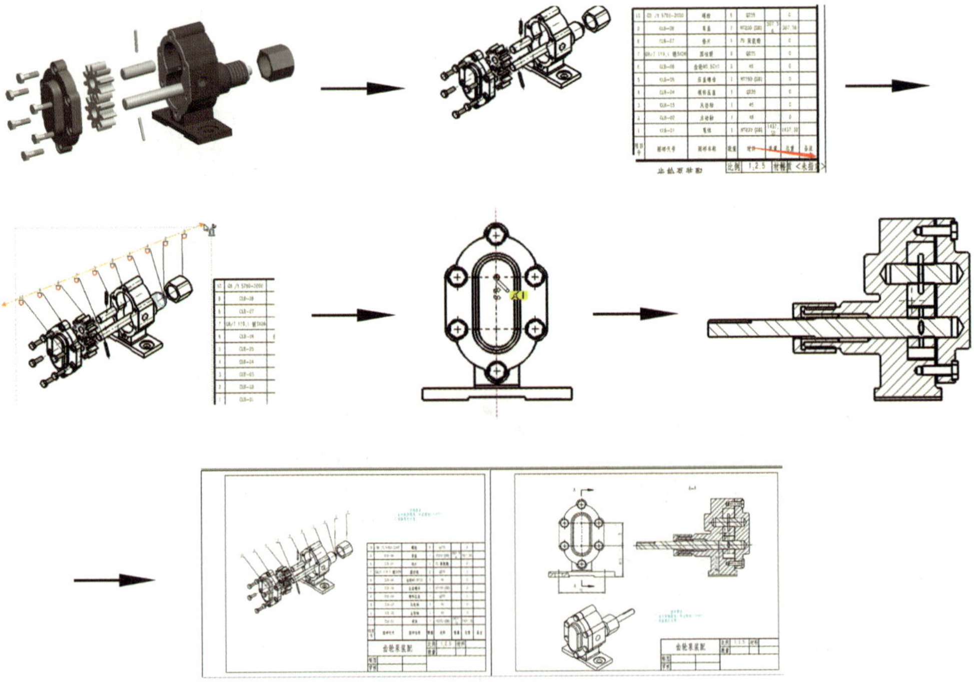

图 4.4.3　齿轮泵装配体工程图绘制任务分解

## 4.4.3　思维导图

思维导图如图 4.4.4 所示。

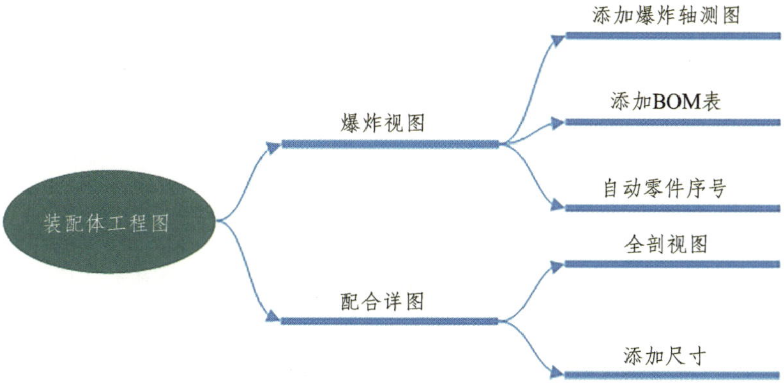


图 4.4.4　齿轮泵装配体工程图绘制思维导图

## 4.4.4　相关知识

零装配体工程图可用来显示如何创建爆炸装配体视图，并使用特别为装配体设计的注解。通常用爆炸视图、局部视图、材料明细表、自动零件序号来创建装配体工程图。

## 4.4.5　任务实施

齿轮泵装配体工程图绘制过程见表 4.4.1。

表 4.4.1　齿轮泵装配体工程图绘制

| 建模步骤 | 图　示 |
|---|---|
| 1. 打开“齿轮泵装配”装配体文件；右键单击特征树装配体名称，单击“爆炸”选项 | 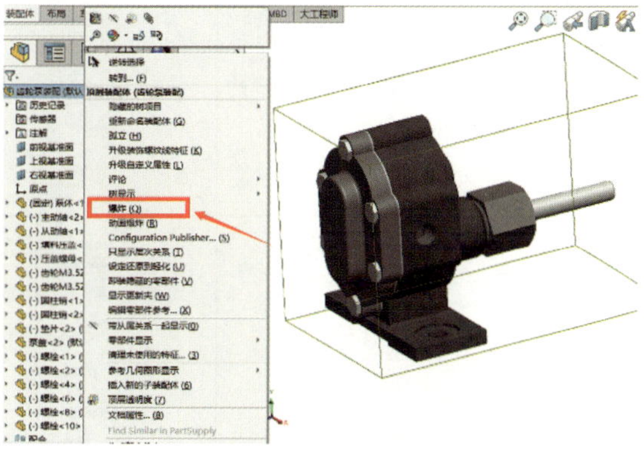 |
| 2. 可调整爆炸及解除爆炸视图：<br>（1）在配置管理器中选项卡中，展开配置。<br>（2）执行以下操作之一：<br>① 双击“爆炸视图特征”。<br>② 右键单击“爆炸视图特征”，然后单击“爆炸或折叠” | 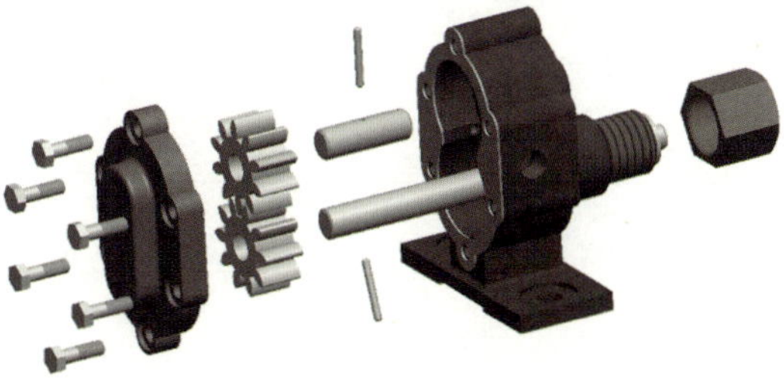 |

| 建模步骤 | 图　示 |
| --- | --- |
| 3. 从装配体文件内生成工程图：<br>（1）单击“从零件/装配体制作工程图”（“标准”工具栏或“新建”弹出菜单）。<br>（2）选择“图纸格式/大小”的选项，然后单击“确定”。<br>（3）从视图调色板将“爆炸等轴测”视图拖动到工程图图纸中 | 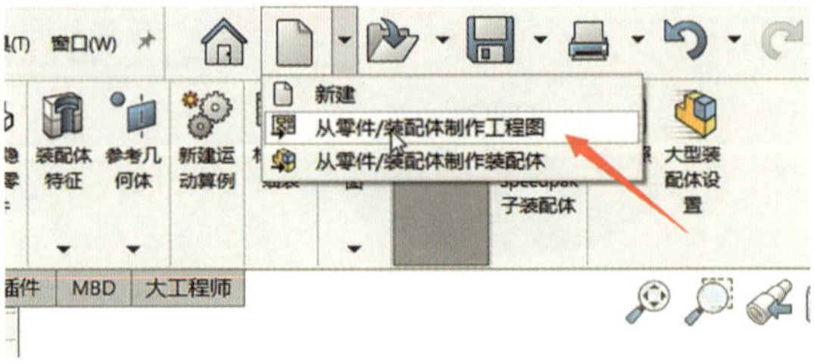<br>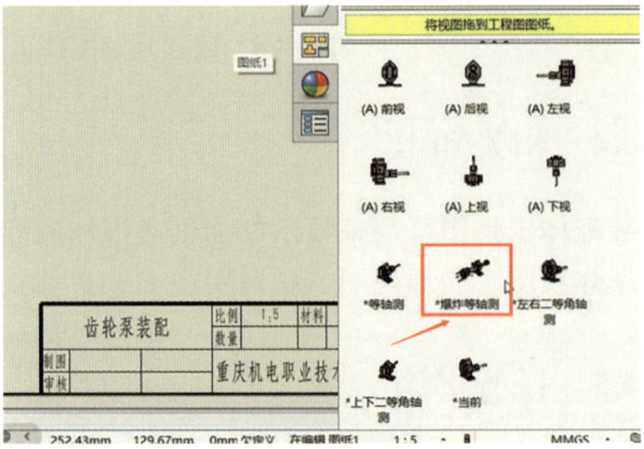 |
| 4. 在图纸属性选项卡中，指定图纸属性：<br>在工程图图纸中，在特征管理器设计树中用右键单击图纸图标、工程图图纸的任意空白区域，或工程图窗口底部的图纸标签，然后选择“属性” | 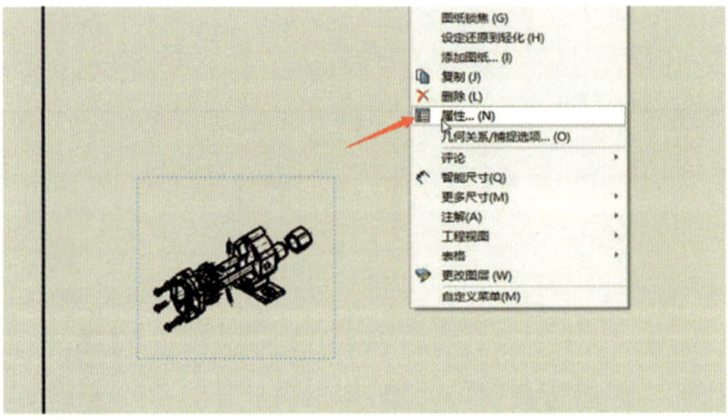 |
| 5. 修改指定比例属性，修改为 1∶2.5，然后单击“确定” | 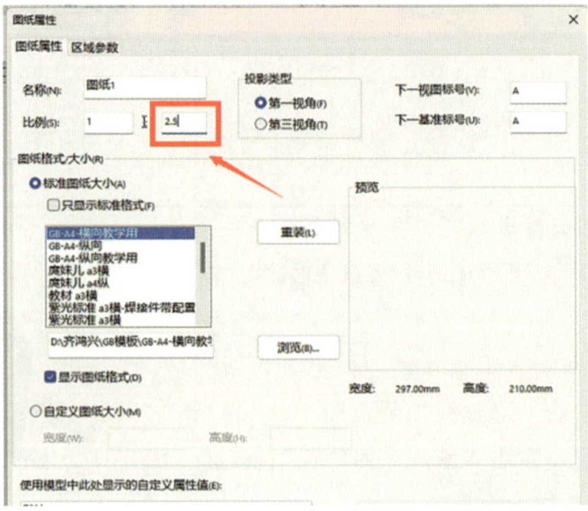 |

| 建模步骤 | 图　示 |
| --- | --- |
| 6. 将材料明细表插入到工程图中：<br>（1）单击“材料明细表”（“表格”工具栏），或者单击“插入”→“表格”→“材料明细表”。<br>（2）选择一个工程图视图来指定模型。<br>（3）单击为材料明细表打开表格模板。<br>（4）选择给定的“材料明细表教材”模板，然后单击“确定” | 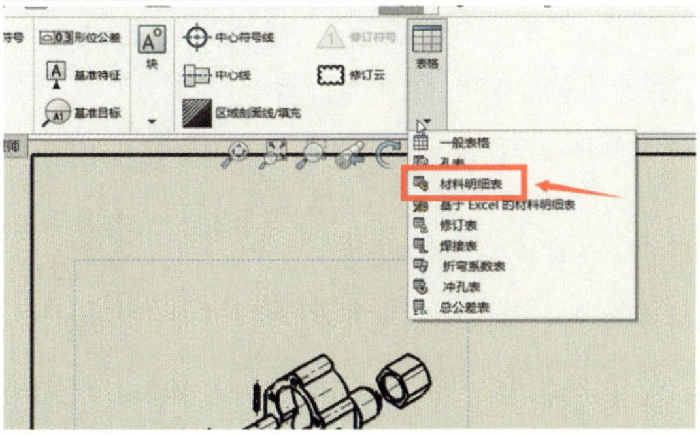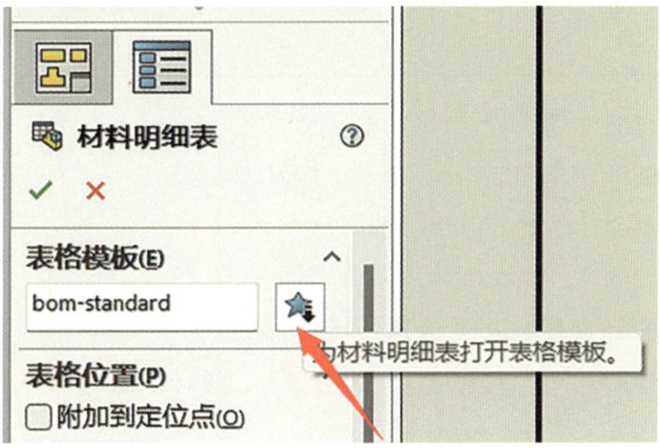 |
| 7. 如果未选择“附加到定位点”，在图形区域中单击来放置表格。将材料明细表拖到标题栏右上角放置 | 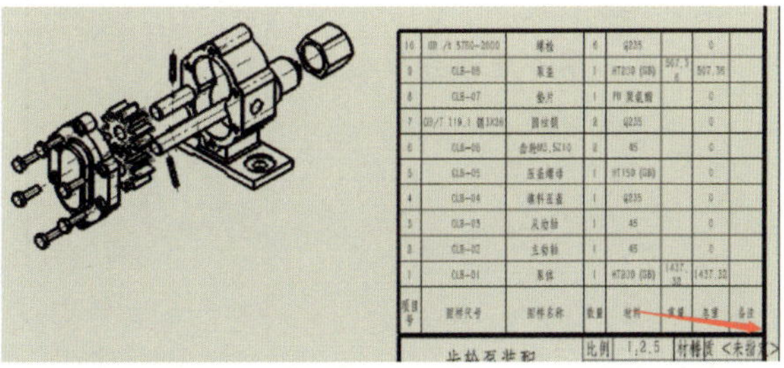 |
| 8. 将零件序号插入到工程图视图中：<br>单击“注解”工具栏上的自动零件序号，或单击“插入”→“注解”→“自动零件序号”。<br>选取需要插入零件序号的工程图视图 | 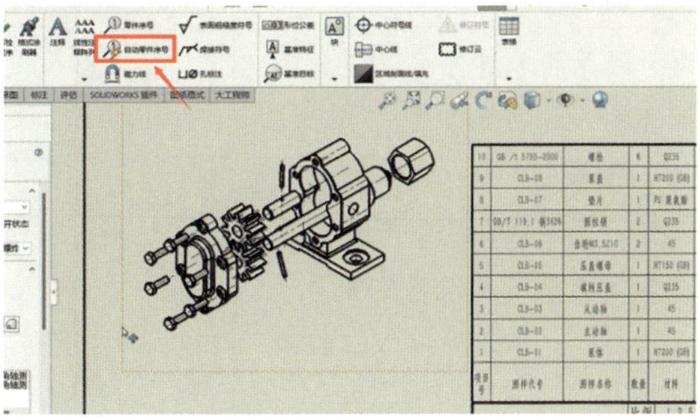 |

| 建模步骤 | 图　示 |
|---|---|
| 9. 选择“替换零件序号”，可以指定任意自动零件序号参数。“零件序号”设定中的“样式”为“下划线”，“零件序号文字”为“项目数”。带“项目号”的零件序号已移除，带其他“零件序号文字”的零件序号保留，所有自动零件序号已插入 | 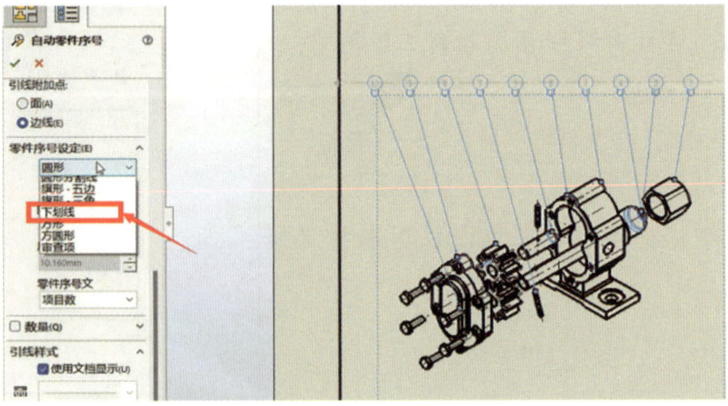 |
| 10. 为自动零件序号指定默认布局：<br>（1）在工程图中，单击“选项”（标准工具栏）、选择“文档属性”选项卡、选择“注解”，然后选择“零件序号”。<br>（2）在自动零件序号布局下选择格式，然后单击“确定”。 | 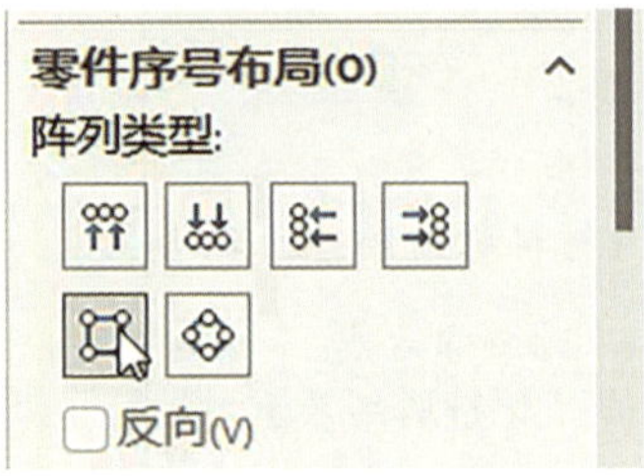 |
| （3）在自动零件序号特性管理器中设定属性。拖动零件序号可为所有零件序号增加或减少引线长度。<br>（4）单击 。零件序号会放在视图边界外，且引线不相交。 | 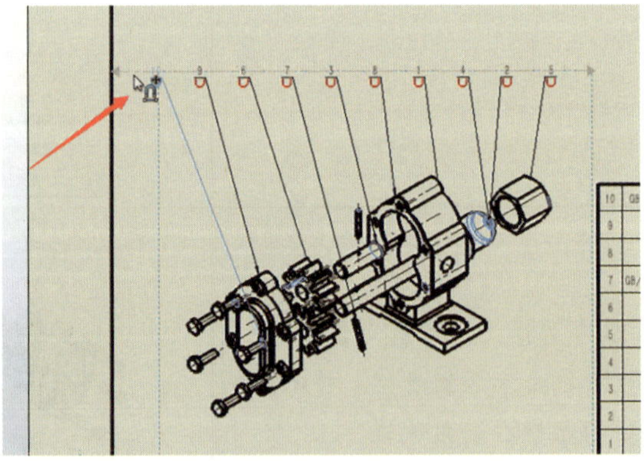 |
| （5）磁力线是将零件序号以任意角度沿直线对齐的一种便捷方式。<br>（6）在工程图中，可以将零件序号附加到磁力线、选择零件序号的间距是否相等以及按任意角度自由移动线 | 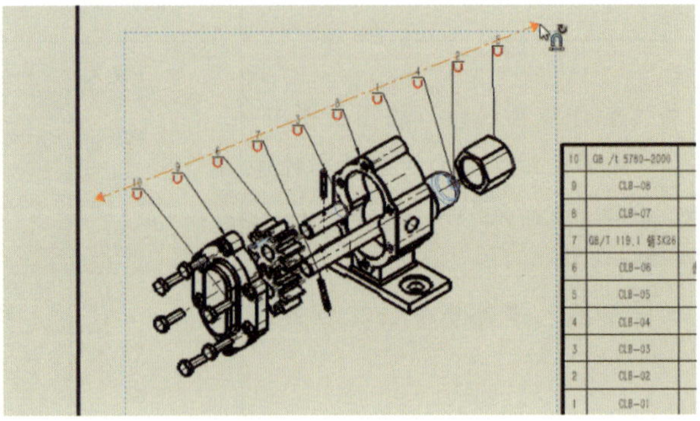 |

续表

| 建模步骤 | 图　示 |
| --- | --- |
| 11. 任务窗格中的设计库选项卡，添加“注释”文件夹，添加“技术要求（部件图）” | 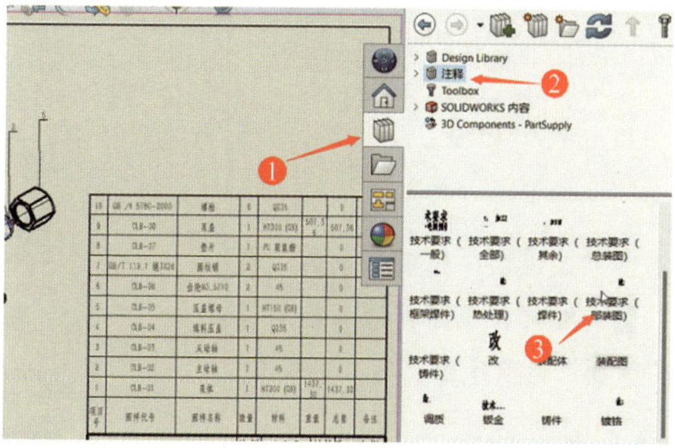 |
| 12. 添加图纸：<br>单击“插入”→“图纸”。也可以用右键单击设计树中的任何图纸标签或图纸图标，然后选择“添加图纸” | 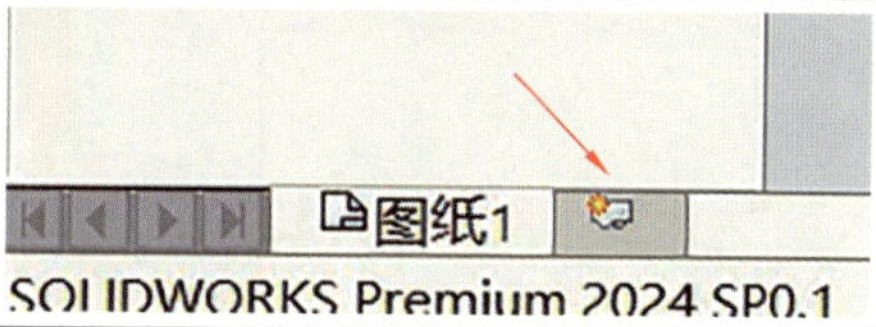 |
| 13. 如果未从选项、工程图中选择“在添加新图纸时显示图纸格式”对话选项，并且工程图纸文档属性设置为新图纸使用默认图纸格式，则将使用默认图纸格式添加新图纸，添加图纸 2 | 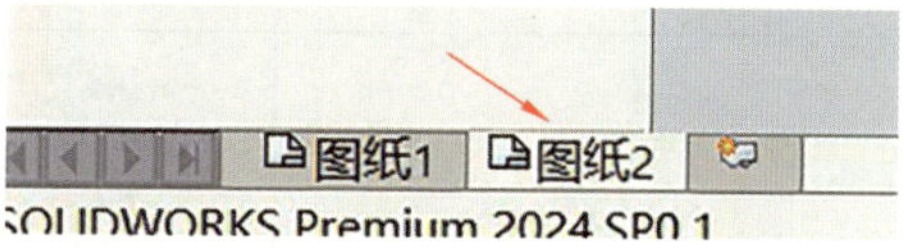 |
| 14. 从视图调色板将“前视”视图拖动到工程图图纸中 | 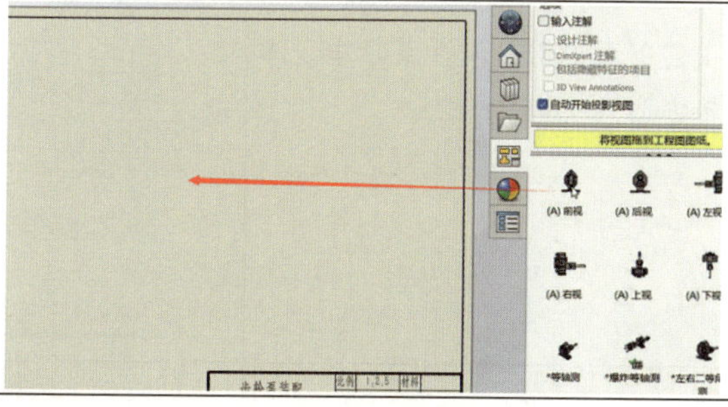 |
| 15. 修改指定比例属性（修改为 1∶1.5），然后单击“确定” | 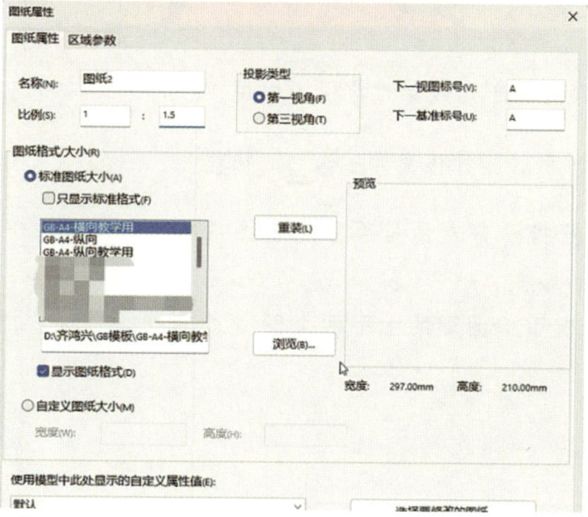 |

| 建模步骤 | 图　示 |
| --- | --- |
| 16. 单击“工程图”选项卡上的“截面视图” 。在剖面视图辅助属性管理器中的“剖面”选项卡上，单击“竖直” 。选择自动开始剖面视图 | 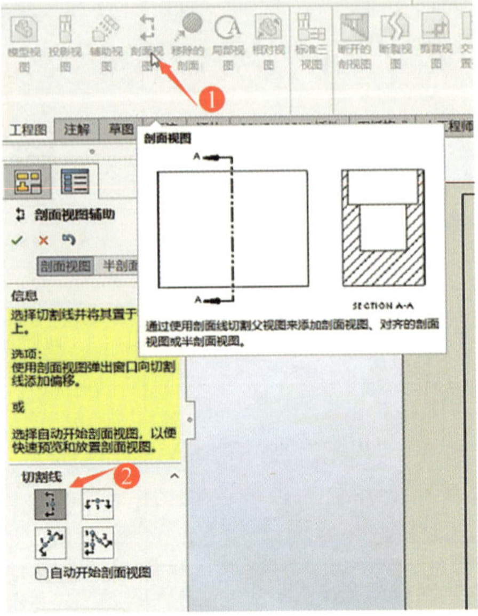 |
| 17. 在“剖面视图”属性菜单中，单击“反转方向”，然后单击 ✔ | 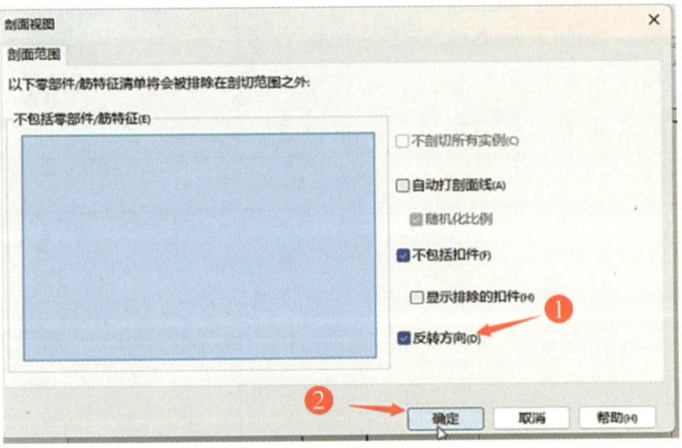 |
| 18. 用一条剖切线穿过前视图中央，如右图所示。指针将变为 。推理线和位置指示符表示是否穿越视图的中央进行绘制。<br>选择视图中圆形的上下两个圆心进行点定位 | 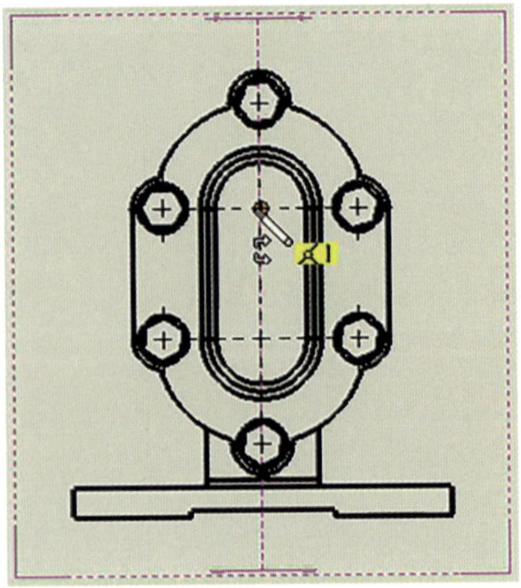 |

| 建模步骤 | 图　示 |
|---|---|
| 19. 在弹出剖面视图的属性管理器中，勾选“自动加剖面线” | 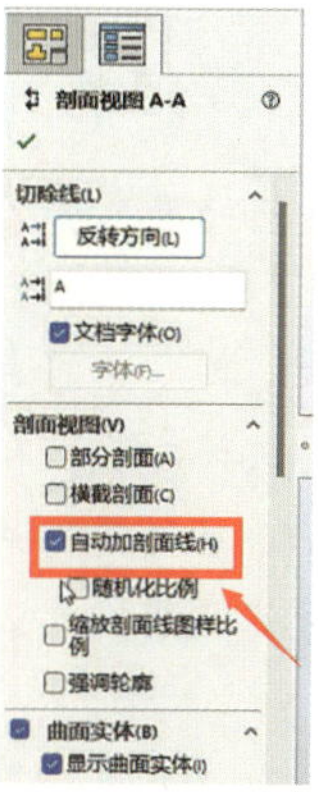 |
| 20. 单击并将剖面视图拖到前视图下，然后单击将其放置于此位置。当移动指针时，会显示剖面视图位置的预览 | 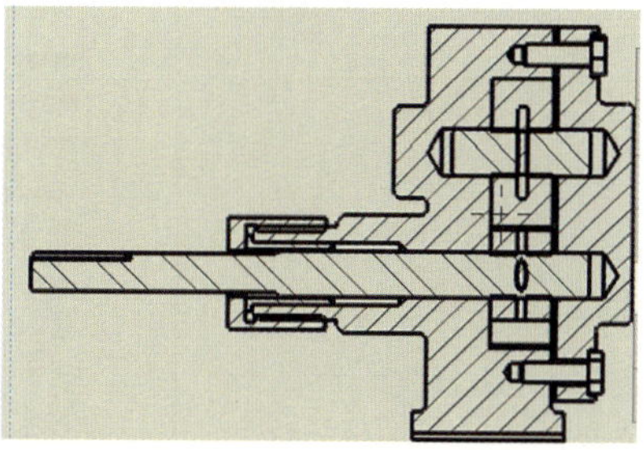 |
| 21. 自动插入中心线：<br>（1）在工程图文档中，单击“选项”→“文档属性”→“出详图”。<br>（2）在视图生成时自动插入下选择“中心线”。<br>（3）单击“确定”，插入工程图视图。<br>中心线会自动出现在所有适合的特征中 | 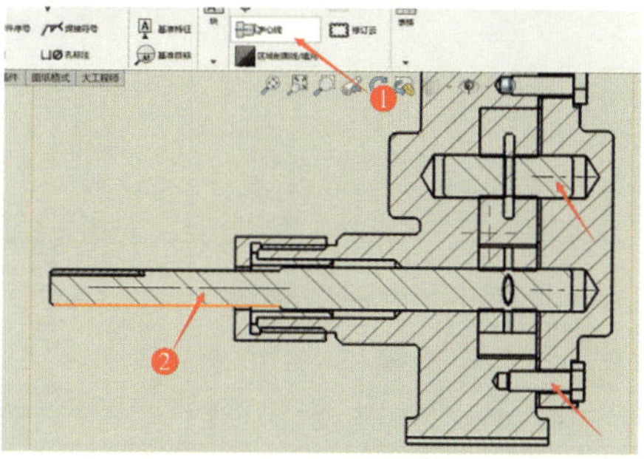 |
| 22. 对已有投影视图，可创建断开的剖视图。<br>（1）单击断开的剖面视图（“工程图”选项卡）。 | 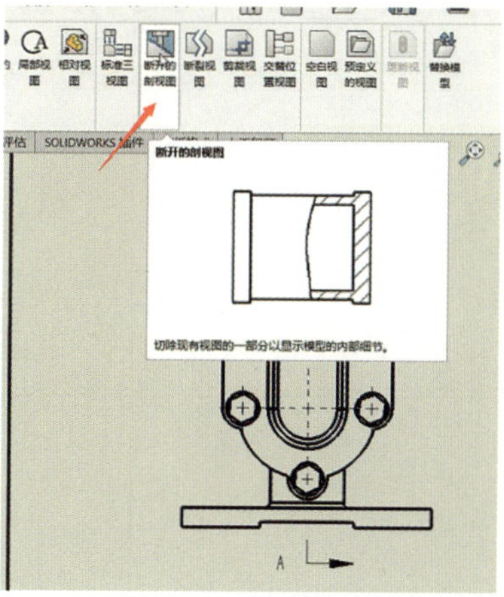 |

| 建模步骤 | 图　示 |
| --- | --- |
| （2）绘制一样条曲线（大致如右图所示），它指定了断开的剖视图的边界。<br>（3）当绘制样条曲线时，样条曲线点捕捉到几何体。若想暂时关闭捕捉，在绘制样条曲线时按住 Ctrl。当连接样条曲线的开头和结尾时，放开 Ctrl。 | 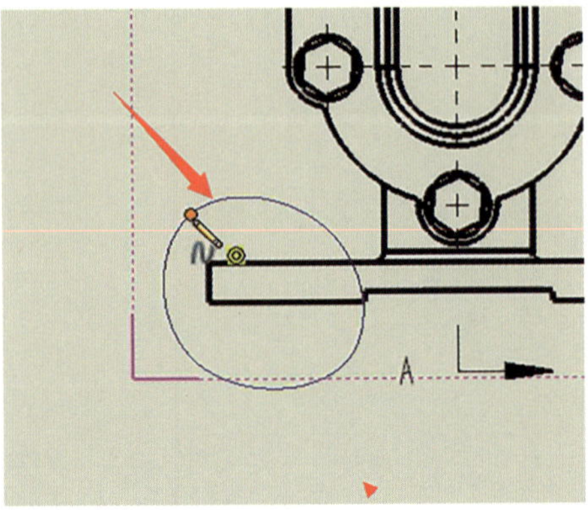 |
| （4）在剖面视图属性管理器里面勾选“自动打剖面线”，单击确定 | 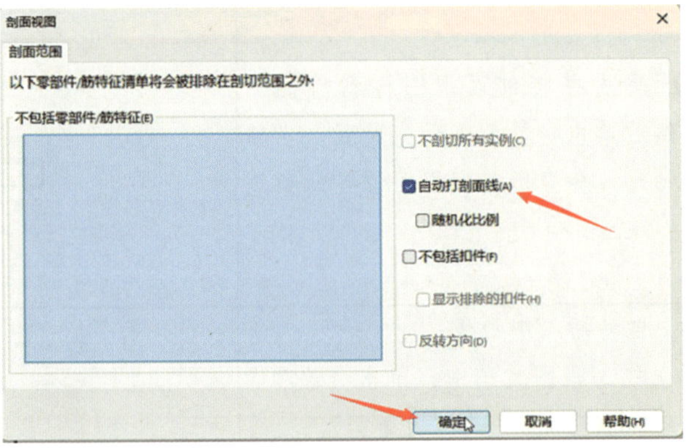 |
| （5）在图形区域中，选取孔的边线，如深度参考的工程图视图 1 中所示。断开的剖面视图将达到所选孔的深度。<br>（6）单击 ✔。 | 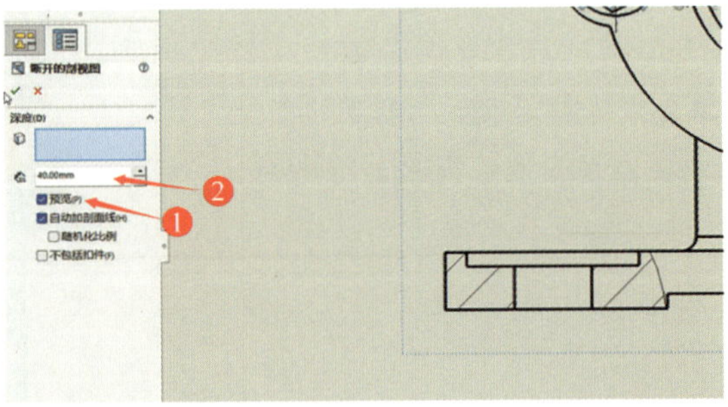 |
| （7）添加中心线，选择孔面，会自动添加中心线 | 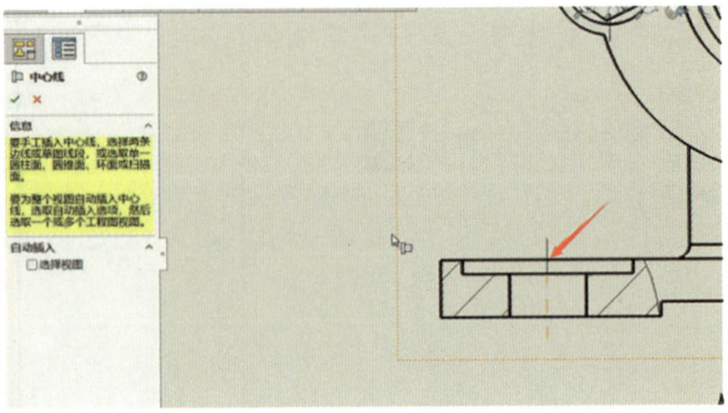 |

| 建模步骤 | 图　示 |
|---|---|
| 23. 单击智能尺寸（“尺寸/几何关系”工具栏），为主视图标注尺寸，如右图所示 | 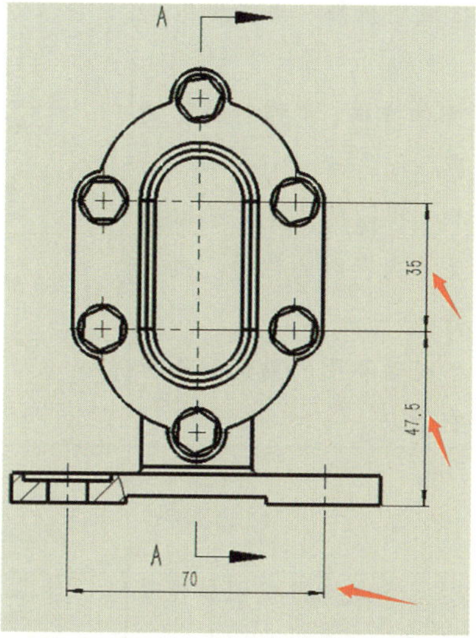 |
| 24. 单击智能尺寸（“尺寸/几何关系”工具栏），标注剖视图中直径 13 的尺寸并添加配合尺寸，如右图所示 | 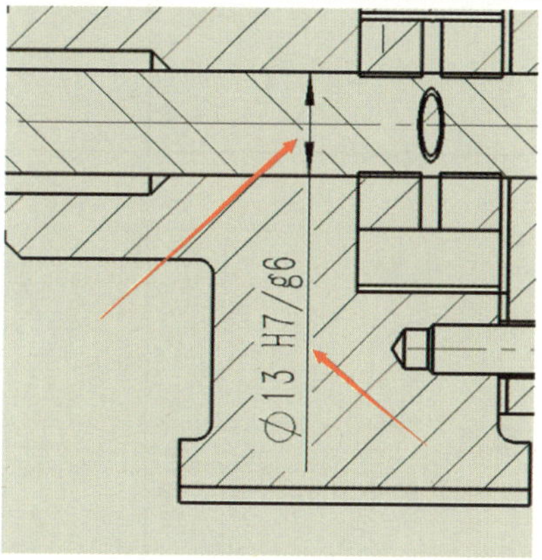 |
| 25. 生成投影视图：<br>单击工程图工具栏上的投影视图，或单击“插入”→“工程视图”→“投影视图”，或单击视图会在鼠标位置出现投影视图的指令。<br>投影视图属性管理器随即出现 | 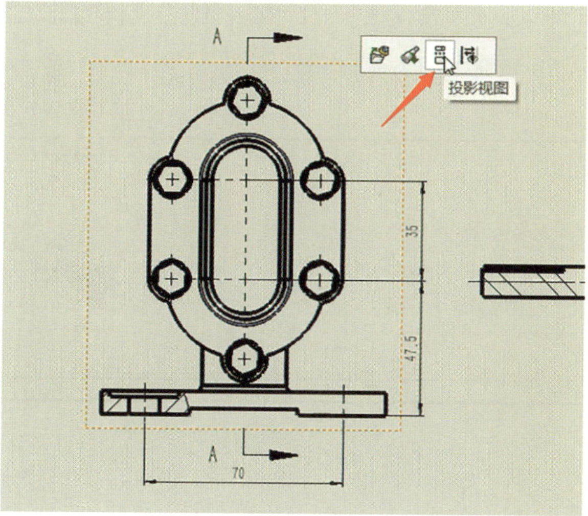 |

| 建模步骤 | 图　示 |
| --- | --- |
| 26. 在图形区域中选择一个投影用的视图。<br>如要选择投影的方向，将指针移动到所选视图的相应一侧。<br>当移动指针时，视图的预览在选取拖动工程视图时显示内容时会显示。也可控制视图的对齐。<br>在此例中，生成轴测图的投影视图位于所选视图的右下方 | 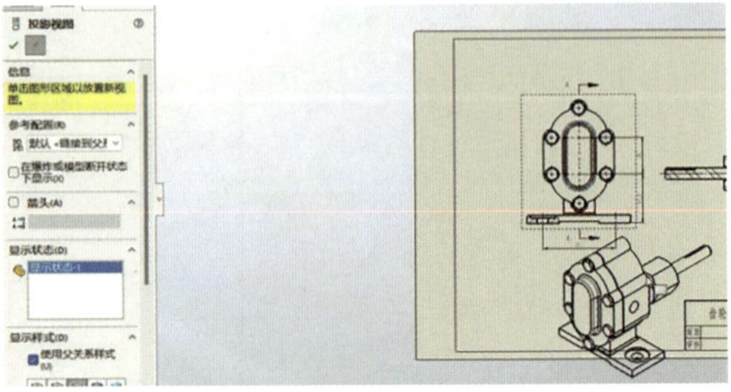 |
| 27. 点击视图，修改投影视图属性管理器中投影比例，改为 1∶2 比例 | 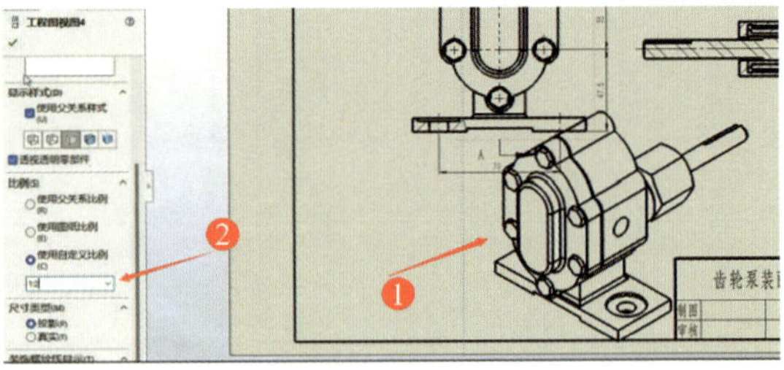 |
| 28. 图纸保存<br>（1）保存工程图。<br>（2）另存工程图文件为 PDF 文档，便于交互 | 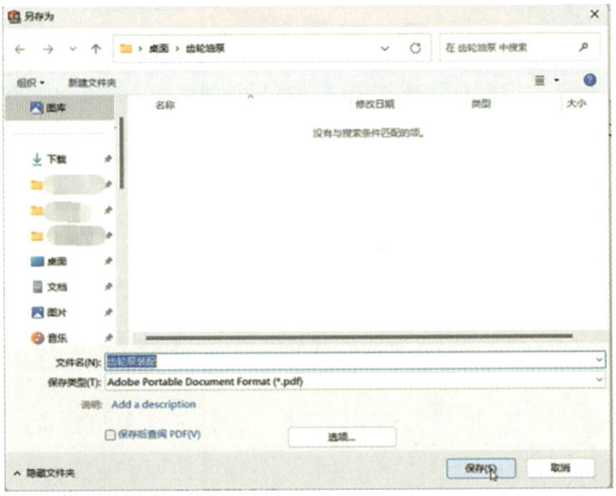 |
| 29. 查看 PDF 文档 | 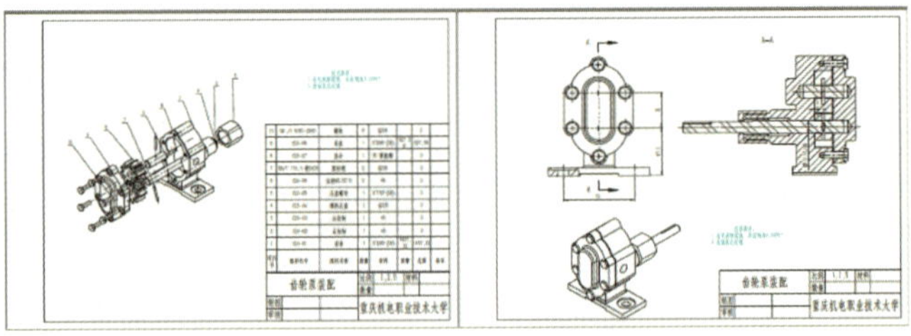 |

# 任务 4.5 技能考评

任务 4.5 技能考评

1. 扫码完成图 4.5.1 的建模

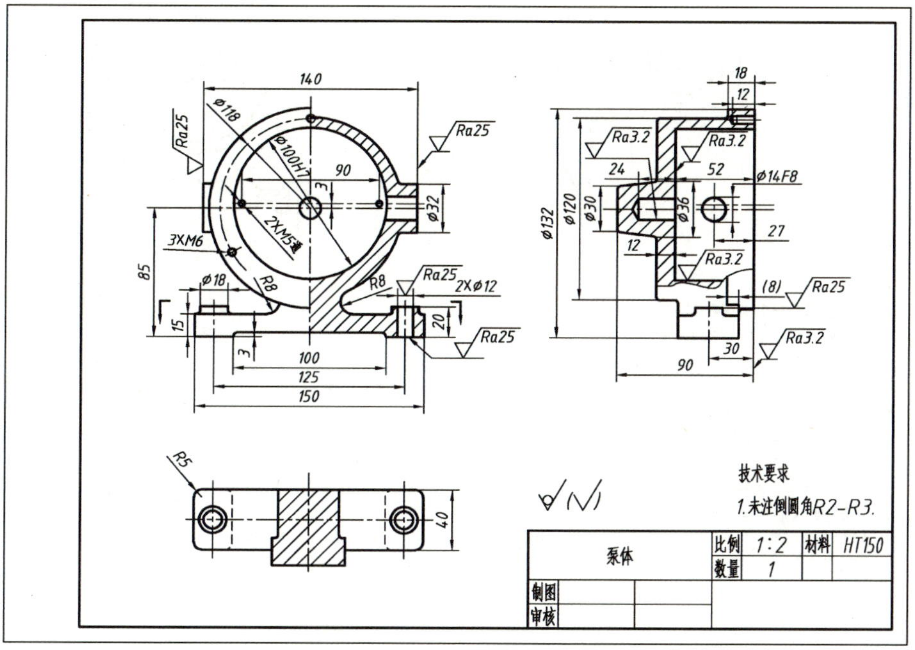


图 4.5.1　叶片转子油泵泵体

2. 扫码完成图 4.5.2 的建模

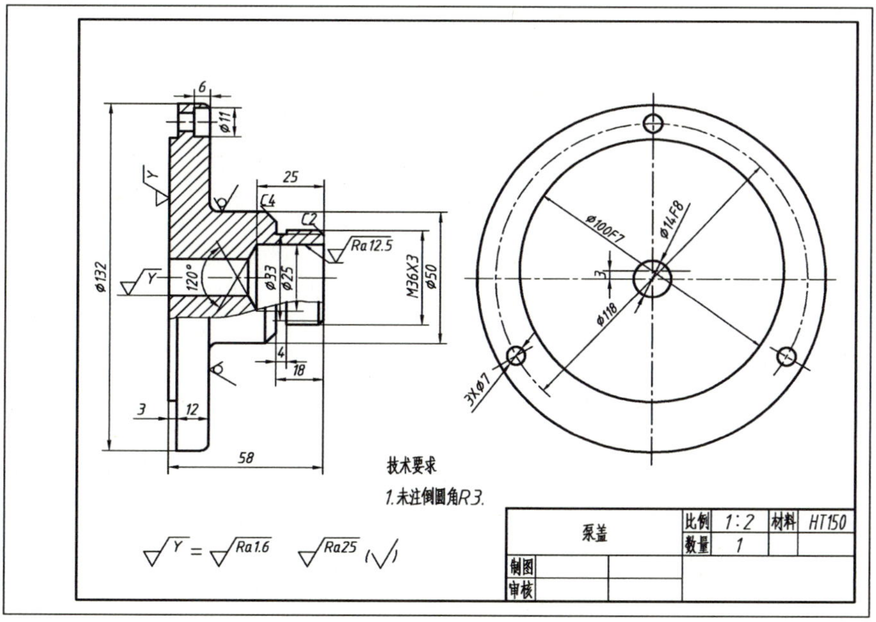


图 4.5.2　叶片转子油泵泵盖

3. 扫码完成图 4.5.3 的装配体的装配

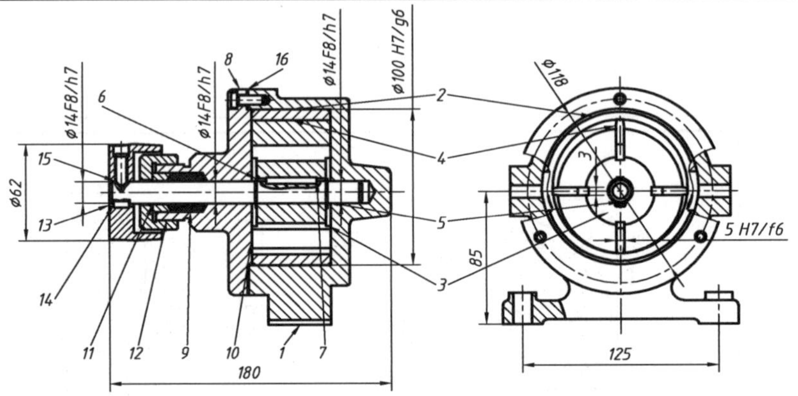


工作原理

泵体两侧的管螺纹与油管相联，是进油口和出油口(由转子4的旋转方向确定)。泵体1和转子之间因偏心而形成新月形空腔带轮13通过键12带动轴8旋转时，键16带动转子旋转;在离心力作用下，叶片紧贴衬套的内壁将新月形空腔分割为:进油口侧逐渐变大的吸油腔和出油口侧逐渐变小的排油腔。叶片越过新月形空腔的中点后，储油腔又变成排油腔空油腔又变成吸油腔循环完成泵油填料压盖14压紧填料筒止油沿轴渗出;衬套2是为了磨损后便于更换，泵体背面有两个螺纹孔是为了方便拆出衬套2而设置的。

| 序号 | 零件名称 | 数量 | 材料 | 备注 |
|---|---|---|---|---|
| 7 | 键4X32 | 1 | 45 | GB1096-2003 |
| 6 | 挡圈14 | 2 | 65Mn | GB894.1-86 |
| 5 | 轴 | 1 | 45 | |
| 4 | 叶片 | 4 | 45 | |
| 3 | 转子 | 1 | 45 | |
| 2 | 衬套 | 1 | 20 | |
| 1 | 泵体 | 1 | HT150 | |

| 序号 | 零件名称 | 数量 | 材料 | 备注 |
|---|---|---|---|---|
| 16 | 垫片 | 1 | 工业用纸 | |
| 15 | 紧定螺钉M8X20 | 1 | 35 | GB71-85 |
| 14 | 键4X10 | 1 | 45 | GB1096-2003 |
| 13 | 带轮 | 1 | 35 | |
| 12 | 压盖螺母 | 1 | Q235-A | |
| 11 | 填料压盖 | 1 | Q235-A | |
| 10 | 螺钉M6X16 | 3 | 35 | GB65-2000 |
| 9 | 填料 | 1 | 油毡 | |
| 8 | 泵盖 | 1 | HT150 | |

| 叶片转子油泵 | | 比例 | 1:1.5 | 材料 | |
|---|---|---|---|---|---|
| | | 数量 | | | |
| 制图 | | | | | |
| 审核 | | | | | |

图 4.5.3　叶片转子油泵

# 项目 5 大显身手——高级设计

| 知识目标 | 技能目标 | 素质目标 |
| --- | --- | --- |
| 1. 掌握钣金、焊件设计方法；<br>2. 理解仿真优化设计；<br>3. 了解动画编辑过程 | 1. 能够创建基体法兰、添加斜接法兰、建立钣金工程图、添加折弯线注释；<br>2. 能够运用 3D 草图建立框架，选择焊件、修改接头；<br>3. 可以分析支架能否足够支撑电控箱，增强焊件结构强度；<br>4. 可以做简单的展示视频动画 | 1. 培养质量意识、安全意识、环保意识、创新思维、信息素养；<br>2. 培养执着专注、精益求精、一丝不苟、追求卓越的工匠精神；<br>3. 培养方案设计分析与择优评估决策能力 |

## 任务 5.1 电控箱设计

| 任务目标 | 任务内容 |
| --- | --- |
| 1. 练习跟随思维导图和教学视频建模；<br>2. 学会钣金设计方法；<br>3. 会拓展钣金成型工具设计 | 1. 创建基体法兰、添加斜接法兰、镜像零件及创建新的折弯；<br>2. 添加边线法兰并编辑其草图轮廓、镜像特征；<br>3. 添加和折弯薄片、添加穿过折弯的切除；<br>4. 折叠或展开折弯、创建闭合角；<br>5. 建立钣金工程图、底部切穿线孔、添加折弯线注释 |

### 5.1.1 任务导入

建立如图 5.1.1 所示的电控箱模型。

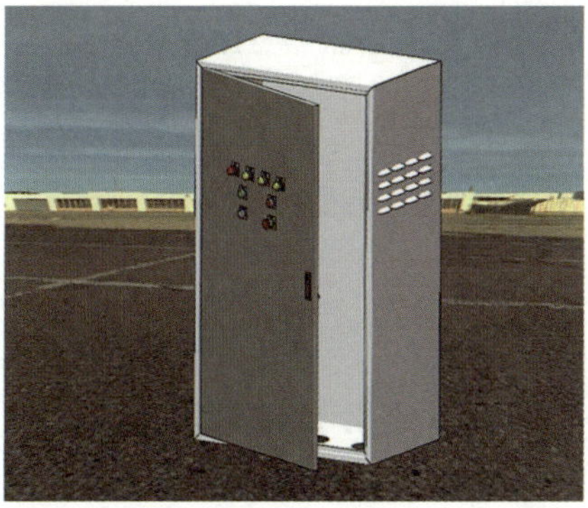

图 5.1.1 电控箱模型

### 5.1.2 任务分解

任务分解如图 5.1.2 所示。

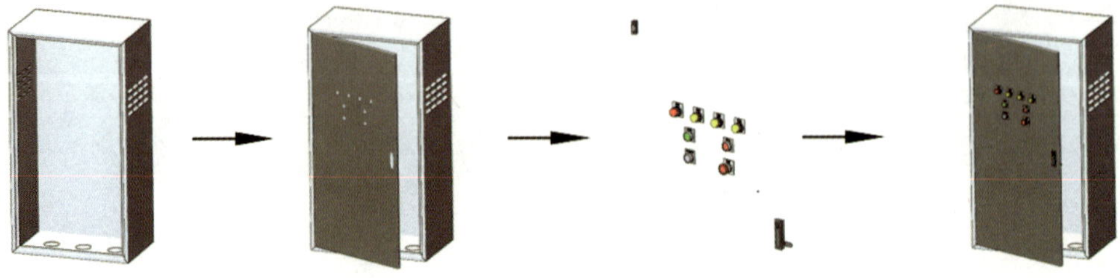

图 5.1.2 电控箱建模任务分解

### 5.1.3 思维导图

思维导图如图 5.1.3 所示。

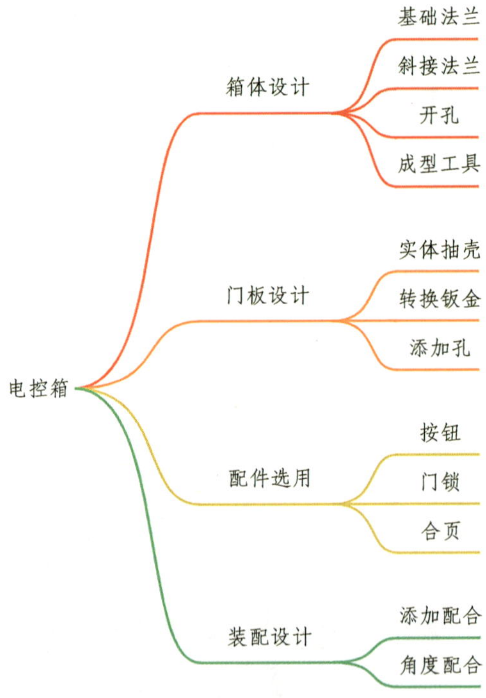


图 5.1.3 电控箱建模思维导图

### 5.1.4 相关知识

钣金零件通常用作零部件的外壳，或用于支撑其他零部件。

生成钣金零件时，设计优先顺序为（见表 5.1.1）：

（1）钣金特征（如基体法兰、边线法兰和斜接法兰）。

（2）插入折弯特征。

（3）转换到钣金特征。

表 5.1.1　生成钣金零件的方法及特点

| 方　法 | 特　点 |
|---|---|
| 使用钣金特征将零件生成为钣金零件 | 从钣金生成零件时，可随开环或闭环轮廓草图使用基体法兰工具。因为从最初设计阶段开始就生成零件为钣金零件 |
| 创建一个零件，将其抽壳，然后插入钣金折弯 | 利用非钣金特征建造实体，需要更多特征：基本拉伸、抽壳、切口以及插入折弯。创建零件然后插入钣金折弯反而更有优势 |
| 将实体零件转化为钣金零件 | 可转化实体或曲面实体，或已输入的零件 |

当使用插入折弯和转换到钣金特征时，最好在生成第一个非钣金特征之后立刻应用。

可以独立地设计一钣金零件，而不需要对其所容纳的零件做任何的参考；也可以在包含此内部零部件的关联装配体中设计钣金零件；还可以在多体环境中在另一零件文档内设计零件。

## 5.1.5　任务实施

1. 电控箱箱体建模

电控箱箱体钣金如图 5.1.4 所示，设计步骤见表 5.1.2。

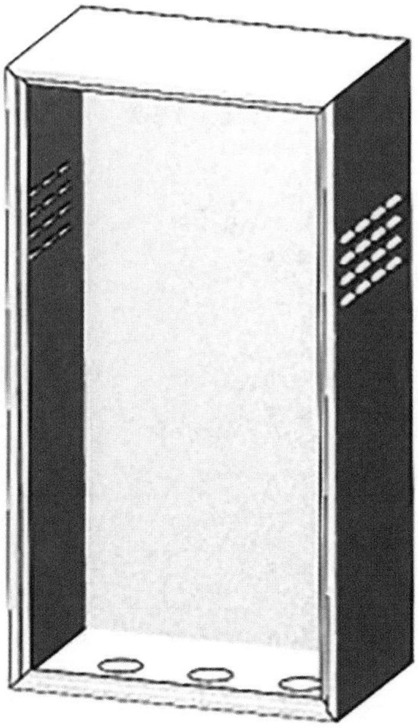

箱体绘制

图 5.1.4 电控箱箱体

表 5.1.2　电控箱箱体的设计步骤

| 建模步骤 | 图　示 |
| --- | --- |
| 1. 创建基体法兰<br>（1）打开一个新零件。<br>（2）单击“基体法兰/薄片”（“钣金”工具栏）<br>（3）选择前视基准面，在此基准面上打开一张草图<br>（4）绘制轮廓并标注尺寸。要绘制中心矩形，其中点位于原点处，单击中心矩形（“草图”工具栏）。在插入矩形“PropertyManager”中的选项下，选择“中心矩形”。单击原点以放置角点或中点，然后再次单击以放置端点。单击退出草图（草图工具栏）<br>（5）在“钣金参数”下：<br>① 将厚度设置为 1.2。<br>② 将折弯半径设置为 1。<br>③ 折弯系数 0.5。<br>④ 单击 | 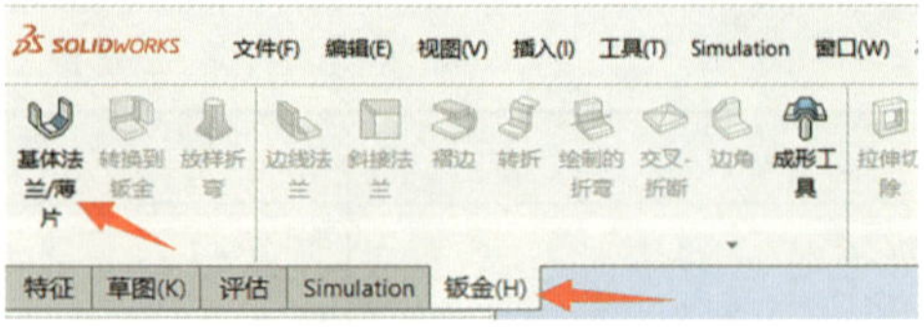<br>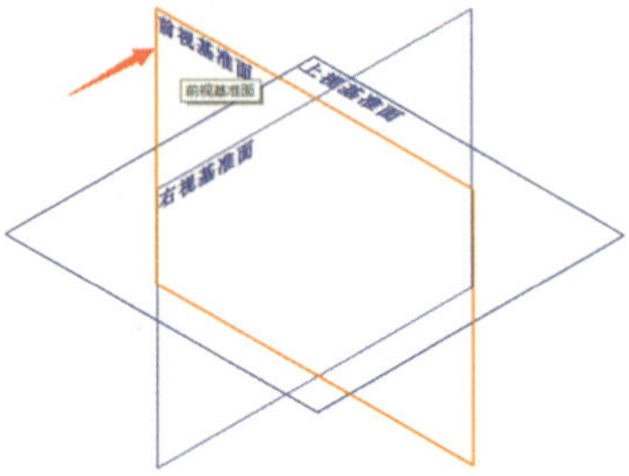<br>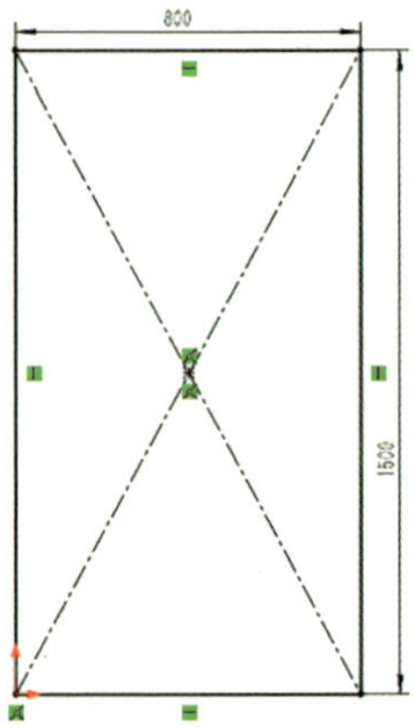<br>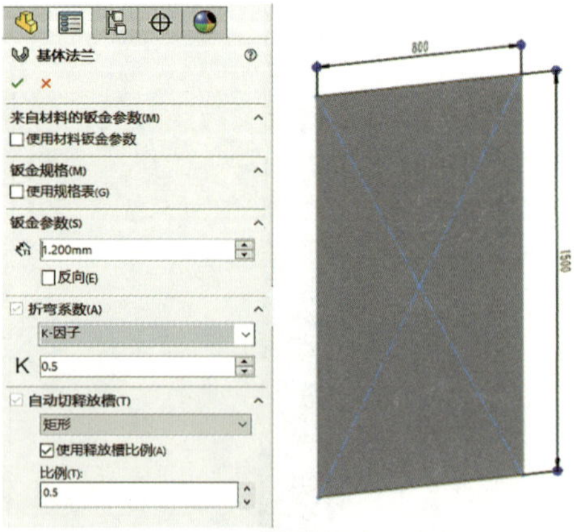 |
| 2. 添加斜接法兰<br>（1）单击斜接法兰（“钣金”工具栏）。 | 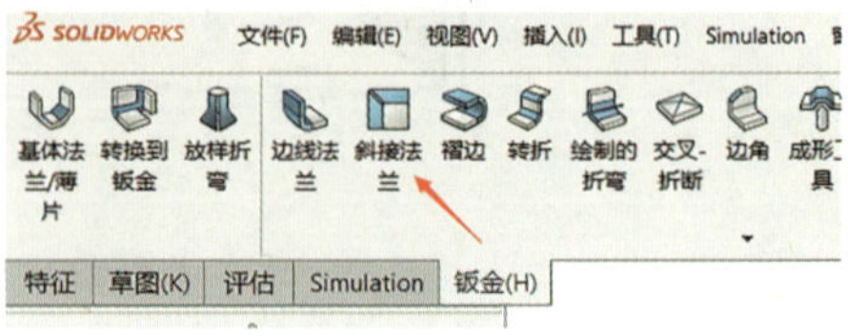 |

| 建模步骤 | 图　示 |
|---|---|
| （2）选择内竖直边线以生成与所选边线垂直的草图基准面，其原点位于边线的最近端点处。确定选取边线的顶端部分。<br>（3）视图会自动转为草绘平面。 | 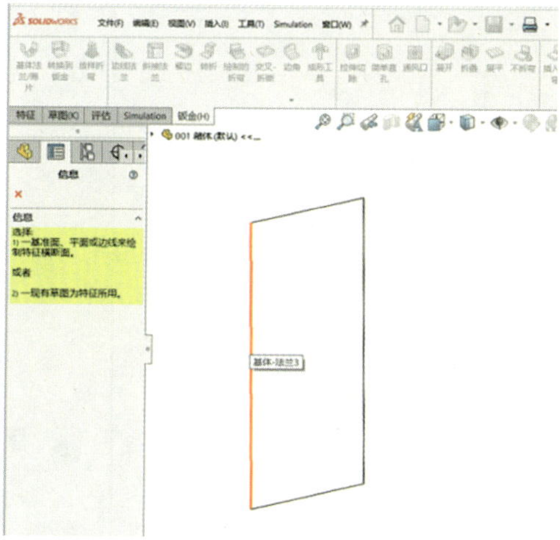 |
| （4）如右图所示，从原点开始绘制水平直线（草图工具栏），长度为 500。<br>（5）绘制其余直线（“草图”工具栏）<br>（6）单击智能尺寸（“尺寸”/“几何关系”工具栏），然后单击尺寸，如右图所示。 | 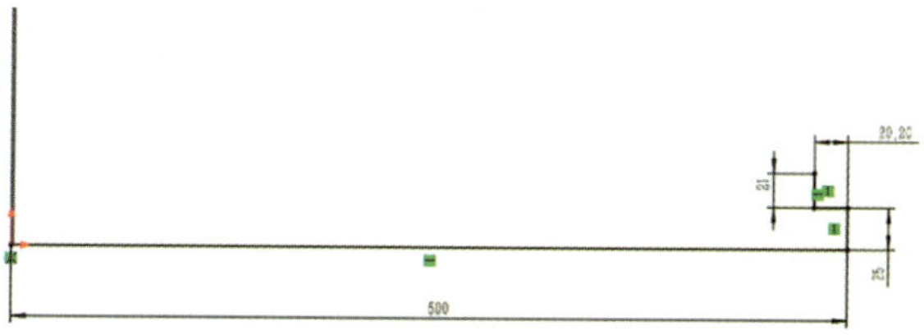 |
| （7）单击等轴测（“标准视图”工具栏）。<br>（8）单击退出草图（草图工具栏）。<br>（9）依次点选四条边。<br>（10）在斜接参数中的法兰位置下单击材料在内。单击 ✔。 | 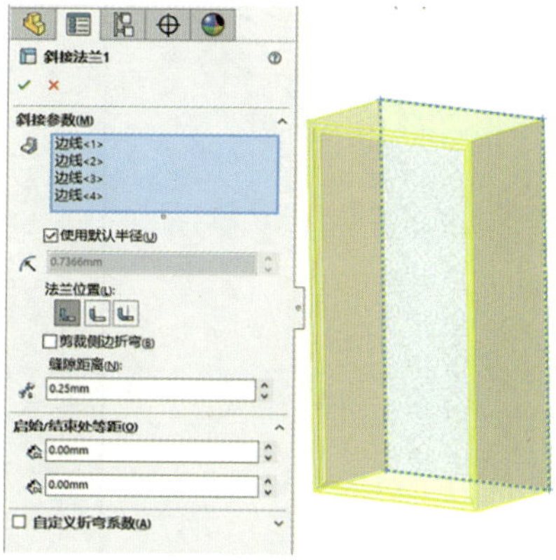 |
| （11）绘制底面穿线孔，并用切除指令去除材料 | 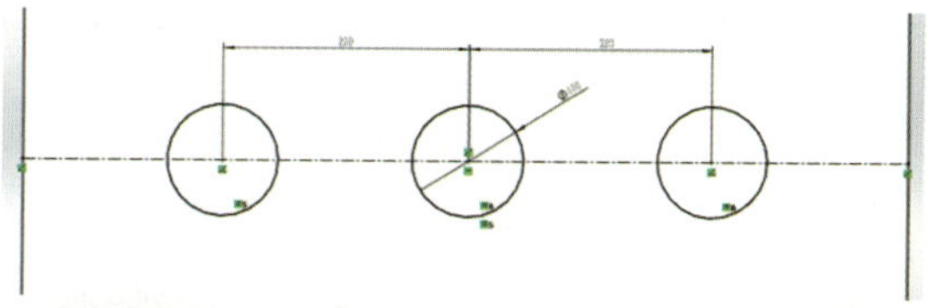<br> |

| 建模步骤 | 图　示 |
| --- | --- |
| 3. 成形工具<br>（1）将成形百叶窗零件添加到设计库中。<br>（2）将成形百叶窗添加到钣金零件中。<br>（3）使用阵列生成多个百叶窗。<br>（4）使用镜像指令生成对称特征。 | 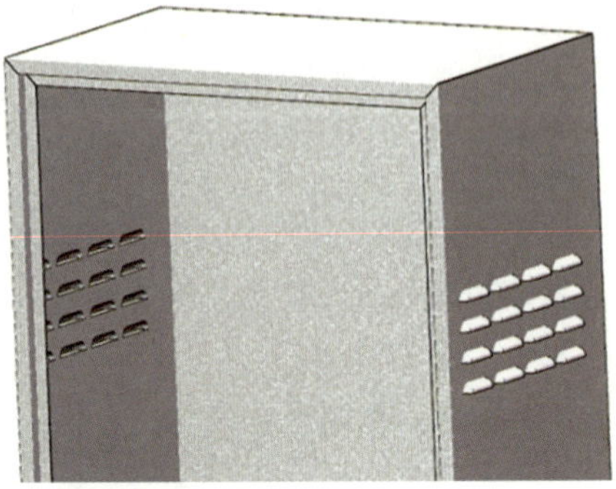 |
| （5）在任务窗格中，单击设计库 选项卡。<br>（6）导航至成形工具文件夹（designlibrary/formingtools/louvers/louver）。<br>（7）右键单击该文件夹并选择成形工具文件夹。如果成形工具文件夹已选定，则可省略该最后一个步骤。<br>（8）如果系统询问是否将所有子文件夹标记为成形工具文件夹，请单击“是”。<br>（9）右键打开“louver”模型。 | 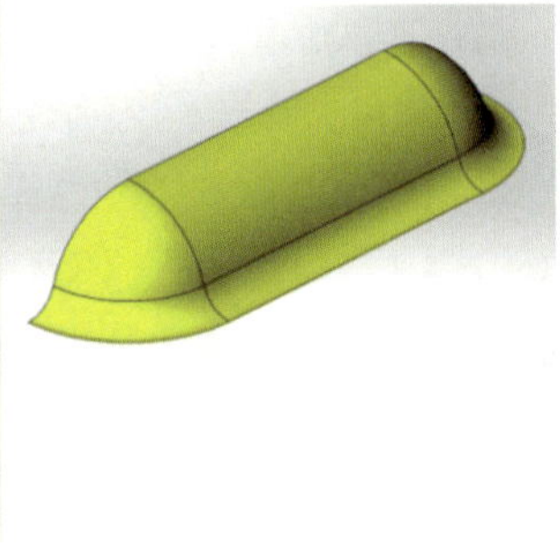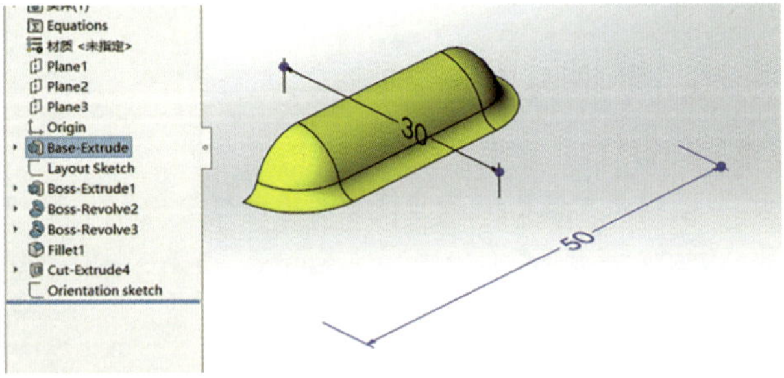 |
| （10）单击“Base-Extrude”特征，修改尺寸 50 变为 100，30 变为 50。 | 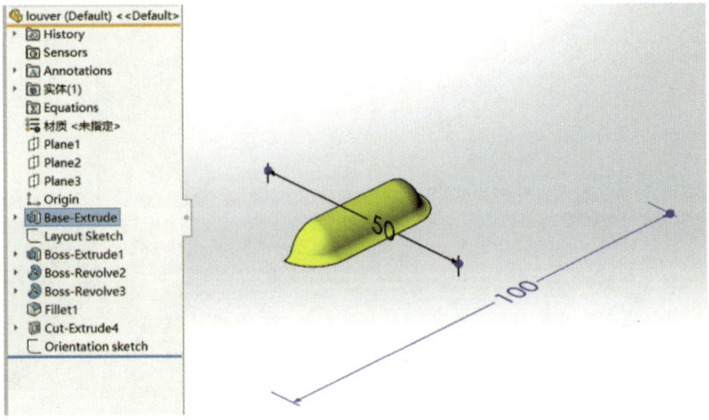 |

<table>
<tr><th>建模步骤</th><th>图　示</th></tr>
<tr><td>（11）单击“LayoutSketch”草图，修改尺寸 32 变为 60，6 变为 10。<br>（12）另存为“百叶窗 1.SLDFTP”。</td><td>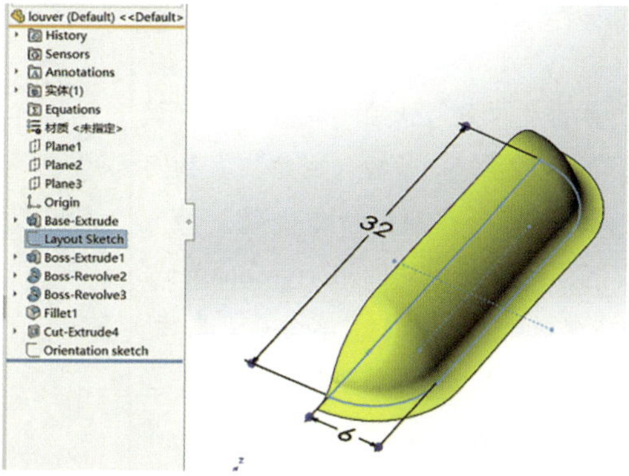

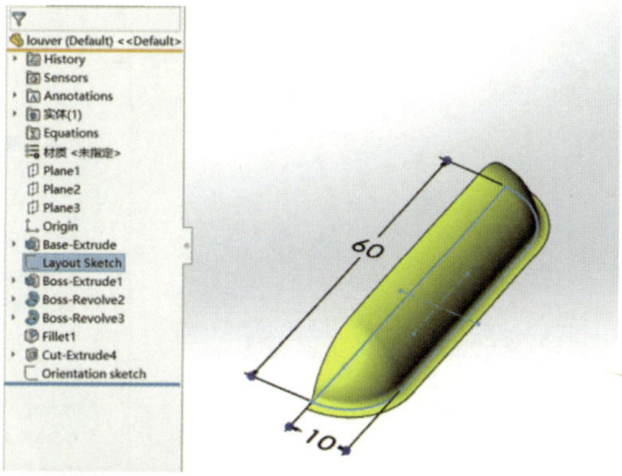
</td></tr>
<tr><td>（13）在任务窗格中，单击设计库选项卡，导航到成形工具/百叶窗。<br>① 左键按住将“百叶窗 1”拖到显示的面上。<br>② 松开左键放置。</td><td>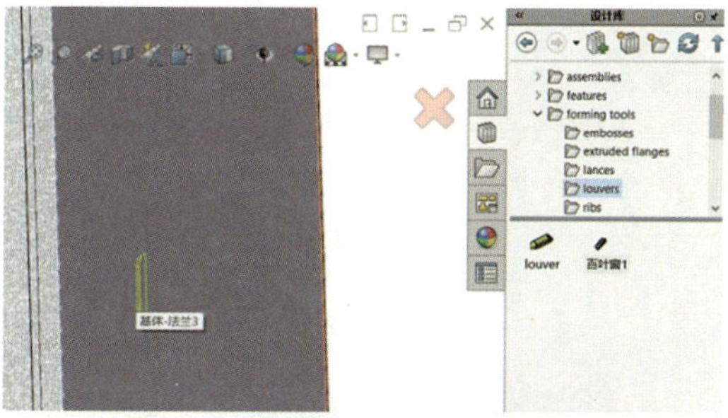
</td></tr>
<tr><td>（14）在 PropertyManager 中，“旋转角度”下，将值设置为 270，然后单击“反转工具”。</td><td>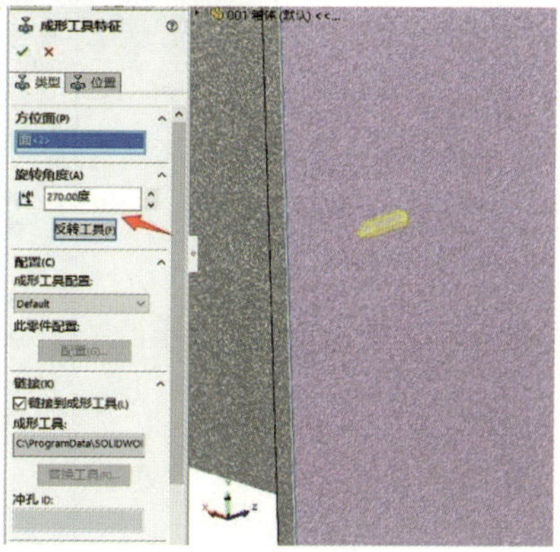
</td></tr>
</table>

<table>
<tr><th>建模步骤</th><th>图　示</th></tr>
<tr><td>（15）单击“位置”选项卡。在图形区域中，选择显示的区域，以插入成形工具的另外两个实例，同时按照所示信息使用尺寸将它们对齐。不要关闭“PropertyManager”。<br>单击“智能尺寸”（“草图”工具栏）或“工具”→“尺寸”→“智能”，如右图所示将点以 300 和 80 的间距进行标注。单击 ✔。</td><td>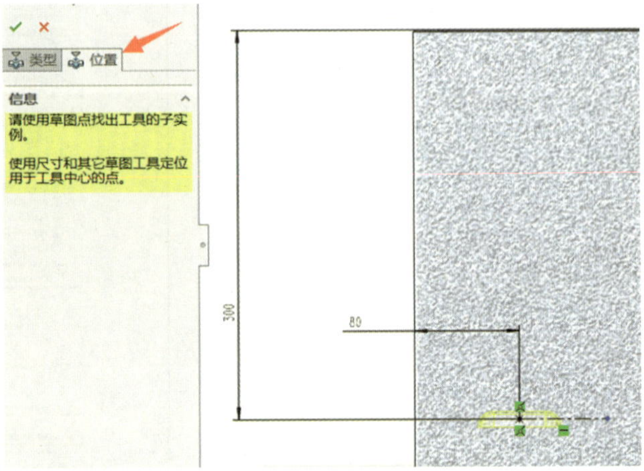
</td></tr>
<tr><td>（16）单击特征中“线性阵列”图标 线性阵列，选择水平和竖直的两条边，按图示设置参数。</td><td>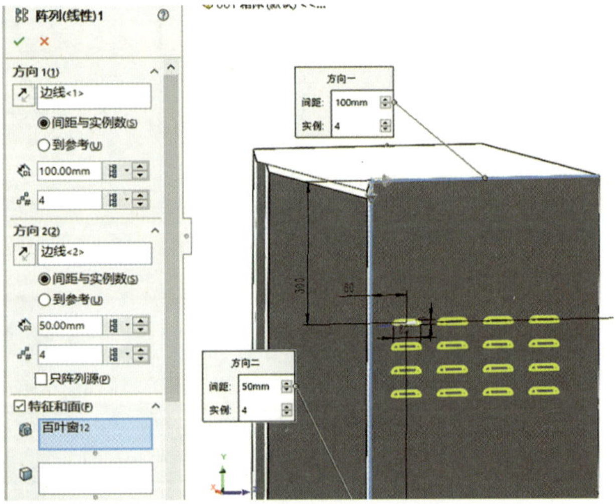
</td></tr>
<tr><td>（17）单击“镜像”（“特征”工具栏）。<br>（18）扩展“FeatureManager”设计树，然后在“PropertyManager”中：<br>① 在“镜向面/基准面”下，为镜向面/基准面选择右视基准面。<br>② 在“要镜向的特征”下，选择要镜像的“阵列（线性 1）”。<br>③ 单击 ✔。</td><td>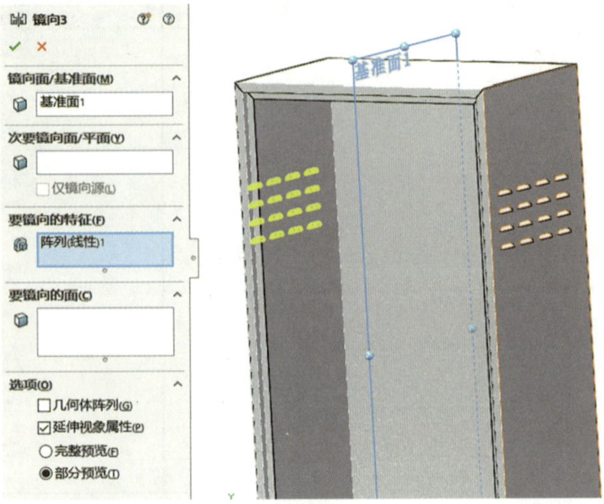
</td></tr>
</table>

续表

| 建模步骤 | 图　示 |
| --- | --- |
| 4. 验证回滚条是否已滚动到末端，然后单击平展（“钣金”工具栏）。<br>此与解除压缩以基体法兰特征所创建的平板形式特征相同。<br>钣金零件展开，并显示所有折弯线。在零件周围看到边界框。边界框是平板形式可在其中适合的最小矩形。<br>要将零件折叠回原状，请再次单击平展。保存零件 | 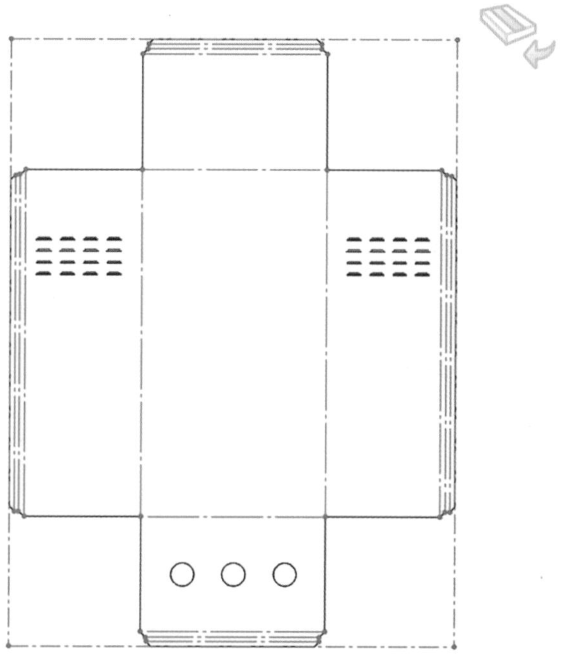 |

2. 电控箱门板建模

电控箱门板，如图 5.1.5 所示，设计步骤见表 5.1.3。

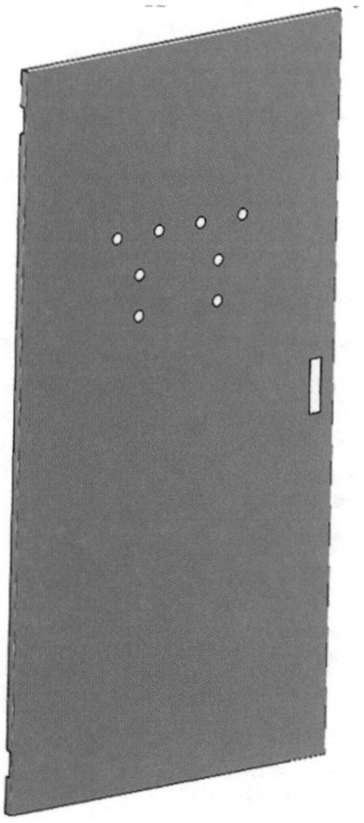

图 5.1.5 门板钣金

门板绘制

表 5.1.3　电控箱门板设计步骤

<table>
<tr><th>建模步骤</th><th>图　示</th></tr>
<tr><td>1. 创建基体法兰<br>（1）打开一个新零件。<br>（2）单击“基体法兰/薄片”（“钣金”工具栏）。</td><td>
</td></tr>
<tr><td>（3）选择前视基准面，在此基准面上打开一张草图。</td><td>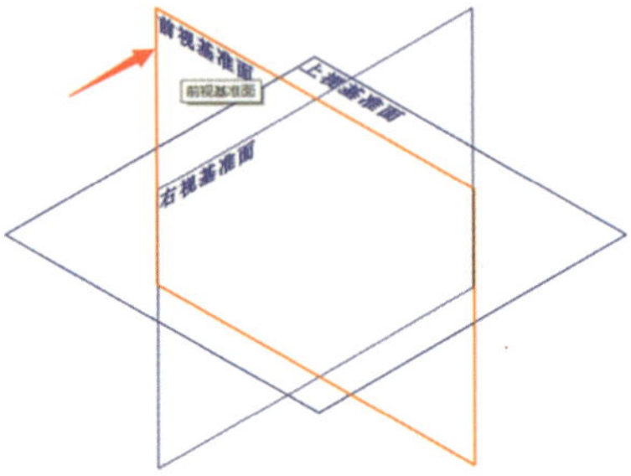
</td></tr>
<tr><td>（4）绘制轮廓并标注尺寸。要绘制中心矩形，其中点位于原点处，单击中心矩形（“草图”工具栏）。在插入矩形“PropertyManager”中的选项下，选择“中心矩形”。单击原点以放置角点或中点，然后再次单击以放置端点。单击退出草图（草图工具栏）。</td><td>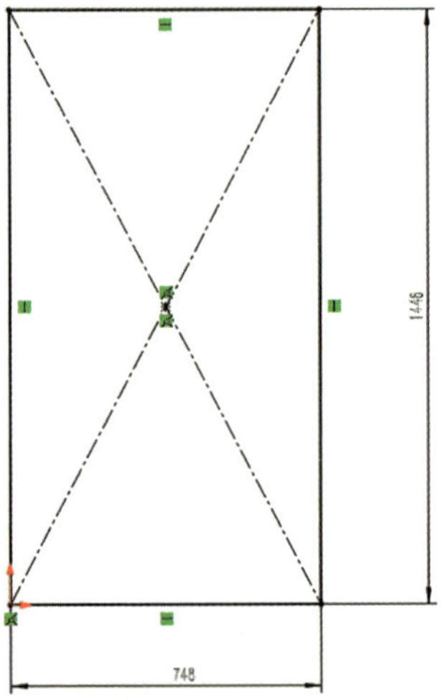
</td></tr>
<tr><td>（5）在钣金参数下：<br>① 将厚度设置为 1.2。<br>② 将折弯半径设置为 1。<br>③ 折弯系数 0.5。<br>④ 单击</td><td>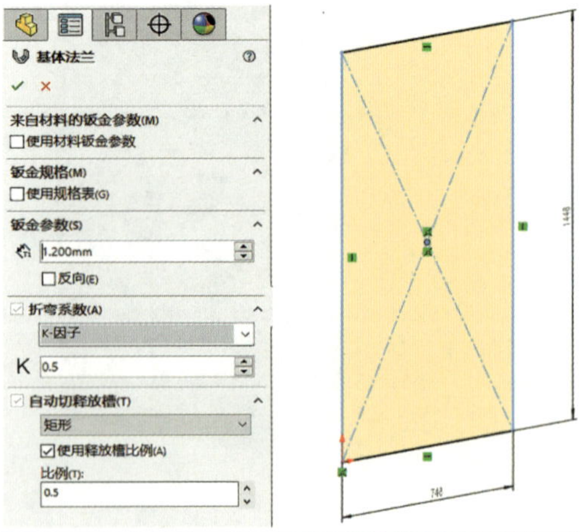
</td></tr>
</table>

<table>
<tr><th>建模步骤</th><th>图　示</th></tr>
<tr><td>2. 添加斜接法兰<br>（1）单击斜接法兰（“钣金”工具栏）。<br>（2）绘制其余直线（“草图”工具栏）<br>（3）单击智能尺寸（“尺寸”/“几何关系”工具栏），然后单击尺寸，如右图所示。<br>（4）单击等轴测（“标准视图”工具栏）。<br>（5）单击退出草图（草图工具栏）。<br>（6）依次点选四条边。<br>（7）在斜接参数中的法兰位置下单击材料在内。单击✓。</td><td>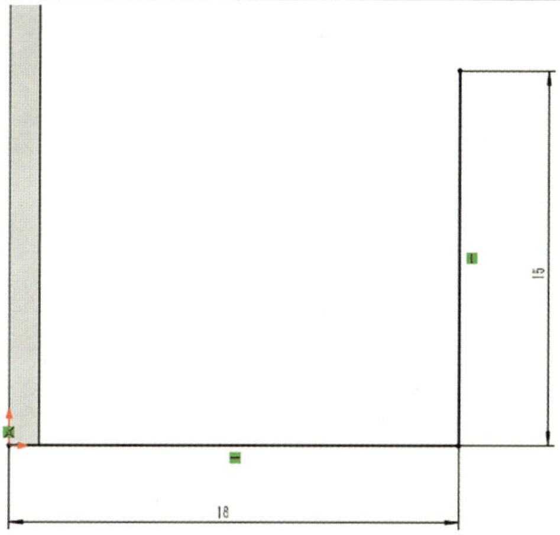

</td></tr>
<tr><td>3. 绘制侧边合页安装孔，并用切除指令去除材料</td><td>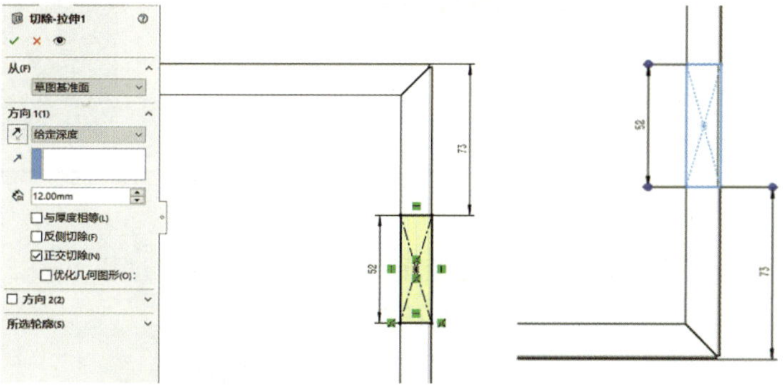
</td></tr>
<tr><td>4. 绘制把手安装孔，并用切除指令去除材料，方向选择“完全贯穿”</td><td>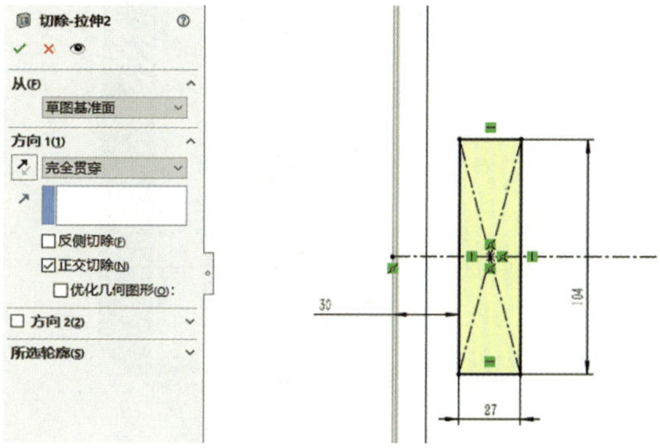
</td></tr>
</table>

| 建模步骤 | 图　示 |
| --- | --- |
| 5. 绘制指示灯、按钮安装孔，并用切除指令去除材料，方向选择“完全贯穿”，注意位置选择顶部中心位置 | 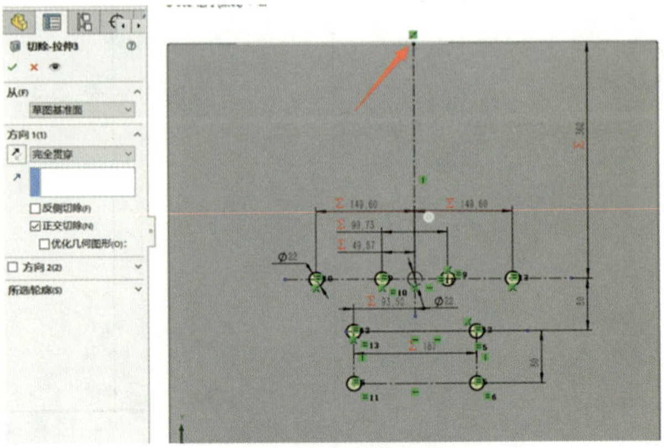 |
| 6. 平展工具<br>验证回滚条是否已滚动到末端，然后单击平展（“钣金”工具栏）。<br>此与解除压缩以基体法兰特征所创建的平板形式特征相同。<br>钣金零件展开，并显示所有折弯线。在零件周围看到边界框。边界框是平板形式可在其中适合的最小矩形。<br>要将零件折叠回原状，请再次单击平展。保存零件 | 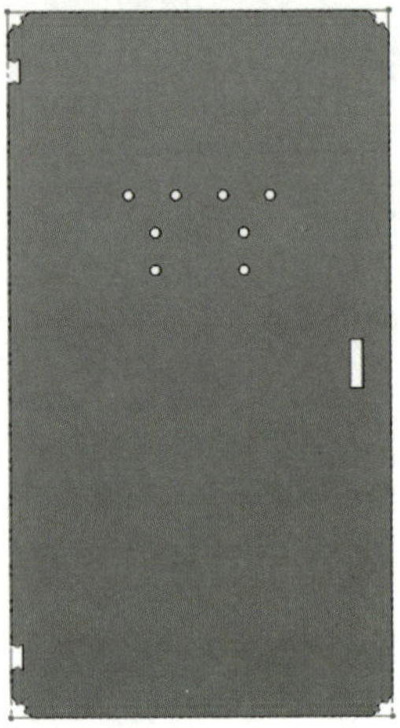 |

3. 装　配

选择合适的元件，完成装配如图 5.1.6 所示，过程见表 5.1.4。

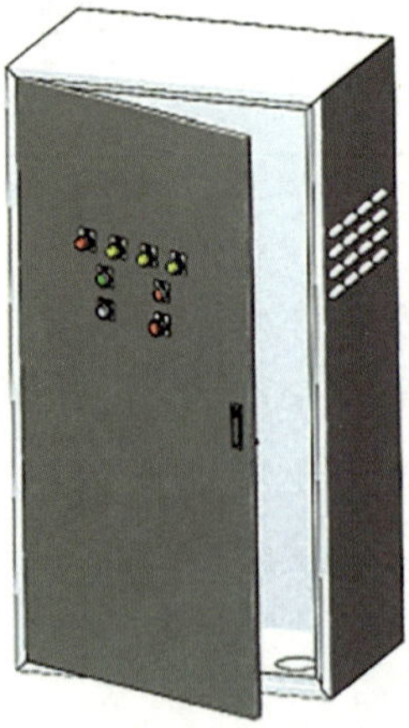

电控箱装配

图 5.1.6　电控箱装配

表 5.1.4　装配过程

| 装配步骤 | 图　示 |
|---|---|
| 1. 单击标准工具栏上的“新建”，单击“装配体”，然后单击“确定” | 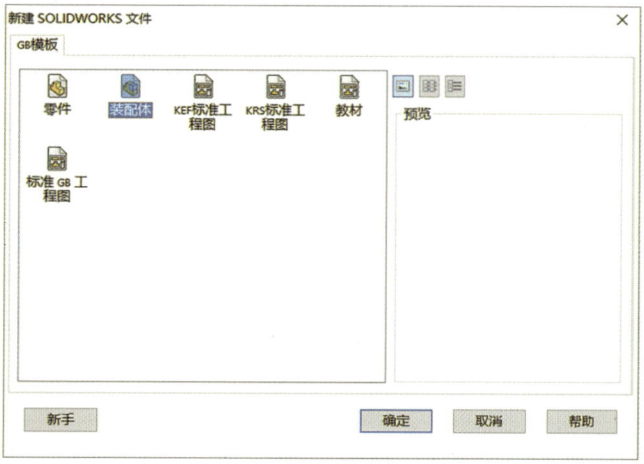 |
| 2. 开始装配体“PropertyManager”随即出现。<br>在要插入的零件/装配体下，选择 001 箱体。<br>001 箱体的预览在图形区域中出现，指针变为。<br>在图形区域中单击以放置 001 箱体。<br>注：单击“PropertyManager”中的保持可见，以插入多个零部件，而无须重新打开“PropertyManager” | 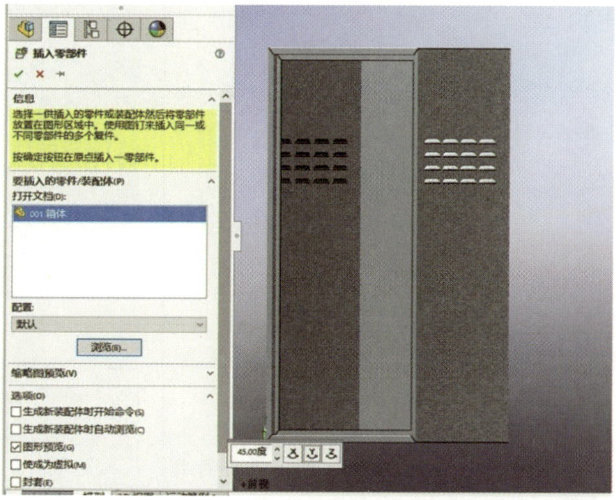 |
| 3. 单击装配体选项卡中零件/装配体按钮，在“PropertyManager”中的要插入的零件/装配体下，选择“合页 A”。<br>在图形区域中单击，将合页 A 放在 001 箱体旁边，单击。 |  |

| 装配步骤 | 图　示 |
|---|---|
| 4. 单击配合（装配体工具栏）。<br>配合“PropertyManager”随即出现。<br>在图形区域中选择合页 A 的底面，然后选择 001 箱体凹槽部的唇部内平面。在配合弹出工具栏中：<br>单击重合作为配合类型。<br>单击 。重合配合出现在“PropertyManager”中的配合下。<br>配合弹出工具栏出现，零部件移动到位，预览配合 | 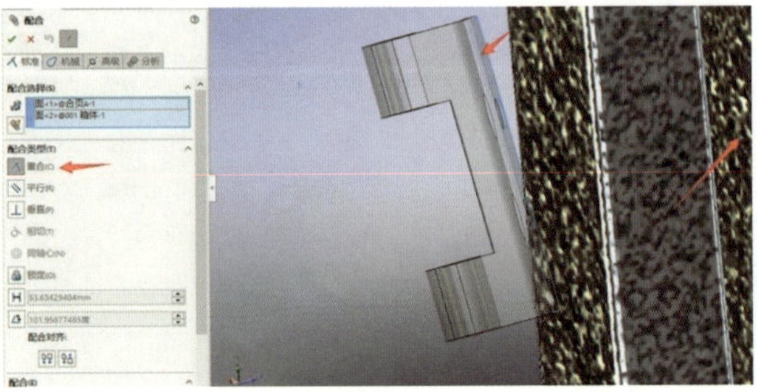 |
| 5. 移动零部件以测试自由度：<br>在图形区域中，单击合页 A 零部件并按住鼠标右键。拖动零部件以观察可用的自由度 | 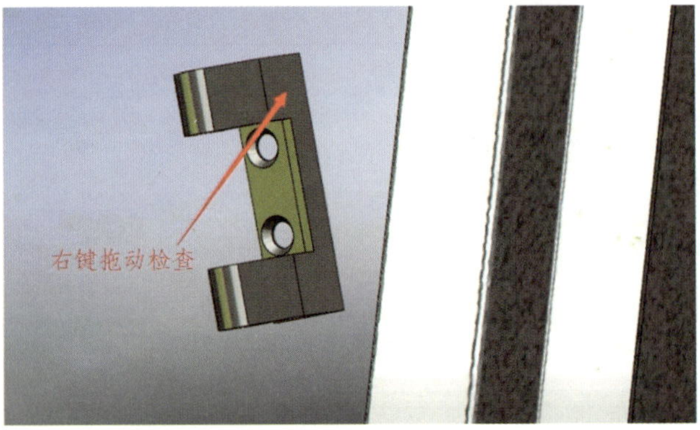 |
| 6. 添加更多的配合：<br>重复步骤 4 到 5，但选择两个零部件的侧表面，再添加一个重合配合。单击重合作为配合类型。单击 | 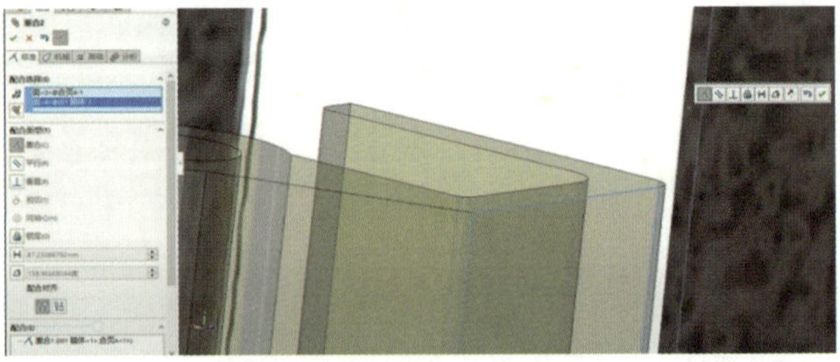 |
| 7. 选择合页 A 的顶面，然后选择 001 箱体上的顶应面。默认两个面为重合配合 | 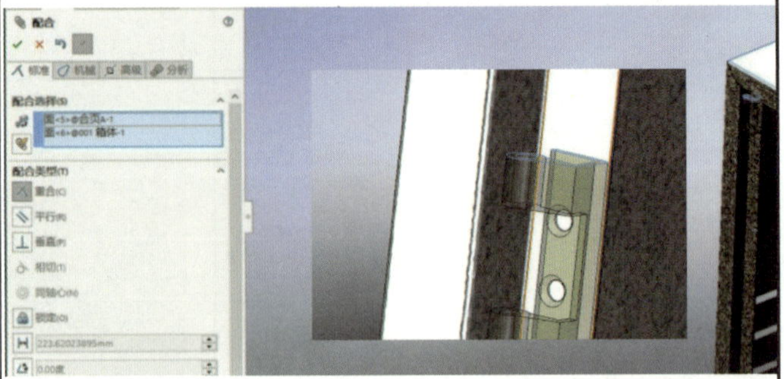 |

| 装配步骤 | 图　示 |
| --- | --- |
| 8. 点选“PropertyManager”中的配合下距离配合，修改尺寸为 100 | 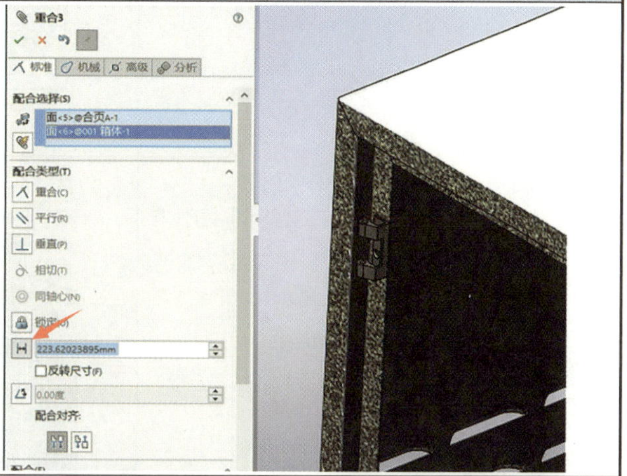 |
| 9. 单击装配体选项卡中“零件/装配体”按钮，在“PropertyManager”中的要插入的零件/装配体下，选择合页 B。<br>在图形区域中单击，将合页 B 放在合页 A 旁边，单击 ✔。<br>添加合页 B 顶面与合页 A 内顶面重合配合；添加合页 B 圆柱面与合页 A 圆柱面同心配合 | 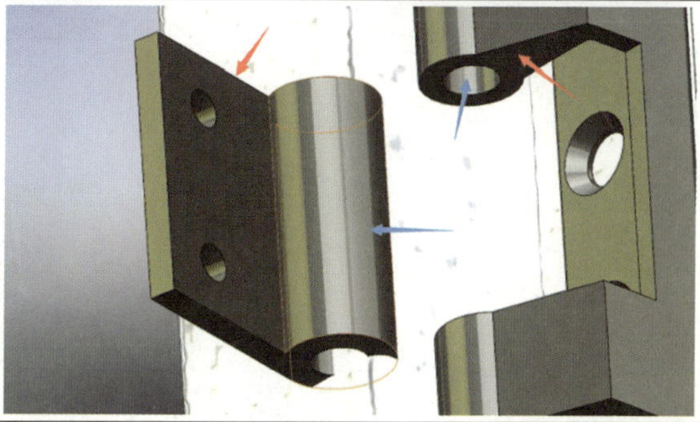 |
| 10. 切换配合类型 高级 高级配合，在“PropertyManager”中选择角度限制配合，选择合页 B 内表面和 001 箱体凹槽部的唇部内平面，最小角度限制改为 0，最大角度限制改为 95 | 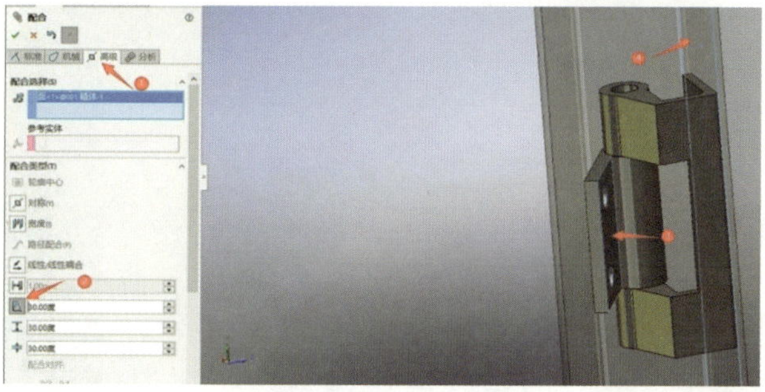 |
| 11. 单击装配体选项卡中“线性零部件阵列”按钮 线性零部件阵列，方向选择模型中一条竖直的边线，在要阵列的零部件中选择合页 A 和合页 B。然后单击 ✔ | 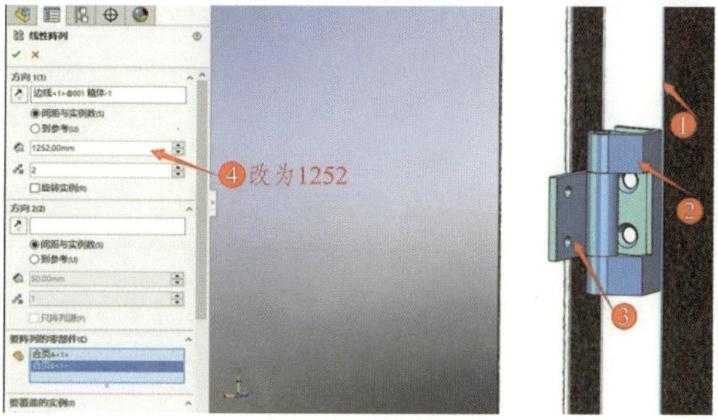 |

续表

| 装配步骤 | 图　示 |
|---|---|
| 12. 如果阵列方向不对，重新编辑线性阵列，在方向条目下选择 切换方向，然后单击 ✔ |  |
| 13. 插入零件 002 柜门，通过常按右键旋转到适合配合的位置 | 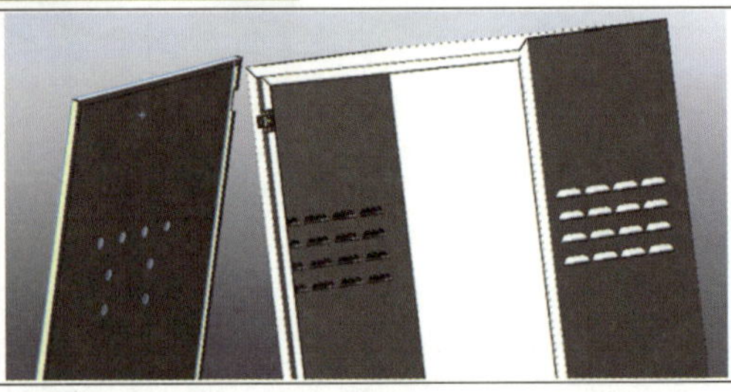 |
| 14. 添加合页 B 与柜门内表面重合配合，移动柜门平移检查配合，然后单击 ✔ | 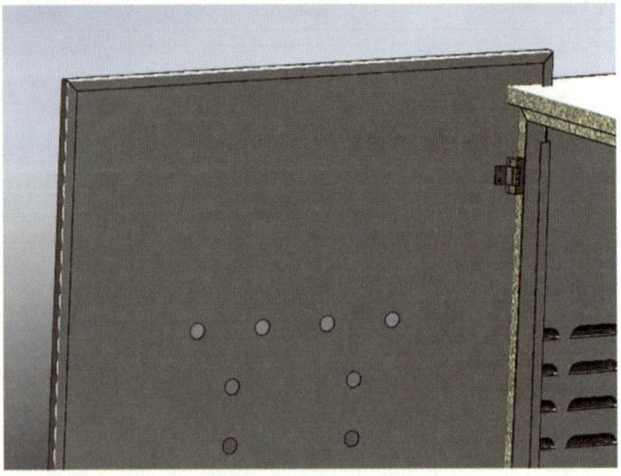 |
| 15. 切换配合类型 高级 高级配合，在 "PropertyManager" 中选择角度限制配合 ，在宽度选择里点选 002 柜门上下表面和在薄片选择里点选 001 箱体凹槽部的唇部上下平面，然后单击 ✔。<br>注：宽度选择和薄片选择可以互换模型 | 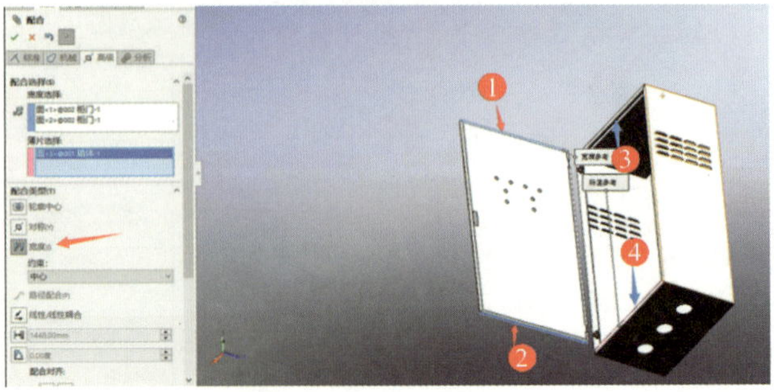 |

| 装配步骤 | 图　示 |
|---|---|
| 16. 切换配合类型为标准重合配合，选择合页 B 端面和门板内表面，距离改为 27.3，然后双击 ✔ 退出配合 | 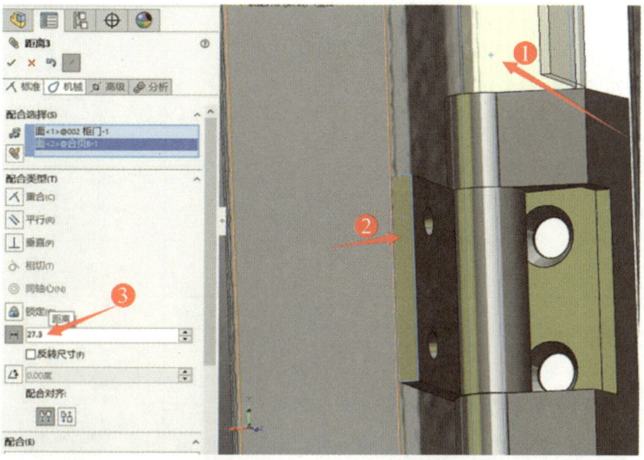 |
| 17. 插入门锁零件，通过常按右键旋转到适合配合的位置 |  |
| 18. 通过添加门锁与柜门间三个对应面的重合配合完成门锁的安装 | 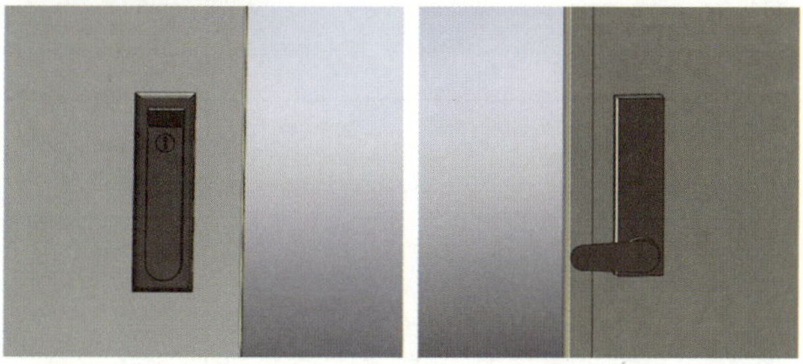 |
| 19. 通过按住 CTRL 键，可多选四个指示灯同时打开 | 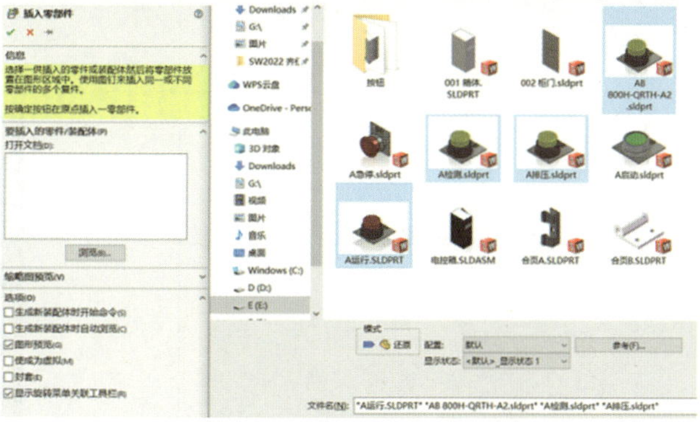 |

| 装配步骤 | 图　示 |
|---|---|
| 20. 可选单个完成配合；也可以采用多配合模式进行快速配合 | 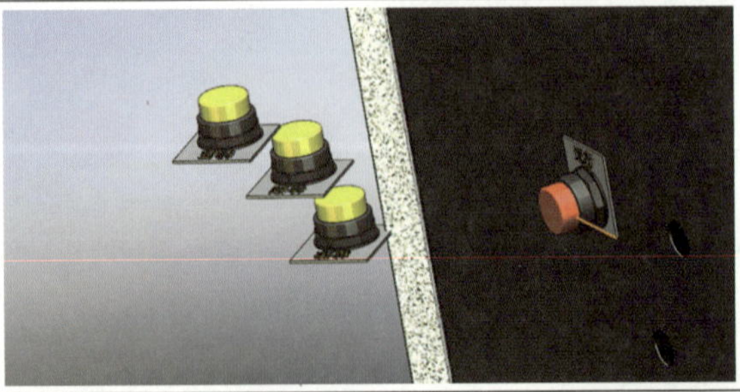 |
| 21. 多配合模式<br>（1）点选配合（装配体工具栏）。<br>（2）选择多配合模式。<br>（3）在要配合实体框选中选中门板外表面。<br>（4）在多配合模式框中依次点选四个指示灯下表面进行重合配合 |  |
| 22. 重复上一步的（1）和（2），继续多配合模式<br>（1）在要配合实体框选中选中门板侧表面。<br>（2）在多配合模式框中依次点选四个指示灯侧表面进行平行配合 | 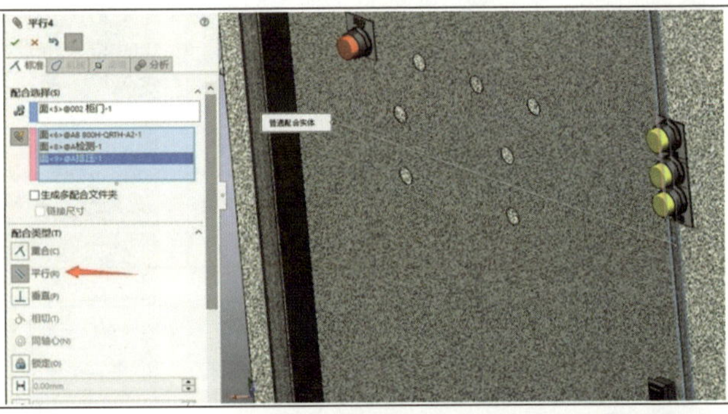 |
| 23. 添加指示灯与柜门上四孔圆孔面同轴心配合。<br>移动柜门平移检查配合，然后单击 | 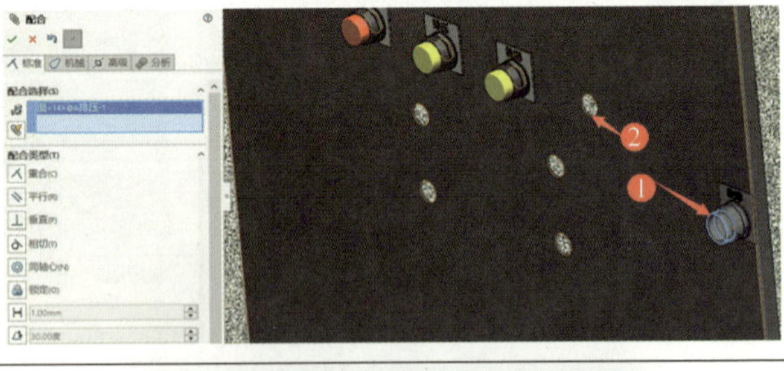 |
| 24. 利用同样的方法添加四个按钮并按照图示位置排序 | 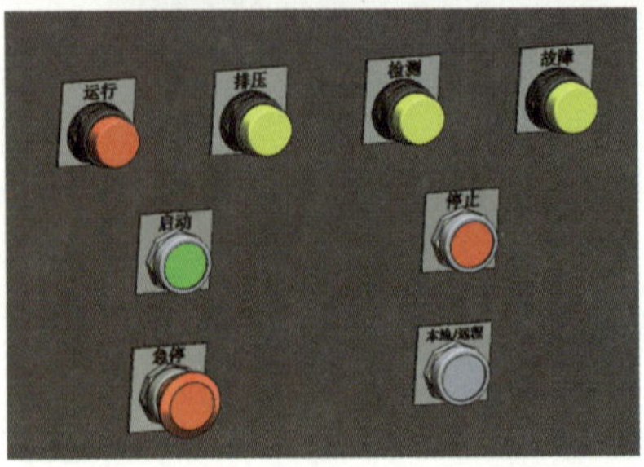 |

| 装配步骤 | 图示 |
|---|---|
| 25. 通过更改零部件的显示设置并在显示状态中保存设置。<br>在“FeatureManager”设计树顶部，在选项卡的右侧单击展现显示窗格>。<br>“显示窗格”展示每个零部件不同的显示设定（外观、透明度等）。<br>右键单击“显示窗格”中的任意位置，然后单击添加显示状态 | 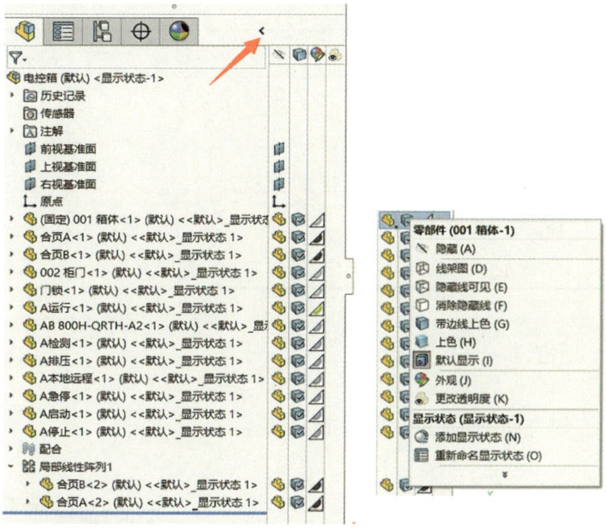 |
| 26. 输入新名称，然后按 Enter 键。<br>在“FeatureManager”设计树中，将指针移至 001 箱体上，然后：将指针移至显示模式列。当指针变成时，在单击后选择隐藏线可见。单击隐藏显示窗格<。右键单击>，然后单击“显示状态-1”。<br>装配体返回到其原始显示状态 | 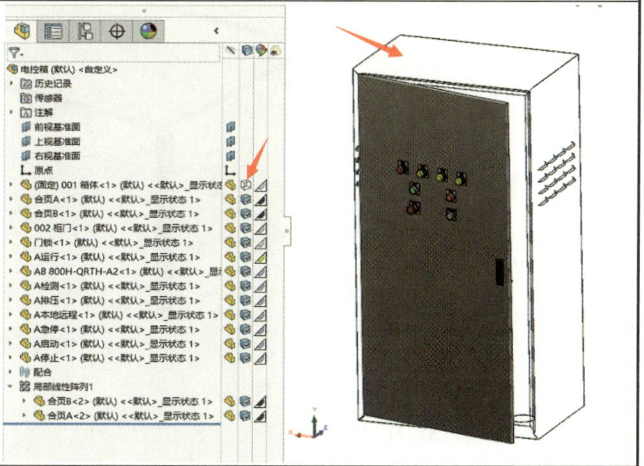 |
| 27. 将装配体保存为“电控箱”.sldasm 扩展名会自动添加到文件名上。单击保存所有和重建并保存文档 | 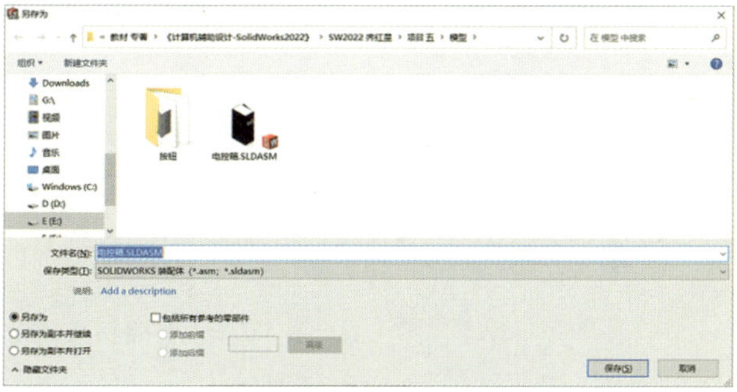 |

# 任务 5.2 电控箱支架设计

| 任务目标 | 任务内容 |
| --- | --- |
| 1. 练习跟随思维导图和教学视频建模； | 1. 创建空间草图、Tab 键用法； |
| 2. 学会焊接件设计方法； | 2. 标记尺寸； |
| 3. 分析支架能否足够支撑电控箱； | 3. 创建镜像线； |
| 4. 增强焊接件结构； | 4. 选择焊接件； |
| 5. 会拓展焊接件结构 | 5. 新建焊接件 |

## 5.2.1 任务导入

建立如图 5.2.1 所示的模型。

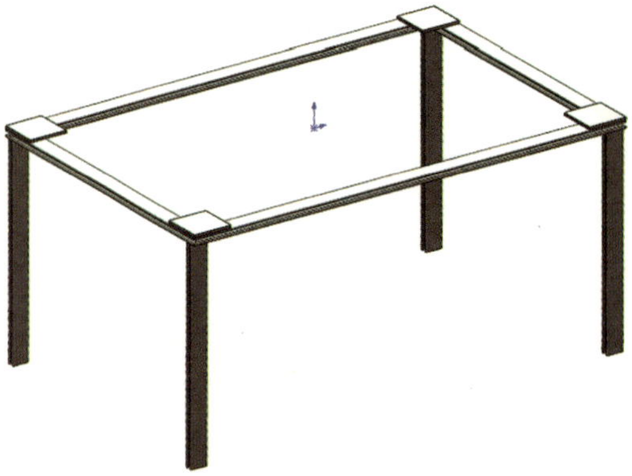

图 5.2.1 电控箱支架

## 5.2.2 任务分解

任务分解如图 5.2.2 所示。

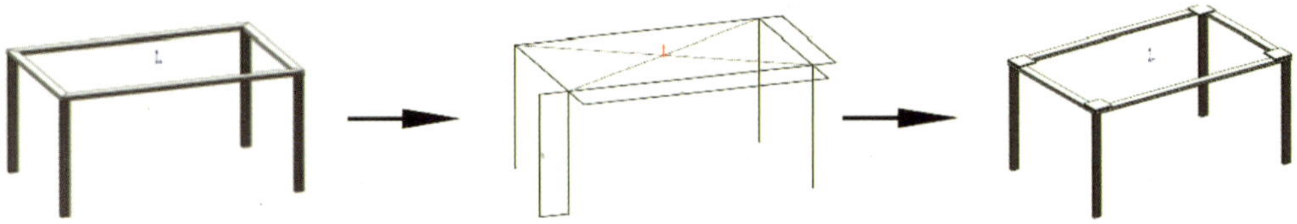

图 5.2.2 电控箱支架建模任务分解

## 5.2.3 思维导图

思维导图如图 5.2.3 所示。

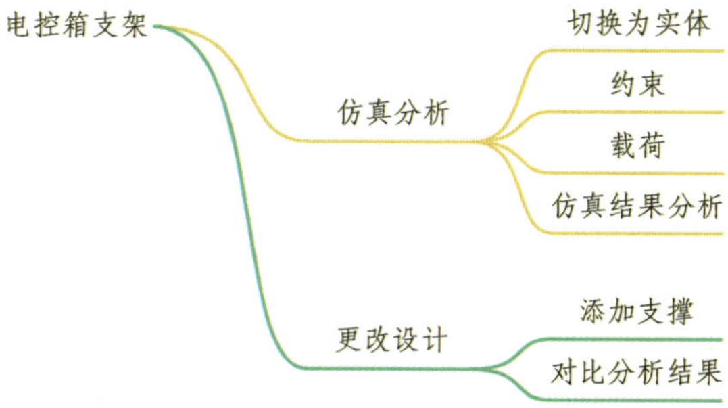


图 5.2.3　电控箱支架建模思维导图

## 5.2.4　相关知识

可以使用 2D 和 3D 草图定义焊件结构的基本框架，然后创建包含草图线段组的结构构件（见图 5.2.4）。也可用焊件工具栏上的工具添加诸如角撑板和顶端盖等项。

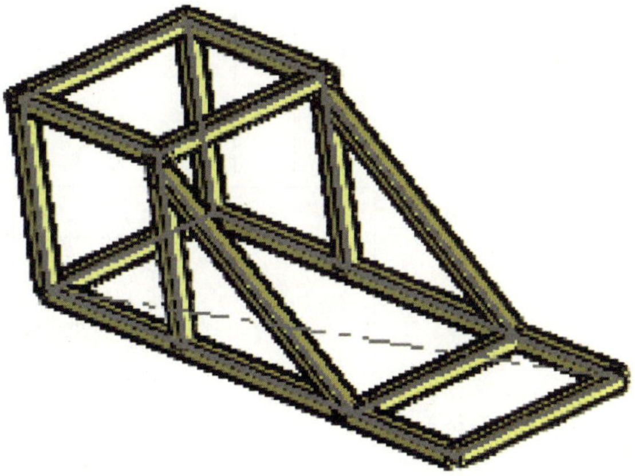

图 5.2.4　结构构件

在零件中创建第一个结构构件时，将创建焊件特征并将其添加到“FeatureManager”设计树中。可以在“ConfigurationManager”中创建两个默认配置：父配置默认“按加工”和衍生配置默认“按焊接”。

根据不同文档，可以取消“按焊接”配置的自动创建。在将焊件添加到新文档前，单击选项（“标准”工具栏）。在文档属性的焊件页面，清除生成派生配置。

可将结构构件的多个焊件配置文件配置为库特征。可以添加结构构件的不同配置，并将其保存为库特征的一个配置文件。例如，无须将 50 个单独的库特征文件用于方管道尺寸，只需使用一个具有 50 个配置的库特征文件即可实现，可以通过设计表控制这些配置。

在创建或编辑结构构件时，可以在结构构件“PropertyManager”中选择经过配置的库特征。

## 5.2.5　任务实施

电控箱支架建模步骤见表 5.2.1。

表 5.2.1 电控箱支架建模步骤

| 建模步骤 | 图示 |
| --- | --- |
| 1. 显示“焊件”工具栏，单击“视图”→“工具栏”→“焊件”。<br>单击“3D 草图” （“焊件”工具栏） |  |
| 2. 创建草图。<br>（1）单击中心矩形 在 *XY* 平面 上从原点开始绘制长 800 宽 500 的矩形。<br>（2）单击直线 （“草图”工具栏），按 Tab 键将草图基准面切换到 *YZ* 基准面 。在 4 个角点沿 *Z* 轴 向下开始绘制 4 条 400 长的直线 | 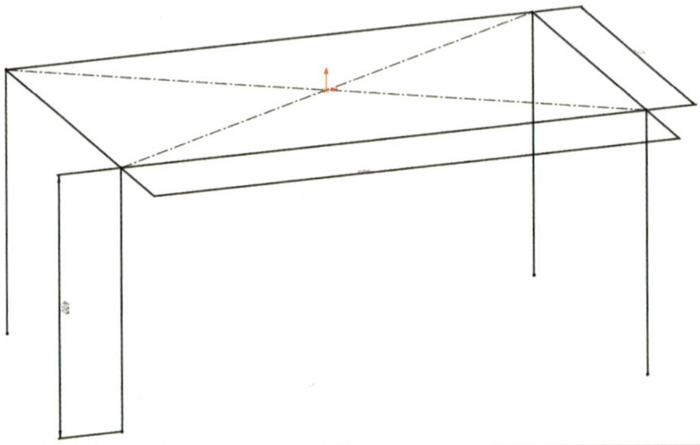 |
| 3. 选择材料。<br>（1）单击结构构件 （“焊件”工具栏）。在“PropertyManager”中，单击 。在选择下：<br>（2）在“标准”中选择“GB3D 型材库”，在类型中选择“铝合金型材”，在“大小”中选择“铝型材截面 HM-6-1530-” | 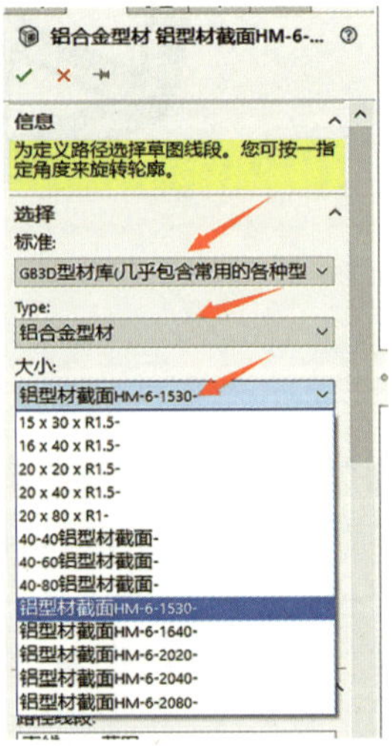 |
| 4. 在组中单击，然后选择显示的四条边线以创建组 1 | 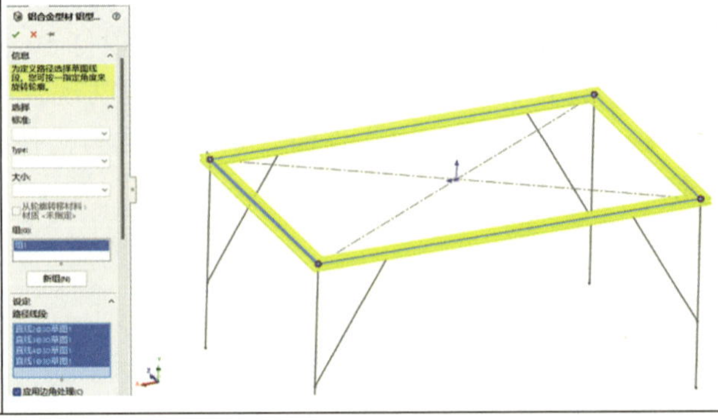 |

续表

| 建模步骤 | 图示 |
| --- | --- |
| 5. 创建组 2<br>（1）单击新组。<br>（2）为路径线段选择所示的四条边线以创建组 2 |  |
| 6. 选择顶面建立拉伸特征，创建以角点为顶点的边长为 70 的正方形 | 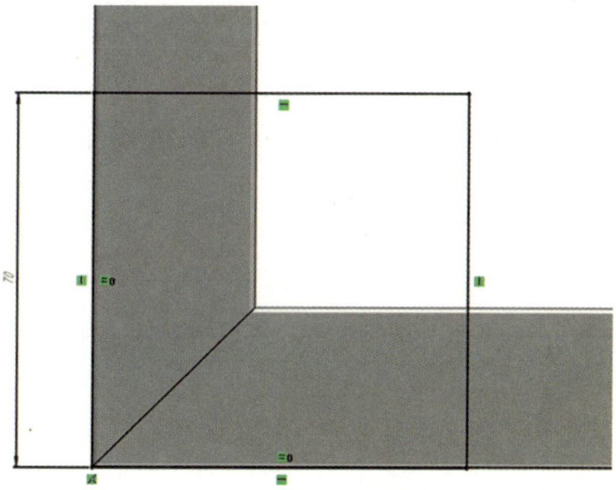 |
| 7. 向上拉伸距离设为 5 | 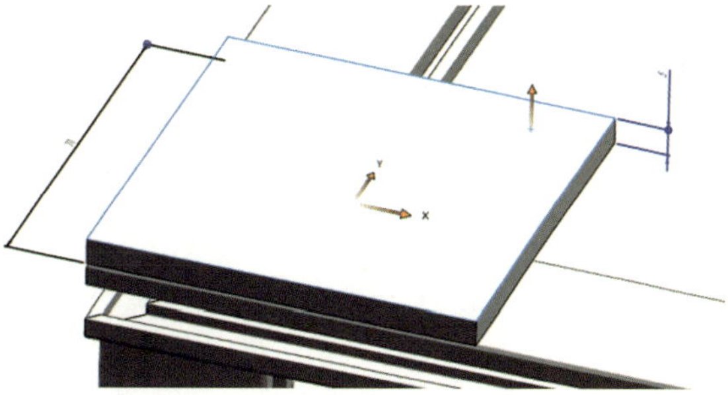 |
| 8.<br>（1）单击镜像（“特征”工具栏）。<br>（2）选择“前视基准面”作为镜像面/基准面，选择“右视基准面”作为次要镜像面/基准面。<br>（3）单击要镜像的实体，然后单击框架上的平板 | 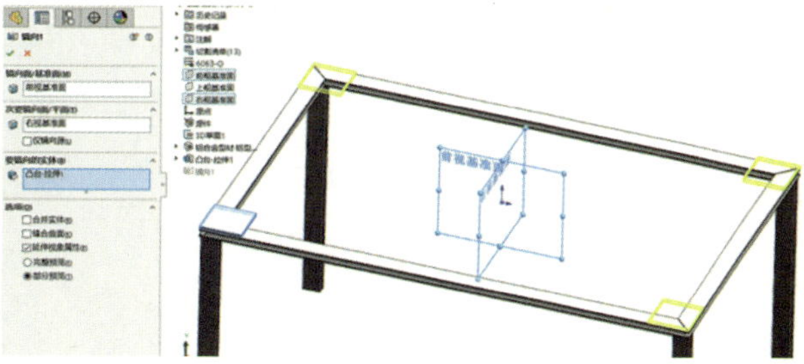 |

| 建模步骤 | 图　示 |
|---|---|
| 9. 单击 ✔。单击等轴测（“标准视图”工具栏），框架完成 | 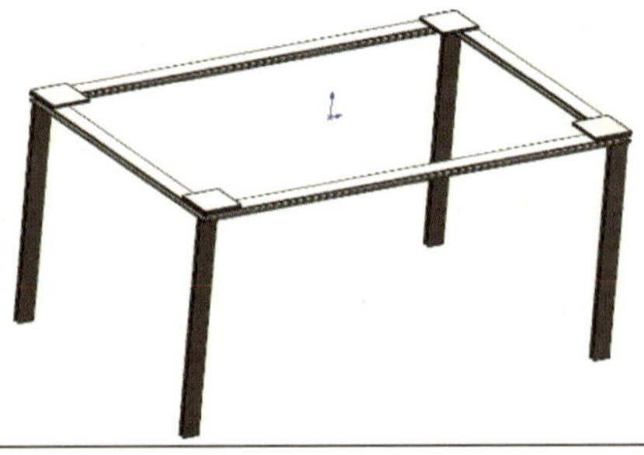 |
| 10. 右键点击“编辑材料”（“FeatureManager”设计树中），材料对话框出现。单击应用，然后单击关闭。添加材质为“6063-O”。<br>指定的材料名称显示在“FeatureManager”设计树中 | 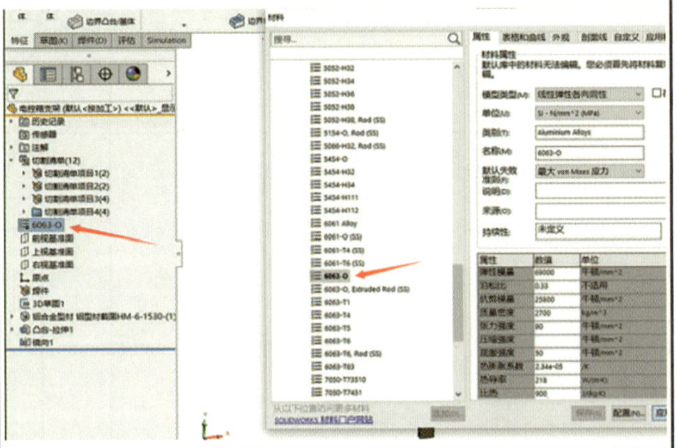 |

# 任务 5.3 更好的设计

| 任务目标 | 任务内容 |
|---|---|
| 1. 学会指派材料至零件生成静态分析算例；<br>2. 学会查看静态分析的基本结果；<br>3. 了解评估设计的安全性、进行变形设计 | 1. 焊接件切换为实体；<br>2. 应用固定约束和压力载荷；<br>3. 运行算例、仿真结果分析；<br>4. 对比分析结果；<br>5. 生成算例报告 |

## 5.3.1 任务导入

分析图 5.2.1 所示电控箱支架模型，通过结构的修改，优化支架结构强度，参考图 5.3.1。

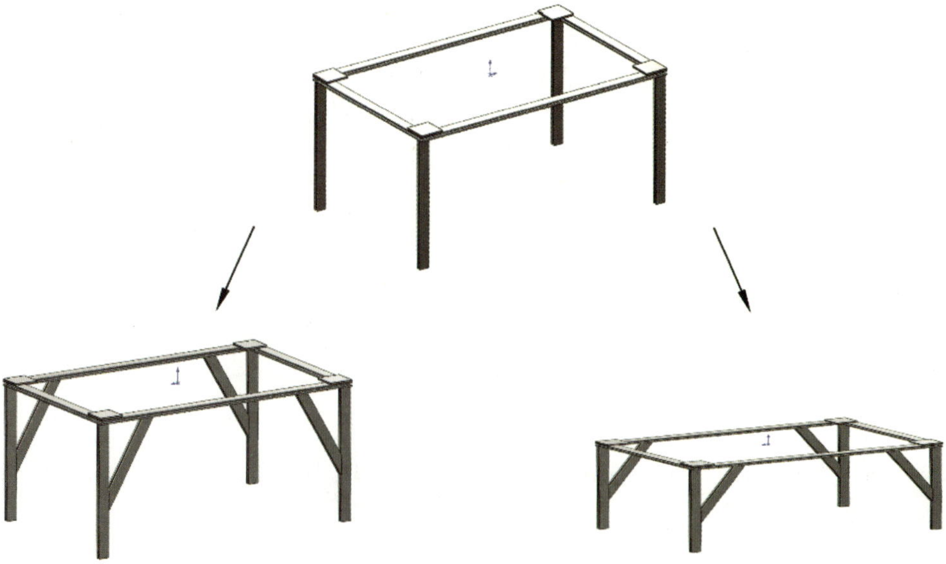

图 5.3.1 强化电控箱机构示意

## 5.3.2 任务分解

任务分解如图 5.3.2 所示。

图 5.3.2 强化电控箱支架任务分解

## 5.3.3 思维导图

思维导图如图 5.3.3 所示。

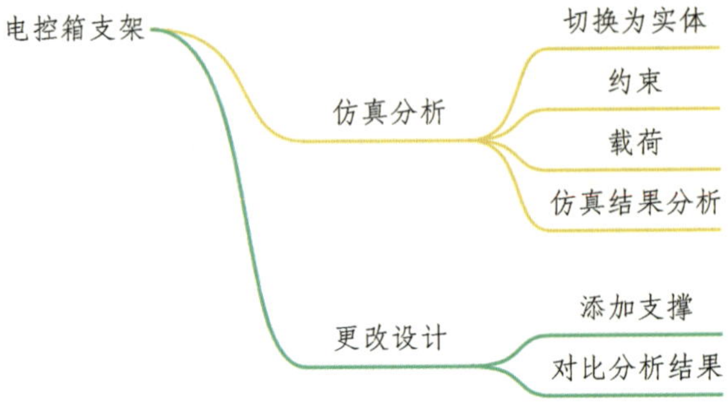


图 5.3.3 强化电控箱支架思维导图

## 5.3.4 相关知识

FEA 即有限单元法，是一种求解关于场问题的一系列偏微分方程的数值方法。

例如，要测量从家到邮箱的砖石小路的长度，可以将小路划分成一段一段的线段，再用直尺测量每一段的长度，然后相加，就能完成，如图 5.3.4 所示。

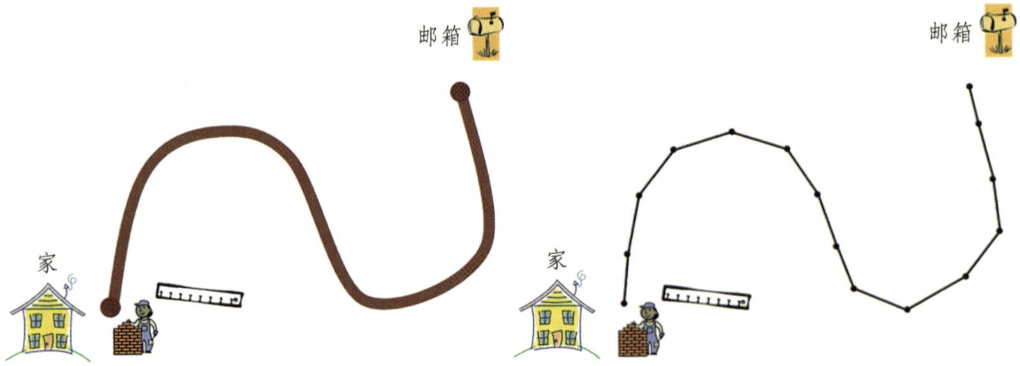


图 5.3.4 FEA 分析方法

FEA 被应用到许多工程学科，如机械设计、声学、电磁学、岩土力学、流体力学等上。在机械工程中，它被广泛地应用在结构，振动和传热问题上。FEA 可以解决从简单到复杂的各种问题，具体步骤如图 5.3.5 所示。

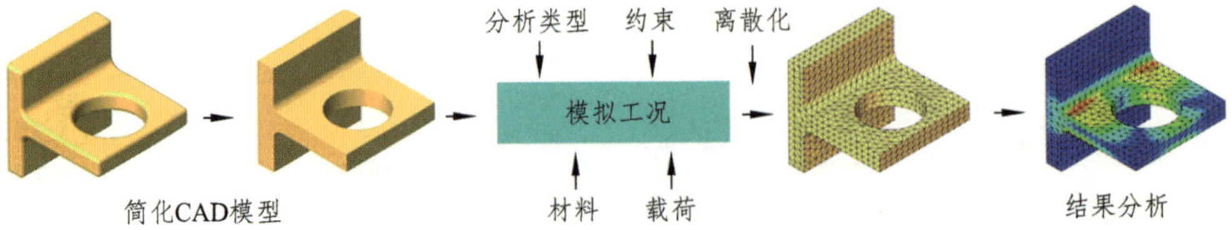


图 5.3.5 模型分析步骤

## 5.3.4 任务实施

强化电控箱支架设计步骤见表 5.3.1。

电控箱支架仿真

表 5.3.1 强化电控箱支架步骤

| 建模步骤 | 图 示 |
| --- | --- |
| 1. 创建算例。<br>（1）单击新建算例（Simulation Command Manager）。<br>（2）在常规仿真下单击静态。<br>（3）在“PropertyManager”中的名称下，输入算例-1。单击 ✔ 。<br>（4）将在“Simulation”算例树中生成算例。请注意，算例树中零件上的复选标记表示已指派了材料 | 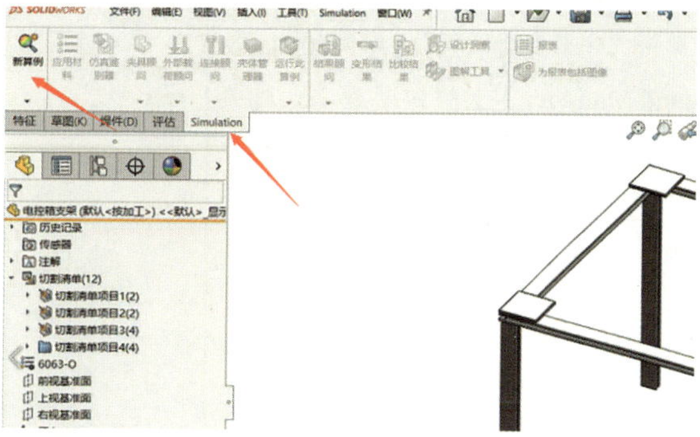 |
| 2. 在分析的特征树中，右键单击零件名称，在弹出的菜单中，点击“将所有实体视为实体”（目的是把所有的焊接件变为实体） | 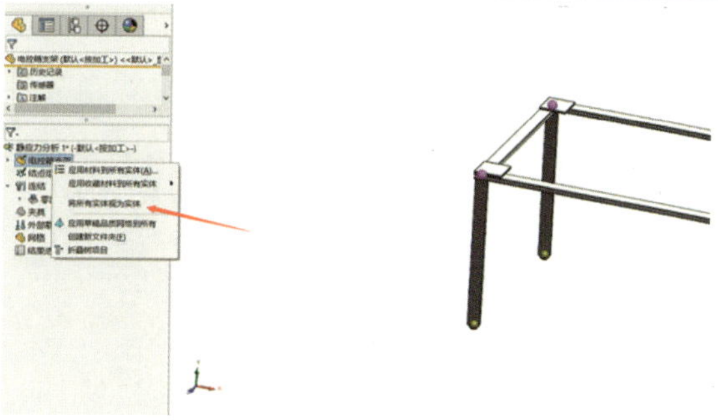 |
| 3. 生成夹具。<br>（1）单击“夹具顾问”上的向下箭头并选择固定几何图形，或右键单击算例树中的夹具并选择固定几何图形。夹具“PropertyManager”随即出现。<br>（2）在图形区域中，单击 4 个立柱的底面（如右图所示）。面<1>～面<4>出现在夹具框的面、边线、顶点中。然后单击 ✔ 。<br>（3）将固定 4 个底面，并在 Simulation 算例树的夹具文件夹中生成一个名为“夹具-1”的图标 | 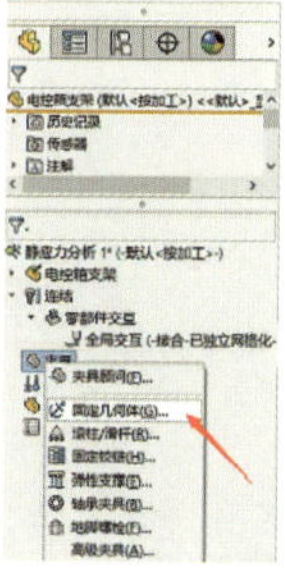<br>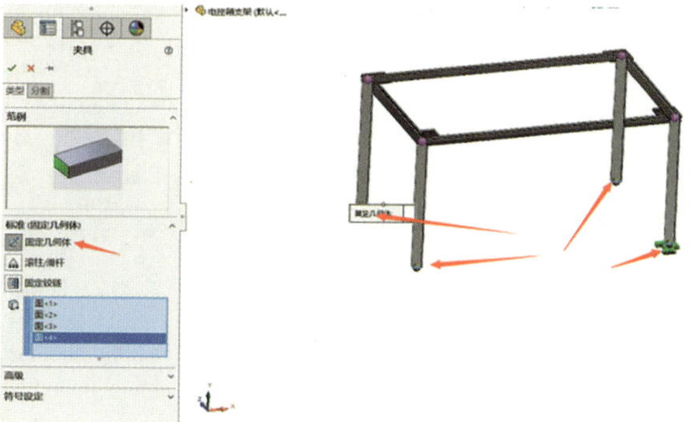 |

| 建模步骤 | 图　示 |
|---|---|
| 4. 单击“外部载荷顾问”（Simulation Command Manager）上的向下箭头，选择力 力(F)...，或右键单击 Simulation 算例树中的外部载荷，然后选择力 力(F)... | 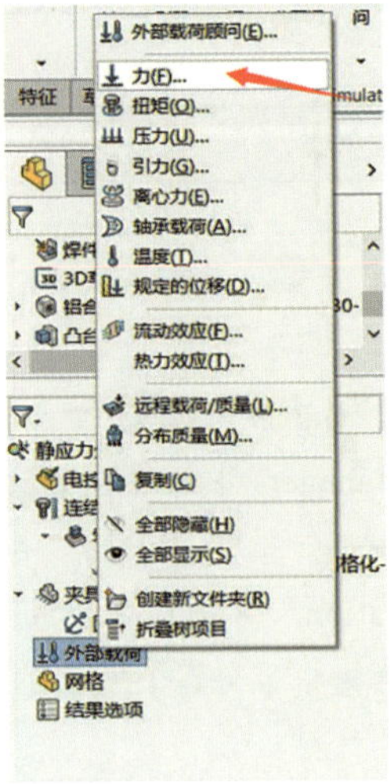 |
| 5. 在 PropertyManager 中类型选项卡的类型下，单击四个方板的上平面。<br>在图形区域中，为力的面选择所示的面。在压力值下，在单位中选择 SI，然后键入 2000 作为力值，单击 ✔。<br>施加应力 2 000 N，并在 Simulation 算例树的外部载荷文件夹内生成一个名为力-1 的图标。 |  |
| 6. 单击运行此算例（Simulation Command Manager）。<br>分析将会运行，并且结果文件夹将出现在 Simulation 算例树中 | 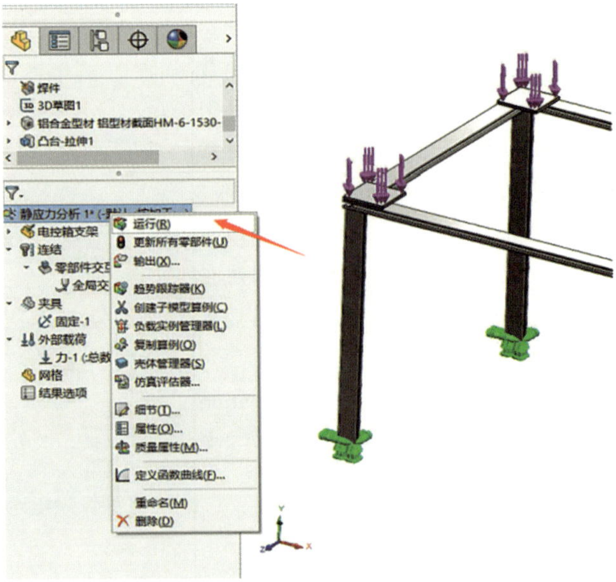 |

| 建模步骤 | 图示 |
|---|---|
| 7. 算例运行中，系统自动进行网格划分并开始迭代运算 | 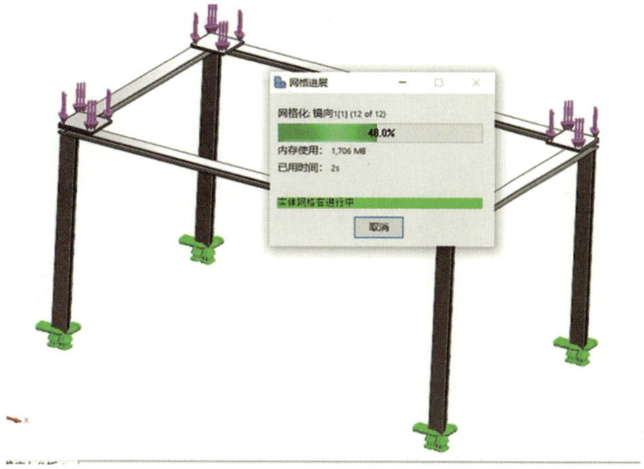 |
| 8. 在 Simulation 算例树中，打开结果文件夹，双击应力 1（-vonMises-）以显示图解。观察最大应力位置，已超出材料许用应力 | 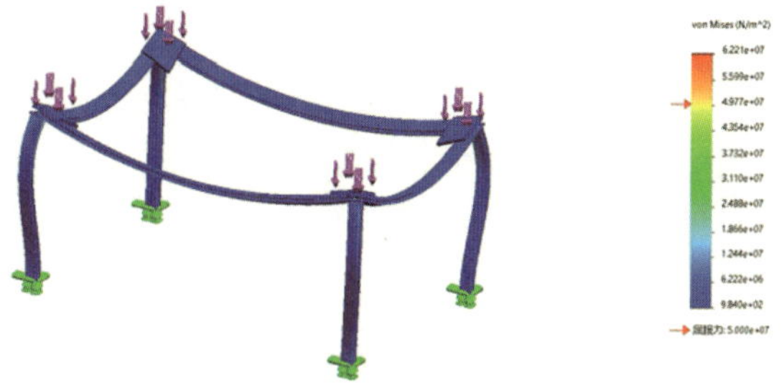 |
| 9. 在 Simulation 算例树中，打开结果文件夹，双击位移 1（-合位移-）以显示图解，查看最大位移位置及数值 |  |
| 10. 在 Simulation 算例树中，右键单击结果文件夹，然后选择定义安全系数图解。<br>在 PropertyManager 中的步骤 1（共 3 步）下面，选择最大 vonMises 应力 criterion.png 中的。单击下一步。<br>在步骤 2（共 3 步）下，选择屈服力，单击下一步。在步骤 3（共 3 步）下，选择安全系数分布，单击，查看最小安全系数 |  |

续表

| 建模步骤 | 图　示 |
| --- | --- |
| 11. 得出结论：达不到使用要求，需要对结构加强 | |
| 12. 点击底部模型选项卡，在特征树中右键单击“3D 草图 1”，进行编辑 | 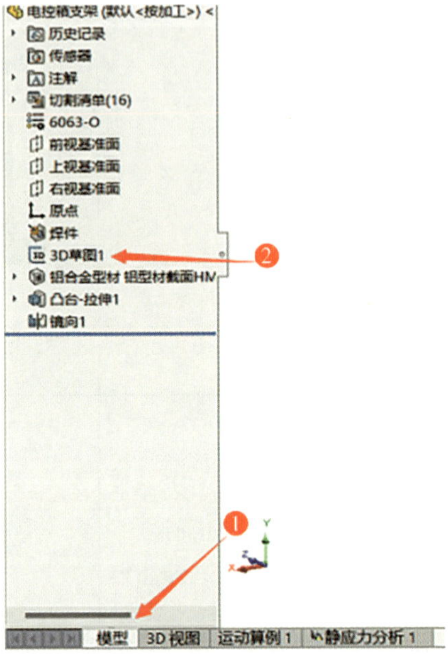 |
| 13. 添加直线连接立柱和长边矩形框线，设置尺寸为 50 和夹角 60° | 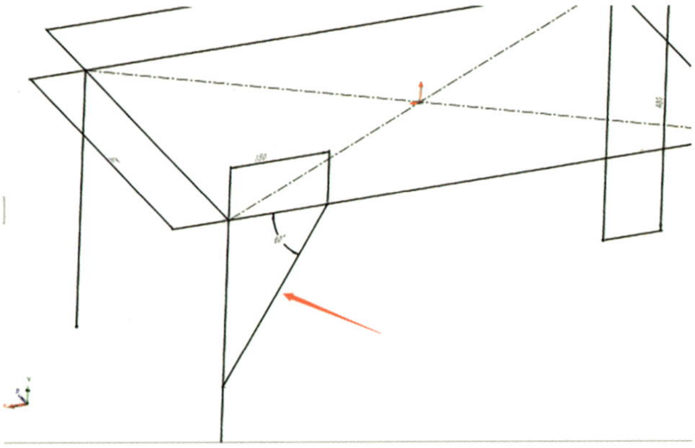 |
| 14. 利用镜像指令做出其余三条直线 | 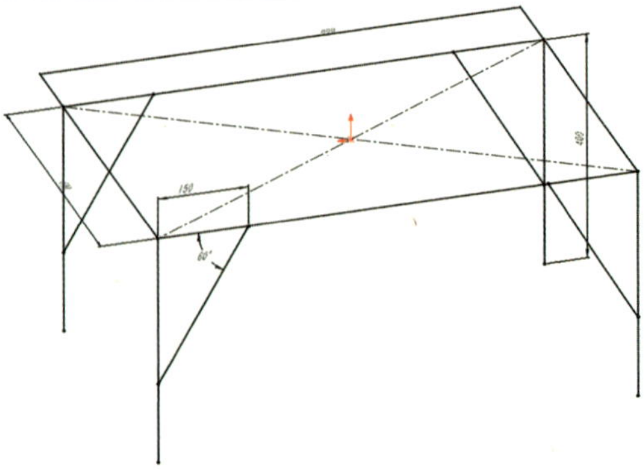 |

| 建模步骤 | 图　示 |
|---|---|
| 15. 重复添加焊件步骤，添加倾斜支撑 | 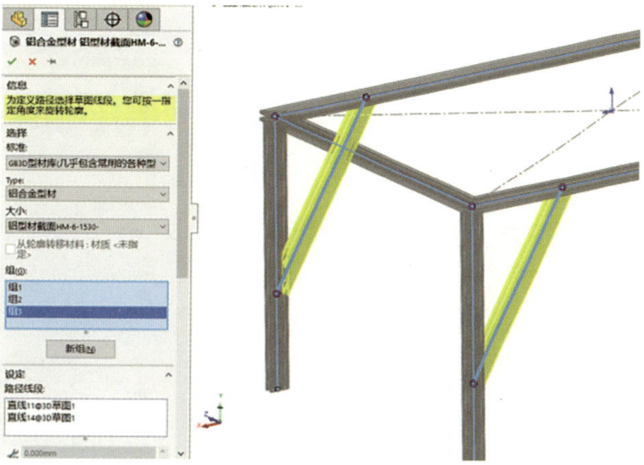 |
| 16. 仔细观察切口并未按照与边线平行方向 | 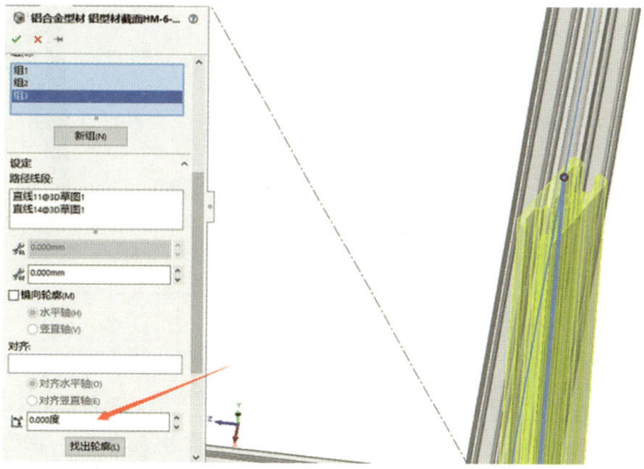 |
| 17. 通过调整角度，改为30°使焊件与侧面平行 | 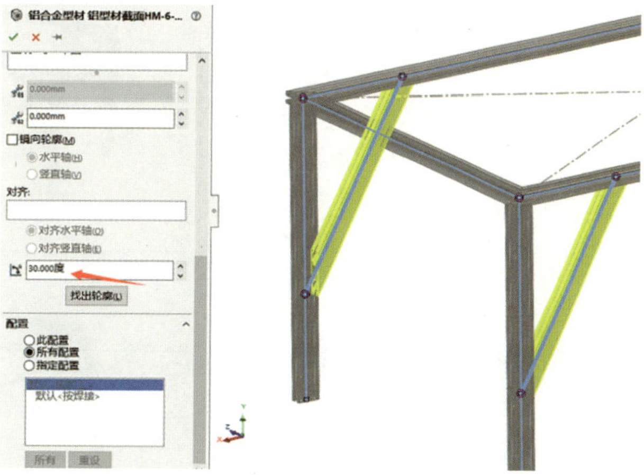 |

| 建模步骤 | 图　示 |
| --- | --- |
| 18. 重复上述步骤添加四条支撑焊件 | 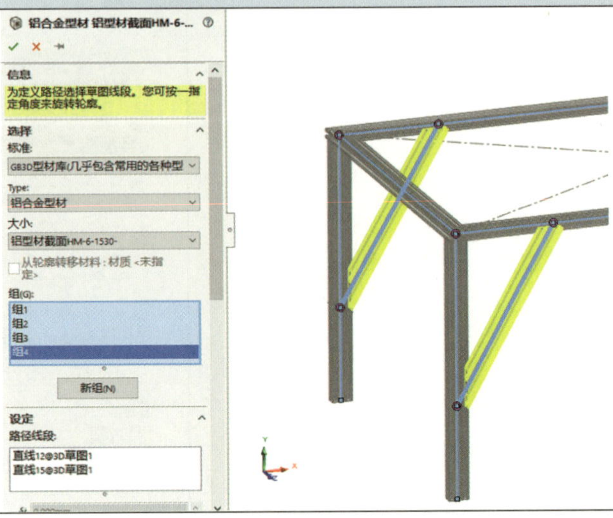 |
| 19. 得到最终焊件 |  |
| 20. 切换到底部选项卡“静应力分析 1” | 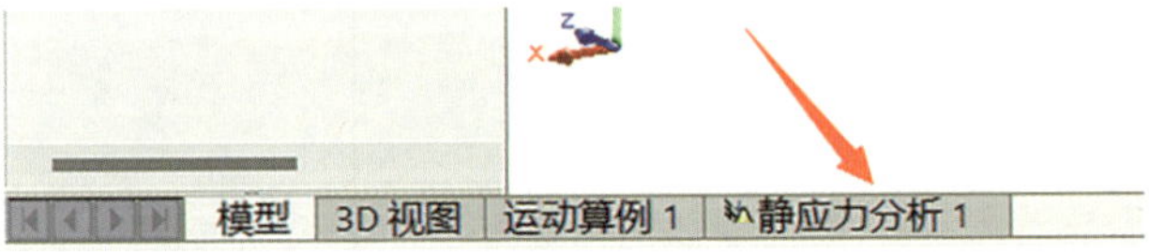 |
| 21. 单击运行此算例（Simulation Command Manager），算例将重新计算。<br>双击应力 1（-vonMises-）以显示图解，观察最大应力位置和数值，符合要求 | 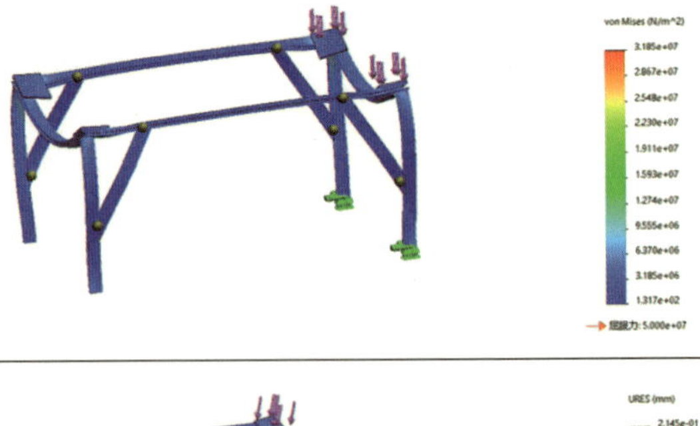 |
| 22. 双击位移 1（-合位移-）以显示图解，查看最大位移位置及数值 | 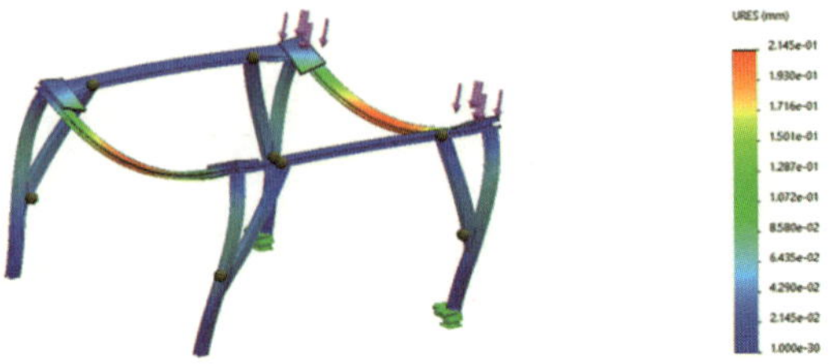 |

| 建模步骤 | 图　示 |
| --- | --- |
| 23. 双击定义安全系数以显示图解，查看最小数值及位置 |  |
| 24. 得出结论：达到使用要求 | |
| 25. 出一份分析报告 |  |

# 任务 5.4 动起来更真实

| 任务目标 | 任务内容 |
| --- | --- |
| 1. 学会创建动画；<br>2. 能编辑运行动画；<br>3. 学会更改播放模式；<br>4. 用通用格式保存动画 | 1. 创建动画运动算例；<br>2. 在图形区域中拖动零部件，在不同的键码点沿时间线指定零部件位置；<br>3. 运行动画、通过更改不同键码点，沿时间线的零部件位置来修改动画；<br>4. 通过更改时间间隔期间的零部件外观修改动画；<br>5. 更改播放模式、将动画另存为视频保存 |

## 5.4.1 任务导入

建立如图 5.4.1 所示的电控箱拆装展示动画。

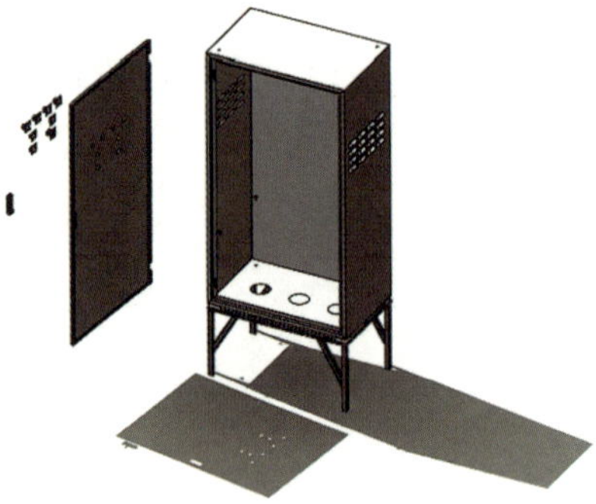

图 5.4.1 拆装电控箱

## 5.4.2 任务分解

任务分解如图 5.4.2 所示。

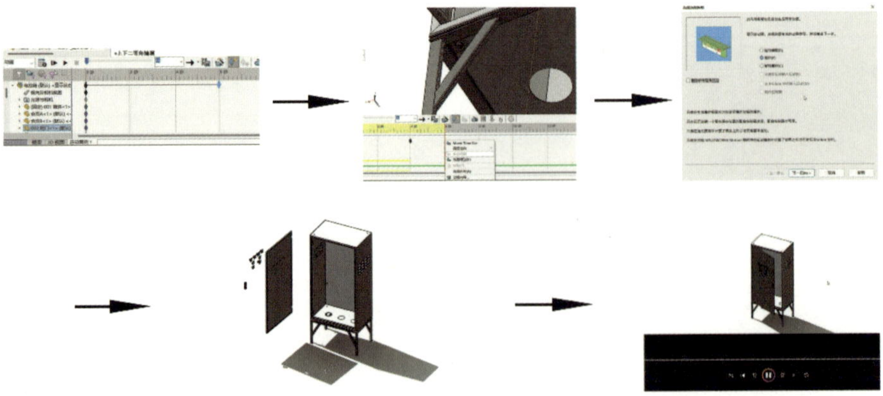

图 5.4.2 电控箱拆装动画任务分解

## 5.4.3 思维导图

思维导图如图 5.4.3 所示。

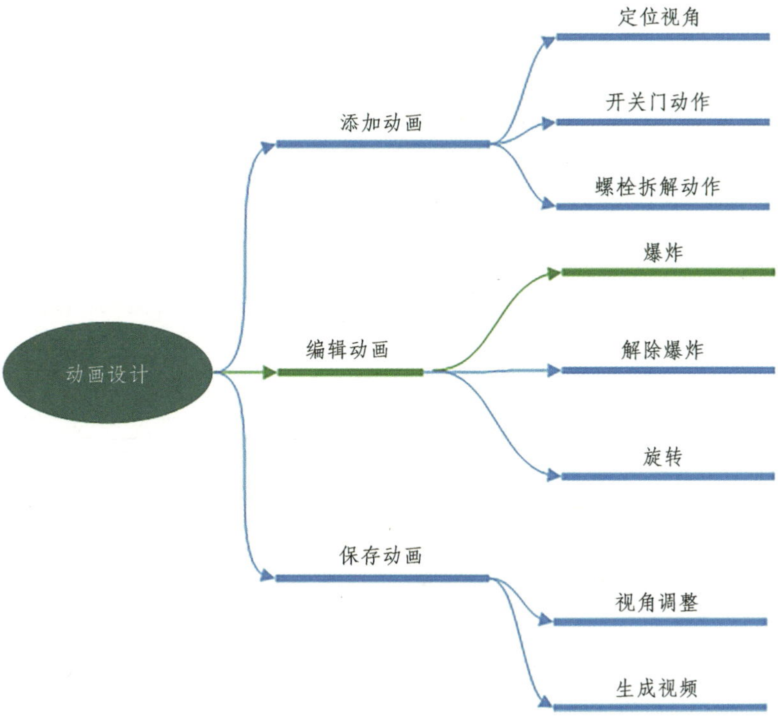


图 5.4.3　电控箱拆装动画思维导图

## 5.4.4 相关知识

动画是通过及时建立零部件位置和外观变化模型的运动算例。可以生成动画运动算例，以便显示零件在机械装置中如何移动。动画可以用于演示或检查动作过程。

可以从运动算例选项卡生成 SolidWorks 模型的运动算例。在打开运动算例时，可以使用 MotionManager 工具定义机械装置的运动。MotionManager 树列示模型特征。定义运动的最基本方法是及时修改特征位置、外观或其他属性。可以定义动画，方法是沿 MotionManager 时间线为选定的特征添加键码点，并修改键码点处特征的属性。可以通过距离配合指定零部件的相对位置。在为具有距离配合的模型定义动画时，可使用距离配合定义，以根据动画中的不同点将零部件之间的相对距离设置为不同的量。

可以在动画中设置不同时间的模型视图。可以设置方向和相机视图命令，以便防止生成视图键和忽略现有的视图键。在任务中，会观察到从不同方向和相机视图命令产生的动画。

## 5.4.5 任务实施

电控箱拆装动画制作步骤见表 5.4.1。

电控箱拆装动画

表 5.4.1 电控箱拆装动画制作步骤

| 设计步骤 | 图 示 |
|---|---|
| 1. 选择运动算例 1 选项卡(图形区域的左下角)。“MotionManager”显示在图形区域的下方。“MotionManager”包括一组指定运动算例的工具。工具的可用性取决于创建的算例的类型。对于此模型,算例的类型(“MotionManager”的左上方)设为“动画” | 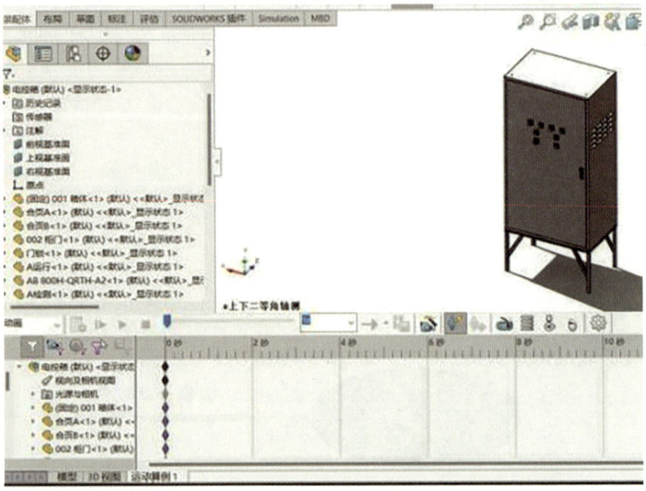 |
| 2. 为动画扩大时间线和设置初始位置。单击缩放工具和(“MotionManager”的右下角),直至时间线显示大约 10 s | 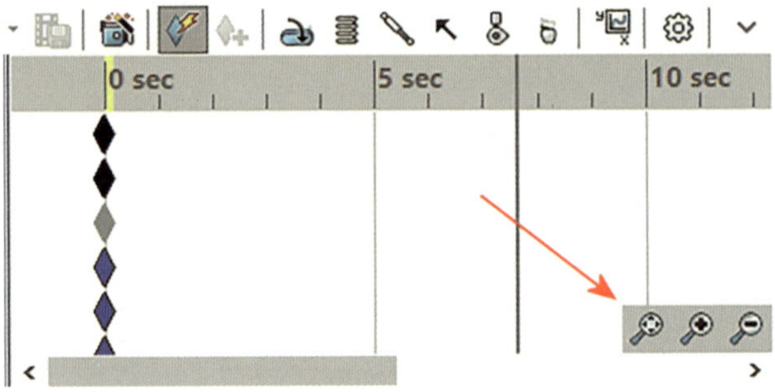 |
| 3. 可预先拖动总键码至 10 s 或更多时间点 | 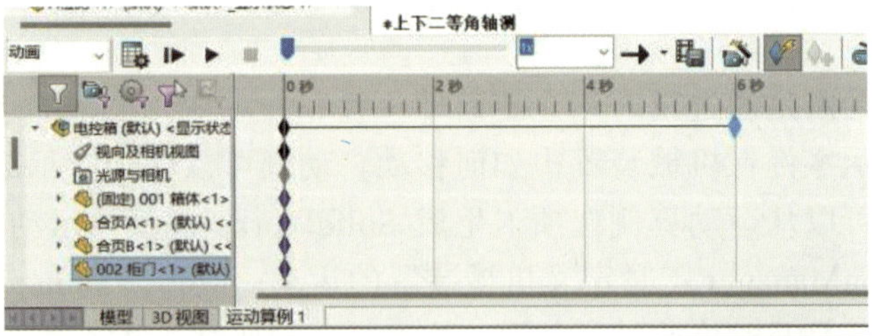 |
| 4. 单击 0 s 的时间线,以便将时间栏移至开始时间。拖至 2 s 的位置放置 | 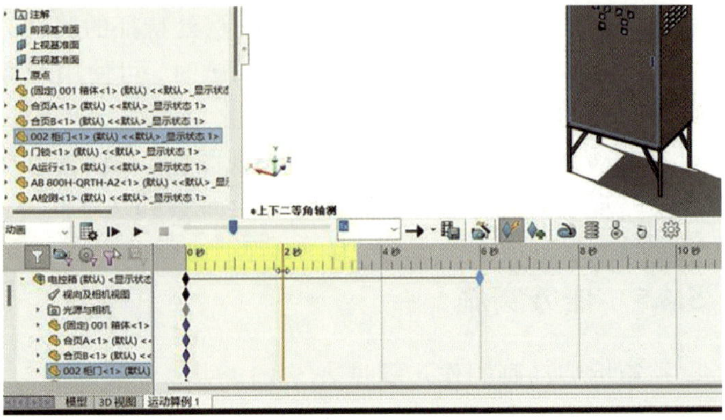 |

| 设计步骤 | 图　示 |
| --- | --- |
| 5. 拖动柜门处于打开状态 | 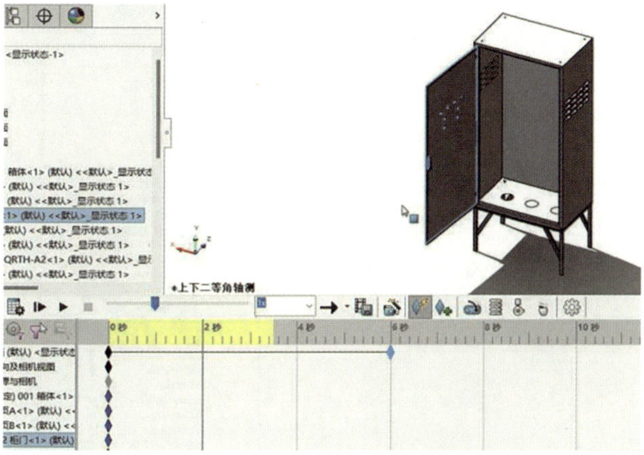 |
| 6. 此时观察动画窗格中出现了 0~2 s 的绿色时间线显示。<br>新键码点如果不出现，核实是否选定了自动键码（“MotionManager”工具栏），然后重复步骤 | 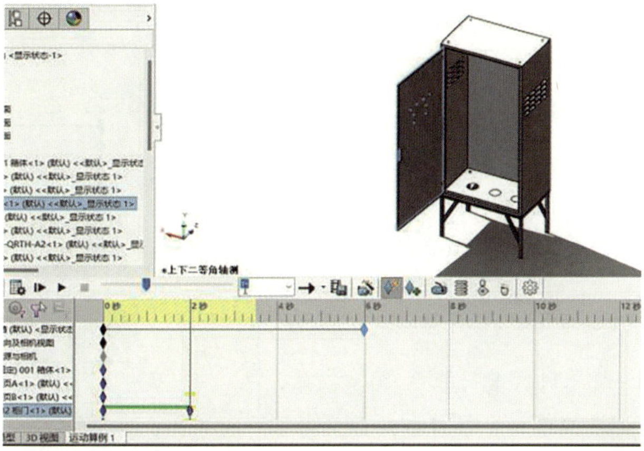 |
| 7. 键码点可以自由拖动 | 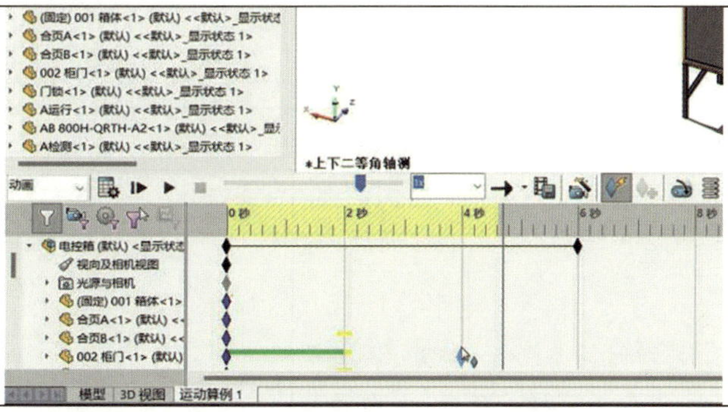 |
| 8. 将键码点拖动至 4 s 的位置，表示开门时间为 4 s | 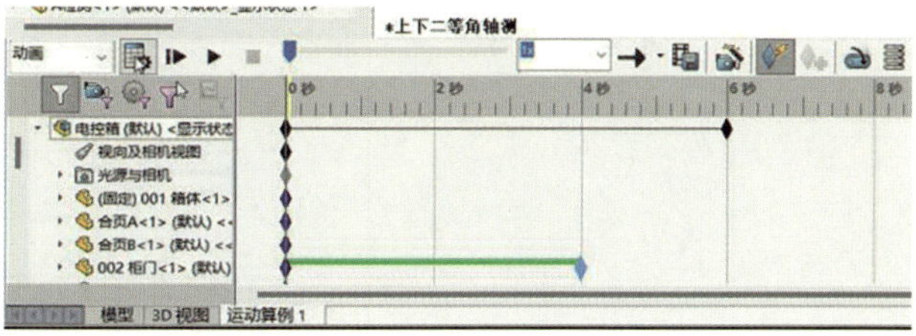 |

| 设计步骤 | 图　示 |
| --- | --- |
| 9. 单击计算（“MotionManager”工具栏），对动画进行计算，并显示在图形区域中，完成第一步门开启动画 | 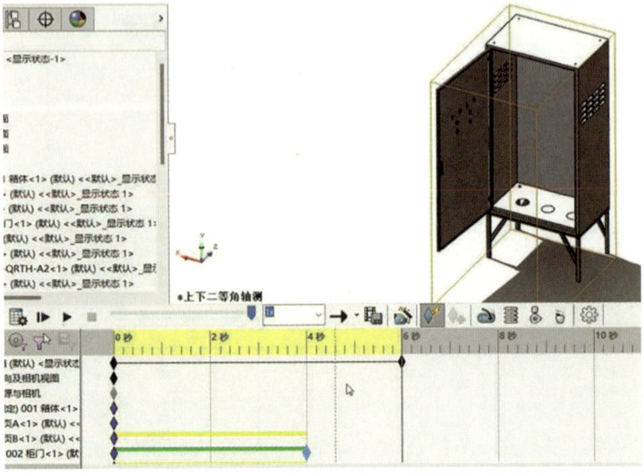 |
| 10. 如果选择了循环或往复播放模式，则动画将在循环模式下播放。可以选择正常播放模式，以便在不循环的情况下播放动画一次。要设置正常播放，请单击播放模式弹出菜单（“MotionManager”工具栏），然后单击播放模式：“正常 →” | 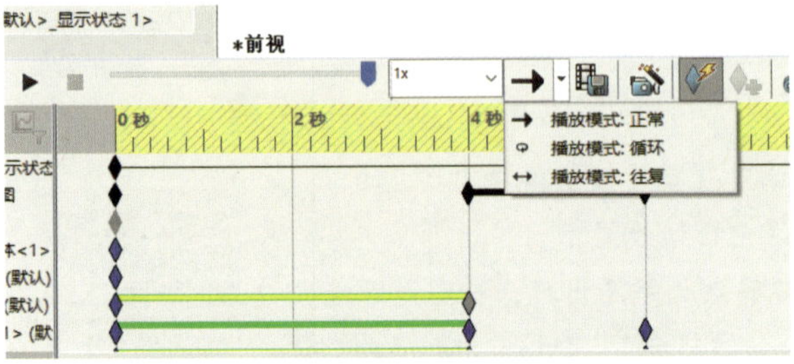 |
| 11. 将总时间键码拖至 20 s 位置，进一步添加第二个爆炸和解除爆炸动画 | 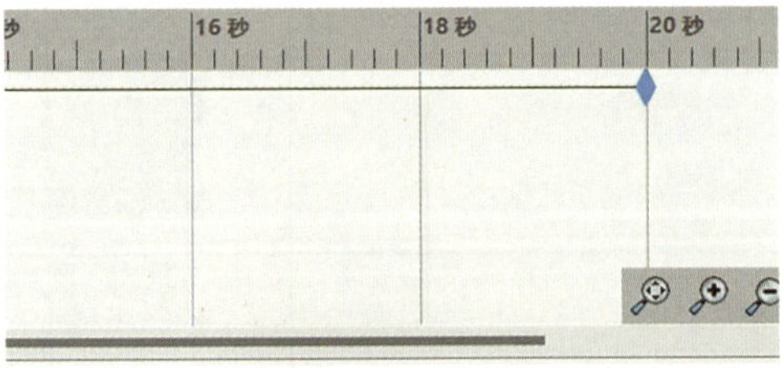 |
| 12. 拖动时间条到 6 s 位置，调整视图方位，以便看到螺母位置。方向和相机视图，点击右键放置键码 | 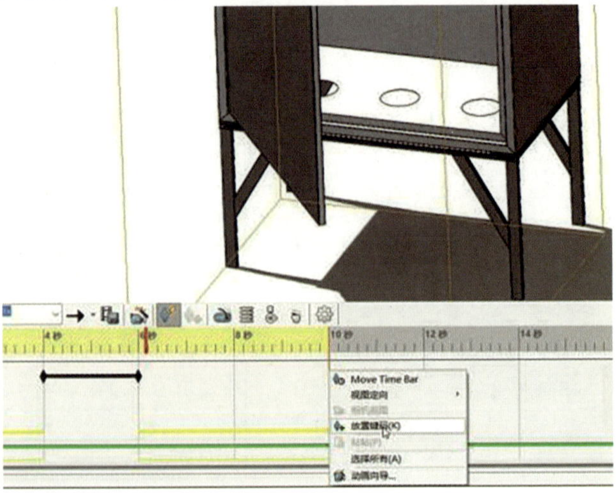 |

| 设计步骤 | 图　示 |
| --- | --- |
| 13. 在 4～6 s 期间可以实现视图从轴测图到局部视图的转换 | 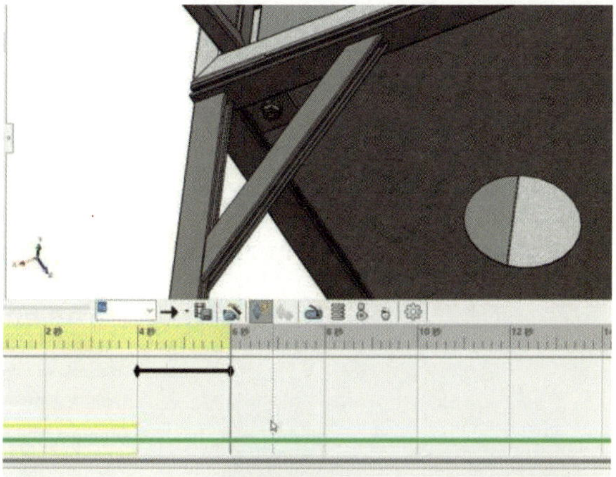 |
| 14. 拖动时间条到 10 s 位置，调整视图方位到如图局部位置，以便看到螺栓拆装。在“方向和相机视图”，点击右键放置键码 | 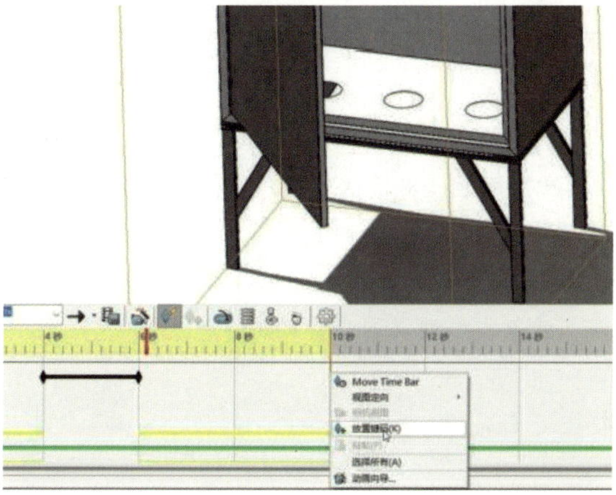 |
| 15. 拖动时间条到 12 s 位置，调整视图方位到轴测图，以便看到整体拆装。在“方向和相机视图”，点击右键放置键码 | 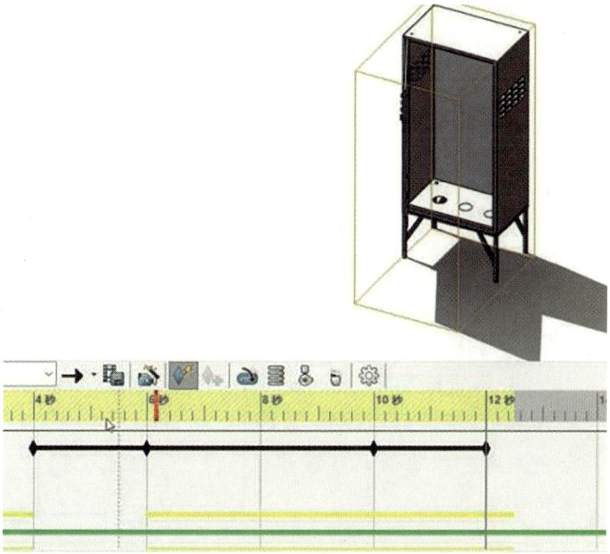 |

| 设计步骤 | 图　示 |
| --- | --- |
| 16. 单击动画向导（"MotionManager"工具栏），在选择动画类型对话框中，选取"爆炸"，点击"下一页" | 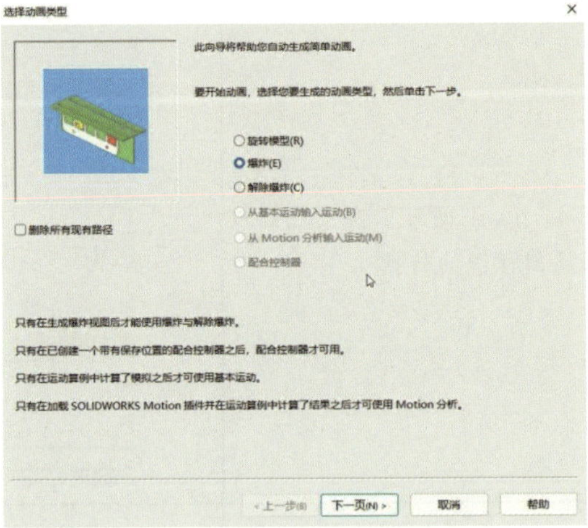 |
| 17. 在动画控制选项对话框中：<br>（1）键入动画播放的"时间长度"6 s。<br>（2）键入数值作为运动的"开始时间"6 s。<br>（3）单击"完成" | 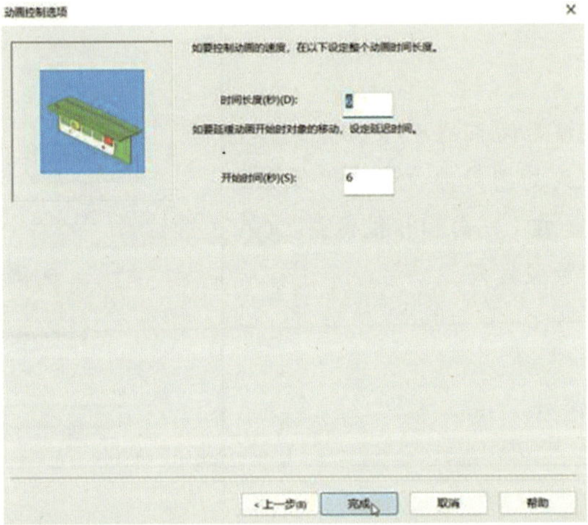 |
| 18. 在动画窗格中会自动添加爆炸动画，时间从 6～12 s | 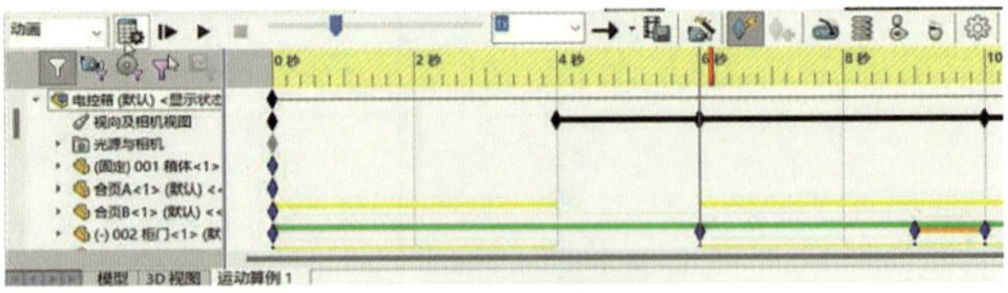 |
| 19. 单击计算（"MotionManager"工具栏），对动画进行重新计算，并显示在图形区域中。查看动画效果，发现螺母松动效果不佳，重新调整爆炸视图动画显示位置 | 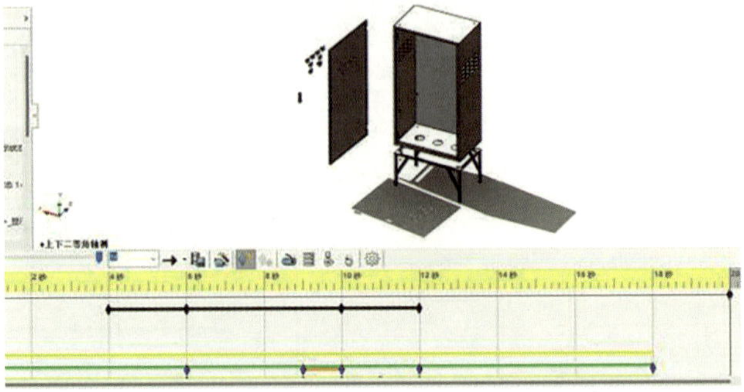 |

续表

| 设计步骤 | 图　示 |
|---|---|
| 20. 主要调整方向和相机视图中键码位置 | 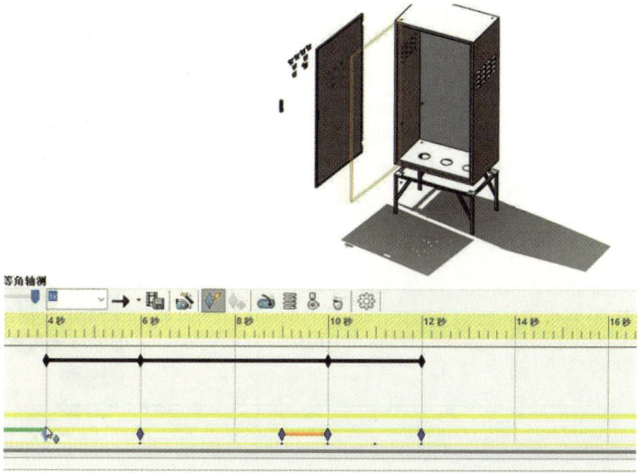 |
| 21. 在 6 s 处复制键码 | 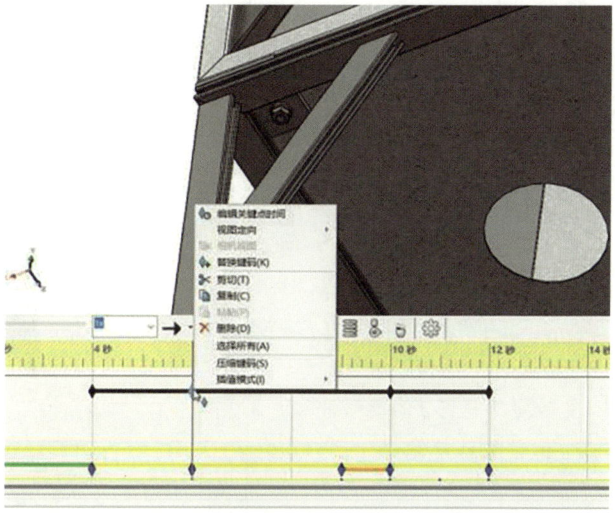 |
| 22. 在 8 s 处粘贴键码 | 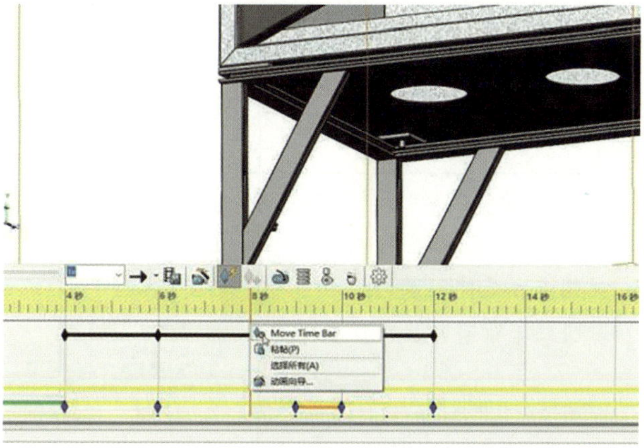 |

| 设计步骤 | 图　示 |
| --- | --- |
| 23. 中间出现的空白位置，表示视图位置不随动画时间变化。拖动并调整局部视图的动画时长 | 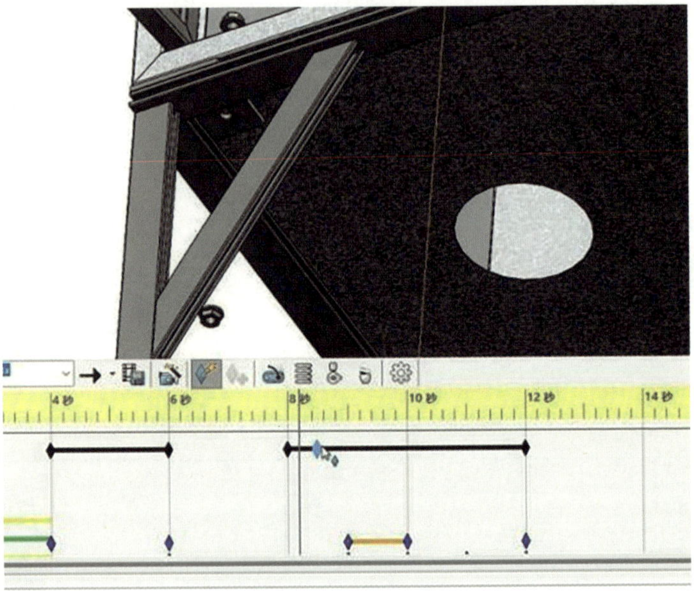 |
| 24. 复制局部视图2的键码并添加，并在10 s的位置粘贴键码 | 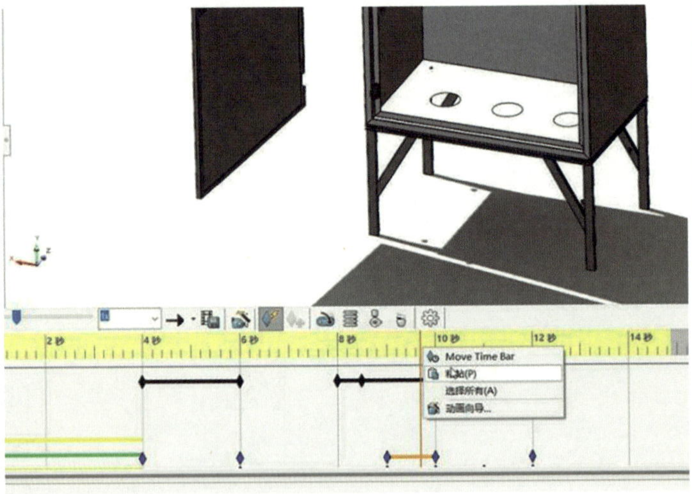 |
| 25. 调整为合适的时长，过程中可以拖动时间栏进行实时预览查看 | 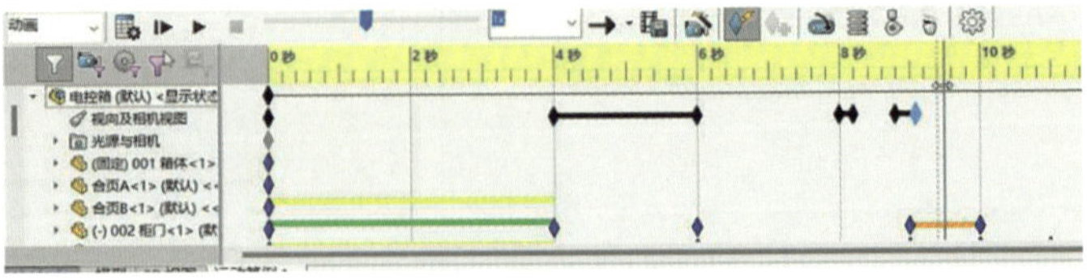 |

续表

<table>
<tr><th>设计步骤</th><th>图　示</th></tr>
<tr><td>26. 单击动画向导（“MotionManager”工具栏），在选择动画类型对话框中，选取“解除爆炸”，点击“下一页”</td><td>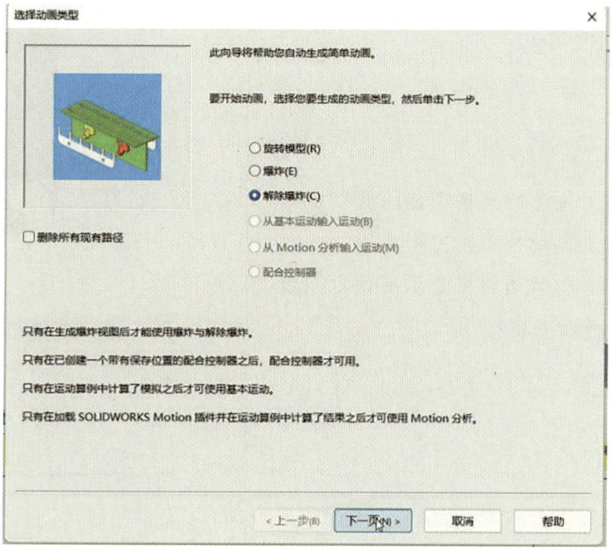
</td></tr>
<tr><td>27. 在动画控制选项对话框中：<br>（1）键入动画播放的“时间长度”4 s。<br>（2）键入数值作为运动的“开始时间”17 s。<br>（3）单击“完成”。<br>（4）拖动检验动画效果</td><td>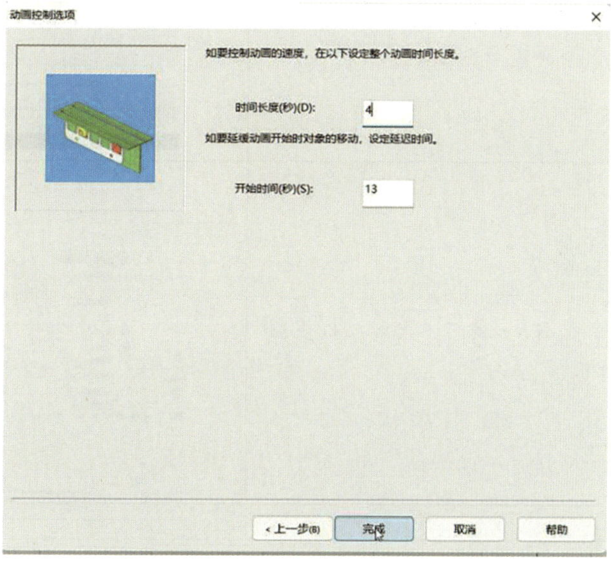
</td></tr>
<tr><td>28. 复制并将柜门键码点在 4 s 处粘贴至 17 s 处：<br>（1）选择 4 s 钟处的键码点。<br>（2）按 CTRL+C 或右键复制。<br>（3）在 17 s 处粘贴键码</td><td>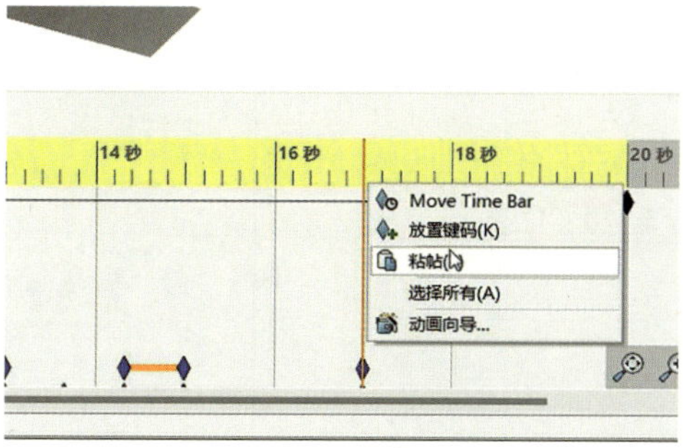
</td></tr>
</table>

| 设计步骤 | 图　示 |
| --- | --- |
| 29. 关门动画。<br>（1）拖动时间栏到 20 s 处。<br>（2）拖动柜门至完全关闭。<br>（3）在动画栏中显示一条时间线，表示拖动完成 | 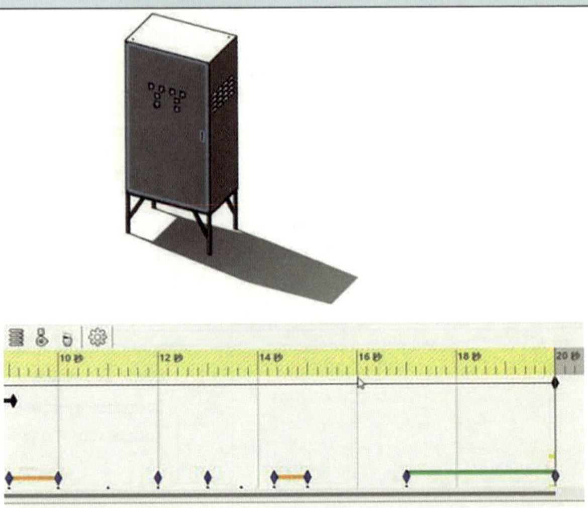 |
| 30. 拖动总时间条至 24 s，继续增加第三个旋转动画 | 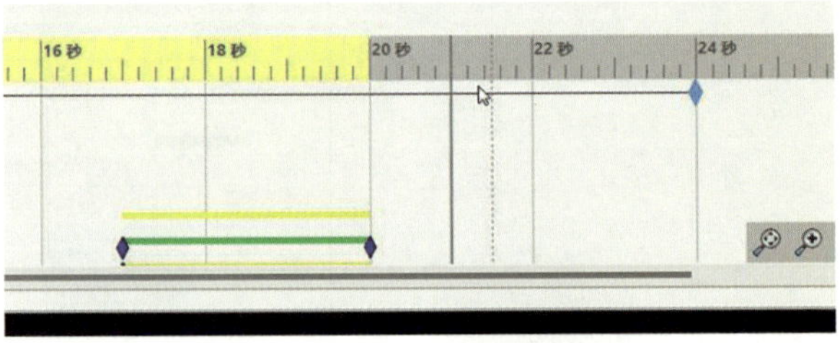 |
| 31. 复制 9 s 的“方向和相机视图”键码 | 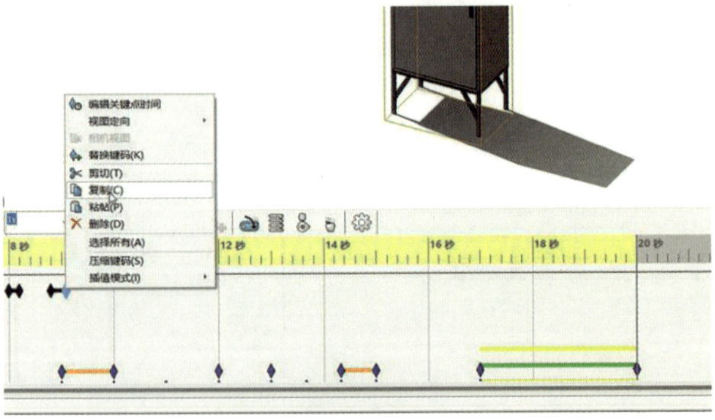 |
| 32. 将 9 s 的“方向和相机视图”键码，粘贴至 20 s 位置 | 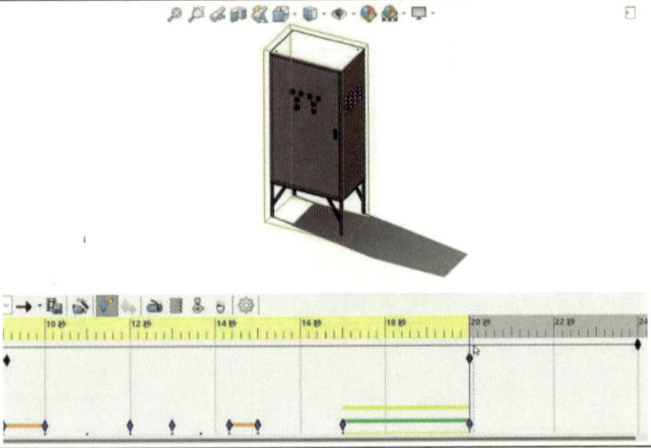 |

| 设计步骤 | 图　示 |
| --- | --- |
| 33. 拖动时间栏至 21 s，并切换至主视图，自动放置键码 | 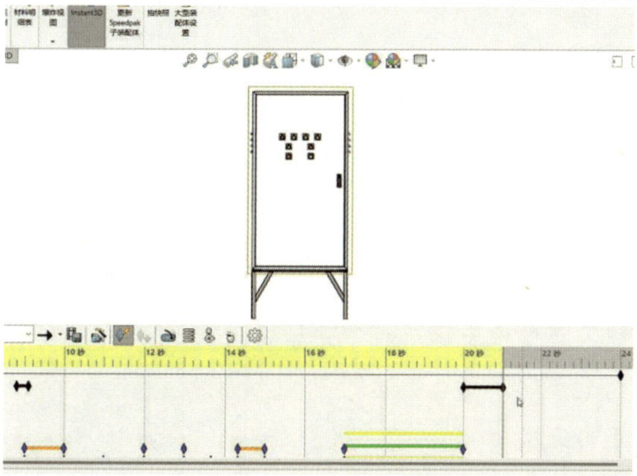 |
| 34. 单击动画向导（“MotionManager”工具栏），在选择动画类型对话框中，选取“旋转模型”，点击“下一页” | 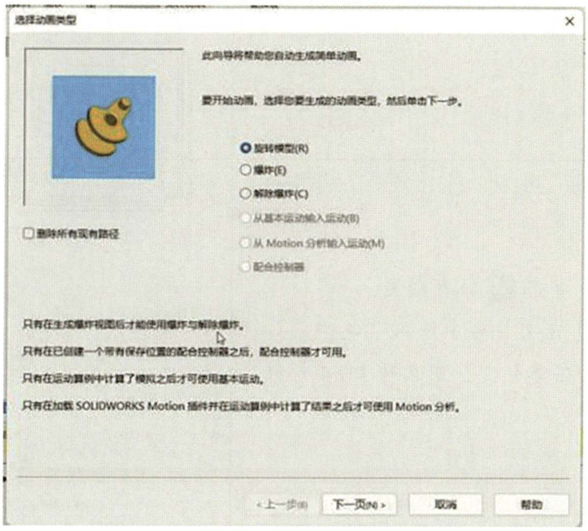 |
| 35. 在动画控制选项对话框中：<br>（1）选择旋转轴“Y-轴”。<br>（2）键入数值作为旋转次数“1（次）”。<br>（3）选择“顺时针”旋转。<br>（4）单击“下一页” | 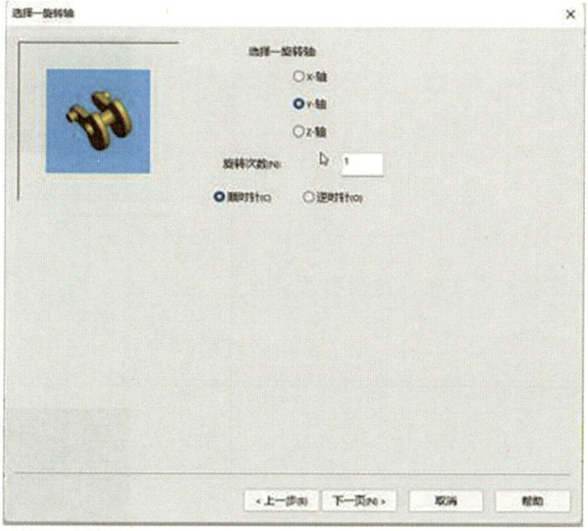 |

| 设计步骤 | 图　示 |
|---|---|
| 36. 在动画控制选项对话框中：<br>（1）键入动画播放的“时间长度”3 s。<br>（2）键入数值作为运动的“开始时间”21 s。<br>（3）单击完成。<br>（4）拖动检验动画效果 | 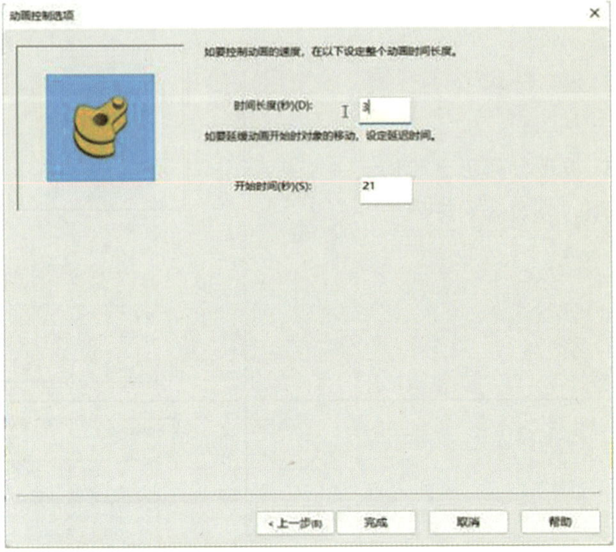<br> |
| 37. 点击保存动画。<br>（1）在文件名中输入“电控箱”。<br>（2）在保存类型中选择 MP4 视频文件。<br>（3）点击“保存” | 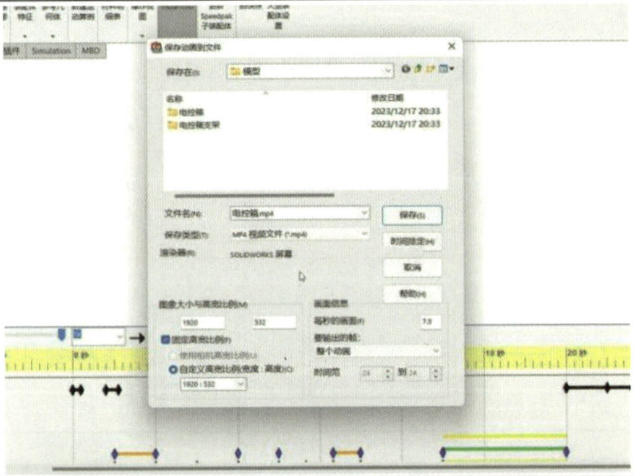<br> |
| 38. 查看生成视频，并调整至合适 | 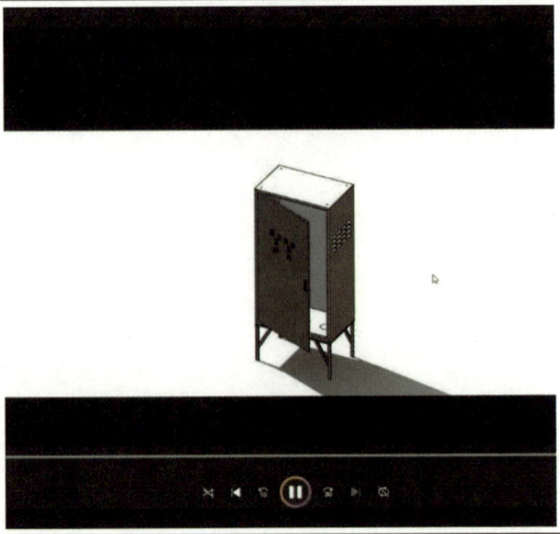 |

# 任务 5.5 技能考评

任务 5.5 技能考评

1. 扫码完成图 5.5.1 所示的钣金建模。
2. 扫码完成图 5.5.2 所示的焊件建模。

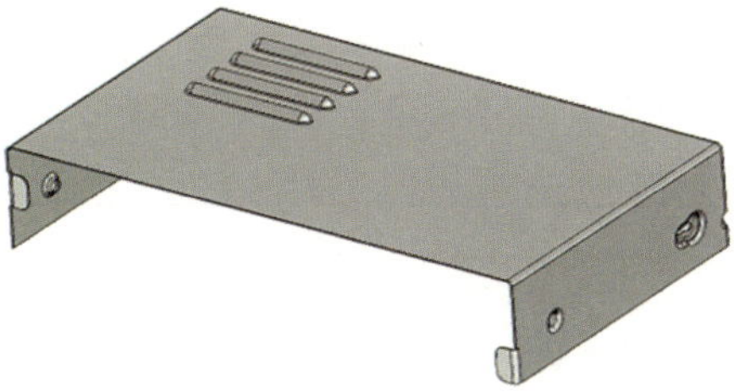
图 5.5.1 曲面建模

图 5.5.2 塔架焊件建模

3. 扫码完成对图 5.5.2 所示塔架的 CAE 仿真分析，按照工况要求，修改结构，并得出优化方案，最终生成分析报告，如图 5.5.3 所示。

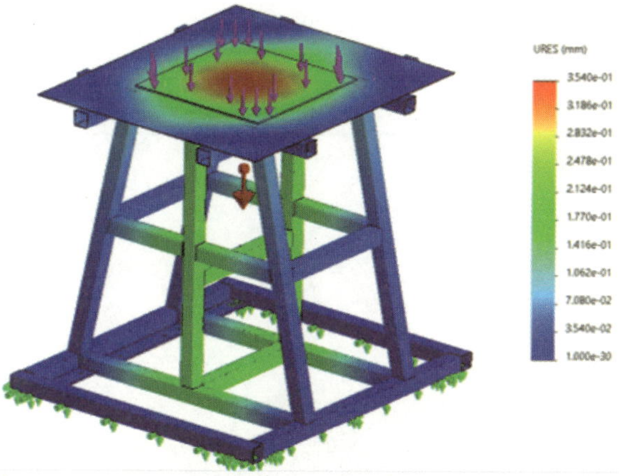

图 5.5.3 CAE 仿真分析

4. 扫码完成图 5.5.4 所示的动画设计。

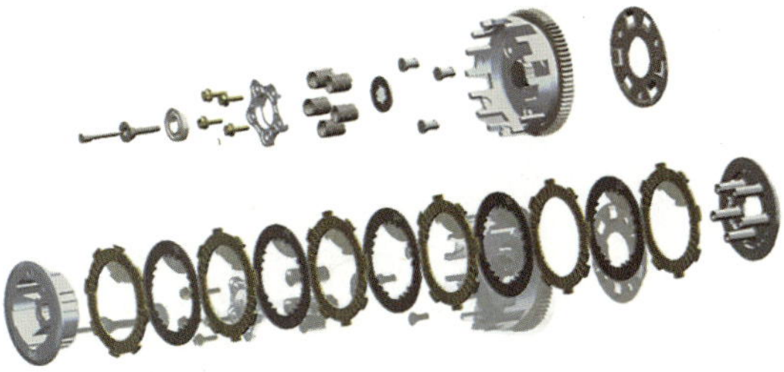
图 5.5.4 动画设计

# 项目 6　遍访名山——设计拓展

| 知识目标 | 技能目标 | 素质目标 |
|---|---|---|
| 1. 掌握基本曲面建立、系列化产品设计应用；<br>2. 理解智能零部件的应用原理；<br>3. 了解 Top-Down 设计特点 | 1. 能够应用基本曲面命令进行曲面建模；<br>2. 能够根据要求建立系列化零部件 | 1. 培养严谨、细心、负责的职业素质；<br>2. 具备互帮互助、团结协作的团队精神；<br>3. 具备一丝不苟、精益求精的工匠精神 |

## 任务 6.1　曲面设计

| 任务目标 | 任务内容 |
|---|---|
| 1. 理解曲面指令在模型设计中应用；<br>2. 理解曲面裁剪的应用原理；<br>3. 学会总结特点 | 1. 建立拉伸曲面、扫描曲面<br>2. 建立分割线进行剪裁曲面<br>3. 放样曲面、边界曲面、填充曲面<br>4. 缝合曲面、检查曲率 |

### 6.1.1　任务导入

建立如图 6.1.1 所示的筋膜枪模型。

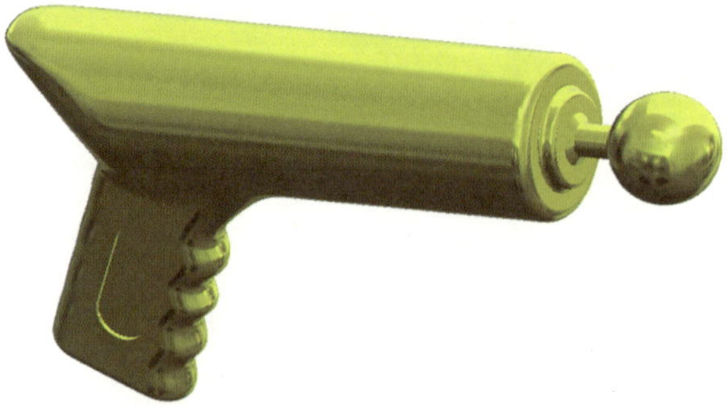

筋膜枪曲面结构

图 6.1.1 筋膜枪

### 6.1.2　任务分解

任务分解如图 6.1.2 所示。

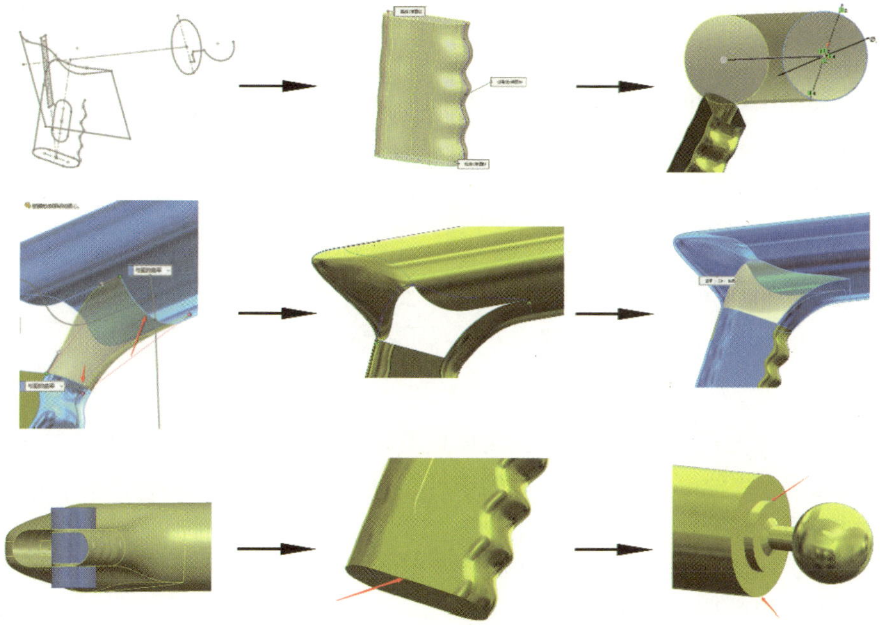

图 6.1.2　筋膜枪设计任务分解

### 6.1.3　思维导图

思维导图如图 6.1.3 所示。

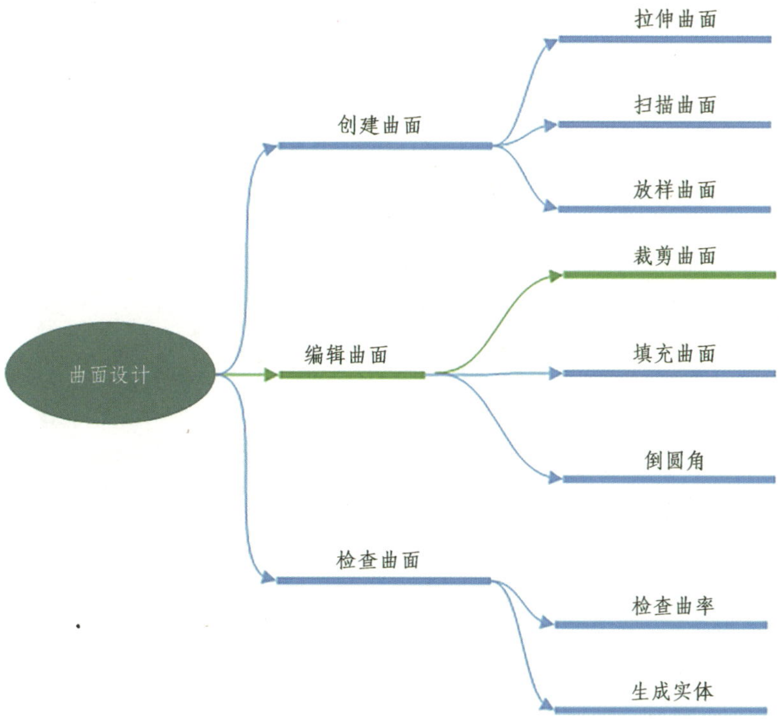


图 6.1.3　曲面设计思维导图

## 6.1.4　相关知识

曲面是一种厚度为零的几何体。若想创建曲面，除需使用与创建实体相同的许多工具（如拉伸、旋转及扫描等），还需使用其他功能或特征，如剪裁、解除剪裁、延伸，以及缝合等指令，如图 6.1.4 所示。

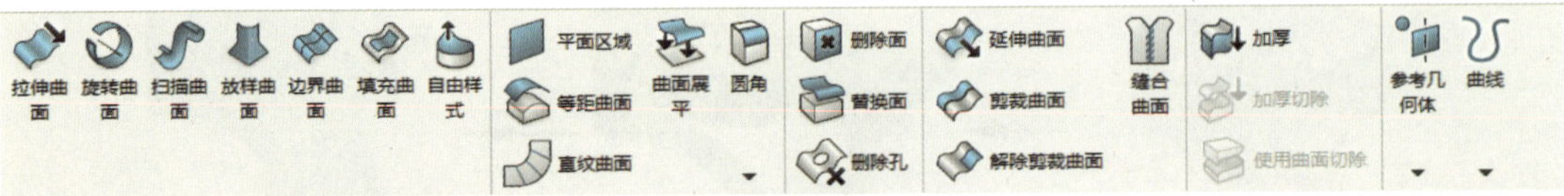

图 6.1.4　曲面工具栏

曲面设计比实体要更具优势。它们比实体更灵活，因为可以等到设计的最终步骤然后再定义曲面之间的边界。此种设计的灵活性有助于产品设计者操作平滑和延伸的曲线，如用到汽车挡板或电话外壳设计中。

在本任务中，将从直线、圆弧、样条曲线及草图点所组成的现有草图开始，到应用曲面特征来创建一个筋膜枪的曲面。

曲面建模设计

## 6.1.5　任务实施

打开文件“筋膜枪曲面结构图.sldprt”草图文件，单击“文件”→“另存为”，然后将模型另存为“筋膜枪+名字.sldpart”。筋膜枪建模过程见表 6.1.1。

表 6.1.1　筋膜枪建模步骤

| 建模步骤 | 图　示 |
|---|---|
| 1. 建立把手<br>（1）单击“曲面”选项卡上的扫描曲面。<br>（2）在属性管理器中选择草图 5 作为轮廓。<br>（3）选择草图 9 直线作为路径。<br>（4）在引导线下，为引导线选择草图 9（曲线），单击确定 | 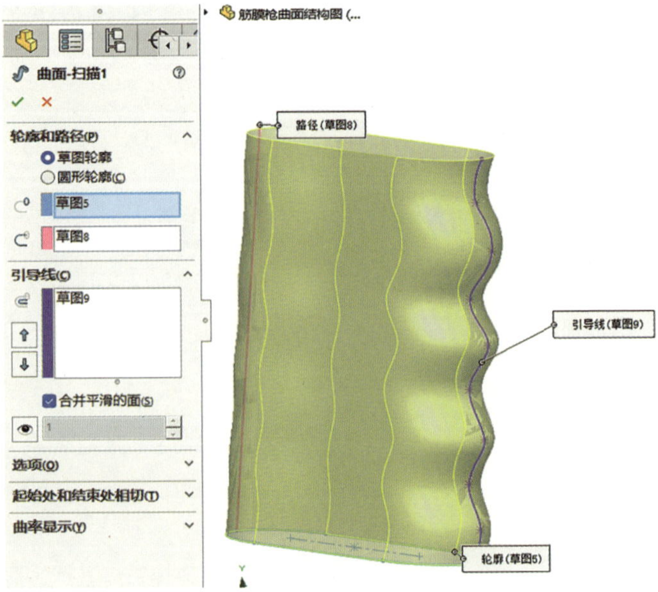 |

| 建模步骤 | 图　示 |
|---|---|
| 2. 建立机身<br>（1）单击草图 6。<br>（2）单击“曲面”选项卡上的拉伸曲面。<br>（3）在“方向 1”下，将深度设置为 202。<br>（4）单击确定 | 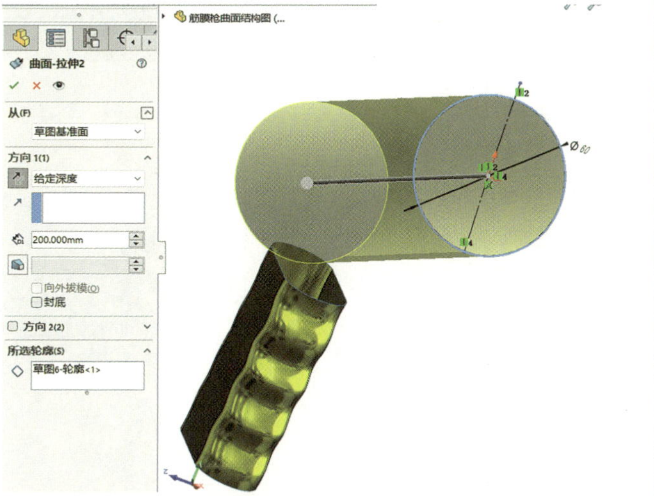 |
| 3. 修剪机身轮廓<br>（1）单击“曲面”选项卡上的剪裁曲面。<br>（2）在属性管理器中的剪裁类型下，选择“标准”。<br>（3）剪裁工具选择草图 10。<br>（4）选择“移除选择”。<br>（5）单击要移除的部分，如图然后选择“曲面-拉伸”所示的面。<br>（6）单击确定 | 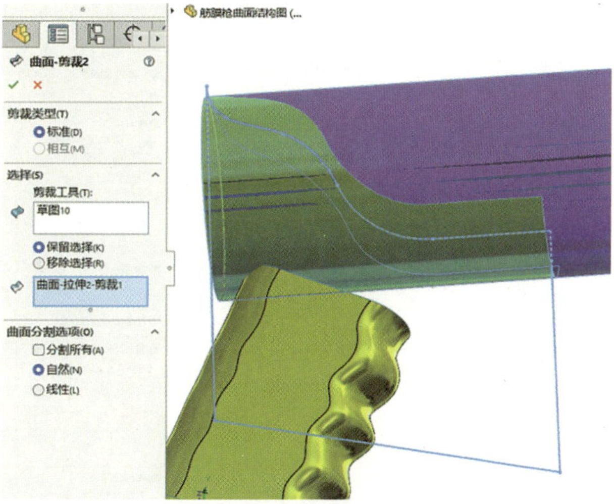 |
| 4. 连接把手和机身<br>单击“曲面”选项卡上的放样曲面。<br>在“PropertyManager”中为方向选择把手上的边线及机身切出的半圆。<br>在“起始/结束约束”下为“开始约束”和“结束约束”选择“与面的曲率”。<br>在选项下选择“合并切面”。<br>单击确定，保存模型 | 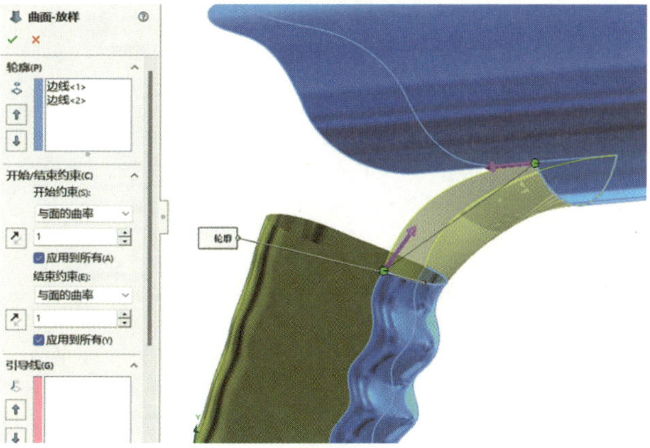 |

| 建模步骤 | 图　示 |
|---|---|
| 5. 分割曲面<br>单击“曲面”选项卡上的曲线-分割线。<br>（1）在“PropertyManager”中的分割类型下选择“投影”。<br>（2）在选择下：<br>① 为要投影的草图选择草图 3。<br>② 在要分割的面中单击，然后选择把手和机身对应面。<br>（3）单击确定 | 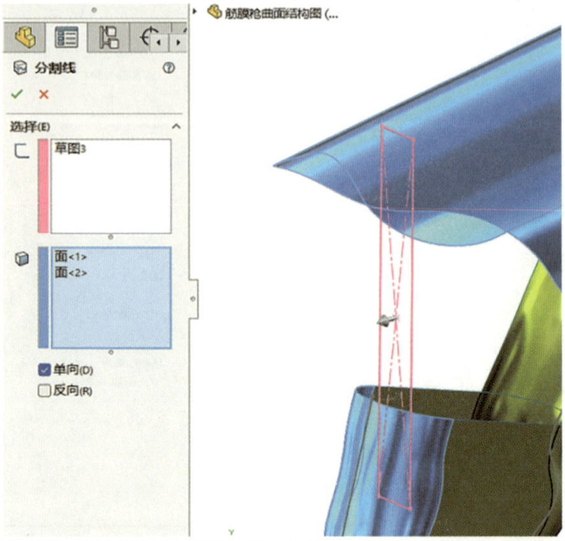 |
| 6. 连接分割曲面<br>单击“曲面”选项卡上的边界曲面。<br>在“属性管理器”内“方向”中为轮廓方向选择把手上的边线及机体分割出的边线。<br>（1）在约束条件选择“与面的曲率”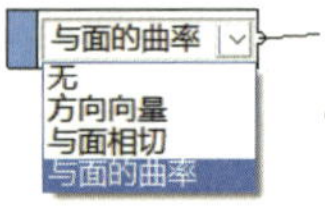。<br>（2）在选项下选择合并切面。<br>（3）单击确定 | 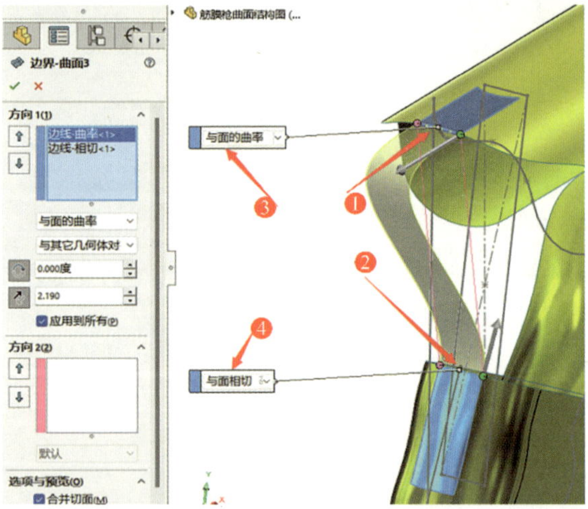 |
| 7. 连接第二个分割曲面<br>同步骤 6，注意选择边线 | 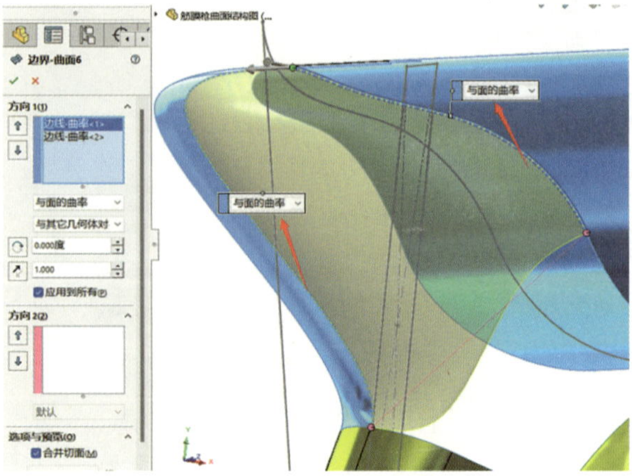 |

| 建模步骤 | 图　示 |
| --- | --- |
| 8. 拉伸曲面（1）<br>编辑草图 11，让草图 11 中样条曲线通过三个关键点 |  |
| 9. 拉伸曲面（2）<br>（1）单击“曲面”选项卡上的拉伸曲面，选择草图 11。<br>（2）在方向 1 下，将深度设置为 50。<br>（3）单击确定 | 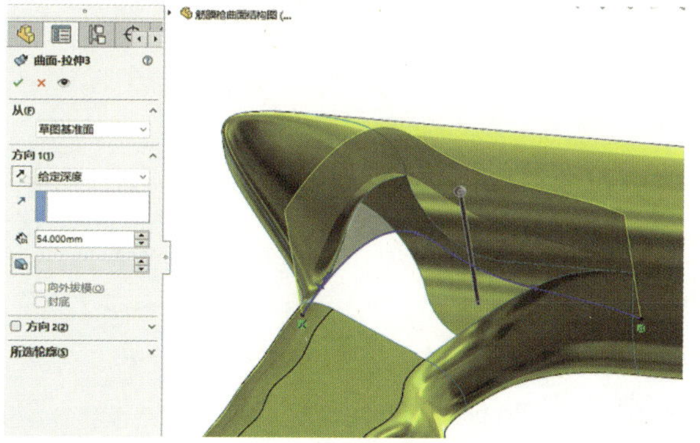 |
| 10. 剪裁适合的轮廓<br>（1）单击“曲面”选项卡上的剪裁曲面。<br>（2）在属性管理器中的剪裁类型下，选择“标准”。<br>（3）剪裁工具选择步骤 9 建立的拉伸曲面。<br>（4）选择“移除选择”。<br>（5）单击要移除的部分，如图然后选择“曲面-拉伸”图中箭头所指的面，单击确定。<br>（6）隐藏步骤 9 建立的拉伸曲面 | 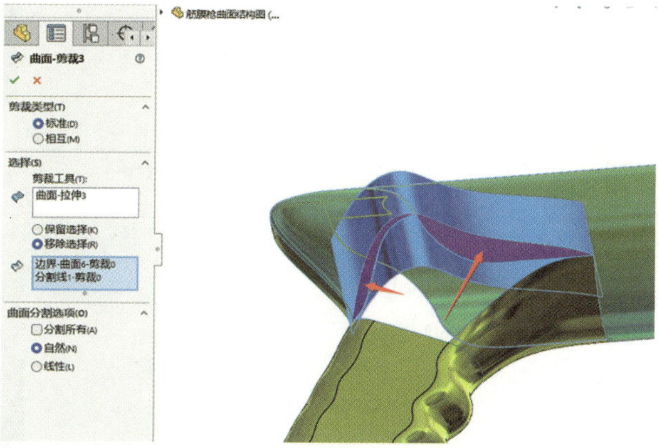 |
| 11. 填充曲面轮廓<br>单击“曲面”选项卡上的填充曲面。<br>选择边线，右键单击，然后在“PropertyManager”中为修补边界选择开环。选择开环“查找闭环中的所有边线”，从而“创建曲面填充”。在边线设定下，在曲率控制中选择“曲率”，选择“应用到所有边线”。在曲率显示下，清除网格预览。在约束曲线中单击，然后在弹出“FeatureManager”设计树中选择 PullPoint1。在选项下，选择修复边界，单击 | 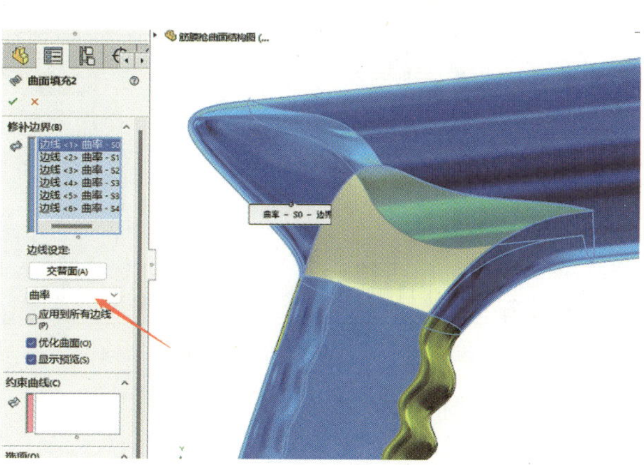 |

| 建模步骤 | 图 示 |
|---|---|
| 12. 镜像曲面轮廓<br>（1）单击“镜向”（特征工具栏），或单击“插入”→“阵列/镜向”→“镜向”，选择前视基准面<br>（2）在要镜像的实体中，选择步骤 7 和步骤 11 创建出的曲面，单击确定 | 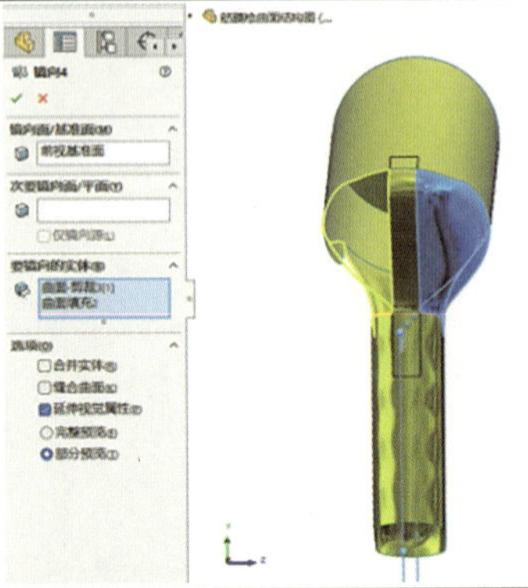 |
| 13. 建立筋膜枪头部<br>（1）单击“曲面”选项卡上的旋转曲面。在“PropertyManager”中选择草图 7。<br>（2）单击确定 | 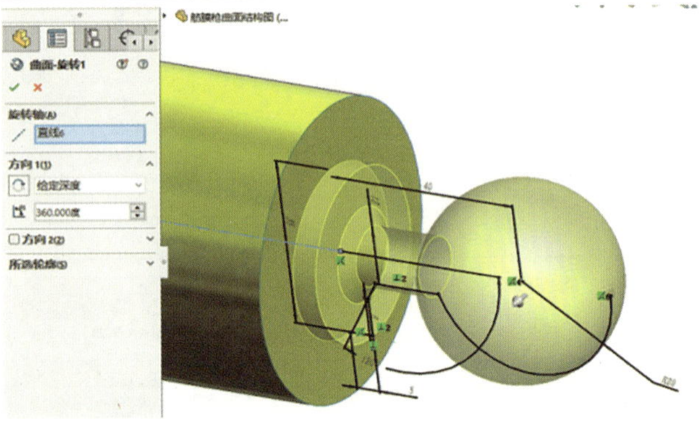 |
| 14. 连接头部和机体<br>（1）单击平面曲面（“曲面”选项卡）。<br>（2）在“PropertyManager”中为边界实体选择机体和头部的对应边线。<br>（3）单击确定 |  |
| 15. 分割把手前后曲面<br>单击“曲面”选项卡上的“曲线-分割线”。<br>（1）在属性管理器中的分割类型下选择投影。<br>（2）在选择下：<br>① 为要投影的草图选择草图 4。<br>② 在要分割的面中单击，然后选择把手前后平面，单击确定 | 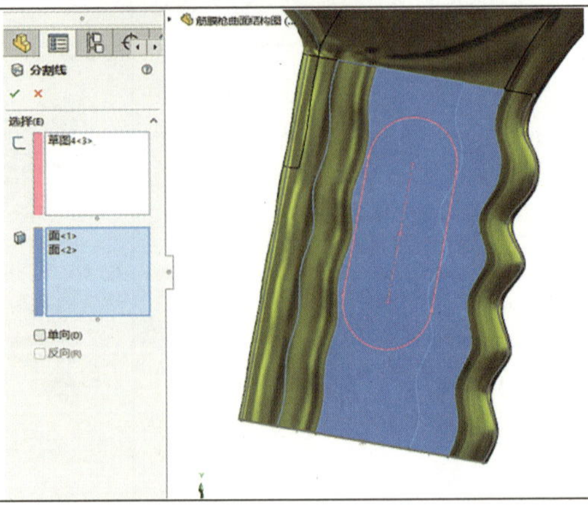 |

| 建模步骤 | 图　示 |
|---|---|
| 16. 建立把手凹陷平面<br>（1）单击曲面工具栏中的等距曲面，或选择“插入”→“曲面”→“等距”。<br>（2）在“PropertyManager”中，为“要等距的曲面”或面在图形区域中选择分割的两个平面。<br>（3）为等距距离设定数值，输入5。<br>（4）单击确定 | 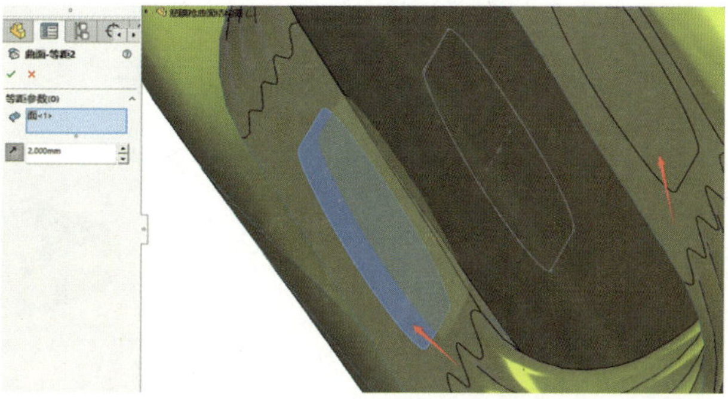 |
| 17. 删除原平面<br>（1）单击“曲面”选项卡上的“删除面”。<br>（2）选择步骤15分割出来的两个面。<br>（3）选项设置为“删除”。<br>（4）单击确定 | 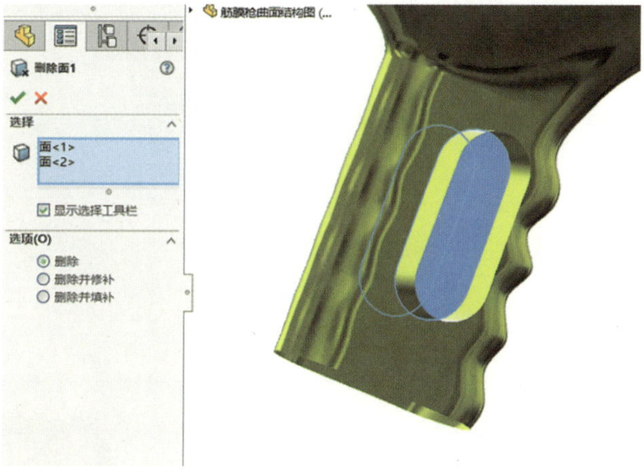 |
| 18. 拉伸曲面<br>（1）单击“曲面”选项卡上的拉伸曲面，选择草图4。<br>（2）在方向1下，将深度设置为“两侧对称”，数值为50。<br>（3）单击确定 | 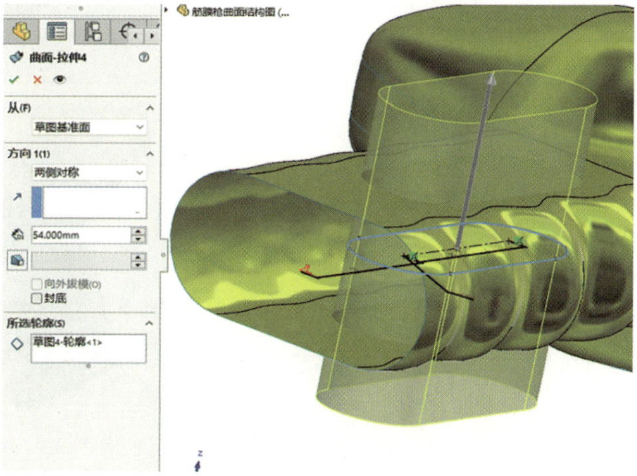 |

| 建模步骤 | 图　示 |
|---|---|
| 19. 剪裁凹槽曲面<br>（1）单击“曲面”选项卡上的“剪裁曲面”。<br>（2）在属性管理器中的剪裁类型下，选择“相互”。<br>（3）剪裁工具选择步骤 16、步骤 18 建立的拉伸曲面，选择“把手曲面”，选择“移除选择”。<br>（4）单击要移除的部分，如右图所示然后选择“曲面-拉伸”所示的面。单击确定 ✔ | 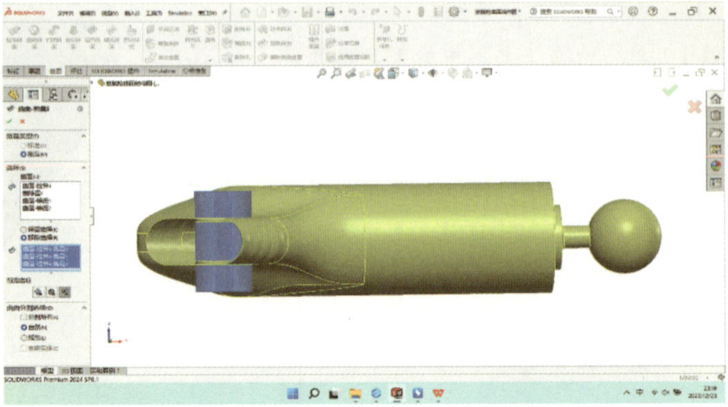 |
| 20. 封闭把手曲面<br>（1）单击平面曲面（“曲面”选项卡）。<br>（2）在“PropertyManager”中为边界实体选择把手底部的封闭边线。单击确定 ✔ | 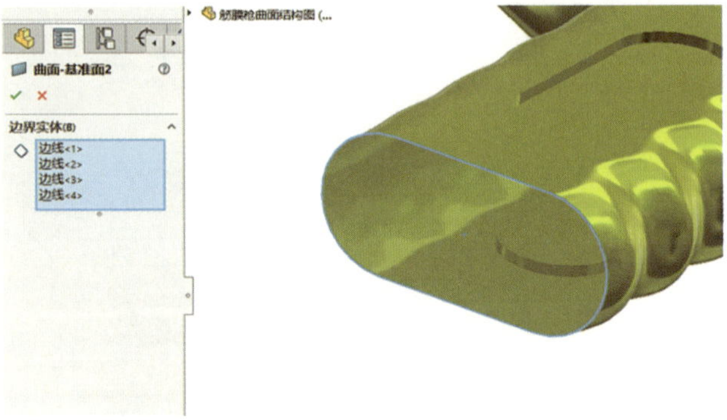 |
| 21. 倒圆角<br>（1）在把手底部和机身前端做圆角，数值为 5。<br>（2）头部底座倒圆角，数值为 2 | 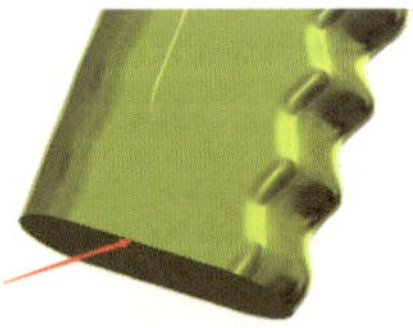  |
| 22. 将所有曲面缝合成单一实体。<br>（1）单击“曲面”选项卡上的缝合曲面。<br>（2）在“FeatureManager”设计树中扩展“SurfaceBodies”(曲面实体)。<br>（3）为要缝合的曲面和面选择文件夹中的所有曲面实体。<br>（4）单击确定 ✔。曲面实体文件夹现包含有一单一曲面实体。<br>（5）保存模型 | 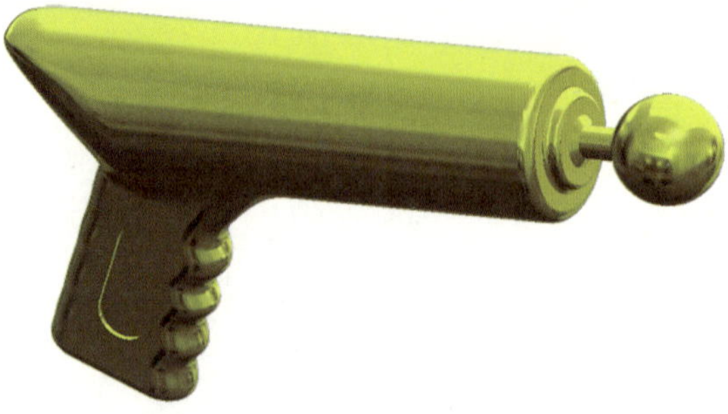 |

# 任务 6.2 系列化设计

| 任务目标 | 任务内容 |
|---|---|
| 1. 掌握系列化设计在模型设计中应用；<br>2. 理解配置的应用原理；<br>3. 学会表格创建系列化零件 | 1. 能够进行产品系列化设计；<br>2. 创建系列化零件参数 |

## 6.2.1 任务导入

建立如图 6.2.1 所示三通零件的系列化模型。

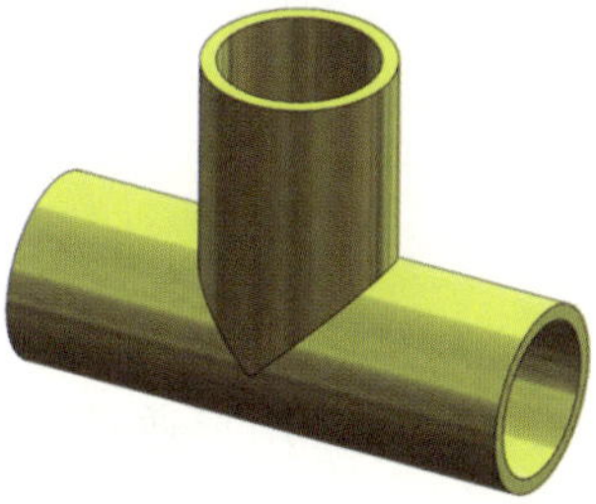

| 等径三通尺寸 | | | | | |
|---|---|---|---|---|---|
| 公称尺寸 | | 坡口处外径D | | 中心至端面 | |
| DN | 内径 | I系列 | II系列 | 管程C | 出口M |
| DN15 | 15 | 21.3 | 18 | 25 | 25 |
| DN20 | 20 | 26.9 | 25 | 29 | 29 |
| DN25 | 25 | 33.7 | 32 | 38 | 38 |
| DN32 | 32 | 42.4 | 38 | 48 | 48 |
| DN40 | 40 | 48.3 | 45 | 57 | 57 |
| DN50 | 50 | 60.3 | 57 | 64 | 64 |
| DN65 | 65 | 73 | 76 | 76 | 76 |
| DN80 | 80 | 88.9 | 89 | 86 | 86 |
| DN100 | 100 | 114.3 | 108 | 105 | 105 |
| DN125 | 125 | 141.3 | 133 | 124 | 124 |
| DN150 | 150 | 168.3 | 159 | 143 | 143 |
| DN200 | 200 | 219.1 | 219 | 178 | 178 |
| DN250 | 250 | 273 | 273 | 216 | 216 |
| DN300 | 300 | 323.9 | 325 | 254 | 254 |
| DN350 | 350 | 355.6 | 377 | 279 | 279 |
| DN400 | 400 | 406.4 | 426 | 305 | 305 |
| DN450 | 450 | 457 | 480 | 343 | 343 |
| DN500 | 500 | 508 | 530 | 381 | 381 |
| DN600 | 600 | 610 | 630 | 432 | 432 |
| DN700 | 700 | 711 | 720 | 521 | 521 |
| DN800 | 800 | 813 | 820 | 597 | 597 |

图 6.2.1　三通零件系列化模型及其参数

## 6.2.2 任务分解

任务分解如图 6.2.2 所示。

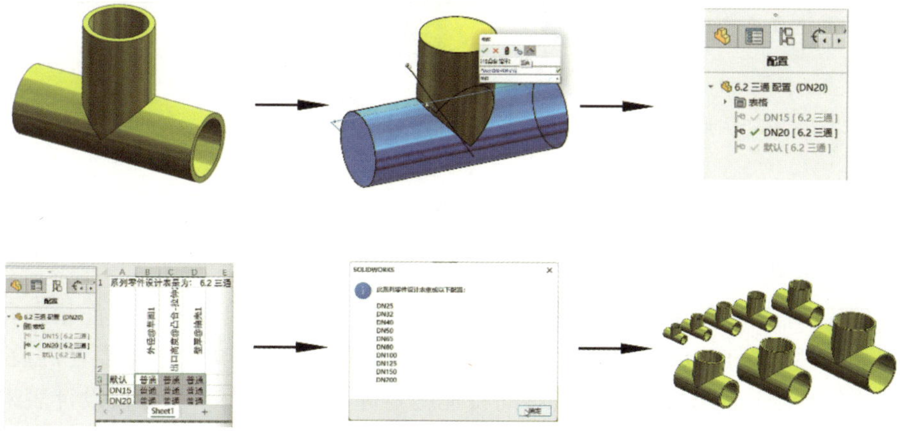


图 6.2.2　三通零件系列化建模任务分解

### 6.2.3 思维导图

思维导图如图 6.2.3 所示。

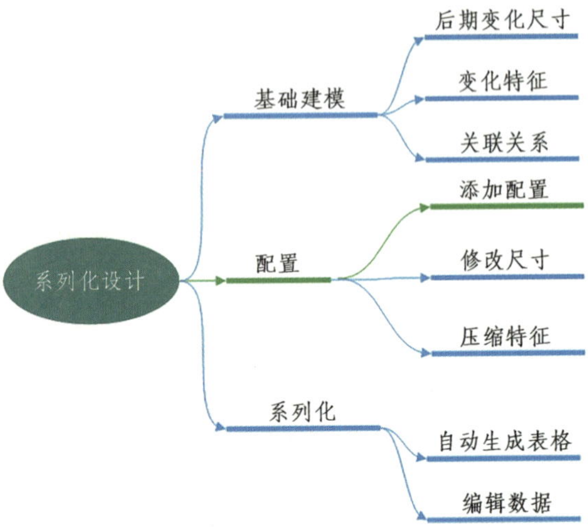


图 6.2.3 系列化设计思维导图

### 6.2.4 相关知识

系列零件化设计是一种高效管理相似零件的方法，它允许用户通过配置管理器创建同一零件的不同形态，如图 6.2.4 所示。

图 6.2.4 系列零件化设计案例

以下是系列零件化设计的一些关键点：

（1）配置管理器：利用配置管理器，可以在单一文件中创建具有不同特征状态和尺寸大小的零件配置。这些配置可以实时反映在零件的当前状态上，从而减少了重复性的设计工作。

（2）设计表：对于简单或具有少量共同特征的零件，可以使用系列零件设计表来执行系列化设计。设计表可以控制尺寸值，并定义特征的显示状态（如压缩或不压缩）。

（3）配置的应用：配置适用于多种场景，如开发具有不同尺寸或部件的模型，管理同一产品中不同系列的需要，以及简化用于有限元分析或快速成型的模型。在装配体文件中，配置还可以帮助生成使用不同零部件配置、特征参数或尺寸的装配体系列。

（4）生成配置的方法：配置可以通过手动方式生成，也可以采用系列零件设计表。手动生成配置时，需要指定配置的名称与属性，然后根据需求修改模型以产生不同的设计变化。

（5）操作实例：在实际操作中，用户可以在设计树中右键单击零件名称选择添加配置，输入配置名称及备注内容后点击确定。随后可对激活的配置进行特定修改，如改变尺寸，确保修改只针对当前配置有效。完成修改后重新生成模型，即可得到具有不同长度配置的零件。

系列零件化设计功能为处理和优化相似零件提供了很好的思路，它不仅可以节省时间，还能确保设计的一致性和准确性。

系列化设计

### 6.2.5 任务实施

三通零件系列化建模步骤见表 6.2.1。

表 6.2.1 三通零件系列化建模步骤

| 建模步骤 | 图 示 |
|---|---|
| 1. 建立水平圆柱<br>（1）单击“特征”选项卡上的拉伸，建立直径为 18 的圆柱。<br>（2）在方向 1 下，将深度设置为 50。单击确定 | 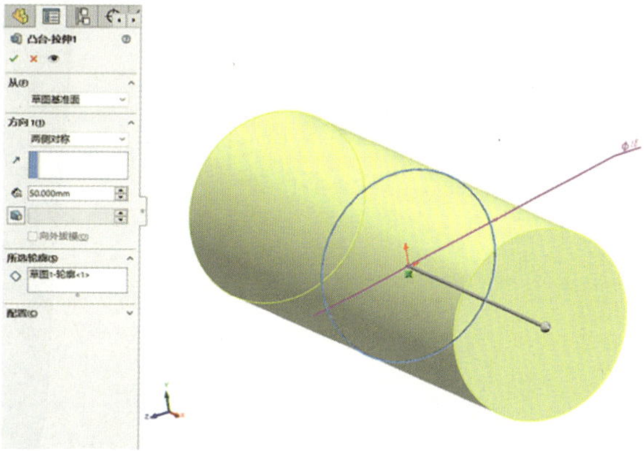 |
| 2. 建立竖直圆柱<br>（1）单击“特征”选项卡上的拉伸，建立直径为 18 的圆柱<br>（2）在方向 2 下，将深度设置为 29。<br>（3）单击确定 | 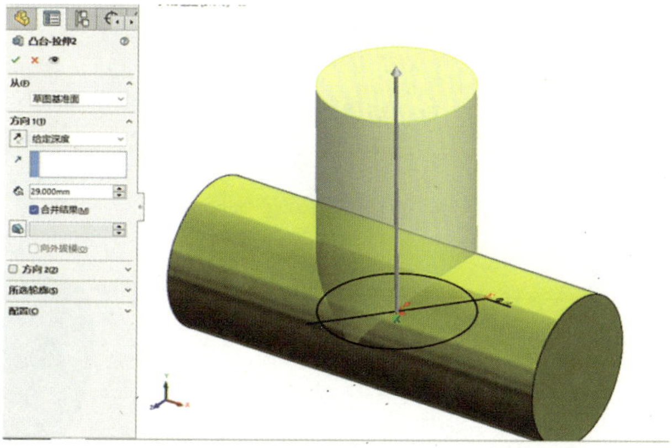 |

| 建模步骤 | 图　示 |
| --- | --- |
| 3. 建立圆柱间直径尺寸关联<br>（1）单击竖直圆柱，双击圆柱直径尺寸 18，弹出修改对话框。<br>（2）在数值对话框中，输入“=”。 | 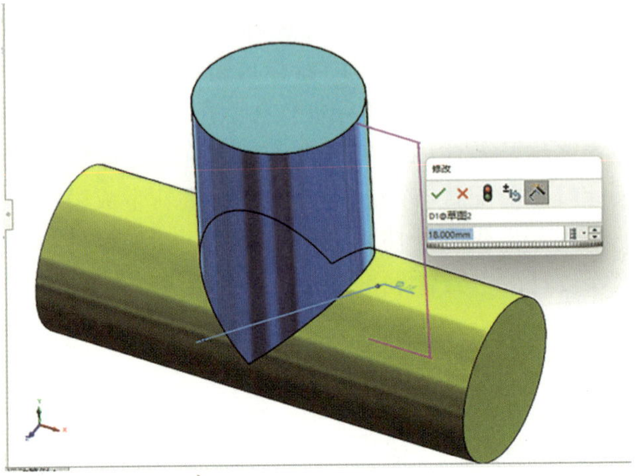 |
| （3）单击水平圆柱，单击圆柱直径尺寸 18，在修改对话框出现“D1@草图 2=‘外径@草图 1’”。<br>（4）单击确定 ✔ | 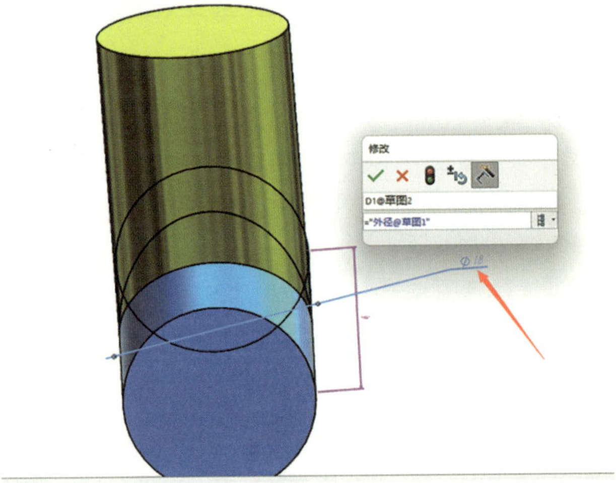 |
| 4. 建立圆柱间长度尺寸关联<br>（1）同步骤 3，修改竖直圆柱高度尺寸 25，在数值框中输入“=‘D1@凸台-拉伸 1’/2”。<br>（2）其中，“D1@凸台-拉伸 1”为水平圆柱长度方向尺寸 50。<br>（3）单击确定 ✔ | 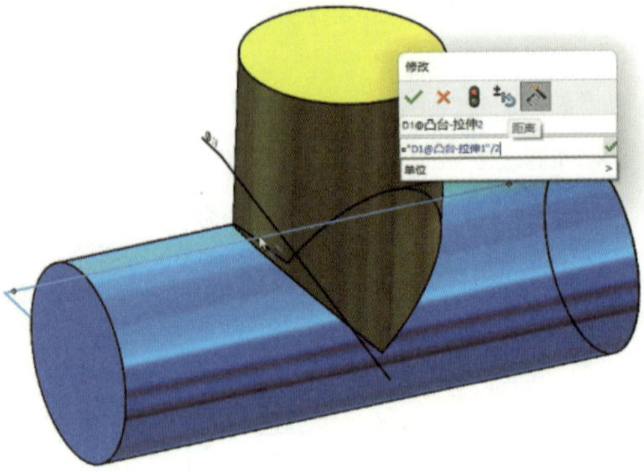 |

| 建模步骤 | 图　示 |
|---|---|
| 5. 建立中空结构<br>（1）单击“抽壳“（“特征”工具栏）或“插入”→“特征”→“抽壳”。<br>（2）在参数下面：设定厚度来设定保留的面的厚度 1.5 mm。<br>（3）为要移除的面在图形区域中选择三个开口面。<br>（4）单击确定 | 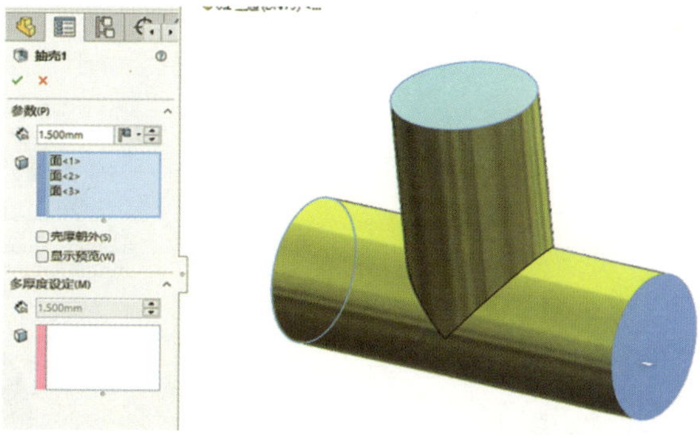 |
| 6. 建立零件配置<br>（1）单击设计树顶部的“配置”选项卡。<br>（2）在配置视图中，右键单击零件名称，选择“添加配置”，输入配置名称“DN15”。<br>（3）单击。<br>（4）同样步骤建立 DN20 配置。<br>（5）单击设计树标签回到特征设计树。<br>（6）修改模型以创建设计变体。<br>（7）单击 | 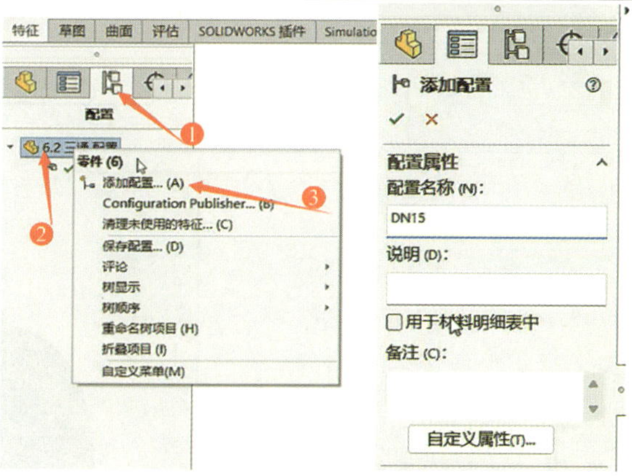<br>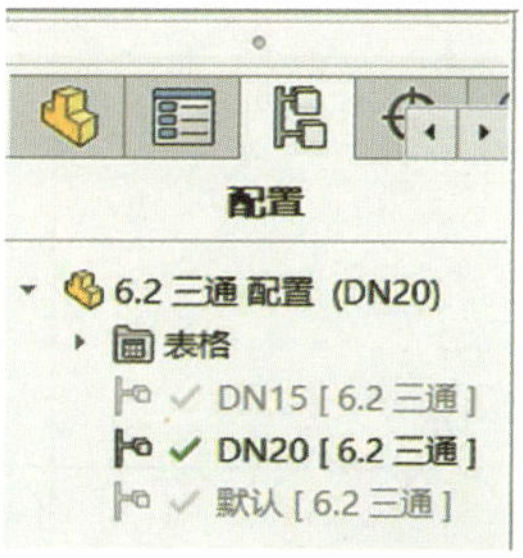 |
| 7. 修改 DN20 配置参数<br>单击水平圆筒，双击尺寸 18，在默认配置下选择“此配置”。 | 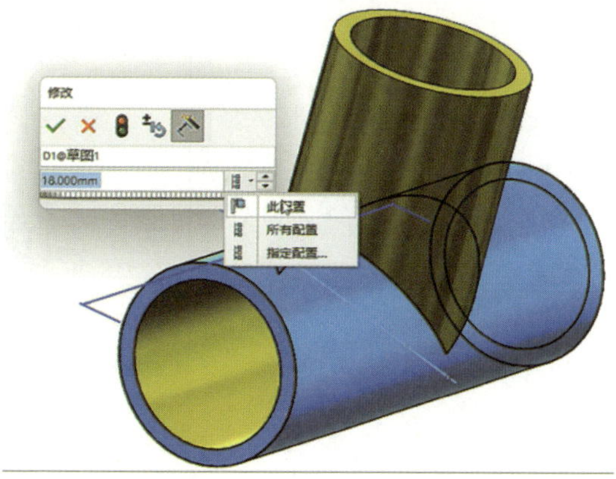 |

| 建模步骤 | 图　示 |
| --- | --- |
| （1）修改数值为 25。<br>（2）单击重建，观察管径变化。<br>（3）单击 | 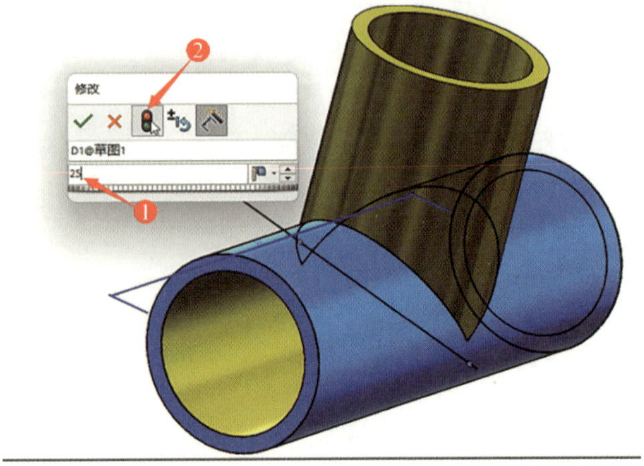 |
| 8. 修改壁厚<br>单击水平圆筒内壁，双击尺寸 1.5，在默认配置下选择“此配置”，修改尺寸为 2.5。单击 | 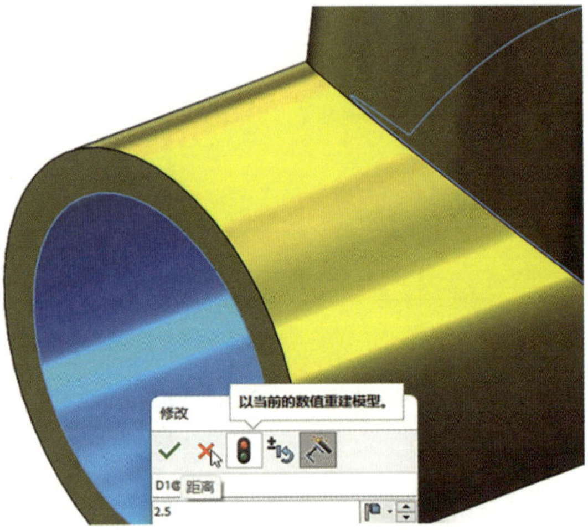 |
| 9. 修改总长<br>单击水平圆筒，双击尺寸 50，在默认配置下选择“此配置”，修改尺寸为 58。单击 | 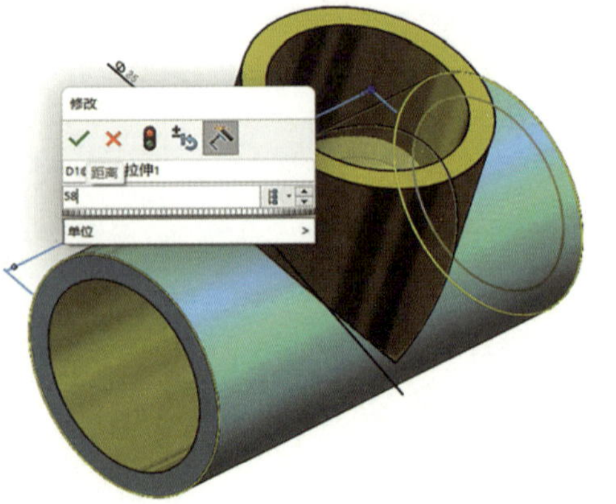 |

| 建模步骤 | 图　示 |
|---|---|
| 10. 修改关联关系<br>（1）修改出口高度尺寸，删除公式，输入 29。<br>（2）单击水平圆筒，双击尺寸 58，在默认配置下选择“此配置”，在数值框中输入“='D1@凸台-拉伸 2'*2”。<br>（3）其中，“D1@凸台-拉伸 2”为竖直圆柱长度方向尺寸 29。单击 | 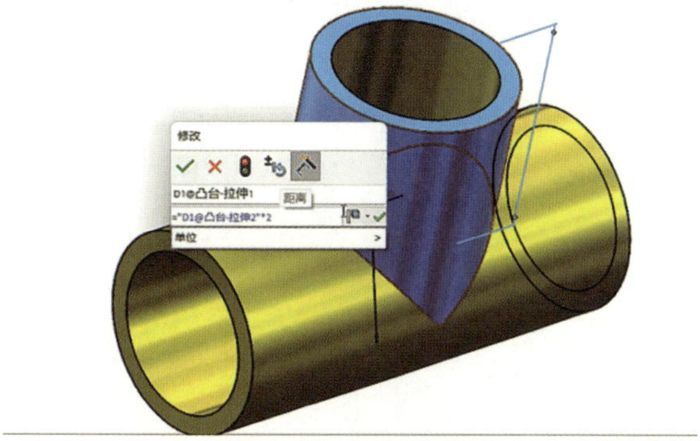 |
| 11. 修改尺寸名称<br>（1）单击水平圆筒，双击尺寸 25，删除 D1，输入“外径”。<br>（2）单击竖直圆筒，双击尺寸 29，删除 D1，输入“出口高度”。<br>（3）单击水平圆筒内壁，双击尺寸 2.5，删除 D1，输入“壁厚”。 | 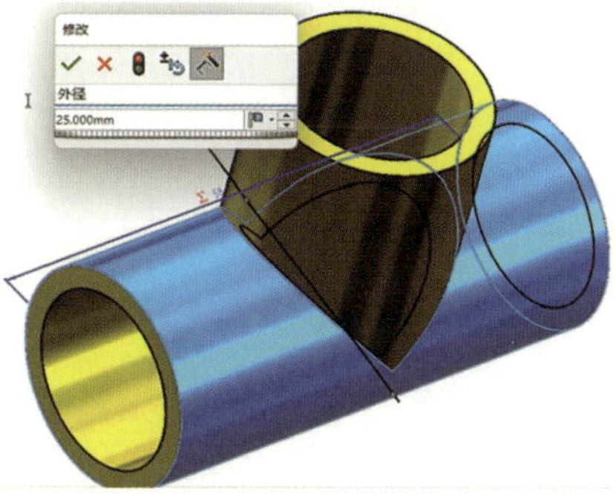<br>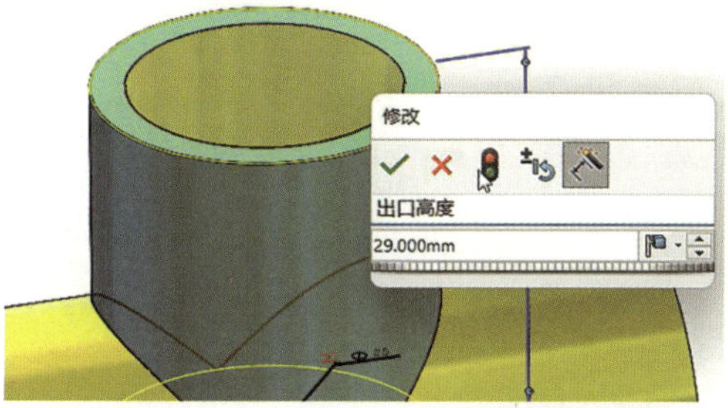<br>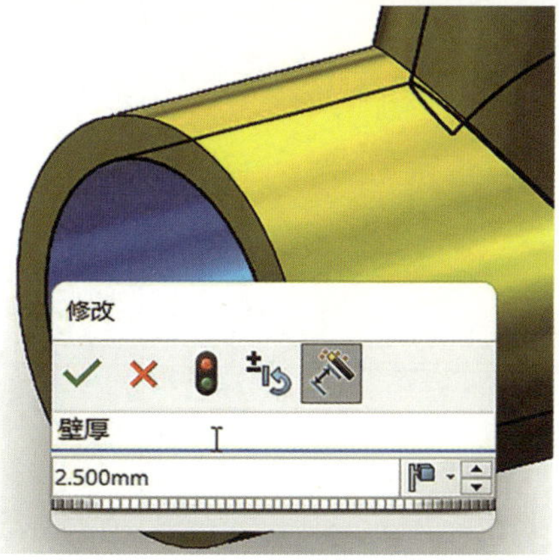 |

<table>
<tr><th>建模步骤</th><th>图　示</th></tr>
<tr><td>12. 插入设计表<br>（1）单击“插入”→“表格”→“Excel 设计表”。<br>（2）在属性管理器中：<br>（3）单击 ✔。<br><br>① 在“源”下，选择自动生成零件设计表。<br>② 在编辑控制下，选择“允许模型编辑”以更新系列零件设计表</td><td>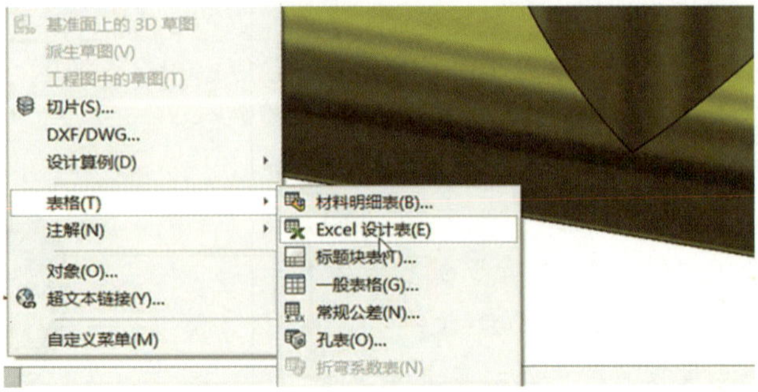

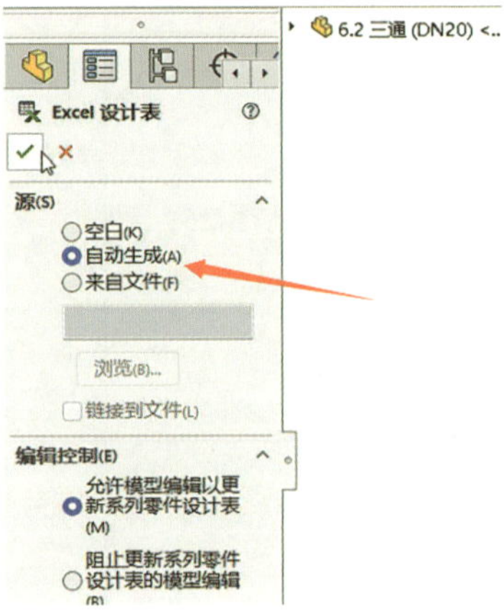
</td></tr>
<tr><td>13. 编辑设计表<br>（1）保留“外径”“出口高度”“壁厚”三个参数，保留“D1@凸台-拉伸 1”作为检查尺寸。<br><br>（2）框选默认数字区域（当前显示“普通”），单击右键，选择“设置单元格格式”，改为“常规”</td><td>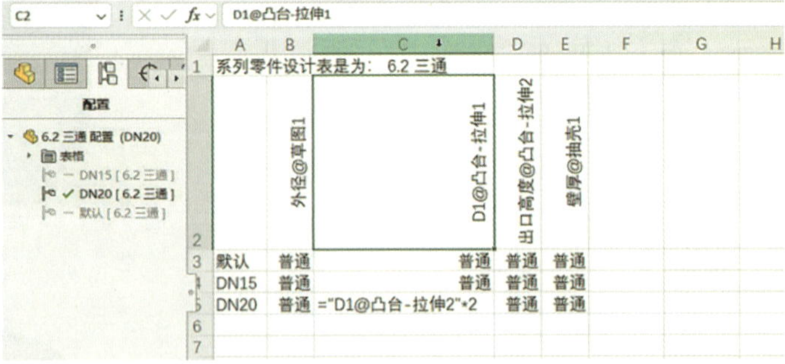

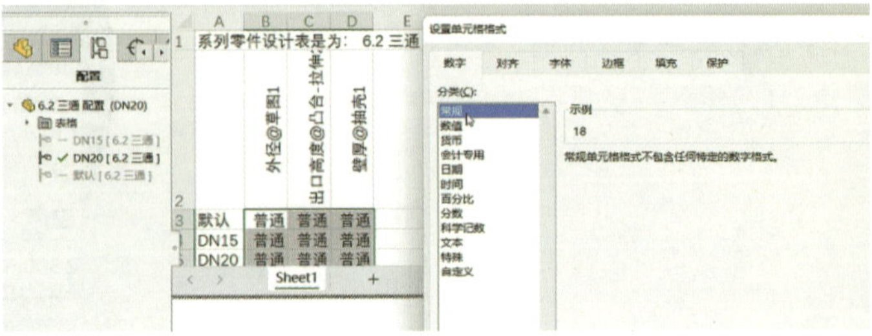
</td></tr>
</table>

续表

<table>
<tr><th>建模步骤</th><th>图　示</th></tr>
<tr><td>14. 编辑数据<br>根据等径三通尺寸表，填写设计表</td><td>
<table>
<tr><td colspan="5">系列零件设计表是为：6.2 三通</td></tr>
<tr><td></td><td>外径@草图1</td><td>出口高度@凸台-拉伸</td><td>壁厚@抽壳1</td><td>D1@凸台-拉伸1</td></tr>
<tr><td>默认</td><td>18</td><td>29</td><td>1.5</td><td>50</td></tr>
<tr><td>DN15</td><td>18</td><td>29</td><td>1.5</td><td>50</td></tr>
<tr><td>DN20</td><td>25</td><td>29</td><td>2.5</td><td>58</td></tr>
<tr><td>DN25</td><td>32</td><td>38</td><td>3.5</td><td>76</td></tr>
<tr><td>DN32</td><td>38</td><td>48</td><td>3</td><td>96</td></tr>
<tr><td>DN40</td><td>45</td><td>57</td><td>2.5</td><td>114</td></tr>
<tr><td>DN50</td><td>57</td><td>64</td><td>3.5</td><td>128</td></tr>
<tr><td>DN65</td><td>76</td><td>76</td><td>5.5</td><td>152</td></tr>
<tr><td>DN80</td><td>89</td><td>86</td><td>4.5</td><td>172</td></tr>
<tr><td>DN100</td><td>108</td><td>105</td><td>4</td><td>210</td></tr>
<tr><td>DN125</td><td>133</td><td>124</td><td>4</td><td>248</td></tr>
<tr><td>DN150</td><td>159</td><td>143</td><td>4.5</td><td>286</td></tr>
<tr><td>DN200</td><td>219</td><td>178</td><td>9.5</td><td>356</td></tr>
</table>
</td></tr>
<tr><td>15. 生成系列零件配置<br>单击绘图区域空白位置，生成配置</td><td>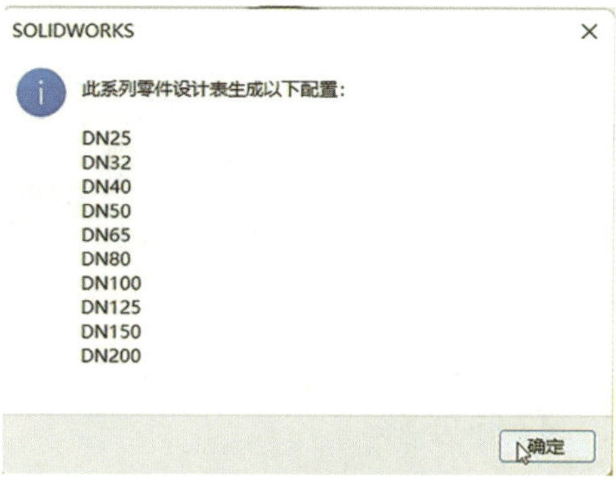
</td></tr>
<tr><td>16. 双击配置进行查看</td><td>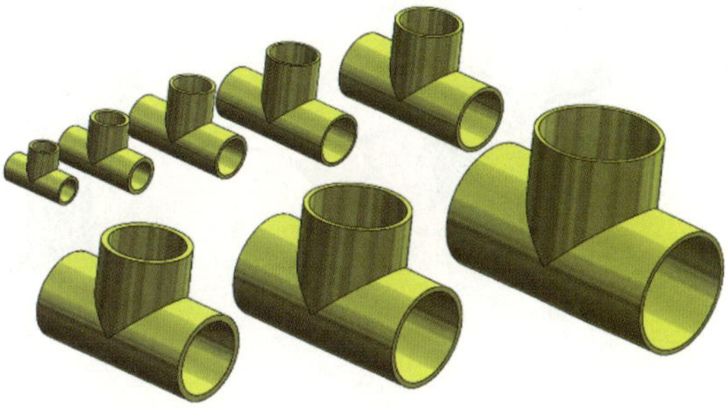</td></tr>
</table>

# 任务 6.3 智能零部件

| 任务目标 | 任务内容 |
|---|---|
| 1. 理解智能零部件在模型设计中应用；<br>2. 理解配置关联的应用原理；<br>3. 学会总结智能零部件特点 | 1. 智能零部件选择<br>2. 智能零部件的应用 |

## 6.3.1 任务导入

建立如图 6.3.1 所示的智能零部件。

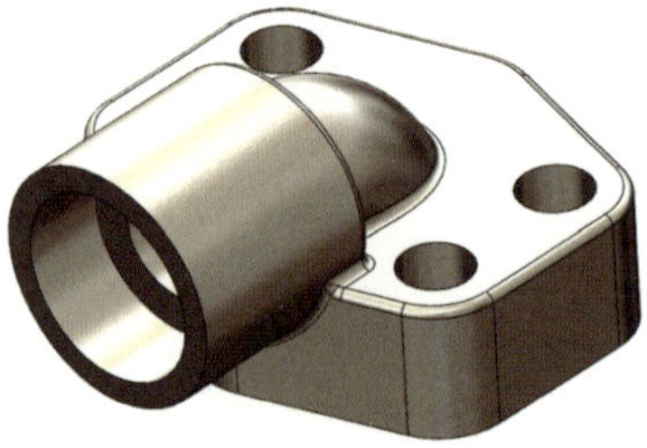

图 6.3.1 SAE 液压整体式直角法兰

## 6.3.2 任务分解

任务分解如图 6.3.2 所示。

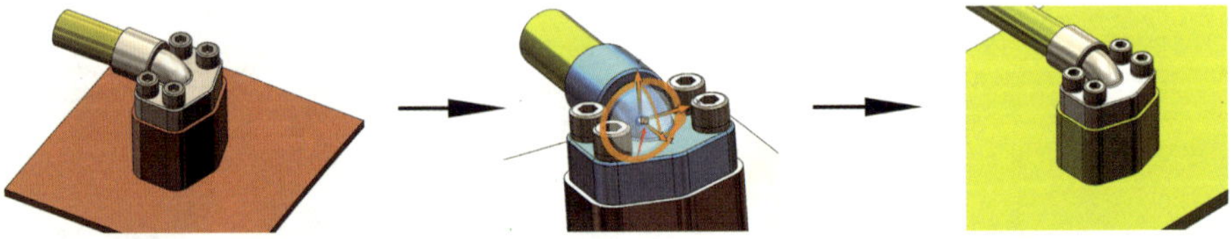

图 6.3.2 整体式直角法兰建模任务分解

## 6.3.3 思维导图

思维导图如图 6.3.3 所示。

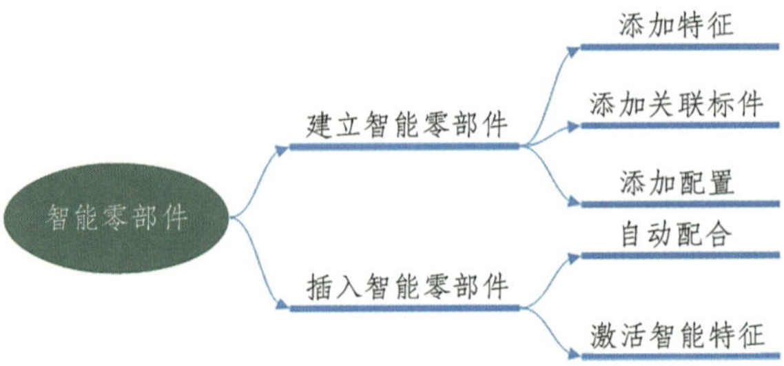


图 6.3.3 智能零部件建模思维导图

## 6.3.4 相关知识

对于具有重复关联特征和零部件的常用零部件来说，通过创建智能零部件是节省时间和精力的好方法。只需单击几次即可将这些特征和组件添加到装配体中，而不是每次都手动创建和插入它们。如果要制作智能化的零部件，需要将其与其他零部件和特征（如螺栓和装配孔）相关联。当将智能零部件插入到装配体时，可以选择插入关联零部件和特征。

（1）让零部件实现智能化。

（2）要与智能零部件关联的零部件。

（3）包含与智能零部件关联的特征的零部件。

智能零部件生成

## 6.3.5 任务实施

智能零部件建模步骤见表 6.3.1。

表 6.3.1　智能零部件建模步骤

| 建模步骤 | 图　示 |
| --- | --- |
| 1. 查看零部件装配<br>（1）打开装配体“智能零部件（建立）.sldasm”。<br><br>（2）在装配体特征树名称位置单击右键，选择“爆炸”。<br>（3）查看爆炸后装配体组成。 | 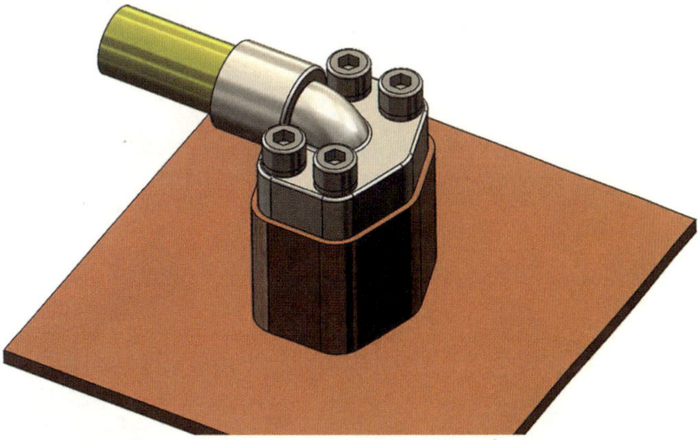<br>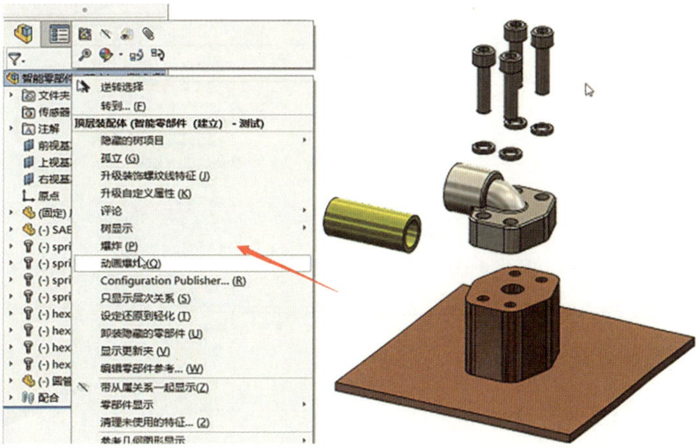<br> |

| 建模步骤 | 图　示 |
|---|---|
| （4）再次在装配体特征树名称位置单击右键，选择“解除爆炸”。<br>（5）装配体恢复到初始位置。<br>（6）可以选择“动画爆炸”和“动画解除爆炸”观察装配体的拆装动画 | 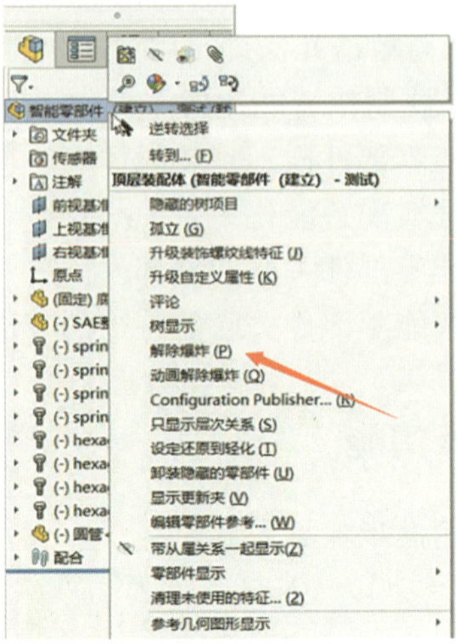 |
| 2. 关联参考<br>（1）利用鼠标左键拖动法兰零件移动，同时螺钉和弹簧垫圈也随之发生移动。<br>（2）观察底板伸出的特征包括螺纹孔。<br><br>（3）按下键盘上重建指令“Ctrl+Q”。<br>（4）观察特征随着法兰的移动而发生移动 | 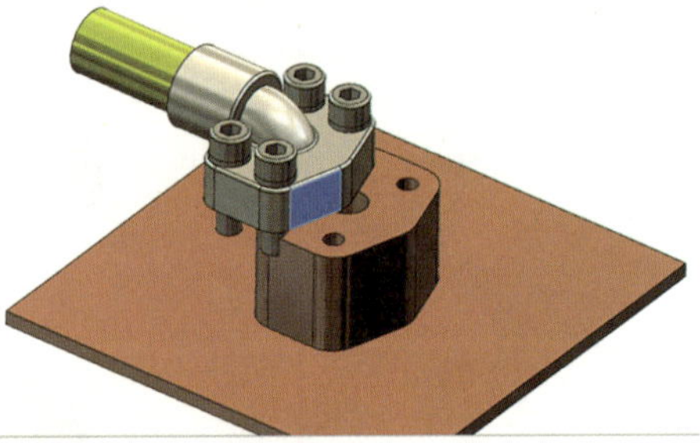<br>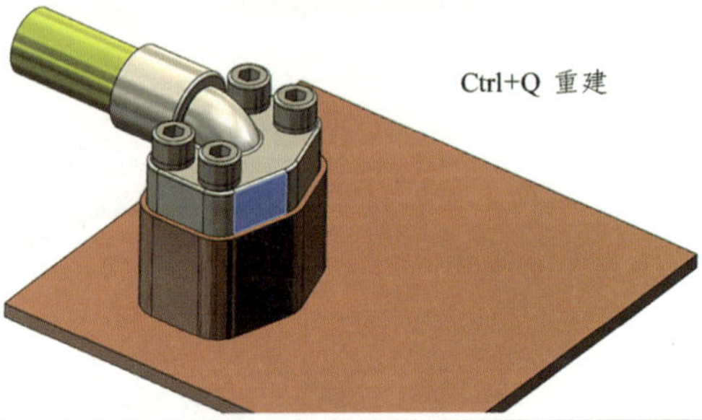<br>Ctrl+Q 重建 |
| 3. 创建智能零部件<br>（1）单击“制作智能零部件”![icon]（“工具”→“制作智能零部件”）。<br>（2）为智能零部件![icon]选择法兰，法兰零件高亮显示。 | 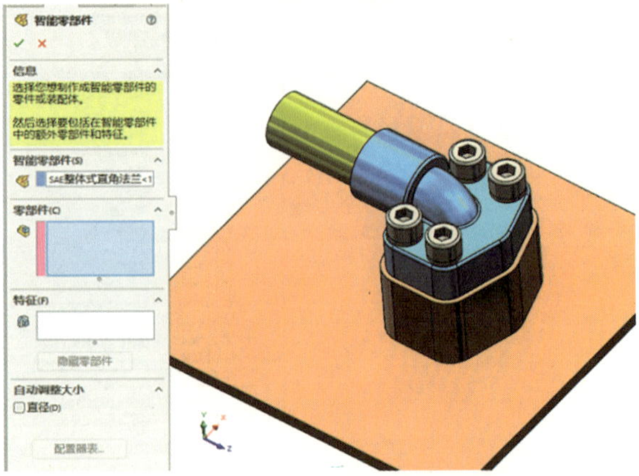 |

| 建模步骤 | 图　示 |
| --- | --- |
| （3）为零部件 选择螺钉、弹簧垫圈，所选标件高亮显示。 | 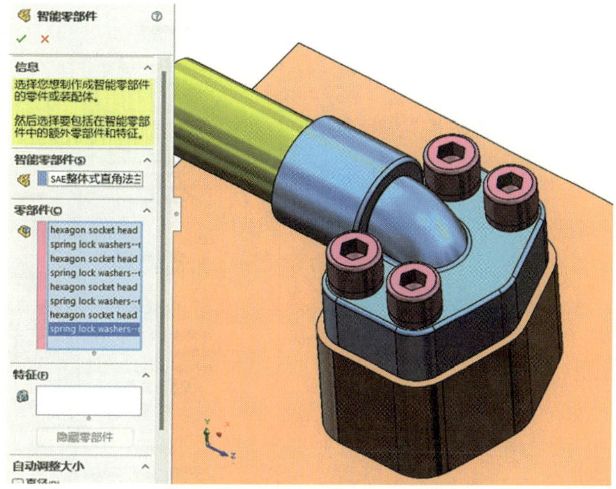 |
| （4）单击使成智能的特征 ，在图形区域中，选择底板上的凸台拉伸和螺纹孔。所选特征高亮显示。 | 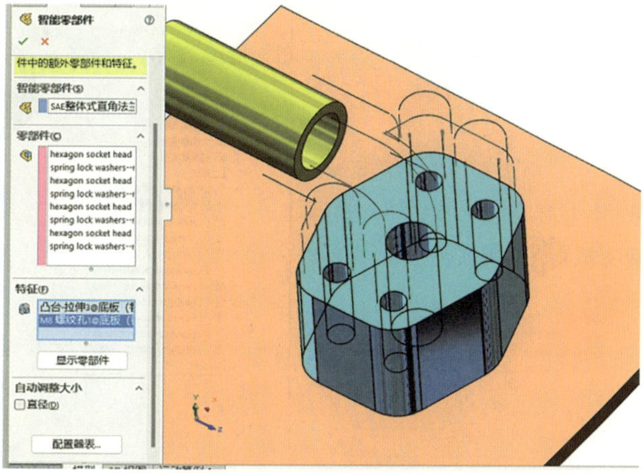 |
| （5）在自动调整大小下，选择直径。选择直径可为包括多个配置的圆柱形智能零部件启用自动调整大小功能。将智能零部件插入到装配体中时，智能零部件将根据所放置的零部件直径自动调整大小。<br>（6）在图形区域中，为同心配合参考 在法兰中选择内部圆柱面。 | 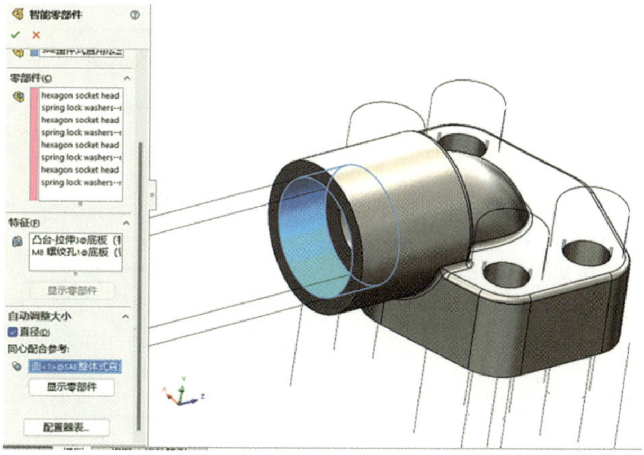 |

<table>
<tr><th>建模步骤</th><th>图　示</th></tr>
<tr><td>（7）单击“配置器表”，将出现右图右下方所示表格。根据选择零部件的顺序，表格中的列可能呈不同颜色。<br>（8）通过输入“最小直径”和“最大直径”的值，指定允许自动调整的直径范围。</td><td>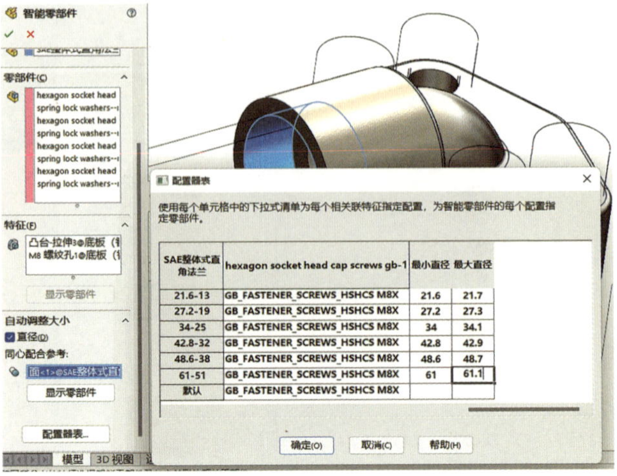
</td></tr>
<tr><td>（9）单击“确定”，然后单击✔。<br>（10）查看特征树中法兰零件前面的图标变成，则创建智能零部件完成</td><td>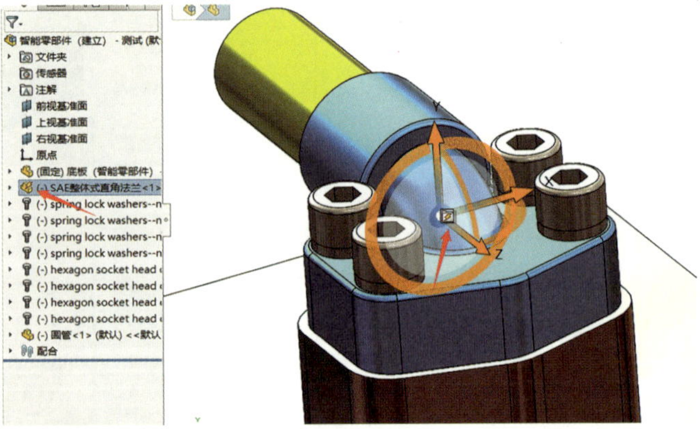
</td></tr>
<tr><td>4. 修改智能零部件配合参考<br>（1）打开法兰零件。<br>（2）查看在特征树中增加的两个内容“智能特征”“配合参考”。</td><td>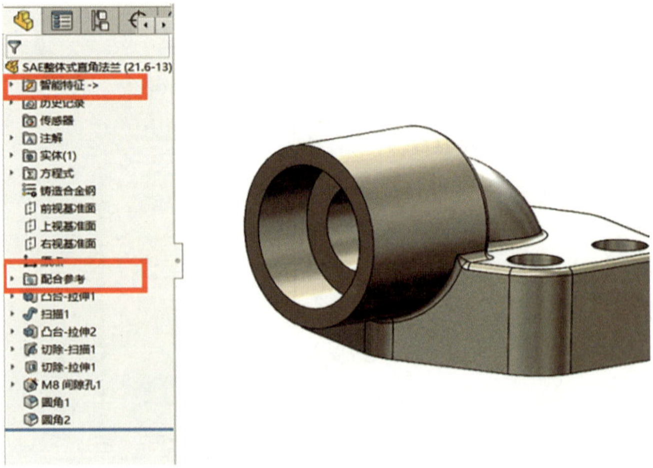
</td></tr>
</table>

<table>
<tr><th>建模步骤</th><th>图　示</th></tr>
<tr><td>（3）展开“配合参考”。<br>（4）右键单击“SmartPartSensor-<1>”，编辑定义。<br><br>（5）删除主要参考实体中的“面1”。<br>（6）点选内部的“边线”作为参考。<br>（7）单击“确定”，然后单击 ✔，保存零件</td><td>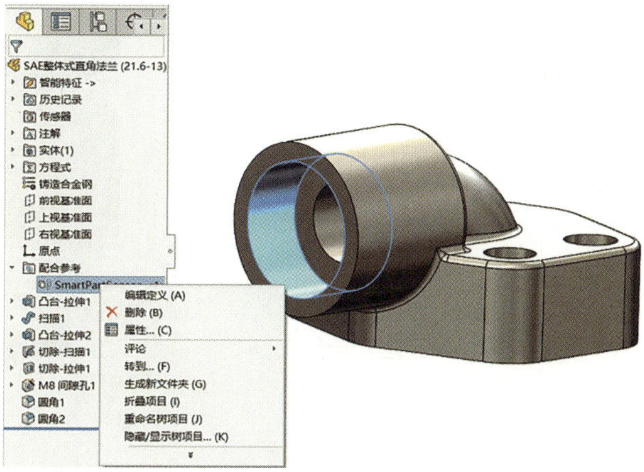

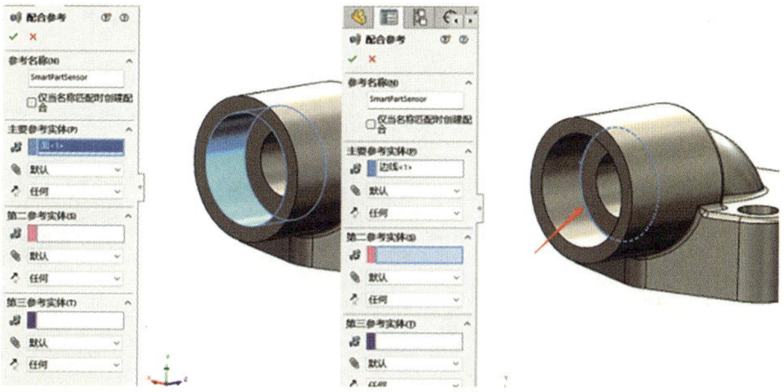
</td></tr>
<tr><td>5. 添加智能零部件<br>（1）打开装配体“智能零部件（应用）.sldasm”。<br>（2）点击“插入零部件”（“装配体”工具栏）。<br><br>（3）鼠标靠近圆管边线位置，会显示配合指令，法兰零件也会根据圆管直径大小进行变化。<br>（4）放置法兰零件</td><td>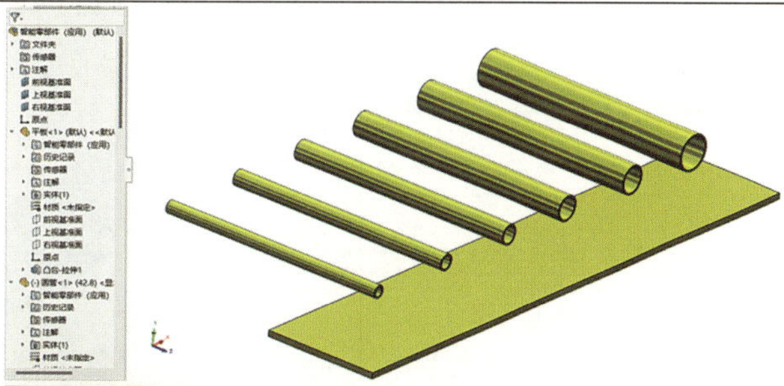
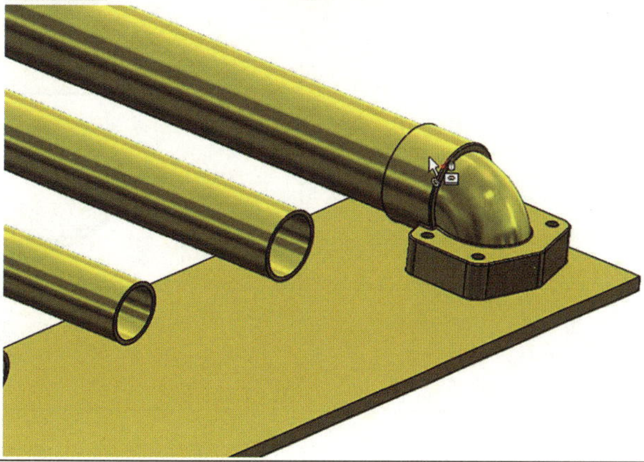</td></tr>
</table>

| 建模步骤 | 图　示 |
| --- | --- |
| 6. 插入智能特征<br>（1）激活法兰的智能特征。<br>（2）选择法兰，然后单击“插入”→“智能特征”。<br>（3）出现一个预览窗口，突出显示培训装配体中的参考面，需要在阶梯形轴装配体中为其选择对应的底板平面。<br>（4）单击 ✔。<br>（5）凸台拉伸从法兰的底部延伸到基体盘，并插入螺钉和垫圈。<br>（6）练习添加多个智能零部件 | 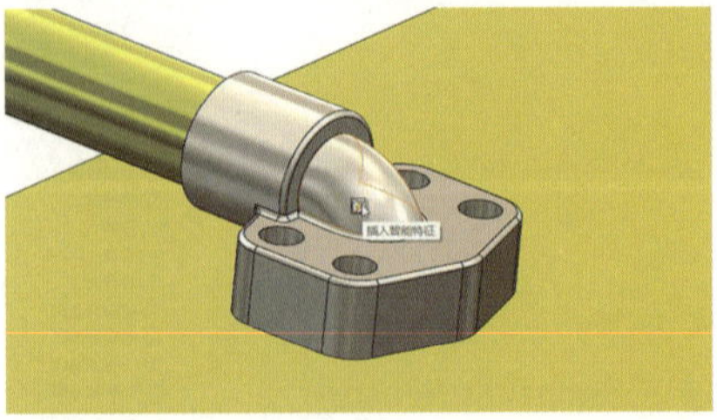<br>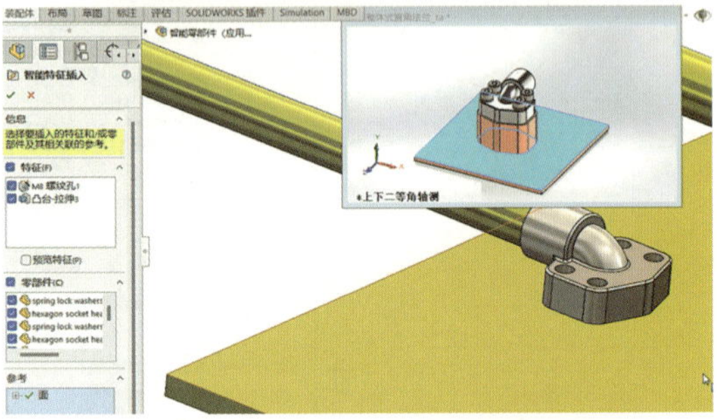<br>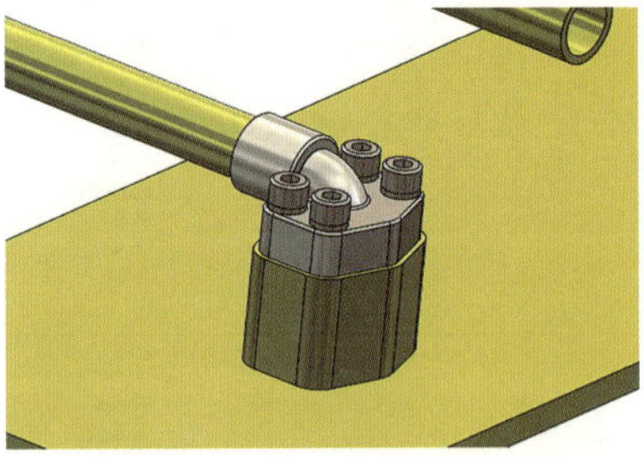 |
| 7. 测试智能零部件<br>（1）拖动圆管移动位置，由于法兰与圆管之间存在配合，会随之移动<br>（2）按下键盘上重建指令“Ctrl+Q”。<br>（3）观察特征随着法兰的移动而发生移动。<br>（4）保存并关闭装配体 | 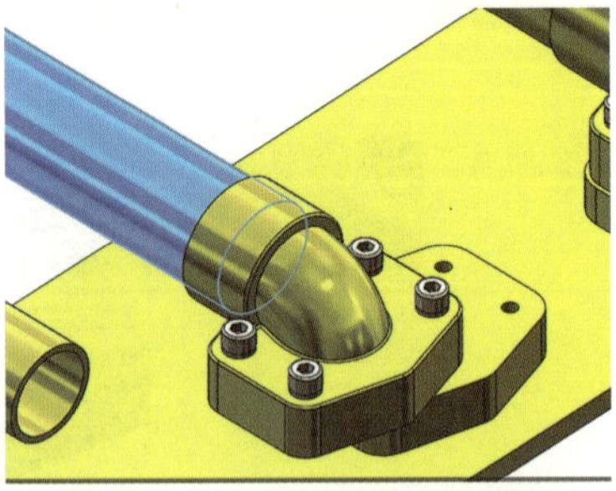<br>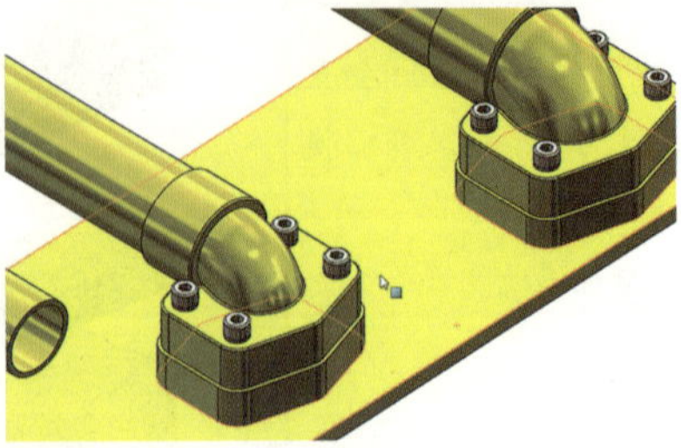 |

# 任务 6.4 Top-Down 设计

| 任务目标 | 任务内容 |
| --- | --- |
| 1. 理解 Top-Down 设计在模型设计中应用；<br>2. 理解 Treehouse 的应用原理；<br>3. 学会总结特点 | 1. 理解 Top-Down 设计思路<br>2. Treehouse 的应用 |

## 6.4.1 任务导入

Top-Down 设计方法可以应用于产品分析，通过将产品的主框架作为主组件，并将产品分解为组件、子组件，然后标识主组件元件及其相关特征，最后了解组件内部及组件之间的关系，并评估产品的装配方式。这种方法的优点在于可以管理大型组件，有效地掌握设计意图，使组织结构明确，不仅能在同一设计小组间迅速传递设计信息，达到信息共享的目的，还能在不同的设计小组间同样传递相同的设计信息，达到协同设计的目的。利用 Treehouse 建立如图 6.4.1 所示工业机器人电控柜模型。

图 6.4.1 工业机器人控制柜外部各元件

## 6.4.2 任务分解

任务分解如图 6.4.2 所示。

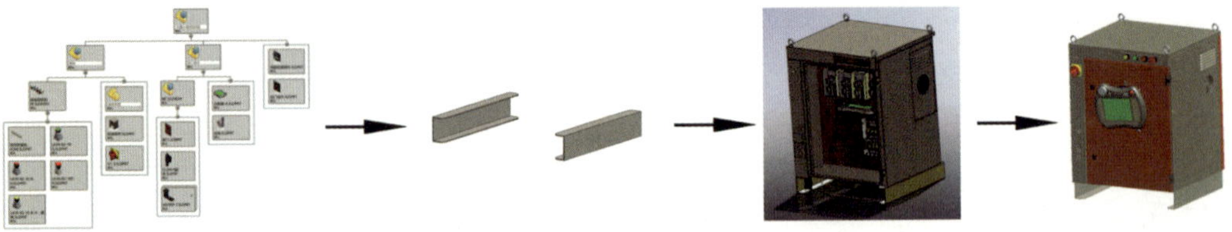

图 6.4.2　工业机械人控制柜建模任务分解

### 6.4.3　思维导图

思维导图如图 6.4.3 所示。

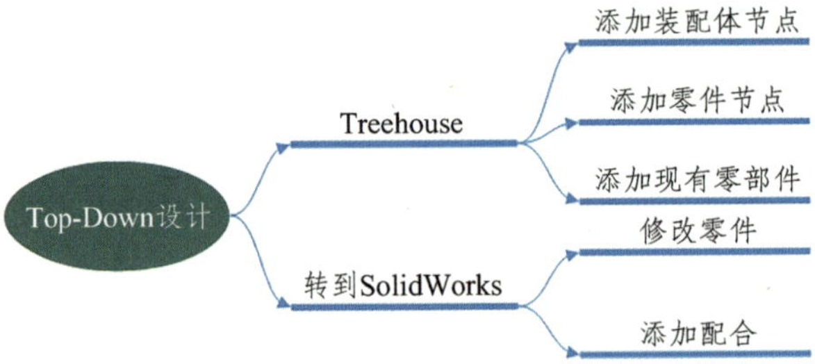


图 6.4.3　Rop-Down 设计思维导图

### 6.4.4　相关知识

可以使用自下而上设计来生成装配体，也可使用自上而下进行，或两种方法结合使用。Top-Down 设计方法是一种从高层次开始，由上而下逐步细化的设计理念。这种设计方式主要包括以下几个步骤：

（1）确定设计目标和需求：在设计开始之前，需要明确设计的目标和需求，包括功能、性能、可靠性等方面的要求。

（2）分解设计任务：将整个系统分解成多个子系统或模块，并确定它们之间的接口和相关性。

（3）设计高层次模块：从系统的高层次开始，设计各个模块的功能和接口。

（4）逐步细化设计：在设计的过程中，逐步细化每个模块的功能和接口，直到最终得到完整的设计方案。

1. 自下而上设计方法

自下而上设计法是比较传统的方法。先设计并造型零件，然后将之插入装配体，接着使用配合来定位零件。若想更改零件，必须单独编辑零件。这些更改可在装配体中体现。

自下而上设计法对于先前建造、现售的零件，或者对于诸如金属器件、皮带轮、马达等之类的标准零部件是优先技术。这些零件不根据的设计而更改其形状和大小，除非选择不同的零部件。

2. 自上而下设计方法

自上而下设计方法也称为“关联设计”。在自上而下设计法中，零件的形状、大小及位置可在装配体中设计。例如：

（1）设计一个电机托架，以电机为基础，这样设备大小始终完全依托电机变化，即使移动电机，系统也能自动调整电机托架的大小。该功能对于诸如托架、容器及外壳之类的零件设计尤其有帮助，这些关联设计的目的主要是将其他零件放置在其正确位置。另外，可对某些部件使用自上而下的设计方法，提升设计效率。

（2）装备的设计可在布局草图中展开设计布局，绘制多个模块以代表设备各个部分，如机身模块、传动模块、控制模块、驱动模块、执行模块以及其他零部件。根据此草图生成 3D 零部件。当在草图中移动各元素或调整大小时，SolidWorks 在装配体中会自动移动 3D 零部件或调整其大小。草图的速度和灵活性允许在构造 3D 几何体之前尝试设计的各种版本，并在关联位置进行众多类型的更改。

自上而下设计方法的优点是在设计更改发生时所需改动更少。零件根据所定义的规则方法而知道如何自动更新。可在零件的某些特征上、完整零件结构上或整个装配体上使用自上而下设计方法技术。在实践中，设计师通常使用自上而下设计方法来布局其装配体，并捕捉其装配体中自定义零件的关键要素。

## 6.4.5 任务实施

Top-Down 设计方法

1. Treehouse 使用

在利用软件构建模型之前，利用 Treehouse 在图形用户界面中设置的装配体层次结构。添加到 Treehouse 中的现有文件结构，如图 6.4.4 所示。

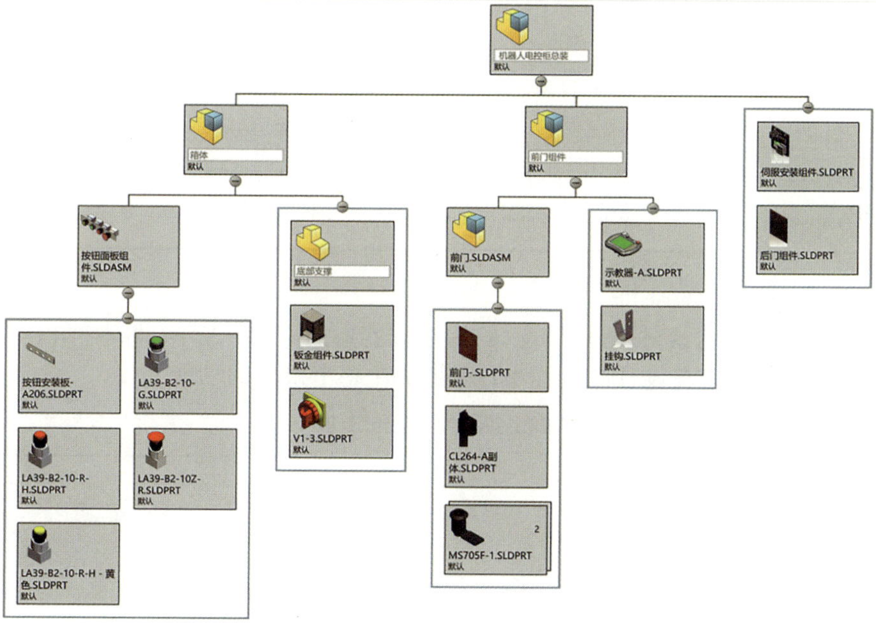


图 6.4.4　Treehouse 搭建装配体层次结构

在系统中，单击“开始”→“SolidWorks”→“SolidWorks 工具”→“SolidWorks-Treehouse”运行 Treehouse。在 Treehouse 中，可以完成：

将零件、装配体和工程图节点拖动到图形区域，以生成文件结构。

（1）编辑文件属性。

（2）添加配置。
（3）压缩零部件和零部件实例。
（4）将现有文档从文件资源管理器拖动到 Treehouse。

### 2. Treehouse 使用工具

Treehouse 使用工具见表 6.4.1。

表 6.4.1　Treehouse 使用工具

| 使用工具 | 用　途 |
| --- | --- |
| 局部放大 | 缩放至选定区域 |
| 整屏显示全图 | 放大或缩小以使可以看到整个层次关系 |
| 将新文档保留在屏幕上 | 将 Treehouse 指定为自动平移，以包括新节点 |
| 以列表视图显示 | 在列表视图中显示文件 |
| 新建 | 生成一个新 Treehouse 文件 |
| 打开（O） | 打开一个现有的 Treehouse（.asmtree）文档 |
| 保存 | 将文档保存为.asmtree 文件 |
| 输出至 SolidWorks 文档 | 利用创建的层次关系从节点创建 SolidWorks 零件、装配体和工程图文档 |
| 在 Excel 中打开 | 在 Excel 中打开 Treehouse 结构。在 Excel 中打开对话框中，可选择：<br>打开结构在 Excel 中打开整个 Treehouse 结构。零件和装配体显示在缩进列表中。<br>仅打开零件在 Excel 中仅打开 Treehouse 结构中的零件.Excel 将打开整个结构或零件的电子表格。电子表格中包括的列为文档名称、活动配置、数量和描述。每个文件属性显示在其自身列中。复制零件的数量值为结构中的每个实例显示 |
| 打印（P） | 将 Treehouse 结构打印在纸上或打印为 PDF |
| Treehouse 帮助 | 提供使用帮助 |

### 3. 用 Treehouse 创建装配体文件结构

（1）在 Treehouse 中，将模板中装配体节点拖动到工作区域。可以将零件和装配体拖动到装配体上并释放，以零部件形式添加，如图 6.4.5 所示。

（2）点击装配体框中属性进行修改，如图 6.4.6 所示。

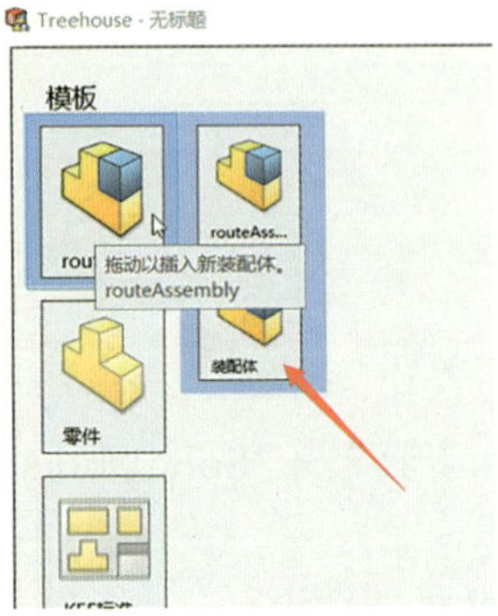


图 6.4.5　选择装配体节点

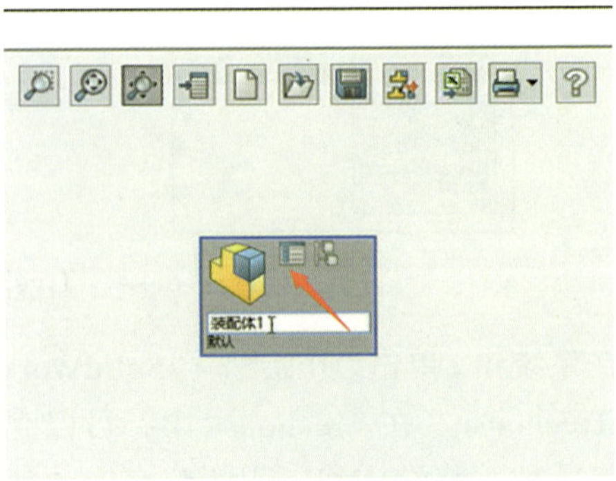


图 6.4.6　装配体属性

（3）修改文件名、文件位置、配置特定等信息，如图 6.4.7 所示。

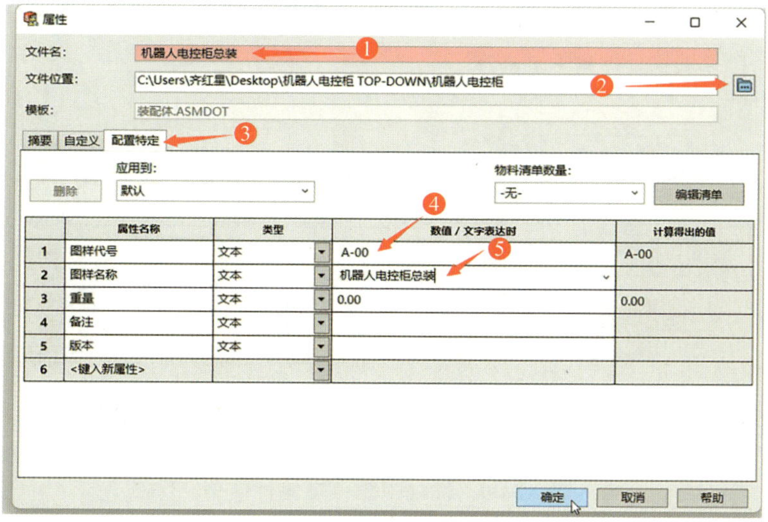


图 6.4.7　属性信息

（4）同步骤（2）、（3）继续添加箱体装配体并添加信息，如图 6.4.8 所示。

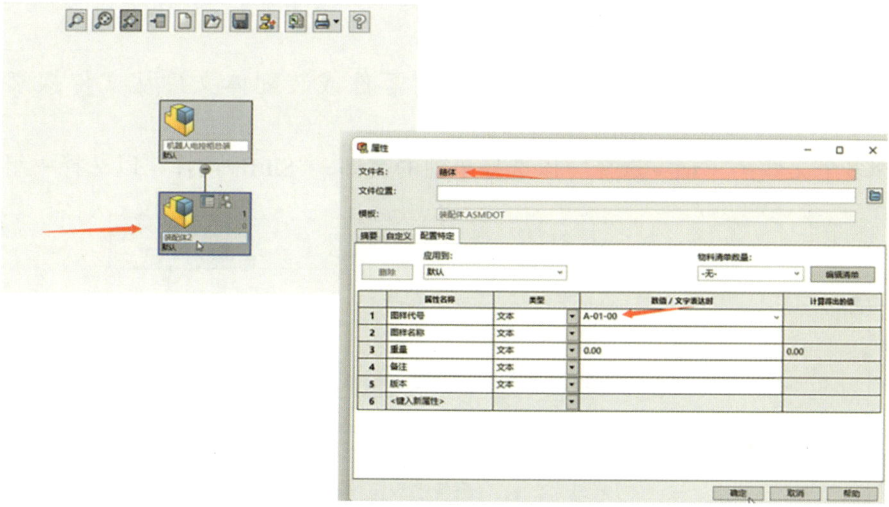


图 6.4.8　添加箱体及属性信息

（5）在编辑过程中，可以执行如下基本操作：

复制零件、装配体或工程图节点：Ctrl+拖动节点到零件或装配体节点。

移动零件或装配体节点的所有实例：Shift+拖动节点。

删除节点：将节点拖动到垃圾箱。

编辑文件属性：双击节点。

放大或缩小：滚动鼠标滚轮。

缩放到合适：按 F 或单击整屏显示。

缩放范围：双击鼠标中键以缩放范围。

平移：拖动鼠标中间按钮。

（6）同步骤（2）、（3），添加零件节点，新零件“底部支撑”，并添加信息，如图 6.4.9 所示。

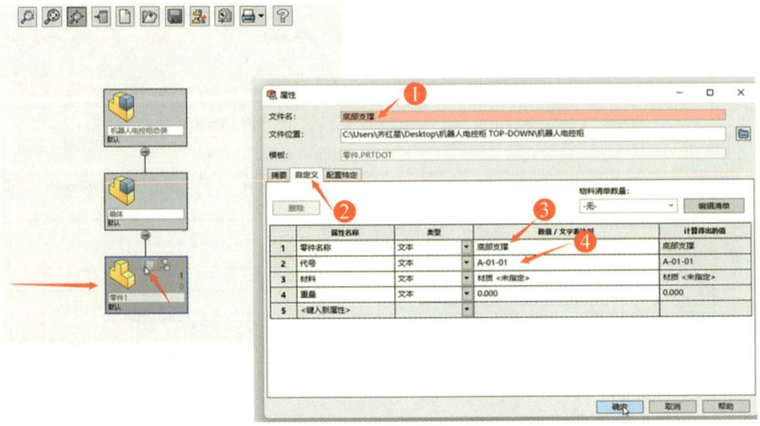


图 6.4.9　添加新零件及属性信息

4. 将现有文件添加到 Treehouse 层次关系

可以将零件和装配体文件添加到 Treehouse。要将文件导入 Treehouse：

（1）单击现有文件，打开文件资源管理器。

（2）导航到文件夹，然后执行以下操作之一：

将现有文件添加到当前 Treehouse 文档将零件或装配体文件从文件探索器拖动到 Treehouse 中的装配体节点，如图 6.4.10 所示。

要选择多个文件：“Ctrl＋选择”以选择单独的文件；“Shift+选择”以选择一组文件。

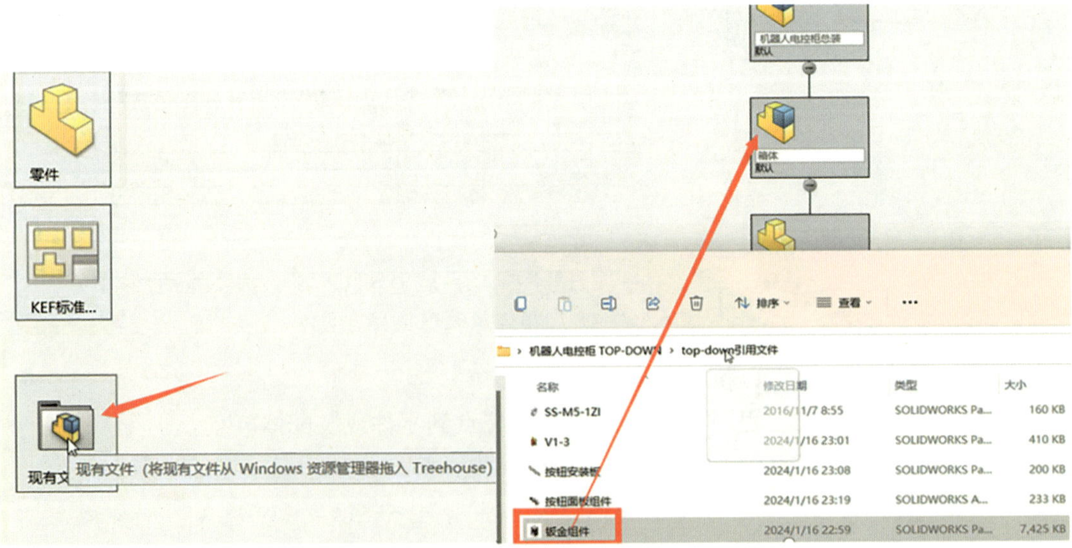


图 6.4.10　添加现有文件

利用现有 SolidWorks 装配体开始一个新 Treehouse 文件。将装配体文件拖动到 Treehouse 工作区。如果正在编辑 Treehouse 中的装配体文件结构，则软件将提示保存，如图 6.4.11 所示。

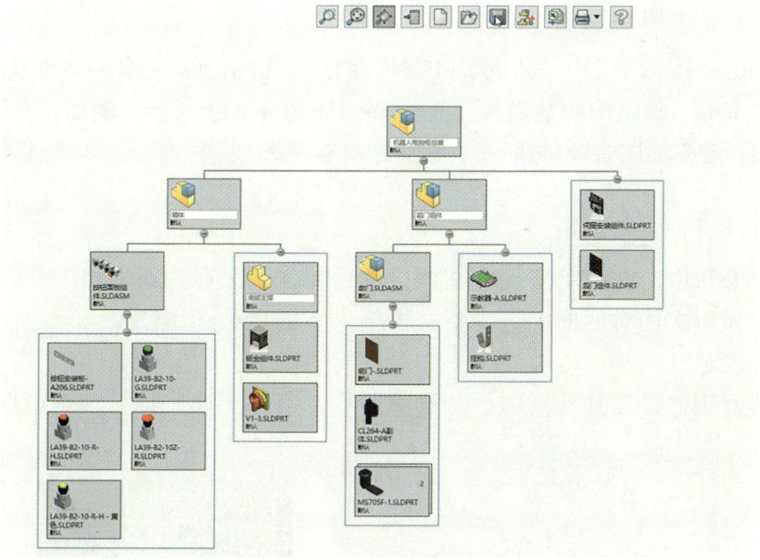


图 6.4.11　搭建装配体层次

5. 导出到 SolidWorks 文档

（1）当已创建层次关系，单击导出到 SolidWorks 文档。

（2）在选择文件夹对话框中，选择要导出的文件夹，或单击“制作新文件夹”并输入文件夹名称，单击“确定”。

软件利用 Treehouse 层次关系从节点创建 SolidWorks 零件、装配体和工程图文档，如图 6.4.12 所示。

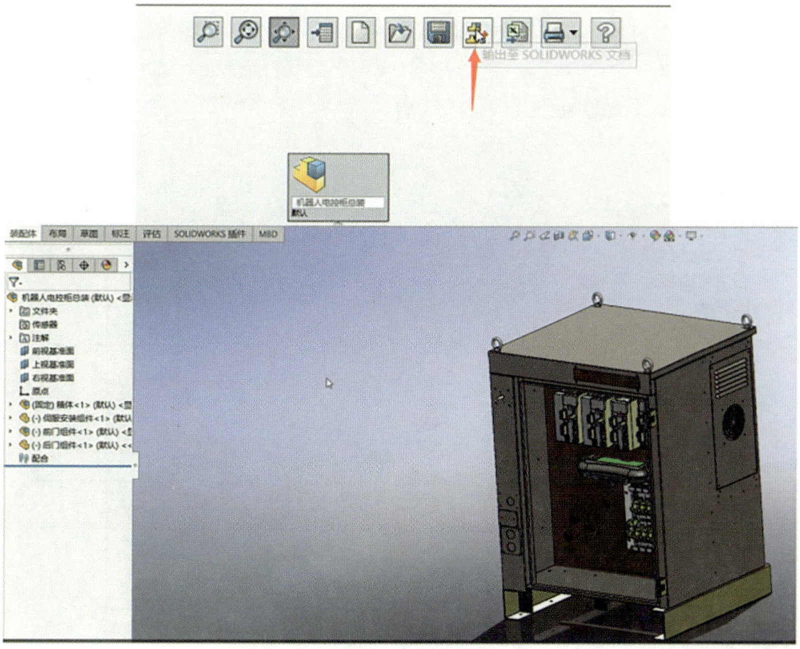


图 6.4.12　导出到装配体

6. 从现有文件中编辑文件

当从 Treehouse 中导出层次关系时，可以将现有 SolidWorks 文档另存为新副本。当将现有文件另存为新副本时，必须按照从上到下的顺序，如图 6.4.13 所示。例如，在层次关系中拥有现有装配体文档，希望将该装配体的一个零部件另存为新文档，那么必须先将装配体另存为新文档。

要将现有文档另存为新文档：

（1）在层次关系中，右键单击现有文档，然后单击“另存为新文档”。

（2）在另存为新文档对话框中，为新文档输入新的名称和属性。

（3）单击“确定”。

（4）修改钣金组件，打开特征树，并删除所有“底部支撑”特征，点击保存。

图 6.4.13　修改现有钣金组件

（5）打开底部支撑零件，新建草图，并采用 3 mm 抽壳处理，如图 6.4.14 所示。

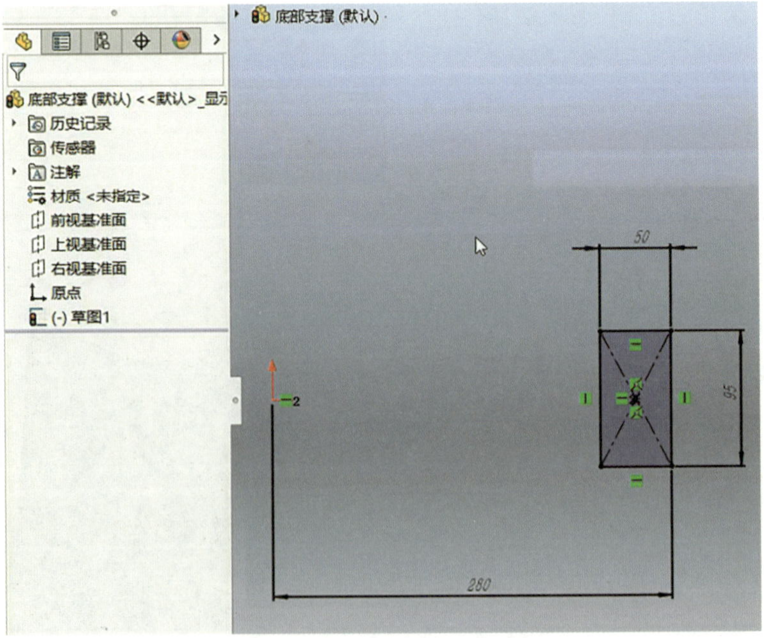


图 6.4.14　编辑底部支撑零件

（6）镜像成形特征，得到底部支撑零件，如图 6.4.15 所示。

图 6.4.15　镜像底部支撑零件

7. 配合零部件

完成各零部件之间配合，添加钣金部件和底部支撑间配合，如图 6.4.16 所示。右键单击特征设计树顶部的装配体图标，然后单击“树显示”→“查看特征”。在特征设计树中扩展钣金组件。用来制作柱杆的特征被显示。箱体配合文件夹将列出涉及钣金组件的箱体装配体中的配合。右键单击特征设计树顶部的装配体图标，然后单击“树显示”→“查看配合和从属关系”。将出现涉及钣金组件的配合。特征文件夹将列出用于创建钣金组件的特征。可以使用特征设计树的这种显示来关注装配体的结构或层次结构，而不是草图和特征的详细信息。图标表示处于接地路径中的配合。这些配合将零件相对于装配体原点而定位。

图 6.4.16　添加各零件间配合

检查装配体以确认添加了所需的配合。如图 6.4.17 所示，单击等轴测。右键单击特征设计树顶部的箱体，然后单击“折叠项目”。单击重建（“标准”工具栏）。在特征设计树中检查零部件。前缀表示零部件的位置的状态，欠定义零部件具有旋转自由度。其旋转位置与该装配体的设计意图无关，所以没有必要将之完全约束。

图 6.4.17　检查各零件位置

# 任务 6.5 技能考评

任务 6.5 技能考评

1. 扫码完成图 6.5.1 ~ 图 6.5.5 所示的几组曲面的建模。

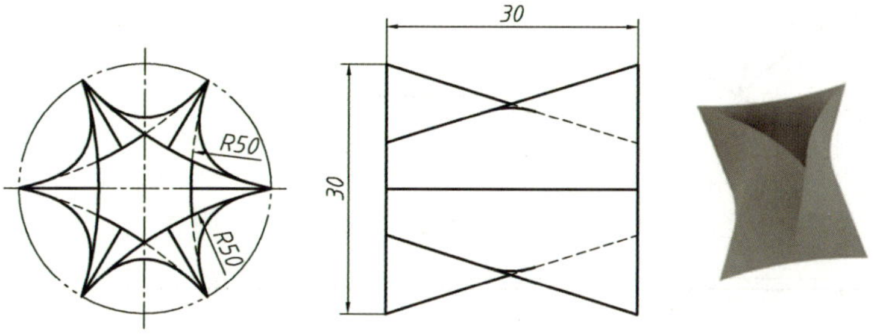


图 6.5.1　曲面建模一

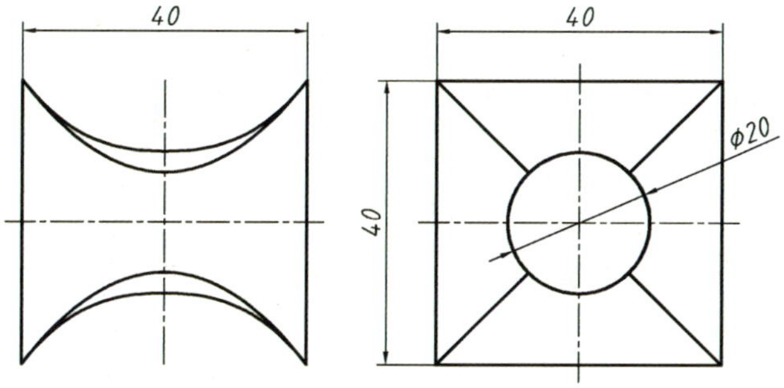


图 6.5.2　曲面建模二

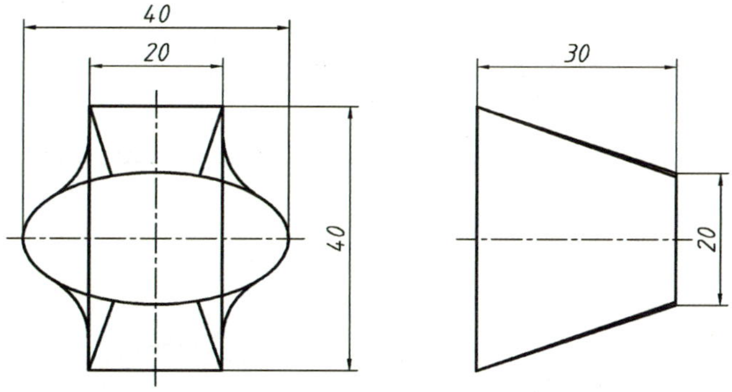


图 6.5.3　曲面建模三

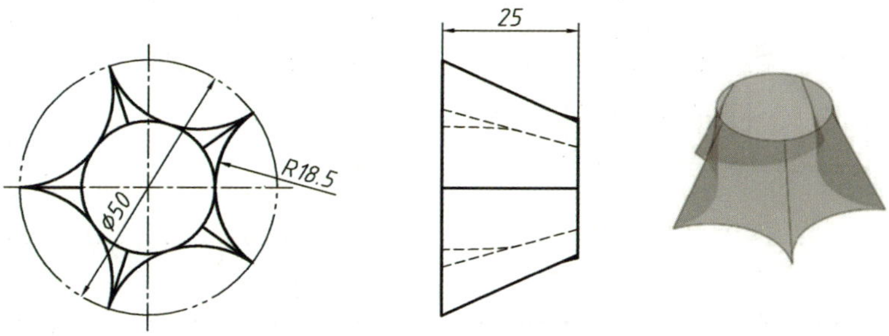


图 6.5.4　曲面建模四

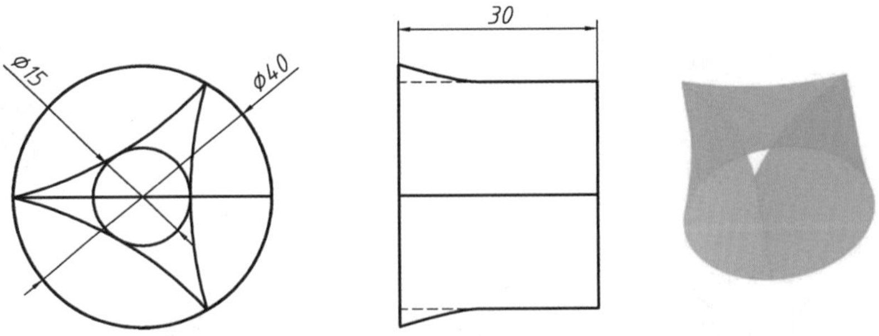


图 6.5.5 曲面建模五

2. 扫码完成图 6.5.6 ~ 图 6.5.8 所示的几组弹簧建模，见下组图。

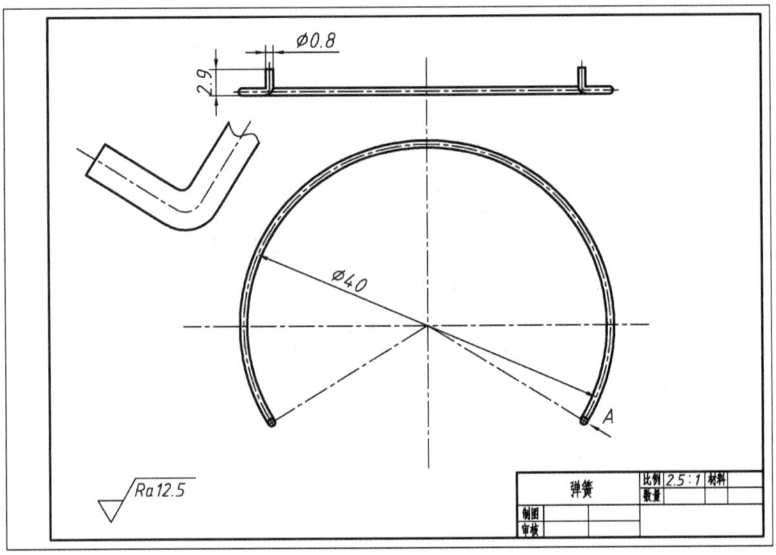


图 6.5.6 弹簧建模一

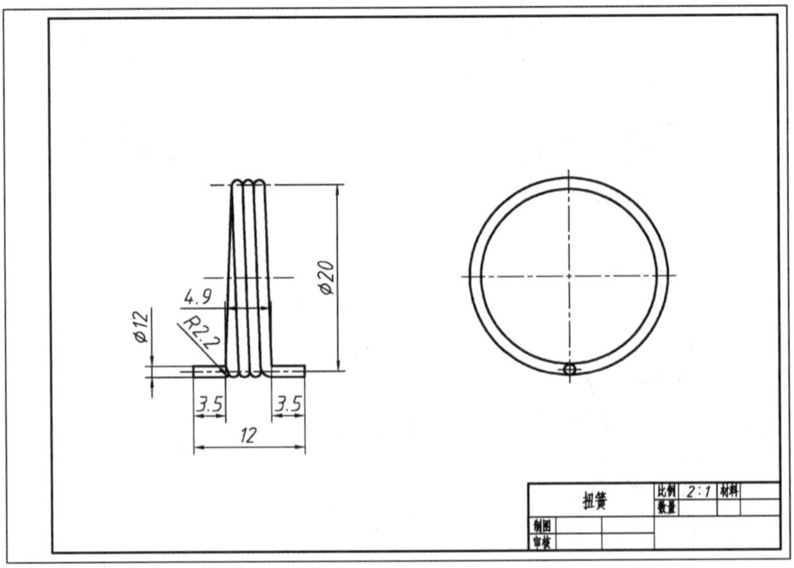


图 6.5.7 弹簧建模一

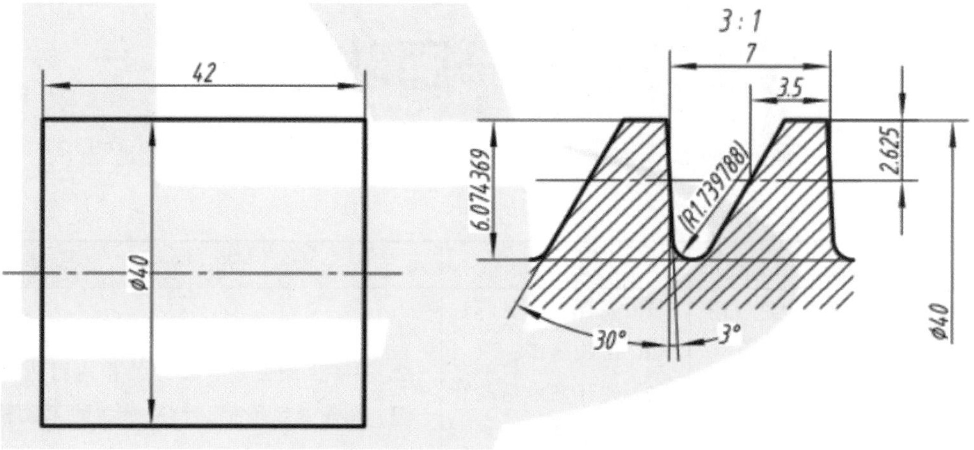


图 6.5.8　螺距为 7 的单线锯齿形螺纹模型

3. 扫码完成如图 6.5.9 所示的套筒工具的系列化设计。

图 6.5.9　内六角套筒

4. 扫码完成智能手机 Top-Down 的建立。

# 项目 7　华山论剑——团队协作

| 知识目标 | 技能目标 | 素质目标 |
|---|---|---|
| 1. 通过团队协作方式进行结构设计；<br>2. 理解方案设计内容；<br>3. 学会总结特点 | 1. 分析技能目标；<br>2. 团队分工；<br>2. 设计基本结构；<br>4. 分享设计 | 1. 具备爱岗敬业、遵纪守法的职业素养；<br>2. 具备互帮互助、团结协作的团队精神；<br>3. 具备一丝不苟、精益求精的工匠精神 |

## 任务 7.1　设计一套升降装置

### 7.1.1　任务导入

完成升降装置方案项目。

### 7.1.2　任务分解

任务分解如图 7.1.1 所示。

方案要求→团队分工→任务划分→方案评价

图 7.1.1

### 7.1.3　任务实施

1. 升降装置设计要求

1）设计概述

本设计旨在提供一种结构简单、操作方便、安全可靠的垂直升降设备，用于各种需要上下移动的场合，如仓库货物搬运、建筑工地升降人员和材料等。

2）设计参数

最大载质量：2000 kg。

最大提升高度：10 m。

提升速度：3 m/min。

电源：380 V/50 Hz。

3）设计方案

（1）升降平台。

升降平台采用钢结构框架，表面铺设防滑钢板，尺寸为 1.5 m × 1.5 m，可供人员站立或货物停放。平台四周设护栏，确保操作安全。平台底部安装有导向轮，以减小摩擦力，方便升降平台的移动。

（2）动力系统。

动力系统采用电机驱动，配置有减速器和链条传动装置，实现升降平台的平稳升降。电机功率为 15 kW，减速器减速比为 50∶1，链条传动装置链条节距为 250 mm。通过链条的转动，带动升降平台上下移动。

（3）安全保护装置。

为确保操作安全，升降装置配备了以下安全保护装置：

① 超载保护装置：当升降平台上的重量超过额定载重时，超载保护装置将自动切断电源，防止设备损坏和发生危险。

② 上下限位开关：升降平台上下设有限位开关，当升降平台到达设定位置时，限位开关将自动切断电源，使设备停止运行，防止升降平台上升或下降超出范围。

③ 断电停机：当电源突然断电时，升降装置将自动停机，防止设备突然坠落或发生其他危险。

（4）控制面板。

控制面板设有机电控制箱和操作按钮，操作人员可以通过控制面板控制升降装置的启动、停止、上升和下降等动作。控制面板还设有指示灯，指示升降装置的运行状态和故障情况。

2. 团队分工

（1）主设计师：负责整体机械结构设计和方案制定，协调各个工程师之间的工作。

（2）结构工程师：负责升降装置的结构设计和强度计算，包括选用合适的材料和确定结构尺寸等。

（3）传动工程师：负责升降装置的传动系统设计和选型，包括选择合适的电机、齿轮和皮带等。

（4）导向工程师：负责升降装置的导向系统设计和选型，包括导轨或导杆的设计和选择滑动轴承等。

（5）装配工程师：负责升降装置的装配工艺设计和装配流程优化，确保零部件的准确装配和质量。

（6）测试工程师：负责对升降装置进行功能测试和性能评估，包括升降速度、承载能力等方面的测试。

（7）项目经理：负责升降装置的制造工艺设计和生产流程优化，提高生产效率和产品质量，协助主设计师进行项目管理和文档整理，协调各个工程师之间的沟通和协作。

3. 任务划分

（1）结构设计：根据升降装置的功能需求，设计机械结构的外形、尺寸和布局，并进行强度计算和稳定性分析，确保结构安全可靠。

（2）传动系统设计：设计升降装置的传动系统，包括电机的选择、传动方式的设计、齿轮和皮带的选择等，实现升降装置的运动和动力传递。

（3）导向系统设计：设计升降装置的导向系统，包括导轨或导杆的设计、滑块或滑动轴承的选择等，确保升降装置在垂直方向上的平稳运动。

（4）装配工艺设计：设计升降装置的装配工艺，确定零部件的装配顺序和方法，并制定装配流程和标准，确保装配质量和效率。

（5）功能测试和性能评估：对升降装置进行功能测试，如升降速度、承载能力等，评估其性能指标是否满足要求。

（6）制造工艺设计：设计升降装置的制造工艺，包括零部件的加工方式、工艺流程等，确保生产的可行性和效率。

（7）项目管理和文档整理：协助主设计师进行项目管理，整理相关设计文档和技术资料，保证项目的顺利进行和知识积累。

4. 方案评价

1）评审目的

方案评审旨在评估所提供的升降装置设计方案是否满足设计要求，并针对方案中的关键要素进行深入分析和评估，以确保最终实施的安全性、可靠性和经济性。

2）评审内容

（1）设计方案的完整性：评估设计方案是否全面覆盖了升降装置的主要功能和性能要求。

（2）技术可行性：分析设计方案中的技术难题及解决方案的可行性。

（3）安全性：评估设计方案中的安全保护措施是否充分，能否有效降低操作风险。

（4）成本效益：分析设计方案的经济性，包括设备采购、制造成本、运行维护费用等。

（5）操作便利性：评估设计方案是否便于操作和维护，以及是否符合人机工程学原则。

（6）环境适应性：分析设计方案是否适应各种工作环境和条件。

（7）法规合规性：评估设计方案是否符合相关法律法规和标准要求。

3）评审方法

（1）对比分析：将设计方案与行业其他类似设备的设计方案进行对比，分析方案优缺点。

（2）专家评审：邀请相关领域的专家对设计方案进行深入分析和评估。

（3）模拟测试：根据设计方案搭建模拟测试平台，对升降装置进行实际操作和性能测试。

（4）风险评估：对设计方案中的潜在风险进行识别和评估，提出风险应对措施。

4）评审流程

（1）准备阶段：收集相关资料，确定评审团队成员，制定评审计划。

（2）初步评审：对设计方案进行初步审查，筛选出关键问题，确定后续评审的重点。

（3）详细评审：对初步评审中筛选出的问题进行深入分析和评估，形成评审意见和建议。

（4）汇总报告：汇总评审意见和建议，编写评审报告，对升降装置设计方案做综合评价。

（5）反馈与沟通：将评审报告反馈给设计团队，就评审结果进行沟通和交流，为后续改进提供依据。

5）评审结论

根据评审结果，得出以下结论：

（1）本设计方案基本满足升降装置的设计要求，具有较高的完整性和可行性。

（2）技术难题及解决方案经过评估，被认为是可行的，但仍需在实施过程中密切关注并进行必要的技术验证。

（3）安全保护措施较为完备，能够有效降低操作风险，但仍须在实际使用过程中进行验证和持续改进。

（4）成本效益方面，本设计方案具有一定的竞争优势，但仍需进一步优化以降低制造成本和提高经济效益。

（5）操作便利性和人机工程学原则在本方案中得到一定程度的体现，但仍需根据实际使用情况进行优化。

（6）环境适应性方面，本设计方案具有良好的适应性，能够适应不同工作环境和条件。但仍需在实际使用过程中进行验证和调整。

（7）法规合规性方面，本设计方案符合相关法律法规和标准要求。但仍需在实际使用过程中关注法规变化并及时调整设计方案。

# 任务 7.2 设计一套检测装置

## 7.2.1 任务导入

完成检测装置方案项目。

## 7.2.2 任务分解

任务分解如图 7.2.1 所示。

方案要求→团队分工→任务划分→方案评价

图 7.2.1

## 7.2.3 任务实施

1. 检测装置设计要求

1）设计概述

本检测装置设计旨在提供一种结构简单、操作方便、安全可靠的检测设备。该装置适用于各种原材料检测的场合，如探伤检测、无损检测等。

2）设计参数

最大检测元件重量：200 kg

最大检测元件尺寸：500 mm

检测速度：3 cm/min

电源：380 V/50 Hz

3)设计方案

（1）检测平台。

检测平台采用钢结构框架，表面铺设防滑钢板，尺寸为 3m × 1.5m。平台四周设护栏，确保操作安全。平台底部安装有支脚，稳固平台。

（2）动力系统。

动力系统采用电机驱动，配置有减速器和链条传动装置，实现检测平台的动力传输。电机功率为 7.5 kW，减速器减速比为 10∶1，采用带传动方式进行动力传动。通过带的平移进行元件的传动。

（3）安全保护装置。

为确保操作安全，检测装置配备了以下安全保护装置：

① 超载保护装置：当检测平台上元件超过额定载重时，超载保护装置将自动切断电源，防止设备损坏和发生危险。

② 上下限位开关：检测平台上下设有限位开关，当检测平台到达设定位置时，限位开关将自动切断电源，使设备停止运行，防止检测平台检测元件超出范围。

③ 断电停机：当电源突然断电时，检测装置将自动停机，防止设备突然前冲或发生其他危险。

（4）控制面板。

控制面板设有机电控制箱和操作按钮，操作人员可以通过控制面板控制检测装置的启动、停止、等动作。控制面板还设有指示灯，指示检测装置的运行状态和故障情况。

2. 团队分工

机械机构部分设计人员分工：

（1）主设计师：负责整体机械结构设计和方案制定，协调各个工程师之间的工作。

（2）结构工程师：负责检测装置的结构设计和强度计算，包括选用合适的材料和确定结构尺寸等。

（3）传动工程师：负责检测装置的传动系统设计和选型，包括选择合适的电机、齿轮和皮带等。

（4）导向工程师：负责检测装置的导向系统设计和选型，包括导轨或导杆的设计和选择滑动轴承等。

（5）装配工程师：负责检测装置的装配工艺设计和装配流程优化，确保零部件的准确装配和质量。

（6）测试工程师：负责对检测装置进行功能测试和性能评估，包括检测速度、承载能力等方面的测试。

（7）项目经理：负责检测装置的制造工艺设计和生产流程优化，提高生产效率和产品质量，协助主设计师进行项目管理和文档整理。协调各个工程师之间的沟通和协作。

3. 任务划分

机械机构部分设计内容划分：

（1）结构设计：根据检测装置的功能需求，设计机械结构的外形、尺寸和布局，并进行强度计算和稳定性分析。确保结构安全可靠。

（2）传动系统设计：设计检测装置的传动系统，包括电机的选择、传动方式的设计、齿轮和皮带的选择等。实现检测装置的运动和动力传递。

（3）导向系统设计：设计检测装置的导向系统，包括导轨或导杆的设计、滑块或滑动轴承的选择等。确保检测装置在垂直方向上的平稳运动。

（4）装配工艺设计：设计检测装置的装配工艺，确定零部件的装配顺序和方法，并制定装配流程和标准。确保装配质量和效率。

（5）功能测试和性能评估：对检测装置进行功能测试，如检测速度、承载能力等，评估其性能指标是否满足要求。

（6）制造工艺设计：设计检测装置的制造工艺，包括零部件的加工方式、工艺流程等，确保生产的可行性和效率。

（7）项目管理和文档整理：协助主设计师进行项目管理，整理相关设计文档和技术资料。保证项目的顺利进行和知识积累。

4. 方案评价

1）评审目的

方案评审旨在评估所提供的检测装置设计方案是否满足设计要求，并针对方案中的关键要素进行深入分析和评估，以确保最终实施的安全性、可靠性和经济性。

2）评审内容

（1）设计方案的完整性：评估设计方案是否全面覆盖了检测装置的主要功能和性能要求。

（2）技术可行性：分析设计方案中的技术难题及解决方案的可行性。

（3）安全性：评估设计方案中的安全保护措施是否充分，能否有效降低操作风险。

（4）成本效益：分析设计方案的经济性，包括设备采购、制造成本、运行维护费用等。

（5）操作便利性：评估设计方案是否便于操作和维护，以及是否符合人机工程学原则。

（6）环境适应性：分析设计方案是否适应各种工作环境和条件。

（7）法规合规性：评估设计方案是否符合相关法律法规和标准要求。

3）评审方法

（1）对比分析：将设计方案与行业内其他类似设备的设计方案进行对比，分析本方案的优缺点。

（2）专家评审：邀请相关领域的专家对设计方案进行深入分析和评估。

（3）模拟测试：根据设计方案搭建模拟测试平台，对检测装置进行实际操作和性能测试。

（4）风险评估：对设计方案中的潜在风险进行识别和评估，提出风险应对措施。

4）评审流程

（1）准备阶段：收集相关资料，确定评审团队成员，制定评审计划。

（2）初步评审：对设计方案进行初步审查，筛选出关键问题，确定后续评审的重点。

（3）详细评审：对初步评审中筛选出的问题进行深入分析和评估，形成评审意见和建议。

（4）汇总报告：汇总评审意见和建议，编写评审报告，对检测装置设计方案进行综合评价。

（5）反馈与沟通：将评审报告反馈给设计团队，就评审结果进行沟通和交流，为后续改进提供依据。

5）评审结论

根据评审结果，得出以下结论：

（1）本设计方案基本满足检测装置的设计要求，具有较高的完整性和可行性。

（2）技术难题及解决方案经过评估，被认为是可行的，但仍须在实施过程中密切关注并进行必要的技术验证。

（3）安全保护措施较为充分，能够有效降低操作风险。但仍需在实际使用过程中进行验证和持续改进。

（4）成本效益方面，本设计方案具有一定的竞争优势，但仍需进一步优化以降低制造成本和提高经济效益。

（5）操作便利性和人机工程学原则在本方案中得到一定程度的体现，但仍需根据实际使用情况进行优化。

（6）环境适应性方面，本设计方案具有良好的适应性，能够适应不同工作环境和条件。但仍需在实际使用过程中进行验证和调整。

（7）法规合规性方面，本设计方案符合相关法律法规和标准要求。但仍需在实际使用过程中关注法规变化并及时调整设计方案。

# 任务 7.3 设计一套输送装置

## 7.3.1 任务导入

完成输送装置方案项目。

## 7.3.2 任务分解

任务分解如图 7.3.1 所示。

方案要求→团队分工→任务划分→方案评价

图 7.3.1

## 7.3.3 任务实施

### 1. 输送装置设计要求

1）设计概述

本设计旨在提供一种结构简单、操作方便、安全可靠的水平输送设备，适用于各种需要输送的场合，如仓库货物搬运、建筑工地输送人员和材料等。

2）设计参数

（1）最大载质量：1 000 kg。

（2）最大输送距离：10 m。

（3）移动速度：2 m/min。

（4）电源：380 V/50 Hz。

3）设计方案

（1）输送平台。

输送平台采用钢结构框架，平面滚动平移，尺寸为 10 m × 1.5 m，输送货物，平台四周设护栏，确保操作安全。

（2）动力系统。

动力系统采用电机驱动，配置有减速器和链条传动装置，实现输送平台的平稳输送。电机功率为 15 kW，减速器减速比为 50 : 1，链条传动装置链条节距为 250 mm。通过链条的转动，带动输送平台前后移动。

（3）安全保护装置。

为确保操作安全，输送装置配备了以下安全保护装置：

① 超载保护装置：当输送平台上的重量超过额定载重时，超载保护装置将自动切断电源，防止设备损坏和发生危险。

② 行程限位开关：输送平台两端设有限位开关，当输送平台到达设定位置时，限位开关将自动切断电源，使设备停止运行，防止输送平台上升或下降超出范围。

③ 断电停机：当电源突然断电时，输送装置将自动停机，防止设备突然坠落或发生其他危险。

（4）控制面板。

控制面板设有机电控制箱和操作按钮，操作人员可以通过控制面板控制输送装置的启动、停止、正转和反转等动作。控制面板还设有指示灯，指示输送装置的运行状态和故障情况。

2. 团队分工

（1）主设计师：负责整体机械结构设计和方案制定，协调各个工程师之间的工作。

（2）结构工程师：负责输送装置的结构设计和强度计算，包括选用合适的材料和确定结构尺寸等。

（3）传动工程师：负责输送装置的传动系统设计和选型，包括选择合适的电机、齿轮和皮带等。

（4）导向工程师：负责输送装置的导向系统设计和选型，包括导轨或导杆的设计和选择滑动轴承等。

（5）装配工程师：负责输送装置的装配工艺设计和装配流程优化，确保零部件的准确装配和质量。

（6）测试工程师：负责对输送装置进行功能测试和性能评估，包括输送速度、承载能力等方面的测试。

（7）项目经理：负责输送装置的制造工艺设计和生产流程优化，提高生产效率和产品质量。协助主设计师进行项目管理和文档整理，协调各个工程师之间的沟通和协作。

3. 任务划分

（1）结构设计：根据输送装置的功能需求，设计机械结构的外形、尺寸和布局，并进行强度计算和稳定性分析，确保结构安全可靠。

（2）传动系统设计：设计输送装置的传动系统，包括电机的选择、传动方式的设计、齿轮和皮带的选择等，实现输送装置的运动和动力传递。

（3）导向系统设计：设计输送装置的导向系统，包括导轨或导杆的设计、滑块或滑动轴承的选择等，确保输送装置在垂直方向上的平稳运动。

（4）装配工艺设计：设计输送装置的装配工艺，确定零部件的装配顺序和方法，并制定装配流程和标准，确保装配质量和效率。

（5）功能测试和性能评估：对输送装置进行功能测试，如输送速度、承载能力等，评估其性能指标是否满足要求。

（6）制造工艺设计：设计输送装置的制造工艺，包括零部件的加工方式、工艺流程等，确保生产的可行性和效率。

（7）项目管理和文档整理：协助主设计师进行项目管理，整理相关设计文档和技术资料。保证项目的顺利进行和知识积累。

4. 方案评价

1）评审目的

方案评审旨在评估所提供的输送装置设计方案是否满足设计要求，并针对方案中的关键要素进行深入分析和评估，以确保最终实施的安全性、可靠性和经济性。

2）评审内容

（1）设计方案的完整性：评估设计方案是否全面覆盖了输送装置的主要功能和性能要求。

（2）技术可行性：分析设计方案中的技术难题及解决方案的可行性。
（3）安全性：评估设计方案中的安全保护措施是否充分，能否有效降低操作风险。
（4）成本效益：分析设计方案的经济性，包括设备采购、制造成本、运行维护费用等。
（5）操作便利性：评估设计方案是否便于操作和维护，以及是否符合人机工程学原则。
（6）环境适应性：分析设计方案是否适应各种工作环境和条件。
（7）法规合规性：评估设计方案是否符合相关法律法规和标准要求。
3）评审方法
（1）对比分析：将设计方案与行业内其他类似设备的设计方案进行对比，分析本方案的优缺点。
（2）专家评审：邀请相关领域的专家对设计方案进行深入分析和评估。
（3）模拟测试：根据设计方案搭建模拟测试平台，对输送装置进行实际操作和性能测试。
（4）风险评估：对设计方案中的潜在风险进行识别和评估，提出风险应对措施。
4）评审流程
（1）准备阶段：收集相关资料，确定评审团队成员，制定评审计划。
（2）初步评审：对设计方案进行初步审查，筛选出关键问题，确定后续评审的重点。
（3）详细评审：对初步评审中筛选出的问题进行深入分析和评估，形成评审意见和建议。
（4）汇总报告：汇总评审意见和建议，编写评审报告，对输送装置设计方案进行综合评价。
（5）反馈与沟通：将评审报告反馈给设计团队，就评审结果进行沟通和交流，为后续改进提供依据。
5）评审结论
根据评审结果，得出以下结论：
（1）本设计方案基本满足输送装置的设计要求，具有较高的完整性和可行性。
（2）技术难题及解决方案经过评估，被认为是可行的，但仍须在实施过程中密切关注并进行必要的技术验证。
（3）安全保护措施较为充分，能够有效降低操作风险，但仍须在实际使用过程中进行验证和持续改进。
（4）成本效益方面，本设计方案具有一定的竞争优势，但仍须进一步优化以降低制造成本和提高经济效益。
（5）操作便利性和人机工程学原则在本方案中得到一定程度的体现，但仍需根据实际使用情况进行优化。
（6）环境适应性方面，本设计方案具有良好的适应性，能够适应不同工作环境和条件，但仍需在实际使用过程中进行验证和调整。
（7）法规合规性方面，本设计方案符合相关法律法规和标准要求，但仍需在实际使用过程中关注法规变化并及时调整设计方案。

# 参考文献


[1] DS SolidWorks 公司. SolidWorks 零件与装配体教程[M]. 北京：机械工业出版社，2022.

[2] DS SolidWorks 公司. SolidWorks 工程图教程[M]. 北京：机械工业出版社，2022.

[3] DS SolidWorks 公司. SolidWorks 高级零件教程[M]. 北京：机械工业出版社，2022.

[4] DS SolidWorks 公司. SolidWorks Simulation 高级教程[M]. 北京：机械工业出版社，2022.

[5] 詹友刚. 典型机械零部件表达方法 350 例[M]. 北京：机械工业出版社，2012.

[6] 顾新建. 机电产品模块化设计方法和案例[M]. 北京：机械工业出版社，2014.

[7] 钟元. 面向成本的产品设计：降本设计之道[M]. 北京：机械工业出版社，2020.

[8] 米罗. 完美工业设计：从设计思想到关键步骤[M]. 北京：机械工业出版社，2018.

[9] 杨振宽. 机械产品设计常用标准手册[M]. 北京：中国标准出版社，2010.

[10] 乌利齐. 产品设计与开发[M]. 北京：机械工业出版社，2018.

[11] 崔华丽，赵慧真，郭晓聪. 机械产品优化设计及方法研究[M]. 长春：吉林科学技术出版社，2022.